TS 한국교통안전공단 국가자격시험 2026년 최신개정판

기출로 단번에 합격하는
화물운송종사 자격시험

한국교통안전연구회 편저

- 2025년~2021년 기출문제 복원
- 출제 포인트만 뽑은 과목별 핵심정리
- 핵심정리 순서에 따른 문제 배치

찬솔

Contents
목차

□ 화물운송종사 자격시험 안내 ··· iv

PART 01 교통 및 화물 관련 법규

chapter 01 교통 및 화물관련법규 기출핵심정리 ··· 8

chapter 02 교통 및 화물관련법규 기출문제(2025~2021년) ························ 29

PART 02 화물취급요령

chapter 01 화물취급요령 기출핵심정리 ·· 68

chapter 02 화물취급요령 기출문제(2025~2021년) ··································· 81

PART 03 안전운행요령

chapter 01 안전운행요령 기출핵심정리 ·· 106

chapter 02 안전운행요령 기출문제(2025~2021년) ··································· 128

PART 04 운송서비스

chapter 01 운송서비스 기출핵심정리 ·· 172

chapter 02 운송서비스 기출문제(2025~2021년) ······································· 187

PART 05 적중모의고사

chapter 01 적중모의고사 ·· 212
- 01 제1회 적중모의고사 ·· 212
- 02 제2회 적중모의고사 ·· 220

chapter 02 적중모의고사 해설 및 정답 ·· 228

Information 시험안내

_ 화물운송종사 자격시험 안내

화물운송종사 자격시험
- 화물자동차 운전자의 전문성 확보를 통해 운송서비스 개선, 안전운행 및 화물운송업의 건전한 육성을 도모하기 위해 한국교통안전공단이 국토교통부로부터 사업을 위탁받아 시행
- 화물운송 자격시험 제도를 도입하여 화물종사자의 자질을 향상시키고 과실로 인한 교통사고를 최소화시키기 위함

자격 취득 대상자
- 사업용(영업용) 화물자동차(용달·개별·일반화물) 운전자는 반드시 화물운송종사자격을 취득 후 운전하여야 함
  ☞ 사업용(영업용) 화물자동차 : 타인의 운송수요에 부응하여 운송서비스를 제공하고 그에 대한 대가를 받는 "유상운송"을 목적으로 등록하는 화물자동차. 화물자동차에 사업용 노란색 자동차번호판을 장착한 자동차

필기시험 과목 및 출제문항, 합격기준

시험 과목	출제문항수(총 80문항)	비고
교통 및 화물 관련법규	25문항	출제문제 수는 시험에 따라 상이할 수 있음
화물취급요령	15문항	
안전운행요령	25문항	
운송서비스	15문항	
합격기준	총점 100점 중 60점(총 80문제 중 48문제) 이상 획득 시 합격	

시험 체계 : 컴퓨터 시험(CBT)용 체계

응시조건 및 시험일정 확인 → 시험접수 → 시험응시 → 자격증 교부

1. **응시조건 및 시험일정**
   - 운전면허 : 운전면허소지자(제2종 보통 이상 소지자)
   - 연령 : 만 20세 이상
   - 운전경력 : 자가용 2년 이상, 사업용(버스·택시운전경력) 1년 이상
     (→ 운전면허 보유기간이며, 취소·정지기간은 제외)
   - 운전적성정밀검사 : 운전적성정밀검사(신규검사)에 적합(→ 시험일 기준)
   - 접수기간 및 시험일정 : 연간 시험일정 참고

2. 시험접수

- 인터넷 접수 : 신청·조회 〉 화물운송 〉 예약접수 〉 원서접수(→ 사진은 그림파일 JPG로 스캔하여 등록)
- 방문접수 : 전국 19개 시험장
  (→ 다만, 현장 방문접수 시에는 응시인원마감 등으로 시험 접수가 불가할 수도 있으니 가급적 인터넷으로 접수현황을 확인·방문 요망)
- 시험응시 수수료 : 11,500원
- 준비물 : 운전면허증, 6개월 이내 촬영한 3.5×4.5cm 컬러사진

3. 시험응시 및 합격 판정·고지

- 장소 : 각 지역본부 시험장(→ 시험시작 20분 전까지 입실)
- 시험과목 : 4과목(총 80문제)
- 시험 시행방법 : 컴퓨터에 의한 시험 시행 80분
- 일일 시험 실시 횟수 : 4회
- 응시 당일 준비물 : 운전면허증
- 합격 판정 : 100점 기준으로 60점 이상(4과목 총 80문제, 문제당 1.25점)
- 합격 여부 고지 : 시험 종료 직후 컴퓨터상에서 합격 여부 결정 및 고지

4. 합격자 법정교육

- 합격자 온라인 교육 신청 : 신청·조회 〉 화물운송 〉 교육신청 〉 합격자교육(온라인)
  (→ 합격자에 한해 별도 안내)
- 합격자 교육준비물 : 교육수수료(11,500원), 자격증 교부 수수료, 사진 1매(미제출자에 한함), 운전면허증 지참
- 합격자 발표 : TS국가자격시험 홈페이지

출제 방식 및 문제 공개 여부

- 출제 방식 : 문제은행 방식(다량의 문항분석카드를 체계적으로 분류·정리·보관해 놓은 뒤 랜덤하게 문제를 출제하는 방식)
- 문제 공개 여부 : 비공개 원칙
- 채점 방법 : 작성한 정답안을 토대로 컴퓨터 프로그램에서 자동으로 정확히 채점

PART 01

교통 및 화물관련법규

CHAPTER 01 ▶ 교통 및 화물관련법규 기출핵심정리

❏ 도로교통법상의 용어 정의

- **도로** : 「도로법」에 따른 도로, 「유료도로법」에 따른 유료도로, 「농어촌도로 정비법」에 따른 농어촌도로 등
- **자동차전용도로** : 자동차만 다닐 수 있도록 설치된 도로
- **고속도로** : 자동차의 고속 운행에만 사용하기 위하여 지정된 도로
- **중앙선** : 차마의 통행 방향을 구분하기 위하여 도로에 황색 실선이나 황색 점선 등의 안전표지로 표시한 선 또는 중앙분리대나 울타리 등으로 설치한 시설물
- **보도** : 연석선, 안전표지, 인공구조물로 경계를 표시하여 보행자가 통행할 수 있도록 한 도로의 부분
- **길가장자리구역** : 보도와 차도가 구분되지 않은 도로에서 보행자의 안전을 확보하기 위하여 안전표지 등으로 경계를 표시한 도로의 가장자리 부분
- **횡단보도** : 보행자가 도로를 횡단할 수 있도록 안전표지로 표시한 도로의 부분
- **교차로** : '십(十)'자로, 'T'자로나 그 밖에 둘 이상의 도로가 교차하는 부분
- **안전지대** : 도로를 횡단하는 보행자나 통행하는 차마의 안전을 위하여 안전표지나 인공구조물로 표시한 도로의 부분
- **안전표지** : 교통안전에 필요한 주의·규제·지시 등을 표시하는 표지판(주의표지·규제표지·지시표지·보조표지)이나 도로의 바닥에 표시하는 기호·문자 또는 선(노면표시) 등
- **차** : 자동차, 건설기계, 원동기장치자전거, 자전거, 사람 또는 가축의 힘이나 그 밖의 동력으로 도로에서 운전되는 것. 다만, 철길이나 가설된 선을 이용하여 운전되는 것(궤도차 등), 유모차와 보행보조용 의자차는 제외
- **자동차** : 철길이나 가설된 선을 이용하지 아니하고 원동기를 사용하여 운전되는 차
  - 자동차관리법에 따른 승용자동차, 승합자동차, 화물자동차, 특수자동차, 이륜자동차(원동기장치자전거 제외)
  - 건설기계관리법에 따른 건설기계(덤프트럭, 아스팔트살포기, 노상안정기, 콘크리트믹서트럭, 콘크리트펌프, 천공기(트럭 적재식) 등)
- **운전** : 도로에서 차마 또는 노면전차를 본래의 사용방법에 따라 사용하는 것(조종을 포함)
- **주차** : 운전자가 승객을 기다리거나 화물을 싣는 등의 사유로 차를 계속 정지 상태에 두는 것 또는 차에서 떠나서 즉시 운전할 수 없는 상태에 두는 것
- **정차** : 운전자가 5분을 초과하지 않고 차를 정지시키는 것으로서, 주차 외의 정지 상태
- **서행** : 운전자가 차·노면전차를 즉시 정지시킬 수 있는 정도의 느린 속도로 진행하는 것
- **정지** : 자동차가 완전히 멈추는 상태(당시의 속도가 0km/h인 상태로서 완전한 정지상태의 이행)
- **앞지르기** : 운전자가 앞서가는 다른 차의 옆(좌측면, 좌측 차로)을 지나서 그 차의 앞으로 나가는 것
- **일시정지** : 차·노면전차의 운전자가 바퀴를 일시적으로 완전히 정지시키는 것

❏ 적색등화

- 차마는 정지선, 횡단보도 및 교차로의 직전에서 정지
- 우회전하려는 경우 정지선, 횡단보도 및 교차로의 직전에서 정지한 후 신호에 따라 진행하는 다른 차마의 교통을 방해하지 않고 우회전할 수 있음
- 차마는 우회전 삼색등이 적색의 등화인 경우 우회전할 수 없음

- 자전거는 정지선, 횡단보도 및 교차로의 직전에서 정지
- 보행자신호는 정지신호이므로 횡단보도를 횡단하여서는 안됨

❑ **황색등화의 점멸** : 다른 교통 또는 안전표지의 표시에 주의하면서 진행할 수 있음

❑ **적색등화의 점멸** : 정지선이나 횡단보도가 있을 때에는 그 직전이나 교차로의 직전에 일시정지한 후 다른 교통에 주의하면서 진행할 수 있음

❑ **화살표 등화신호** : 녹색화살표의 등화, 황색화살표의 등화, 적색화살표의 등화, 황색화살표등화의 점멸, 적색화살표등화의 점멸

❑ **안전표지의 종류**
- **주의표지** : 좌(우)합류도로, 철길건널목, 오르막(내리막)경사, 신호기, 미끄러운 도로, 과속방지턱, 횡단보도, 어린이보호, 자전거, 도로공사중, 횡풍, 터널, 교량, 위험, 상습정체구간 등
- **규제표지** : 통행금지, 진입금지, 우회전(좌회전)금지, 유턴금지, 앞지르기금지, 주차금지, 차중량제한, 차높이제한, 차폭제한, 최고(최저)속도제한, 서행, 일시정지, 양보, 보행자보행금지 등
- **지시표지** : 자동차전용도로, 직진, 우회전(좌회전), 유턴, 자전거및보행자통행구분, 주차장, 어린이보호, 자전거횡단도, 일방통행, 비보호좌회전, 버스전용차로 등
- **보조표지** : 거리, 구역, 일자, 시간 등 주의표지, 규제표지 또는 지시표지의 주기능을 보충하여 도로사용자에게 알리는 표지

❑ **노면표시의 기본색상**
- 백색은 동일방향의 교통류 분리 및 경계 표시
- 황색은 반대방향의 교통류분리 또는 도로이용의 제한 및 지시
- 청색은 지정방향의 교통류 분리 표시(버스전용차로표시 및 다인승차량 전용차선표시)
- 적색은 어린이보호구역 또는 주거지역 안에 설치하는 속도제한표시의 테두리선

❑ **안전거리확보** : 모든 차의 운전자는 같은 방향으로 가고 있는 앞차의 뒤를 따르는 경우에는 앞차가 갑자기 정지하는 경우 충돌을 피할 수 있는 필요한 거리를 확보하여야 한다.

차로에 따른 통행차의 기준

도로		차로 구분	통행 가능한 차종
고속도로외의 도로		왼쪽 차로	승용자동차 및 경형·소형·중형 승합자동차
		오른쪽 차로	대형승합자동차, 화물자동차, 특수자동차, 건설기계, 이륜자동차, 원동기장치자전거
고속도로	편도 2차로	1차로	앞지르기를 하려는 모든 자동차(다만, 차량통행량 증가 등 도로상황으로 인하여 부득이하게 시속 80킬로미터 미만으로 통행할 수밖에 없는 경우에는 앞지르기를 하는 경우가 아니라도 통행할 수 있음)
		2차로	모든 자동차
	편도 3차로 이상	1차로	앞지르기를 하려는 승용자동차 및 앞지르기를 하려는 경형·소형·중형 승합자동차(다만, 차량통행량 증가 등 도로상황으로 인하여 부득이하게 시속 80킬로미터 미만으로 통행할 수밖에 없는 경우에는 앞지르기를 하는 경우가 아니라도 통행할 수 있음)
		왼쪽 차로	승용자동차 및 경형·소형·중형 승합자동차
		오른쪽 차로	대형 승합자동차, 화물자동차, 특수자동차, 건설기계

※ 모든 차는 표에 지정된 차로보다 오른쪽에 있는 차로로 통행 가능

차로에 따른 통행차의 기준에 의한 통행방법

- 차마의 운전자는 보도와 차도가 구분된 도로에서는 차도를 통행하여야 한다. 다만, 도로 외의 곳으로 출입할 때에는 보도를 횡단하여 통행할 수 있다.
- 보도를 횡단하기 직전에 일시정지하여 좌측과 우측 부분 등을 살핀 후 보행자의 통행을 방해하지 않도록 횡단하여야 한다.
- 도로의 중앙 우측 부분을 통행하여야 한다.
- 도로가 일방통행인 경우와 도로의 파손, 도로공사 등으로 우측 부분을 통행할 수 없는 경우, 우측 부분의 폭이 6미터가 되지 않는 도로에서 다른 차를 앞지르려는 경우, 우측 부분의 폭이 통행에 충분하지 않는 경우는 도로의 중앙이나 좌측 부분을 통행할 수 있다(도로의 좌측 부분을 확인할 수 없는 경우와 반대 방향의 교통을 방해할 우려가 있는 경우, 안전표지 등으로 앞지르기를 금지·제한하고 있는 경우는 통행할 수 없음).
- 안전지대 등 안전표지에 의하여 진입이 금지된 장소에 들어가서는 안된다.
- 안전표지로 통행이 허용된 장소를 제외하고는 자전거도로 또는 길가장자리구역으로 통행하여서는 안된다.
- 앞지르기를 할 때에는 지정된 차로의 왼쪽 바로 옆 차로로 통행할 수 있다.
- 자전거, 우마, 건설기계 이외의 건설기계, 위험물 등을 운반하는 자동차는 도로의 가장 오른쪽에 있는 차로로 통행한다.

도로상의 위험방지를 위한 제한사항
시·도경찰청장은 도로에서의 위험을 방지하고 교통의 안전과 원활한 소통을 확보하기 위하여 차의 운전자에 대하여 승차 인원, 적재중량 또는 적재용량을 제한할 수 있다.

적재중량
구조 및 성능에 따르는 적재중량의 110퍼센트 이내

적재용량
다음의 구분에 따른 기준을 넘지 않을 것

- 적재길이 : 자동차 길이에 그 길이의 10분의 1을 더한 길이
- 적재너비 : 자동차의 후사경으로 뒤쪽을 확인할 수 있는 범위의 너비
- 적재높이 : 화물자동차는 지상으로부터 4미터

❏ 도로별 최고·최저속도

도로 구분			최고속도	최저속도
일반도로	주거·상업·공업지역		매시 50km 이내	제한없음
	지정한 노선 또는 구간의 일반도로		매시 60km 이내	
	편도 2차로 이상		매시 80km 이내	
	편도 1차로		매시 60km 이내	
고속도로	편도 2차로 이상	고속도로	• 매시 100km • 매시 80km(적재중량 1.5톤 초과 화물자동차, 특수자동차, 위험물운반자동차, 건설기계)	매시 50km
		지정·고시한 노선 또는 구간의 고속도로	• 매시 120km 이내 • 매시 90km 이내(화물자동차, 특수자동차, 위험물운반자동차, 건설기계)	
	편도 1차로		매시 80km	매시 50km
자동차 전용도로			매시 90km	매시 30km

❏ 이상 기후 시의 운행속도
- 최고속도의 20/100을 줄인 속도 : 비가 내려 노면이 젖어있는 경우, 눈이 20mm 미만 쌓인 경우
- 최고속도의 50/100을 줄인 속도 : 노면이 얼어붙은 경우, 폭우·폭설·안개 등으로 가시거리가 100m 이내인 경우, 눈이 20mm 이상 쌓인 경우

❏ 서행하여야 하는 장소
- 교통정리를 하고 있지 않은 교차로, 도로가 구부러진 부근
- 비탈길의 고갯마루 부근, 가파른 비탈길의 내리막
- 시·도경찰청장이 필요하다고 인정하여 안전표지로 지정한 곳

❏ 서행하여야 하는 경우
- 교차로에서 좌·우회전할 때 각각 서행
- 교통정리를 하고 있지 않는 교차로에 들어가려고 하는 차의 운전자는 통행하고 있는 도로의 폭보다 교차하는 도로의 폭이 넓은 경우에는 서행
- 도로에 설치된 안전지대에 보행자가 있는 경우와 좁은 도로에서 보행자의 옆을 지나는 경우에는 안전한 거리를 두고 서행

❏ 일시정지
- 운전자는 보행자(자전거를 끌고 통행하는 자를 포함)가 횡단보도를 통행하고 있을 때에는 보행자의 횡단을 방해하지 않도록 횡단보도 앞(정지선)에서 일시정지
- 어린이가 보호자 없이 도로를 횡단할 때, 도로에 앉아 있거나 서 있을 때 또는 도로에서 놀이를 할 때 등 어린이에 대한 교통사고의 위험이 있는 것을 발견한 경우, 앞을 보지 못하는 사람이 흰색 지팡이를 가지거나 장애인보

조견을 동반하고 횡단하고 있는 경우, 도로 횡단시설을 이용할 수 없는 지체장애인이나 노인 등이 도로를 횡단하고 있는 경우

☐ 교차로 통행방법
- 교통정리를 하고 있는 교차로에 들어가려는 경우에는 진로의 앞쪽에 있는 차의 상황에 따라 교차로에 정지하게 되어 다른 차의 통행에 방해가 될 우려가 있는 경우에는 교차로에 들어가서는 안된다.
- 일시정지·양보를 표시하는 안전표지가 설치되어 있는 교차로에 들어가려고 할 때에는 다른 차의 진행을 방해하지 않도록 일시정지·양보하여야 한다.
- 좌회전 시 미리 도로의 중앙선을 따라 서행하면서 교차로의 중심 안쪽을 이용하여 좌회전하여야 한다.
- 우회전 시 미리 도로의 우측 가장자리를 서행하면서 우회전하여야 한다. 이 경우 신호에 따라 정지하거나 진행하는 보행자·자전거에 주의하여야 한다.
- 우회전이나 좌회전을 하기 위하여 손이나 방향지시기 또는 등화로써 신호를 하는 차가 있는 경우에 신호를 한 앞차의 진행을 방해하여서는 안된다.

☐ 교통정리가 없는 교차로에서의 양보운전
- 교통정리를 하고 있지 않은 교차로에 들어가려고 하는 차의 운전자는 이미 교차로에 들어가 있는 차가 있을 때에는 진로를 양보하여야 한다.
- 통행하고 있는 도로의 폭보다 교차하는 도로의 폭이 넓은 경우에는 서행하여야 하며, 폭이 넓은 도로로부터 교차로에 들어가려고 하는 다른 차가 있을 때에는 진로를 양보하여야 한다.
- 교차로에 동시에 들어가려고 하는 차의 운전자는 우측 도로의 차에 진로를 양보하여야 한다.
- 교차로에서 좌회전하려고 하는 차의 운전자는 직진하거나 우회전하려는 차가 있을 때에는 진로를 양보하여야 한다.

☐ **제1종 대형면허** : 승용자동차, 승합자동차, 화물자동차, 건설기계(덤프트럭·아스팔트살포기·노상안정기·콘크리트믹서트럭·콘크리트펌프·천공기·콘크리트믹서트레일러·아스팔트콘크리트재생기·도로보수트럭·3톤 미만의 지게차), 특수자동차(견인차 및 구난차는 제외), 원동기장치자전거

☐ **제1종 보통면허** : 승용자동차, 승차정원 15인 이하의 승합자동차, 적재중량 12톤 미만의 화물자동차, 건설기계(3톤 미만의 지게차에 한정), 총중량 10톤 미만의 특수자동차(구난차 등은 제외), 원동기장치자전거

☐ **제2종 보통면허** : 승용자동차, 승차정원 10인 이하의 승합자동차, 적재중량 4톤 이하 화물자동차, 총중량 3.5톤 이하의 특수자동차(구난차 등은 제외), 원동기장치자전거

☐ **운전면허취득 응시기간의 제한** : 다음의 경우 운전면허가 취소된 날부터 5년
- 음주운전의 금지, 과로·질병·약물의 영향 등의 사유로 정상적으로 운전하지 못할 우려가 있는 상태에서의 운전금지, 공동위험행위의 금지(무면허운전 금지 포함)를 위반하여 사람을 사상한 후 필요한 조치 및 신고를 하지 않은 경우
- 음주운전의 금지(무면허운전 금지 포함)를 위반하여 운전을 하다가 사람을 사망에 이르게 한 경우

☐ **운전면허가 취소된 날부터 4년** : 무면허운전 금지, 음주운전 금지, 과로·질병·약물의 영향 등의 사유로 정상적으로 운전하지 못할 우려가 있는 상태에서 자동차 및 원동기장치자전거 운전금지 등의 규정 외의 사유로 사람을 사상한 후 구호조치 및 사고발생에 따른 신고를 하지 않은 경우에는 운전면허가 취소된 날부터 4년

❏ **운전면허가 취소된 날부터 3년** : 음주운전 또는 경찰공무원의 음주측정을 위반하여 운전을 하다가 2회 이상 교통사고를 일으킨 경우에는 운전면허가 취소된 날부터 3년

❏ **운전면허가 취소된 날(무면허운전 금지 등을 위반한 날)부터 2년**
- 음주운전 또는 경찰공무원의 음주측정을 2회 이상 위반(무면허운전금지 등 위반 포함)한 경우
- 음주운전 또는 경찰공무원의 음주측정을 위반(무면허운전금지 등 위반 포함)하여 교통사고를 일으킨 경우

❏ **벌점**

위반사항	벌점
• 속도위반(100km/h 초과) • 술에 취한 상태에서 운전한 때(혈중알코올농도 0.03퍼센트 이상 0.08퍼센트 미만) • 자동차 등을 이용하여 형법상 특수상해 등(보복운전)을 하여 입건된 때	100
• 속도위반(80km/h 초과 100km/h 이하)	80
• 속도위반(60km/h 초과 80km/h 이하)	60
• 정차·주차위반에 대한 조치불응 • 공동위험행위·난폭운전으로 형사입건된 때 • 안전운전의무위반, 승객의 차내 소란행위 방치운전	40
• 통행구분 위반(중앙선침범에 한함) • 속도위반(40km/h 초과 60km/h 이하) • 철길건널목 통과방법위반 • 어린이통학버스 특별보호 위반, 어린이통학버스 운전자의 의무위반 • 고속도로·자동차전용도로 갓길통행, 버스전용차로·다인승전용차로 통행위반	30
• 신호·지시위반 • 속도위반(20km/h 초과 40km/h 이하), 어린이보호구역 내 20km/h 초과 • 앞지르기 금지시기·장소위반 • 적재 제한 위반 또는 적재물 추락 방지 위반 • 운전 중 휴대용 전화사용, 운전 중 영상표시장치 조작 • 운행기록계 미설치 자동차 운전금지 등의 위반	15
• 통행구분 위반(보도침범, 보도 횡단방법 위반) • 지정차로 통행위반(금지장소에서 진로변경 포함), 일반도로 전용차로 통행위반 • 안전거리 미확보, 앞지르기 방법위반, 안전운전 의무 위반 • 보행자 보호 불이행(정지선위반 포함), 승객·승하차자 추락방지조치위반 • 노상 시비·다툼으로 차마의 통행 방해 • 도로를 통행하고 있는 차마에서 밖으로 물건을 던지는 행위 등	10

❏ **사고결과에 따른 벌점기준**
- 사고발생 시부터 72시간 이내에 사망한 때 사망 1명마다 벌점 90점을 부과
- 3주 이상의 치료를 요하는 진단이 있는 사고 발생 시 중상 1명마다 벌점 15점을 부과
- 3주 미만 5일 이상의 치료를 요하는 사고 발생 시 경상 1명마다 벌점 5점을 부과
- 5일 미만의 치료를 요하는 사고 발생 시 부상신고 1명마다 벌점 2점을 부과
- 교통사고 발생원인이 불가항력 또는 피해자의 명백한 과실인 때는 행정처분을 하지 않음

- 자동차 대 사람 교통사고의 경우 쌍방과실인 때에는 벌점을 2분의 1로 감경
- 자동차 대 자동차 교통사고의 경우에는 사고원인 중 중한 위반행위를 한 운전자만 적용
- 교통사고로 처분 받을 운전자 본인의 피해에 대하여는 벌점을 산정하지 않음

❏ **적재제한 위반, 적재물 추락방지 위반 행위 범칙금액** : 승합자동차 등(승합자동차, 4톤 초과 화물자동차, 특수자동차, 건설기계 및 노면전차를 말함) 5만원, 승용자동차 등 4만원, 이륜자동차 3만원, 자전거 및 손수레 2만원

❏ **중대 법규위반 교통사고** : 교통사고처리특례법 적용의 배제 사유(공소를 제기하는 경우)
- 신호·지시위반사고, 속도위반(20km/h 초과) 과속사고
- 중앙선 침범, 고속도로나 자동차전용도로에서의 횡단·유턴·후진 위반 사고
- 앞지르기의 방법·금지시기·금지장소 또는 끼어들기 금지 위반사고
- 철길 건널목 통과방법 위반사고, 보행자보호의무 위반사고, 무면허운전사고
- 음주운전·약물복용운전 사고
- 보도침범·보도횡단방법 위반사고, 승객추락방지의무 위반사고
- 어린이 보호구역내 안전운전의무 위반으로 어린이를 상해에 이르게 한 사고
- 자동차의 화물이 떨어지지 않도록 필요한 조치를 하지 않고 운전한 경우(적재물 추락 방지의무 위반 사고)

❏ **도주차량 운전자의 가중처벌**
- 피해자를 사망에 이르게 하고 도주하거나, 도주 후에 피해자가 사망한 경우 → 무기 또는 5년 이상의 징역
- 도주하여 피해자를 상해에 이르게 한 경우 → 1년 이상의 유기징역 또는 500만원 이상 3천만원 이하의 벌금
- 피해자를 사고 장소로부터 옮겨 유기하고 도주한 경우, 피해자를 사망에 이르게 하고 도주하거나 도주 후에 피해자가 사망한 경우 → 사형, 무기 또는 5년 이상의 징역
- 피해자를 사고 장소로부터 옮겨 유기하고 도주한 경우, 피해자를 상해에 이르게 한 경우 → 3년 이상의 유기징역

❏ **도주사고 적용사례**
- 사상 사실을 인식하고도 가버린 경우
- 피해자를 방치한 채 사고현장을 이탈 도주한 경우
- 사고현장에 있었어도 사고사실을 은폐하기 위해 거짓진술·신고한 경우
- 부상피해자에 대한 적극적인 구호조치 없이 가버린 경우
- 피해자가 이미 사망했다고 하더라도 사체 안치 후송 등 조치 없이 가버린 경우
- 피해자를 병원까지만 후송하고 계속 치료 받을 수 있는 조치 없이 도주한 경우
- 운전자를 바꿔치기 하여 신고한 경우

❏ **도주가 적용되지 않는 경우**
- 피해자가 부상 사실이 없거나 극히 경미하여 구호조치가 필요치 않는 경우
- 가해자·피해자 일행 또는 경찰관이 환자를 후송 조치하는 것을 보고 연락처를 주고 가버린 경우
- 가해운전자가 심한 부상을 입어 타인에게 의뢰하여 피해자를 후송 조치한 경우
- 교통사고 장소가 혼잡하여 도저히 정지할 수 없어 일부 진행한 후 정지하고 되돌아와 조치한 경우

- **신호·지시 위반의 정의** : 신호기 또는 교통정리를 하는 경찰공무원 등의 신호나, 통행금지·일시정지를 내용으로 하는 안전표지가 표시하는 지시에 위반하여 운전한 경우
- **신호위반의 종류** : 사전출발 신호위반, 주의(황색)신호에 무리한 진입, 신호 무시하고 진행한 경우
- **신호·지시위반사고의 예외사항** : 진행방향에 신호기가 설치되지 않은 경우, 신호기의 고장이나 황색 점멸 신호등의 경우, 기타 지시표지판이 설치된 구역

- **중앙선침범의 한계** : 사고의 참혹성과 예방목적상 차체의 일부라도 걸치면 중앙선침범이 적용됨
- **중앙선침범이 적용되는 경우**
  - 고의적·의도적 U턴, 회전중 중앙선침범 사고
  - 현저한 부주의로 인한 중앙선침범 사고 : 커브길 과속으로 중앙선침범, 빗길 과속으로 중앙선침범, 졸다가 뒤늦게 급제동으로 중앙선침범, 차내 잡담 등 부주의로 인한 중앙선침범, 기타 현저한 부주의로 인한 중앙선침범
  - 고속도로·자동차전용도로에서 횡단, U턴 또는 후진중 발생한 사고(예외사항 : 긴급자동차, 도로보수 유지 작업차, 사고응급조치 작업차)
- **중앙선침범이 적용되지 않는 경우**
  - 불가항력적 중앙선침범 : 뒤차의 추돌로 앞차가 밀리면서 중앙선을 침범한 경우, 횡단보도에서의 추돌사고, 내리막길 주행 중 브레이크 파열 등 정비 불량으로 중앙선을 침범한 사고
  - 만부득이한 중앙선침범 : 사고피양 급제동으로 인한 중앙선침범, 보행자를 피양하다 중앙선침범, 위험 회피로 인한 중앙선침범, 빙판 등 부득이한 중앙선침범, 교차로 좌회전 중 일부 중앙선침범

- **철길 건널목 통과방법을 위반한 과실** : 철길 건널목 직전 일시정지 불이행, 안전미확인 통행 중 사고, 고장시 승객대피·차량이동·조치 불이행
- **철길 건널목 통과방법을 위반 예외사항** : 철길 건널목 신호기·경보기 등의 고장으로 일어난 사고(신호에 따르는 때에는 일시정지하지 않고 통과할 수 있음)

- **횡단보도 보행자 보호의무 위반사고**
  - 횡단보도를 건너는 보행자를 충돌한 경우
  - 횡단보도 전에 정지한 차량을 추돌하여 앞차가 밀려나가 보행자를 충돌한 경우
  - 보행신호(녹색등화)에 횡단보도 진입, 건너던 중 주의신호(녹색등화의 점멸) 또는 정지신호(적색등화)가 되어 마저 건너고 있는 보행자를 충돌한 경우
  - 이륜차(자전거·오토바이)를 끌고 횡단보도 보행자를 충돌한 경우 등
- **횡단보도 보행자 보호의무 위반 예외사항**
  - 보행자신호가 정지신호(적색등화) 때 횡단보도 건너던 중 사고
  - 횡단보도에 누워 있거나 교통정리, 싸우던 중, 택시를 잡던 중 등 보행의 경우가 아닐 때
  - 보행자가 횡단보도를 건너던 중 신호가 변경되어 중앙선에 서 있던 중 사고
  - 보행자가 주의신호(녹색등화의 점멸)에 뒤늦게 횡단보도에 진입하여 건너던 중 정지신호(적색등화)로 변경된 후 사고
  - 아파트 단지나 학교, 군부대 등 특정구역 내부의 소통·안전을 목적으로 자체 설치된 경우

승객추락 방지의무 위반 사고(개문발차 사고) 사례
- 운전자가 출발하기 전 차문을 제대로 닫지 않고 출발함으로써 탑승객이 추락, 부상을 당하였을 경우
- 택시의 경우 출입문 개폐는 승객자신이 하게 되어 있으므로, 승객탑승 후 출입문을 닫기 전에 출발하여 승객이 지면으로 추락한 경우
- 개문발차로 인한 승객의 낙상사고의 경우

개문발차 사고 적용 배제 사례
개문 당시 승객의 손이나 발이 끼어 사고 난 경우, 목적지에 도착하여 승객 자신이 출입문을 개폐 도중 사고가 발생할 경우

화물자동차의 규모별 종류 및 기준

규모별 종류			세부 기준
화물자동차	경형	초소형	배기량 250cc 이하이고, 길이 3.6미터·너비 1.5미터·높이 2.0미터 이하인 것
		일반형	배기량이 1,000cc 미만으로서 길이 3.6미터, 너비 1.6미터, 높이 2.0미터 이하인 것
	소형		최대적재량이 1톤 이하인 것으로서 총중량이 3.5톤 이하인 것
특수자동차	경형		배기량이 1,000cc 미만이고 길이 3.6미터, 너비 1.6미터, 높이 2.0미터 이하인 것
	소형		총중량이 3.5톤 이하인 것
	중형		총중량이 3.5톤 초과 10톤 미만인 것
	대형		총중량이 10톤 이상인 것

화물자동차 운수사업법의 목적
화물자동차 운수사업을 효율적으로 관리하고 건전하게 육성하여 화물의 원활한 운송을 도모함으로써 공공복리의 증진에 기여함을 목적으로 한다.

화물자동차의 유형 구분
- 일반형 : 보통의 화물운송용인 것
- 덤프형 : 적재물을 중력에 의하여 쉽게 미끄러뜨리는 구조의 화물운송용인 것
- 밴형 : 지붕구조의 덮개가 있는 화물운송용인 것
- 특수용도형 : 어느 형에도 속하지 않는 화물운송용인 것

특수자동차의 유형 구분
- 견인형 : 피견인차의 견인을 전용으로 하는 구조인 것
- 구난형 : 고장·사고 등으로 운행이 곤란한 자동차를 구난·견인할 수 있는 구조인 것
- 특수작업형 : 어느 형에도 속하지 않는 특수작업용인 것

화물자동차 운수사업
화물자동차 운송사업, 화물자동차 운송주선사업, 화물자동차 운송가맹사업
- 화물자동차 운송사업 : 다른 사람의 요구에 응하여 화물자동차를 사용하여 화물을 유상으로 운송하는 사업
- 화물자동차 운송주선사업 : 다른 사람의 요구에 응하여 유상으로 화물운송계약을 중개·대리하는 사업 등
- 화물자동차 운송가맹사업 : 다른 사람의 요구에 응하여 자기 화물자동차를 사용하여 유상으로 화물을 운송하거나 화물정보망을 통하여 소속 화물자동차 운송가맹점에 의뢰하여 화물을 운송하게 하는 사업

❑ **운수종사자** : 운수종사자란 화물자동차의 운전자, 화물의 운송 또는 운송주선에 관한 사무를 취급하는 사무원 및 이를 보조하는 보조원, 그밖에 화물자동차 운수사업에 종사하는 자를 말한다.

❑ **공영차고지 설치자**
- 특별시장·광역시장·특별자치시장·도지사·특별자치도지사
- 시장·군수·구청장(자치구의 구청장)
- 「공공기관의 운영에 관한 법률」에 따른 공공기관 중 대통령령으로 정하는 공공기관
- 「지방공기업법」에 따른 지방공사

❑ **화물자동차 안전운송원가** : 화물차주에 대한 적정한 운임의 보장을 통하여 과로, 과속, 과적 운행을 방지하는 등 교통안전을 확보하기 위하여 화주, 운송사업자, 운송주선사업자 등이 화물운송의 운임을 산정할 때에 참고할 수 있는 운송원가로서, 화물자동차 안전운임위원회의 심의·의결을 거쳐 국토교통부장관이 공표한 원가를 말한다.

❑ **화물자동차 안전운임** : 화물차주에 대한 적정한 운임의 보장을 통하여 과로, 과속, 과적 운행을 방지하는 등 교통안전을 확보하기 위하여 필요한 최소한의 운임으로서, 화물자동차 안전운송원가에 적정 이윤을 더하여 화물자동차 안전운임위원회의 심의·의결을 거쳐 국토교통부장관이 공표한 운임을 말하며 다음으로 구분한다.
- 화물자동차 안전운송운임 : 화주가 운송사업자, 운송주선사업자 및 운송가맹사업자 또는 화물차주에게 지급하여야 하는 최소한의 운임
- 화물자동차 안전위탁운임 : 운수사업자가 화물차주에게 지급하여야 하는 최소한의 운임

❑ **화물자동차 운송사업의 경영허가** : 화물자동차 운송사업을 경영하려는 자는 국토교통부장관의 허가를 받아야 한다.

❑ **화물자동차 운송사업의 종류**
- 일반화물자동차 운송사업 : 20대 이상의 범위에서 20대 이상의 화물자동차를 사용하여 화물을 운송하는 사업
- 개인화물자동차 운송사업 : 화물자동차 1대를 사용하여 화물을 운송하는 사업으로서 대통령령으로 정하는 사업

❑ **국토교통부장관에게 허가사항 변경신고**
- 상호의 변경, 대표자의 변경(법인인 경우)
- 화물취급소의 설치 또는 폐지, 화물자동차의 대폐차
- 주사무소·영업소 및 화물취급소의 이전

❑ **적재물배상 책임보험 등의 가입 범위**
- 운송사업자 : 각 화물자동차별로 가입
- 운송주선사업자 : 각 사업자별로 가입
- 운송가맹사업자 : 최대 적재량이 5톤 이상이거나 총중량이 10톤 이상인 화물자동차 중 일반형·밴형·특수용도형 화물자동차와 견인형 특수자동차를 소유한 자는 각 화물자동차별 및 각 사업자별로, 그 외의 자는 각 사업자별로 가입

❏ 1천만원 이하의 과태료
- 국토교통부장관이 공표한 화물자동차 안전운임보다 적은 운임을 지급한 자
- 법에 따른 개선명령을 따르지 않은 자
- 임직원에 대한 징계·해임의 요구에 따르지 않거나 시정명령을 따르지 않은 자

❏ 500만원 이하의 과태료
- 법에 따른 허가사항 변경신고를 하지 않은 자
- 법에 따른 운임 및 요금에 관한 신고를 하지 않은 자
- 화물운송 종사자격증을 받지 않고 화물자동차 운수사업의 운전 업무에 종사한 자
- 거짓이나 그 밖의 부정한 방법으로 화물운송 종사자격을 취득한 자
- 법에 따른 개선명령을 이행하지 아니한 자

❏ **과징금의 용도** : 화물 터미널의 건설 및 확충, 공동차고지의 건설과 확충, 신고포상금의 지급, 경영개선이나 화물에 대한 정보 제공사업 등 화물자동차 운수사업의 발전을 위하여 필요한 사항

❏ 화물자동차 운송사업의 허가취소 등
- 부정한 방법으로 화물자동차 운송사업 허가를 받은 경우
- 부정한 방법으로 변경허가를 받거나, 변경허가를 받지 않고 허가사항을 변경한 경우
- 허가 또는 증차를 수반하는 변경허가에 따른 기준을 충족하지 못하게 된 경우
- 허가 등에 따른 신고를 하지 않았거나 거짓으로 신고한 경우
- 허가에 따른 조건 또는 기한을 위반한 경우
- 결격사유의 하나에 해당하게 된 경우
- 화물운송 종사자격이 없는 자에게 화물을 운송하게 한 경우
- 개선명령에 따른 개선명령을 이행하지 않거나 업무개시 명령을 이행하지 않은 경우
- 사업정지처분 또는 감차 조치 명령을 위반한 경우
- 중대한 교통사고 또는 빈번한 교통사고로 1명 이상의 사상자를 발생하게 한 경우 등

❏ **운송가맹사업자의 허가사항 변경신고의 대상** : 대표자의 변경(법인인 경우), 화물취급소의 설치 및 폐지, 화물자동차의 대폐차, 주사무소·영업소 및 화물취급소의 이전, 화물자동차 운송가맹계약의 체결 또는 해제·해지

❏ **운송가맹사업의 경영허가** : 화물자동차 운송가맹사업을 경영하려는 자는 국토교통부령으로 정하는 바에 따라 국토교통부장관에게 허가를 받아야 한다.

❏ 운송가맹사업자에 대한 개선명령
- 운송약관의 변경
- 화물자동차의 구조변경 및 운송시설의 개선
- 화물의 안전운송을 위한 조치
- 정보공개서의 제공의무 등, 가맹금의 반환, 가맹계약서의 기재사항 등, 가맹계약의 갱신 등의 통지
- 운송가맹사업자가 의무적으로 가입하여야 하는 보험·공제의 가입

- **신규검사** : 화물운송 종사자격증을 취득하려는 사람. 다만, 자격시험 실시일 또는 교통안전체험교육 시작일을 기준으로 최근 3년 이내에 신규검사의 적합판정을 받은 사람은 제외한다.

- **화물자동차 운전자의 연령·운전경력 등의 요건**
  - 화물자동차를 운전하기에 적합한 운전면허를 가지고 있을 것
  - 20세 이상일 것
  - 운전경력이 2년 이상일 것. 다만, 여객자동차 운수사업용 자동차 또는 화물자동차 운수사업용 자동차를 운전한 경력이 있는 경우에는 그 운전경력이 1년 이상일 것

- **화물자동차 운수사업의 운전업무 종사자격 결격사유(화물자동차 운수사업법 제9조, 도로교통법 제93조)**
  - 화물자동차 운수사업법을 위반하여 징역 이상의 실형을 선고받고 그 집행이 끝나거나 집행이 면제된 날부터 2년이 지나지 아니한 자
  - 화물자동차 운수사업법을 위반하여 징역 이상의 형의 집행유예를 선고받고 그 유예기간 중에 있는 자
  - 화물운송 종사자격이 취소된 날부터 2년이 지나지 아니한 자(단, 도로교통법에 따른 운전면허 취소로 인한 자격취소는 제외)
    - 거짓이나 그 밖의 부정한 방법으로 화물운송 종사자격을 취득한 경우
    - 화물운송 중에 고의나 과실로 교통사고를 일으켜 사람을 사망하게 하거나 다치게 한 경우
    - 화물운송 종사자격증을 다른 사람에게 빌려준 경우
    - 화물운송 종사자격 정지기간 중에 화물자동차 운수사업의 운전 업무에 종사한 경우
  - 3년간 화물운송 종사자격을 취득할 수 없는 경우
    - 「도로교통법」 제93조제1항제5호(공동 위험행위)에 해당하여 운전면허가 취소된 사람
    - 「도로교통법」 제93조제1항제5호의2(난폭운전)에 해당하여 운전면허가 취소된 사람
  - 5년간 화물운송 종사자격을 취득할 수 없는 경우
    - 술에 취한 상태에서 자동차 등을 운전(음주운전)한 경우
    - 술에 취한 상태에서 운전금지를 위반한 사람이 다시 음주운전 금지를 위반하여 운전면허 정지 사유에 해당된 경우
    - 술에 취한 상태에 있다고 인정할 만한 상당한 이유가 있음에도 불구하고 경찰공무원의 측정에 응하지 아니한 경우
    - 약물의 영향으로 인하여 정상적으로 운전하지 못할 우려가 있는 상태에서 자동차 등을 운전한 경우
    - 운전면허를 받지 아니하거나 운전면허의 효력이 정지된 상태로 자동차 등을 운전하여 벌금형 이상의 형을 선고받거나 운전면허가 취소된 사람
    - 운전 중 고의 또는 과실로 3명 이상이 사망하거나 20명 이상의 사상자가 발생한 교통사고를 일으켜 운전면허가 취소된 사람

- **화물운송 종사자격의 취득에도 불구하고 택배서비스사업의 운전업무에 종사할 수 없는 경우** : 다음에 해당하는 죄를 범하여 금고 이상의 실형을 선고받고 그 집행이 끝나거나 면제된 날부터 대통령령으로 정하는 기간이 지나지 않은 사람 또는 이에 따른 죄를 범하여 금고 이상의 형의 집행유예를 선고받고 그 유예기간 중에 있는 사람

- 「특정강력범죄의 처벌에 관한 특례법」 제2조 제1항에 따른 죄
- 「특정범죄 가중처벌 등에 관한 법률」에 따른 죄
- 「마약류 관리에 관한 법률」에 따른 죄
- 「성폭력범죄의 처벌 등에 관한 특례법」에 따른 죄
- 「아동·청소년의 성보호에 관한 법률」 제2조 제2호에 따른 죄

☐ 운전적성정밀검사

- **신규검사** : 화물운송 종사자격증을 취득하려는 사람. 다만, 자격시험 실시일 또는 교통안전체험교육 시작일을 기준으로 최근 3년 이내에 신규검사의 적합판정을 받은 사람은 제외
- **자격유지검사**
  - 여객자동차 또는 화물자동차 운송사업용 자동차의 운전업무에 종사하다가 퇴직한 사람으로서 신규검사·유지검사를 받은 날부터 3년이 지난 후 재취업하려는 사람(재취업일까지 무사고로 운전한 사람은 제외)
  - 신규검사·유지검사의 적합판정을 받은 사람으로서 해당 검사를 받은 날부터 3년 이내에 취업하지 아니한 사람(취업일까지 무사고로 운전한 사람은 제외)
  - 65세 이상 70세 미만인 사람(적합판정을 받고 3년이 지나지 않은 사람은 제외)
  - 70세 이상인 사람(유지검사의 적합판정을 받고 1년이 지나지 않은 사람은 제외)
- **특별검사** : 교통사고를 일으켜 사람을 사망하게 하거나 5주 이상의 치료가 필요한 상해를 입힌 사람, 과거 1년간 운전면허행정처분기준에 따라 산출된 누산점수가 81점 이상인 사람

☐ 화물운송 종사자격시험 합격자의 교육
시험에 합격한 사람은 법에 따라 8시간 동안 '한국교통안전공단'에서 실시하는 교육을 받아야 한다.

☐ 화물운송 종사자격증의 발급 신청 : 한국교통안전공단
☐ 화물운송 종사자격증의 재발급 신청 : 한국교통안전공단 또는 협회
☐ 화물운송 종사자격증 재발급 신청 시 구비서류 : 화물운송 종사자격증, 사진 1장
☐ 화물운송 종사자격증명 재발급 신청 시 구비서류 : 화물운송 종사자격증명, 사진 2장

☐ 운송사업자가 관할관청에 화물운송종사자격증명을 반납하여야 경우
- 사업의 양도 신고를 하는 경우
- 화물자동차 운전자의 화물운송 종사자격이 취소되거나 효력이 정지된 경우

☐ 운송사업자가 협회에 화물운송종사자격증명을 반납하여야 경우
- 퇴직한 화물자동차 운전자의 명단을 제출하는 경우
- 화물자동차 운송사업의 휴업 또는 폐업 신고를 하는 경우

☐ 화물운송 종사자격증명의 게시
운송사업자는 화물자동차 운전자에게 화물운송 종사자격증명을 밖에서 쉽게 볼 수 있도록 운전석 앞 창의 오른쪽 위에 항상 게시하고 운행하도록 하여야 한다.

❑ 화물운송 종사자격의 취소 처분기준(화물자동차 운수사업법 제23조)
- 법을 위반하여 징역 이상의 실형을 선고받고 그 집행이 끝나거나 집행이 면제된 날부터 2년이 지나지 아니한 자
- 법을 위반하여 징역 이상의 형의 집행유예를 선고받고 그 유예기간 중에 있는 자
- 거짓이나 부정한 방법으로 화물운송 종사자격을 취득한 경우
- 고의나 과실로 교통사고를 일으켜 사람을 사망하게 하거나 다치게 한 경우
- 화물운송 종사자격증을 다른 사람에게 빌려준 경우
- 화물운송 종사자격 정지기간 중에 화물자동차 운수사업의 운전 업무에 종사한 경우
- 화물자동차를 운전할 수 있는 「도로교통법」에 따른 운전면허가 취소된 경우
- 도로교통법 제46조의3(난폭운전 금지)을 위반하여 화물자동차를 운전할 수 있는 운전면허가 정지된 경우
- 화물자동차 교통사고와 관련하여 거짓이나 부정한 방법으로 보험금을 청구하여 금고 이상의 형을 선고받고 형이 확정된 경우

❑ 화물운송 종사자격의 취소 등
관할관청은 화물운송 종사자격의 취소 또는 효력정지 처분을 하였을 때에는 그 사실을 처분 대상자, 한국교통안전공단 및 협회에 각각 통지하고 처분 대상자에게 화물운송 종사자격증을 반납하게 하여야 한다.

❑ 화물자동차 운전자 채용기록의 관리
운송사업자는 화물자동차의 운전자를 채용할 때에는 근무기간 등 운전경력증명서의 발급을 위하여 필요한 사항을 기록·관리하여야 한다. 설립된 협회 또는 연합회(사업자단체)는 근무기간 등을 기록·관리하는 일 등에 필요한 업무를 국토교통부령으로 정하는 바에 따라 행할 수 있다.

❑ 자가용 화물자동차의 유상운송의 허가사유(국토교통부령으로 정하는 사유)
자가용 화물자동차의 소유자·사용자는 자가용 화물자동차를 유상으로 화물운용용으로 제공하거나 임대하여서는 안된다. 다만, 국토교통부령으로 정하는 다음의 사유에 해당되는 경우로서 시·도지사의 허가를 받으면 화물운송용으로 제공하거나 임대할 수 있다(화물자동차운수사업법 제56조, 동 시행규칙 제49조).
- 천재지변이나 이에 준하는 비상사태로 인하여 수송력 공급을 긴급히 증가시킬 필요가 있는 경우
- 사업용 화물자동차·철도 등 화물운송수단의 운행이 불가능하여 이를 일시적으로 대체하기 위한 수송력 공급이 긴급히 필요한 경우
- 영농조합법인이 그 사업을 위하여 화물자동차를 직접 소유·운영하는 경우

❑ 운수종사자 교육
- 화물자동차의 운전업무에 종사하는 운수종사자는 국토교통부령으로 정하는 바에 따라 시·도지사가 실시하는 교육을 매년 1회 이상 받아야 한다.
- 관할관청은 운수종사자 교육을 실시하는 때에는 운수종사자 교육계획을 수립하여 운수사업자에게 교육을 시작하기 1개월 전까지 통지하여야 한다.
- 운수종사자 교육의 교육시간은 4시간으로 한다. 다만, 운수종사자 준수사항을 위반하여 벌칙 또는 과태료 부과 처분을 받은 자에 대한 교육시간은 8시간으로 한다.

❑ 과징금 부과기준

위반내용	화물자동차 운송사업 일반	화물자동차 운송사업 개인	화물자동차 운송가맹사업
최대적재량 1.5톤 초과의 화물자동차가 차고지와 지방자치단체의 조례로 정하는 시설 및 장소가 아닌 곳에서 밤샘주차한 경우	20만원	10만원	20만원
최대적재량 1.5톤 이하의 화물자동차가 주차장, 차고지 또는 지방자치단체의 조례로 정하는 시설 및 장소가 아닌 곳에서 밤샘주차한 경우	20만원	5만원	20만원
사업용 화물자동차의 바깥쪽에 일반인이 알아보기 쉽도록 해당 운송사업자의 명칭(개인화물자동차 운송사업자인 경우에는 그 화물자동차 운송사업의 종류를 말함)을 표시하지 않은 경우	10만원	5만원	10만원
화물자동차 운전자에게 차 안에 화물운송 종사자격증명을 게시하지 않고 운행하게 한 경우	10만원	5만원	10만원
화물자동차 운전자에게 운행기록계가 설치된 운송사업용 화물자동차를 해당 장치가 정상적으로 작동되지 않는 상태에서 운행하도록 한 경우	20만원	10만원	20만원

❑ **과징금 20만원** : 신고한 운송주선약관을 준수하지 않은 경우, 허가증에 기재되지 않은 상호를 사용한 경우, 화주에게 견적서 또는 계약서, 사고확인서를 발급하지 않은 경우 화물운송주선사업자에 부과되는 과징금은 20만원이다.

❑ 화물운송업 관련 업무 처리
- **시·도에서 처리하는 업무** : 화물자동차 운송사업의 허가 및 허가사항 변경허가, 허가기준에 관한 사항의 신고, 영업소의 허가, 운송약관의 신고 및 변경신고, 휴업 및 폐업 신고, 허가취소, 과징금의 부과·징수, 종사자격의 취소 및 효력의 정지, 운송주선사업의 허가 및 허가취소 및 사업정지처분, 운송가맹사업의 허가 및 변경허가·변경신고·허가취소, 개선명령, 과태료의 부과 및 징수 등
- **협회에서 처리하는 업무** : 화물자동차 운송사업 허가사항에 대한 경미한 사항 변경신고, 운송주선사업 허가사항에 대한 변경신고 등
- **연합회에서 처리하는 업무** : 과적 운행, 과로 운전, 과속 운전의 예방 등 안전한 수송을 위한 지도·계몽 등
- **한국교통안전공단에서 처리하는 업무** : 안전운임신고센터의 설치·운영, 운전적성에 대한 정밀검사의 시행, 종사자격시험의 실시·관리 및 교육, 종사자격증의 발급, 운전자의 교통사고 및 교통법규 위반사항 제공요청 및 기록·관리, 운전자의 인명사상사고 및 교통법규 위반사항 제공, 운전자채용 기록·관리 자료의 요청 등

❑ **자가용 화물자동차 사용신고** : 화물자동차 운송사업과 화물자동차 운송가맹사업에 이용되지 않고 자가용으로 사용되는 화물자동차로서 대통령령으로 정하는 화물자동차를 사용하려는 자는 시·도지사에게 신고하여야 한다. 신고한 사항을 변경하고자 하는 때에도 또한 같다.
- **사용신고대상 화물자동차** : 대통령령으로 정하는 화물자동차란 특수자동차와 특수자동차를 제외한 화물자동차로서 최대 적재량이 2.5톤 이상인 화물자동차를 말한다.
- **신고확인증의 비치** : 자가용 화물자동차의 소유자는 자가용 화물자동차에 신고확인증을 갖추어 두고 운행하여야 한다.

❑ **자가용 화물자동차의 유상운송 금지** : 자가용 화물자동차의 소유자 또는 사용자는 자가용 화물자동차를 유상으로 화물운송용으로 제공하거나 임대하여서는 안된다.

- **자가용 화물자동차 사용의 제한 또는 금지** : 시·도지사는 자가용 화물자동차의 소유자·사용자가 자가용 화물자동차를 사용하여 화물자동차 운송사업을 경영한 경우와 허가를 받지 않고 자가용 화물자동차를 유상으로 운송에 제공하거나 임대한 경우는 6개월 이내의 기간을 정하여 자동차의 사용을 제한하거나 금지할 수 있다.

- **벌칙** : 5년 이하의 징역 또는 2천만원 이하의 벌금(화물자동차 운수사업법 제66조)
  - 적재된 화물이 떨어지지 않도록 덮개·포장·고정장치 등 필요한 조치를 하지 않아 사람을 상해 또는 사망에 이르게 한 운송사업자
  - 필요한 조치를 하지 않고 화물자동차를 운행하여 사람을 상해 또는 사망에 이르게 한 운수종사자

- **벌칙** : 3년 이하의 징역 또는 3천만원 이하의 벌금(법 제66조의2)
  - 정당한 사유 없이 업무개시 명령을 거부한 운송사업자 또는 운수종사자
  - 거짓이나 부정한 방법으로 보조금을 교부 받은 자
  - 보조금의 지급 정지 사유의 하나에 해당하는 행위에 가담하였거나 공모한 주유업자 등

- **벌칙** : 1년 이하의 징역 또는 1천만원 이하의 벌금(법 제68조)
  - 다른 사람에게 자신의 화물운송 종사자격증을 빌려 준 사람
  - 다른 사람의 화물운송 종사자격증을 빌린 사람
  - 화물운송 종사자격증을 빌려 주거나 빌리는 등의 금지행위를 알선한 사람

- **자동차관리법의 목적(제1조)** : 자동차의 등록, 안전기준, 자기인증, 제작결함 시정, 점검, 정비, 검사 및 자동차관리사업 등에 관한 사항을 정하여 자동차를 효율적으로 관리하고 자동차의 성능 및 안전을 확보함으로써 공공의 복리를 증진

- **자동차의 차령기산일**
  - 제작연도에 등록된 자동차 : 최초의 신규등록일
  - 제작연도에 등록되지 아니한 자동차 : 제작연도의 말일

- **자동차관리법령에서 적용이 제외되는 자동차** : 건설기계, 농업기계, 「군수품관리법」에 따른 차량, 궤도 또는 공중선에 의하여 운행되는 차량, 의료기기

- **자동차관리법에서의 자동차** : 승용자동차, 승합자동차, 화물자동차, 특수자동차 및 이륜자동차

- **승합자동차** : 11인 이상을 운송하기에 적합하게 제작된 자동차. 다만, 내부의 특수한 설비로 인하여 승차인원이 10인 이하로 된 자동차와 국토교통부령으로 정하는 경형자동차로서 승차정원이 10인 이하인 전방조종자동차도 승차인원에 관계없이 승합자동차로 봄

- **승용자동차** : 10인 이하를 운송하기에 적합하게 제작된 자동차

- **화물자동차** : 화물을 운송하기에 적합한 화물적재공간을 갖추고, 화물적재공간의 총적재화물의 무게가 운전자를 제외한 승객이 승차공간에 모두 탑승했을 때의 승객의 무게보다 많은 자동차

- **특수자동차** : 다른 자동차를 견인하거나 구난작업 또는 특수한 작업을 수행하기에 적합하게 제작된 자동차로서 승용자동차·승합자동차 또는 화물자동차가 아닌 자동차

❑ **등록 및 임시운행허가** : 자동차(이륜자동차는 제외한다)는 자동차등록원부에 등록한 후가 아니면 운행할 수 없다. 다만, 임시운행허가를 받아 허가 기간 내에 운행하는 경우에는 그러하지 아니하다.

❑ **자동차등록번호판을 가리거나 알아보기 곤란하게 하거나, 그러한 자동차를 운행한 경우** : 과태료 1차 50만원, 2차 150만원, 3차 250만원

❑ **고의로 자동차등록번호판을 가리거나 알아보기 곤란하게 한 자** : 1년 이하의 징역 또는 1,000만원 이하의 벌금

❑ **이전등록** : 등록된 자동차를 양수받는 자는 시·도지사에게 자동차 소유권의 이전등록을 신청하여야 한다. 자동차를 양수한 자가 다시 제3자에게 양도하려는 경우에는 양도 전에 자기 명의로 이전등록을 하여야 한다.

❑ **시·도지사의 직권 말소등록**
- 말소등록을 신청하여야 할 자가 신청하지 않은 경우
- 자동차의 차대(차대가 없는 경우 차체)가 등록원부상의 차대와 다른 경우
- 자동차 운행정지 명령에도 불구하고 해당 자동차를 계속 운행하는 경우
- 자동차를 폐차한 경우, 속임수나 부정한 방법으로 등록된 경우

❑ **임시운행허가기간** : 자동차를 등록하지 않고 일시 운행을 하려는 자는 국토교통부장관 또는 시·도지사의 임시운행허가를 받아야 함
- 신규등록신청을 위하여 자동차를 운행하려는 경우 : 10일 이내
- 자동차의 차대번호·원동기형식의 표기를 지우거나 받기 위해 운행하려는 경우 : 10일 이내
- 신규검사 또는 임시검사를 받기 위하여 운행하려는 경우 : 10일 이내
- 자동차를 제작·조립·수입·판매하는 자가 판매사업장·하치장 또는 전시장에 보관·전시하거나 환수하기 위해 운행하려는 경우 : 10일 이내
- 자동차를 제작·조립·수입·판매하는 자가 판매한 자동차를 환수하기 위하여 운행하려는 경우 : 10일 이내
- 수출하기 위해 말소등록한 자동차를 점검·정비·선적하기 위해 운행하려는 경우 : 20일 이내
- 자동차자기인증에 필요한 시험 또는 확인을 받기 위하여 자동차를 운행하려는 경우 : 40일 이내
- 자동차를 제작·조립·수입하는 자가 자동차에 특수한 설비를 설치하기 위하여 다른 제작 또는 조립장소로 자동차를 운행하려는 경우 : 40일 이내

❑ **튜닝검사의 신청서류** : 말소사실증명서, 튜닝승인서, 튜닝 전·후의 주요제원대비표, 튜닝 전·후의 자동차외관도(외관의 변경이 있는 경우에 한함), 튜닝하려는 구조·장치의 설계도

❑ **자동차의 튜닝** : 자동차의 구조·장치 중 국토교통부령으로 정하는 것을 변경하려는 경우에는 그 자동차의 소유자가 시장·군수·구청장의 승인을 받아야 한다. 시장·군수 또는 구청장은 튜닝 승인에 관한 권한을 한국교통안전공단에 위탁한다.

❏ 자동차검사

- 신규검사 : 신규등록을 하려는 경우 실시하는 검사
- 정기검사 : 신규등록 후 일정 기간마다 정기적으로 실시하는 검사
- 튜닝검사 : 자동차를 튜닝한 경우에 실시하는 검사
- 임시검사 : 자동차관리법 또는 자동차관리법에 따른 명령이나 자동차 소유자의 신청을 받아 비정기적으로 실시하는 검사
- 수리검사 : 전손 처리 자동차를 수리한 후 운행하려는 경우에 실시하는 검사

❏ 자동차 정기검사 유효기간

차종	비사업용 승용자동차 및 피견인자동차	사업용 승용 자동차	경형·소형의 승합 및 화물자동차	사업용 대형화물자동차		중형 승합자동차 및 사업용 대형승합자동차	
차령				2년 이하	2년 초과	8년 이하	8년 초과
유효 기간	2년 (최초 4년)	1년 (최초 2년)	1년	1년	6월	1년	6월

※ 그 밖의 자동차 : (차령 5년 이하) 1년, (차령 5년 이상) 6월

❏ 자동차종합검사의 대상과 유효기간

검사 대상		적용 차령	검사 유효기간
승용자동차	비사업용	차령이 4년 초과인 자동차	2년
	사업용	차령이 2년 초과인 자동차	1년
경형·소형의 승합 및 화물자동차	비사업용	차령이 3년 초과인 자동차	1년
	사업용	차령이 2년 초과인 자동차	1년
사업용 대형화물자동차		차령이 2년 초과인 자동차	6개월
사업용 대형승합자동차		차령이 2년 초과인 자동차	차령 8년까지는 1년, 이후부터는 6개월
중형 승합자동차	비사업용	차령이 3년 초과인 자동차	차령 8년까지는 1년, 이후부터는 6개월
	사업용	차령이 2년 초과인 자동차	차령 8년까지는 1년, 이후부터는 6개월

❏ 검사 유효기간의 계산 방법과 자동차종합검사기간 등

- 자동차관리법에 따라 신규등록을 하는 자동차 : 신규등록일부터 계산
- 종합검사기간 내에 종합검사를 신청하여 적합 판정을 받은 자동차 : 직전 검사 유효기간 마지막 날의 다음 날부터 계산
- 종합검사기간 전 또는 후에 종합검사를 신청하여 적합 판정을 받은 자동차 : 종합검사를 받은 날의 다음 날부터 계산
- 종합검사기간 : 검사 유효기간의 마지막 날 전후 각각 31일 이내
- 소유권 변동 또는 사용본거지 변동 등의 사유로 종합검사의 대상이 된 자동차 중 정기검사의 기간 중에 있거나 정기검사의 기간이 지난 자동차는 변경등록을 한 날부터 62일 이내에 종합검사를 받아야 한다.

종합검사기간 전 또는 후에 종합검사를 신청한 경우 재검사 신청기간 : 부적합 판정을 받은 날부터 10일 이내

종합검사기간 내에 종합검사를 신청한 경우 재검사 신청기간
- 최고속도제한장치의 미설치, 무단 해체·해제 및 미작동, 자동차 배출가스 검사기준 위반 : 부적합 판정을 받은 날부터 10일 이내
- 그 밖의 사유 : 부적합 판정을 받은 날부터 종합검사기간 만료 후 10일 이내

자동차종합검사 유효기간의 연장 또는 유예 사유
- 전시·사변 또는 이에 준하는 비상사태로 인한 경우
- 자동차를 도난당한 경우, 사고발생으로 자동차를 장기간 정비할 필요가 있는 경우, 자동차가 압수 또는 면허취소 등으로 인하여 운행할 수 없는 경우 등
- 자동차 소유자가 폐차를 하려는 경우

정기검사나 종합검사를 받지 않은 경우 과태료
- 검사 지연기간이 30일 이내인 경우 : 4만원
- 검사 지연기간이 30일 초과 114일 이내인 경우 : 4만원에 31일째부터 계산하여 3일 초과시마다 2만원을 더한 금액
- 검사 지연기간이 115일 이상인 경우 : 60만원

정기검사 기간 : 자동차정기검사의 기간은 검사유효기간만료일 전후 각각 31일 이내로 하며, 이 기간 내에 자동차정기검사에서 적합판정을 받은 경우에는 검사유효기간만료일에 자동차정기검사를 받은 것으로 본다.

매매용 자동차의 관리(자동차관리법 제59조) : 자동차매매업자는 다음의 하나에 해당되는 경우에는 국토교통부령으로 정하는 바에 따라 시장·군수·구청장에게 신고하여야 한다.
- 매매용 자동차가 사업장에 제시된 경우
- 매매용 자동차가 팔린 경우
- 매매용 자동차가 팔리지 아니하고 그 소유자에게 반환된 경우

도로법의 목적(제1조) : 도로망의 계획수립, 도로 노선의 지정, 도로공사의 시행과 도로의 시설기준, 도로의 관리·보전 및 비용 부담 등에 관한 사항을 규정하여 국민이 안전하고 편리하게 이용할 수 있는 도로의 건설과 공공복리의 향상에 이바지함을 목적으로 한다.

도로의 부속물 : 도로관리청이 도로의 편리한 이용과 안전 및 원활한 도로교통의 확보, 그밖에 도로의 관리를 위하여 설치하는 시설 또는 공작물

도로법에 따른 도로의 종류 : 고속국도, 일반국도, 특별시도·광역시도, 지방도, 시도, 군도, 구도
- 고속국도 : 도로교통망의 중요한 축을 이루며 주요 도시를 연결하는 도로로서 자동차 전용의 고속교통에 사용되는 도로

- **일반국도** : 주요 도시, 지정항만, 주요 공항, 국가산업단지 또는 관광지 등을 연결하여 고속국도와 함께 국가간선 도로망을 이루는 도로
- **특별시도·광역시도** : 특별시, 광역시의 관할구역에 있는 주요 도로망을 형성하는 도로
- **지방도** : 도청 소재지에서 시청 또는 군청 소재지에 이르는 도로, 시청 또는 군청 소재지를 서로 연결하는 도로
- **시도(市道)** : 특별자치시, 시 또는 행정시의 관할구역에 있는 도로
- **군도(郡道)** : 군청 소재지에서 읍사무소 또는 면사무소 소재지에 이르는 도로
- **구도(區道)** : 특별시도와 광역시도를 제외한 자치구 안에서 동(洞) 사이를 연결하는 도로

❏ **농어촌도로 정비법에 따른 농어촌도로** : 면도, 이도, 농도

❏ **도로에 관한 금지행위** : 도로를 파손하는 행위, 도로에 토석·입목·죽(竹) 등 장애물을 쌓아놓는 행위, 그밖에 도로의 구조나 교통에 지장을 주는 행위

❏ **도로관리청이 운행을 제한할 수 있는 차량**
- 축하중(軸荷重)이 10톤을 초과하거나 총중량이 40톤을 초과하는 차량
- 차량의 폭이 2.5미터, 높이가 4.0미터, 길이가 16.7미터를 초과하는 차량
- 도로관리청이 특히 도로구조의 보전과 통행의 안전에 지장이 있다고 인정하는 차량

❏ **차량의 적재량 측정을 방해한 자 등에 대한 벌칙** : 정당한 사유 없이 적재량 측정을 위한 도로관리청의 요구에 따르지 않은 자와 차량의 적재량 측정을 방해한 자, 정당한 사유 없이 도로관리청의 재측정 요구에 따르지 않은 자는 1년 이하의 징역이나 1천만원 이하의 벌금에 처한다.

❏ **차량 관리청 허가를 받으려는 자의 신청서 기재사항** : 차량의 구조나 적재화물의 특수성으로 인하여 관리청의 허가를 받으려는 자는 신청서에 '운행하려는 도로의 종류 및 노선명, 운행구간 및 그 총 연장, 차량의 제원, 운행기간, 운행목적, 운행방법'을 기재하여 도로 관리청에 제출하여야 한다.

❏ **대기환경보전법의 목적** : 대기오염으로 인한 국민건강이나 환경에 관한 위해를 예방하고 대기환경을 적정하게 지속가능하게 관리·보전하여 모든 국민이 건강하고 쾌적한 환경에서 생활할 수 있게 하는 것

❏ **대기환경보전법령상의 정의**
- **대기오염물질** : 대기오염의 원인이 되는 가스·입자상물질로서 환경부령으로 정하는 것
- **온실가스** : 적외선 복사열을 흡수하거나 다시 방출하여 온실효과를 유발하는 대기 중의 가스상태 물질로서 이산화탄소, 메탄, 아산화질소, 수소불화탄소, 과불화탄소, 육불화황을 말함
- **가스** : 물질이 연소·합성·분해될 때에 발생하거나 물리적 성질로 인해 발생하는 기체상물질
- **먼지** : 대기 중에 떠다니거나 흩날려 내려오는 입자상물질
- **매연** : 연소할 때에 생기는 유리탄소가 주가 되는 미세한 입자상물질
- **검댕** : 연소할 때에 생기는 유리탄소가 응결하여 입자의 지름이 1미크론 이상이 되는 입자상물질
- **입자상물질** : 물질이 파쇄·선별·퇴적·이적될 때, 그밖에 기계적으로 처리되거나 연소·합성·분해될 때에 발생하는 고체상·액체상의 미세한 물질

❑ **저공해자동차로의 전환·개조 명령 등** : 시·도지사와 시장·군수는 관할 지역의 대기질 개선 등을 위하여 필요하다고 인정하면 저공해자동차로의 전환 또는 개조 명령, 배출가스저감장치의 부착·교체 명령 또는 배출가스 관련 부품의 교체 명령, 저공해엔진으로의 개조·교체를 권고할 수 있음 → 이를 이행하지 아니한 자는 300만원 이하의 과태료 처분

❑ **공회전 제한장치 부착명령 대상 자동차**
- 시내버스운송사업에 사용되는 자동차
- 일반택시운송사업에 사용되는 자동차
- 화물자동차운송사업에 사용되는 최대 적재량이 1톤 이하인 밴형 화물자동차로서 택배용으로 사용되는 자동차

❑ **최저지상고** : 공차상태의 자동차에 있어서 접지부분외의 부분은 지면과의 사이에 12센티미터 이상의 간격이 있어야 한다.

❑ **자동차정책기본계획의 수립** : 국토교통부장관은 자동차를 효율적으로 관리하고 안전도를 높이기 위하여 자동차정책기본계획을 5년마다 수립·시행하여야 한다.

❑ **기본계획 포함 사항**
- 자동차 관련 기술발전 전망과 자동차 안전 및 관리 정책의 추진방향
- 자동차안전기준 등의 연구개발·기반조성 및 국제조화에 관한 사항
- 자동차 안전도 향상에 관한 사항
- 자동차 관리제도 및 소비자 보호에 관한 사항
- 신기술이 적용된 자동차의 자동차검사기준 마련 및 자동차검사 관련 기술·기기의 연구·개발·보급에 관한 사항 등

CHAPTER 02 교통 및 화물관련법규 기출문제(2025~2021년)

01 도로교통법상 도로에 해당하지 않는 곳은?

① 도로법에 따른 도로
② 농어촌도로 정비법에 따른 농어촌도로
③ 군부대 내의 도로
④ 유료도로법에 따른 유료도로

01 도로교통법상 도로 : 「도로법」에 따른 도로, 「유료도로법」에 따른 유료도로, 「농어촌도로 정비법」에 따른 농어촌도로 등

02 도로교통법령상 '십(十)'자로, 'T'자로나 그밖에 둘 이상의 도로가 교차하는 부분을 일컫는 용어는?

① 보도
② 고가차도
③ 안전지대
④ 교차로

02
④ 교차로 : '십'자로, 'T'자로나 그 밖에 둘 이상의 도로가 교차하는 부분
① 보도 : 연석선, 안전표지나 인공구조물로 경계를 표시하여 보행자가 통행할 수 있도록 한 도로의 부분
② 고가차도(고가도로) : 공중에 구조물을 설치하여 그 위에 입체적으로 조성한 도로
③ 안전지대 : 보행자나 통행하는 차마의 안전을 위하여 안전표지나 이와 비슷한 인공구조물로 표시한 도로의 부분

03 도로교통법에 따른 용어의 정의로 옳지 않은 것은?

① 횡단보도 : 보행자가 도로를 횡단할 수 있도록 안전표지로 표시한 도로의 부분
② 자동차전용도로 : 자동차만 다닐 수 있도록 설치된 도로
③ 고속도로 : 자동차의 고속 운행에만 사용하기 위하여 지정된 도로
④ 길가장자리구역 : 도로를 횡단하는 보행자나 통행하는 차마의 안전을 위하여 안전표지로 표시한 도로의 부분

03 길가장자리구역 : 보도와 차도가 구분되지 않은 도로에서 보행자의 안전을 확보하기 위하여 안전표지 등으로 경계를 표시한 도로의 가장자리 부분

04 도로교통법상 안전표지의 종류에 해당되지 않는 것은?

① 주의표지
② 권장표지
③ 규제표지
④ 보조표지

04 안전표지 : 교통안전에 필요한 주의·규제·지시 등을 표시하는 표지판(주의표지·규제표지·지시표지·보조표지)이나 도로의 바닥에 표시하는 기호·문자 또는 선(노면표시) 등

05 다음 중 도로교통법상 '차'에 해당하는 것은?

① 궤도차
② 유모차
③ 자전거
④ 보행보조용 의자차

05 차 : 자동차, 건설기계, 원동기장치자전거, 자전거, 사람 또는 가축의 힘이나 그 밖의 동력으로 도로에서 운전되는 것. 다만, 철길이나 가설된 선을 이용하여 운전되는 것(궤도차 등), 유모차와 보행보조용 의자차는 제외

정답 01 ③ 02 ④ 03 ④ 04 ② 05 ③

CHAPTER 02. 교통 및 화물관련법규 기출문제

06 자동차관리법에 따른 자동차의 종류에 해당하지 않는 것은?

① 여객자동차 ② 승용자동차
③ 화물자동차 ④ 이륜자동차

07 건설기계관리법에 따른 건설기계에 해당하지 않는 것은?

① 아스팔트살포기
② 특수자동차
③ 노상안정기
④ 천공기(트럭 적재식)

08 자동차관리법의 적용을 받는 자동차는?

① 건설기계관리법에 따른 건설기계
② 다른 자동차를 견인하는 특수자동차
③ 농업기계화촉진법에 따른 농업기계
④ 군수품관리법에 따른 차량

09 도로교통법상 '운전'에 대한 정의로 옳은 것은?

① 차 밖에서 손을 넣어 걸려있는 열쇠를 조작하다 차가 전진한 경우
② 도로에서 차를 그 본래의 사용방법에 따라 사용하는 경우
③ 어린이가 차내의 기기를 만지다 주차브레이크가 풀려 차가 미끄러진 경우
④ 주차되어 있는 차를 밀어 앞차와 충돌한 경우

10 다음 중 차가 즉시 정지할 수 있는 느린 속도로 진행함을 의미하는 것은?

① 서행 ② 정차
③ 정지 ④ 일시정지

---

06 자동차관리법에 따른 자동차의 종류 : 승용자동차, 승합자동차, 화물자동차, 특수자동차, 이륜자동차

07 자동차 : 철길이나 가설된 선을 이용하지 아니하고 원동기를 사용하여 운전되는 차
- 자동차관리법에 따른 승용자동차, 승합자동차, 화물자동차, 특수자동차, 이륜자동차(원동기장치자전거 제외)
- 건설기계관리법에 따른 건설기계(덤프트럭, 아스팔트살포기, 노상안정기, 콘크리트믹서트럭, 콘크리트펌프, 천공기(트럭 적재식) 등)

08 자동차관리법상의 자동차는 승용자동차, 승합자동차, 화물자동차, 특수자동차 및 이륜자동차로 구분된다. 자동차관리법령의 적용이 제외되는 자동차에는 건설기계, 농업기계, 「군수품관리법」에 따른 차량, 궤도·공중선에 의하여 운행되는 차량, 의료기기가 있다.

09 운전 : 도로에서 차마 또는 노면전차를 그 본래의 사용방법에 따라 사용하는 것(조종을 포함)

10 ① 서행 : 차를 즉시 정지할 수 있는 느린 속도로 진행하는 것
② 정차 : 5분을 초과하지 않고 차를 정지시키는 것
③ 정지 : 자동차가 완전히 멈추는 상태
④ 일시정지 : 차의 바퀴를 일시적으로 완전히 정지시키는 것

정답 **06** ① **07** ② **08** ② **09** ② **10** ①

11 앞지르기의 개념으로 가장 적절한 것은?

① 중앙선을 넘어서 운행하는 행위
② 차로를 바꿔 곧장 앞으로 진행하는 행위
③ 앞차의 좌측 차로로 바꿔 진행하여 앞차 앞으로 나아가는 행위
④ 중앙선을 걸친 상태로 운행하는 행위

12 차로에 따른 통행방법으로 옳지 않은 것은?

① 도로 외의 곳으로 출입할 때에는 보도를 횡단하여 통행할 수 있다.
② 안전지대 등 안전표지에 의해 진입이 금지된 장소는 들어가서는 안된다.
③ 안전표지로 통행이 허용된 장소를 제외하고는 자전거도로로 통행해서는 안된다.
④ 앞지르기를 할 때는 통행기준에 지정된 차로의 바로 옆 오른쪽 차로로 통행할 수 있다.

13 신호기가 표시하는 '적색등화'의 의미로 옳지 않은 것은?

① 차마는 다른 교통에 주의하면서 직진할 수 있다.
② 차마는 정지선, 횡단보도 및 교차로의 직전에서 정지하여야 한다.
③ 차마는 신호에 따라 진행하는 다른 차마의 교통을 방해하지 아니하고 우회전할 수 있다.
④ 보행자는 횡단보도를 횡단하여서는 안된다.

14 차마가 다른 교통 또는 안전표지에 주의하면서 진행할 수 있는 교통신호는?

① 보행신호등에서 황색등화의 점멸
② 차량신호등에서 적색등화의 점멸
③ 보행신호등에서 적색등화의 점멸
④ 차량신호등에서 황색등화의 점멸

15 도로교통법령상 차량신호등인 '황색등화의 점멸' 신호가 뜻하는 의미는?

① 다른 교통에 주의하면서 진행할 수 있다.
② 신속히 직진하여야 한다.
③ 정지선 또는 교차로에 일시 정지하여야 한다.
④ 일단 정지한 후 녹색등화가 들어올 때까지 기다려야 한다.

---

11 앞지르기 : 운전자가 앞서가는 다른 차의 옆(좌측면, 좌측 차로)을 지나서 그 차의 앞으로 나가는 것

12 ④ 앞지르기를 할 때에는 지정된 차로의 바로 옆 왼쪽 차로로 통행할 수 있음
① 도로 외의 곳으로 출입할 때에는 보도를 횡단하여 통행할 수 있음
② 안전지대 등 안전표지에 의하여 진입이 금지된 장소에 들어가서는 안됨
③ 차마의 운전자는 안전표지로 통행이 허용된 장소를 제외하고는 자전거도로·길가장자리구역으로 통행해서는 안됨

13 적색등화
– 차마는 정지선·횡단보도·교차로의 직전에서 정지해야 함
– 신호에 따라 진행하는 다른 차마의 교통을 방해하지 않고 우회전할 수 있음
– 우회전 삼색등이 적색 등화인 경우 우회전할 수 없음
– 보행자신호는 정지신호이므로 횡단보도를 횡단하여서는 안됨

14 차량신호등에서 황색등화가 점멸되는 경우 차마는 다른 교통 또는 안전표지의 표시에 주의하면서 진행할 수 있다. 적색등화가 점멸되는 경우는 정지선·횡단보도가 있을 때에는 그 직전이나 교차로의 직전에 일시정지한 후 다른 교통에 주의하면서 진행할 수 있다.

15
• 황색등화의 점멸 : 차마는 다른 교통 또는 안전표지의 표시에 주의하면서 진행할 수 있음
• 적색등화의 점멸 : 정지선이나 횡단보도가 있을 때에는 그 직전이나 교차로의 직전에 일시정지한 후 다른 교통에 주의하면서 진행할 수 있음

정답 11 ③ 12 ④ 13 ① 14 ④ 15 ①

16 차량신호등용 원형등화의 화살표 등화신호에 해당하지 않는 것은?

① 녹색화살표의 등화
② 녹색화살표등화의 점멸
③ 황색화살표의 등화
④ 황색화살표등화의 점멸

16 화살표 등화 : 녹색화살표의 등화, 황색화살표의 등화, 적색화살표의 등화, 황색화살표등화의 점멸, 적색화살표등화의 점멸

17 주의표지에 해당하지 않는 표지는?

① 횡풍표지
② 터널표지
③ 위험표지
④ 서행표지

17
- 주의표지 : 신호기, 미끄러운도로, 과속방지턱, 횡단보도, 어린이보호, 자전거, 도로공사중, 횡풍, 터널, 교량, 위험 등
- 규제표지 : 통행금지, 진입금지, 주차금지, 최고속도제한, 서행, 일시정지, 양보 등

18 안전표지의 종류 중 규제표지에 해당하지 않는 것은?

① 차중량제한표지
② 서행표지
③ 양보표지
④ 일방통행표지

18
- 규제표지 : 통행금지, 진입금지, 우회전(좌회전)금지, 유턴금지, 앞지르기금지, 주차금지, 차중량제한, 차높이제한, 차폭제한, 최고(최저)속도제한, 서행, 일시정지, 양보, 보행자보행금지 등
- 지시표지 : 자동차전용도로, 직진, 우회전(좌회전), 유턴, 자전거및보행자통행구분, 주차장, 어린이보호, 일방통행, 비보호좌회전, 버스전용차로 등

19 노면표시 중 동일방향의 교통류 분리 및 경계 표시를 의미하는 색은?

① 황색
② 청색
③ 적색
④ 백색

19 노면표시 중 백색(흰색)은 동일방향의 교통류 분리 및 경계 표시를 나타낸다. 황색은 반대방향의 교통류분리를 나타내며, 청색은 버스전용차로표시 및 다인승차량 전용차선표시, 적색은 어린이보호구역·주거지역 안에 설치하는 속도제한표시의 테두리선 및 소방시설 주변 정차·주차금지표시를 나타낸다.

20 노면에 표시하는 실선의 기본색상의 의미에 대한 설명으로 옳은 것은?

① 백색 : 반대방향의 교통류 분리 표시
② 황색 : 동일방향의 교통류 분리 표시
③ 청색 : 전용차로 표시
④ 적색 : 안전지대 표시

20 노면표시의 기본색상
- 백색 : 동일방향의 교통류 분리 및 경계 표시
- 황색 : 반대방향의 교통류 분리, 도로이용의 제한·지시
- 청색 : 지정방향의 교통류 분리 표시(버스전용차로·다인승차량 전용차선표시)
- 적색 : 어린이보호구역·주거지역내 설치하는 속도제한표시의 테두리선 및 소방시설주변 주·정차금지표시

정답 16 ② 17 ④ 18 ④ 19 ④ 20 ③

21 앞차가 갑자기 정지할 경우 그 앞차와의 충돌을 피할 수 있는 거리를 무엇이라 하는가?

① 안전거리
② 공주거리
③ 제동거리
④ 충돌거리

21 안전거리 : 모든 차의 운전자는 같은 방향으로 가는 앞차의 뒤를 따르는 경우에는, 앞차가 갑자기 정지할 때 충돌을 피할 수 있는 필요한 안전거리를 확보하여야 한다.

22 편도 3차로 고속도로에서 화물자동차가 통행할 수 있는 차로는?

① 왼쪽차로
② 1차로
③ 오른쪽차로
④ 갓길

22 차로에 따른 통행차의 기준
- 편도 2차로인 고속도로
  - 1차로 : 앞지르기를 하려는 모든 자동차
  - 2차로 : 모든 자동차
- 편도 3차로 이상인 고속도로
  - 1차로 : 앞지르기를 하려는 승용자동차 및 앞지르기를 하려는 경형·소형·중형 승합자동차
  - 왼쪽 차로 : 승용자동차 및 경형·소형·중형 승합자동차
  - 오른쪽 차로 : 대형 승합자동차, 화물자동차, 특수자동차, 건설기계

23 도로교통법상 차마가 도로의 중앙이나 좌측 부분을 통행할 수 있는 경우가 아닌 것은?

① 도로가 일방통행인 경우
② 도로의 파손으로 도로의 우측 부분을 통행할 수 없는 경우
③ 어린이통학버스가 어린이를 태우고 있다는 표시를 한 상태로 운행하고 있는 경우
④ 도로 우측 부분의 폭이 차마의 통행에 충분하지 아니한 경우

23 도로가 일방통행인 경우와 도로의 파손 및 도로공사 등으로 도로의 우측 부분을 통행할 수 없는 경우, 도로 우측 부분의 폭이 6미터가 되지 않는 도로에서 다른 차를 앞지르려는 경우, 도로 우측 부분의 폭이 차마의 통행에 충분하지 않은 경우 등은 도로의 중앙이나 좌측 부분을 통행할 수 있다.

24 운전자가 도로의 중앙이나 좌측부분을 통행할 수 없는 경우는?

① 도로가 일방통행인 경우
② 도로공사로 인하여 도로의 우측부분을 통행할 수 없는 경우
③ 안전표지 등으로 앞지르기가 금지 또는 제한된 경우
④ 도로 우측부분의 폭이 차마의 통행에 충분하지 않은 경우

24 도로가 일방통행인 경우와 도로의 파손, 도로공사나 장애 등으로 도로의 우측 부분을 통행할 수 없는 경우, 우측 부분의 폭이 6미터가 되지 않는 도로에서 다른 차를 앞지르려는 경우, 우측 부분의 폭이 차마의 통행에 충분하지 않은 경우는 도로의 중앙이나 좌측 부분을 통행할 수 있다. 다만, 도로의 좌측 부분을 확인할 수 없는 경우, 반대 방향의 교통을 방해할 우려가 있는 경우, 안전표지 등으로 앞지르기를 금지 또는 제한하고 있는 경우에는 통행할 수 없다.

25 도로에서 다른 차를 앞지르려는 경우, 도로 우측 부분의 폭이 충분하지 않아 도로의 중앙이나 좌측 부분을 통행할 수 있는 도로의 폭은?

① 5미터
② 6미터
③ 7미터
④ 8미터

25 도로가 일방통행인 경우와 도로의 파손 및 도로공사 등으로 도로의 우측 부분을 통행할 수 없는 경우, 도로 우측 부분의 폭이 6미터가 되지 않는 도로에서 다른 차를 앞지르려는 경우, 도로 우측 부분의 폭이 차마의 통행에 충분하지 않은 경우 등은 도로의 중앙이나 좌측 부분을 통행할 수 있다.

정답 **21** ① **22** ③ **23** ③ **24** ③ **25** ②

26 도로교통법령에 따른 화물자동차의 운행 안전기준으로 옳은 것은?

① 적재길이는 자동차 길이에 그 길이의 10분의 1을 더한 길이
② 적재중량은 구조와 성능에 따르는 적재중량의 120% 이내
③ 적재너비는 자동차의 후사경으로 측방을 확인할 수 있는 범위의 너비에 10분의 1을 더한 넓이
④ 적재높이는 지상으로부터 4.5미터

27 주거지역·상업지역 및 공업지역을 제외한 편도 1차로 일반도로에서의 최고속도와 최저속도로 옳은 것은?

① 최고속도 매시 60km 이내, 최저속도 매시 10km
② 최고속도 매시 60km 이내, 최저속도 제한 없음
③ 최고속도 매시 50km 이내, 최저속도 제한 없음
④ 최고속도 매시 50km 이내, 최저속도 매시 10km

28 편도 2차로 이상인 일반도로에서의 최고속도와 최저속도 기준으로 옳은 것은?

① 최고속도 80km/h 이내, 최저속도 제한없음
② 최고속도 70km/h 이내, 최저속도 제한없음
③ 최고속도 80km/h 이내, 최저속도 30km/h
④ 최고속도 70km/h 이내, 최저속도 30km/h

29 적재중량 1.5톤 초과 화물자동차의 고속도로 제한속도 기준으로 틀린 것은? (단, 지정·고시한 노선 또는 구간의 고속도로는 제외)

① 편도 1차로 고속도로 최저속도 : 40km/h
② 편도 1차로 고속도로 최고속도 : 80km/h
③ 편도 2차로 이상 고속도로 최저속도 : 50km/h
④ 편도 2차로 이상 고속도로 최고속도 : 80km/h

30 편도 2차로 이상인 고속도로에서 적재중량 1.5톤 초과 화물자동차의 최고속도는?

① 70km/h
② 80km/h
③ 90km/h
④ 100km/h

26
- 적재중량 : 구조 및 성능에 따르는 적재중량의 110퍼센트 이내
- 적재용량 : 다음의 기준을 넘지 아니할 것
  - 적재길이 : 자동차 길이에 그 길이의 10분의 1을 더한 길이
  - 적재너비 : 자동차의 후사경으로 뒤쪽을 확인할 수 있는 범위의 너비
  - 적재높이 : 화물자동차는 지상으로부터 4미터

27 일반도로의 최고·최저속도

도로 구분	최고속도	최저속도
주거·상업·공업지역	매시 50km 이내	제한 없음
지정한 노선·구간의 일반도로	매시 60km 이내	
편도 2차로 이상	매시 80km 이내	
편도 1차로	매시 60km 이내	

28 일반도로의 최고·최저속도

도로 구분	최고속도	최저속도
편도 2차로 이상	매시 80km 이내	제한없음
편도 1차로	매시 60km 이내	

29
- 고속도로 최고속도

편도 2차로 이상	고속도로	• 매시 100km • 매시 80km(적재중량 1.5톤 초과 화물자동차·특수자동차·위험물운반자동차·건설기계)
	지정·고시한 노선 또는 구간의 고속도로	• 매시 120km 이내 • 매시 90km 이내(화물자동차·특수자동차·위험물운반자동차·건설기계)
편도 1차로		매시 80km

- 고속도로 최저속도 : 편도 1차로 고속도로·2차로 이상 고속도로(매시 50km)

30
- 편도 2차로 이상 고속도로 최고속도
  - 고속도로 : 매시 100km, 매시 80km(적재중량 1.5톤 초과 화물자동차, 특수자동차·건설기계 등)
  - 지정·고시한 노선 또는 구간의 고속도로 : 매시 120km, 매시 90km(특수자동차·건설기계 등)
- 편도 1차로 고속도로 최고속도 : 매시 80km

정답 **26** ① **27** ② **28** ① **29** ① **30** ②

31 적재중량 1.5톤 초과 화물자동차의 경우, 편도 2차로 이상인 고속도로에서 지정·고시한 노선 또는 구간의 고속도로에서의 최고속도는?

① 80km/h
② 90km/h
③ 100km/h
④ 110km/h

31 고속도로 최고속도

편도 2차로 이상	고속도로	• 매시 100km • 매시 80km(적재중량 1.5톤 초과 화물자동차·특수자동차·위험물운반자동차·건설기계)
	지정·고시한 노선 또는 구간의 고속도로	• 매시 120km 이내 • 매시 90km 이내(화물자동차·특수자동차·위험물운반자동차·건설기계)
편도 1차로		매시 80km

32 도로교통법령상 자동차전용도로에서 화물자동차의 최저속도는 얼마인가?

① 30km
② 40km
③ 50km
④ 60km

32 최저속도
- 일반도로 : 제한 없음
- 고속도로(편도 1차로·2차로 이상) : 매시 50km
- 자동차전용도로 : 매시 30km

33 비가 내려 노면이 젖어 있거나, 겨울철 눈이 20mm 미만 쌓인 경우 운행속도는?

① 최고속도의 10/100을 줄인 속도
② 최고속도의 20/100을 줄인 속도
③ 최고속도의 30/100을 줄인 속도
④ 최고속도의 50/100을 줄인 속도

33
• 최고속도의 20/100을 줄인 속도 : 비가 내려 노면이 젖어있는 경우, 눈이 20mm 미만 쌓인 경우
• 최고속도의 50/100을 줄인 속도 : 노면이 얼어붙은 경우, 폭우·폭설·안개 등으로 가시거리가 100m 이내인 경우, 눈이 20mm 이상 쌓인 경우

34 도로교통법령상 운행속도를 최고속도의 50/100을 줄여 운행하여야 하는 경우가 아닌 것은?

① 노면이 얼어붙은 경우
② 비포장도로를 운전하는 경우
③ 안개, 폭우, 폭설 등으로 가시거리가 100m 이내인 경우
④ 눈이 20mm 이상 쌓인 경우

34 최고속도의 50/100을 줄인 속도 : 노면이 얼어붙은 경우, 폭우·폭설·안개 등으로 가시거리가 100m 이내인 경우, 눈이 20mm 이상 쌓인 경우

35 서행하여야 하는 장소에 해당되지 않는 것은?

① 교통정리를 하고 있지 않은 교차로
② 교차로나 그 부근에서 긴급자동차가 접근하는 경우
③ 도로가 구부러진 부근
④ 시·도경찰청장이 안전표지로 지정한 곳

35 서행하여야 하는 장소
- 교통정리를 하고 있지 않은 교차로
- 도로가 구부러진 부근
- 비탈길의 고갯마루 부근, 가파른 비탈길의 내리막
- 시·도경찰청장이 위험 방지와 교통의 안전 등을 위하여 안전표지로 지정한 곳

정답 **31** ② **32** ① **33** ② **34** ② **35** ②

36 서행하여야 하는 경우에 해당하지 않는 것은?

① 교차로에서 우회전할 때
② 안전지대에 보행자가 있는 경우
③ 자전거가 자전거횡단도를 통행하고 있을 때
④ 차로가 설치되지 아니한 좁은 도로에서 보행자의 옆을 지나는 경우

37 도로교통법령상 자전거를 끌고 횡단보도를 통행하고 있는 자를 발견한 경우 운전자가 횡단보도 앞에서 취해야 할 조치는?

① 정지   ② 주차
③ 서행   ④ 일시정지

38 일시정지 상황에 대한 설명으로 옳지 않은 것은?

① 어린이가 도로에서 앉아 있거나 서 있을 때
② 어린이가 도로에서 놀이를 할 때
③ 교통이 한산한 교차로를 통행할 때
④ 앞을 보지 못하는 사람이 흰색 지팡이를 가지고 도로를 횡단하고 있는 경우

39 앞을 보지 못하는 사람이 흰색 지팡이를 가지고 도로를 횡단하고 있는 경우 운전자가 취해야 할 조치는?

① 서행   ② 일시정지
③ 정지   ④ 주차

40 교차로 통행방법에 대한 설명으로 옳지 않은 것은?

① 신호에 따라 교차로에 들어가려는 때에 교차로에 정지하게 되어 다른 차의 통행에 방해가 될 우려가 있는 경우에도 진입할 수 있다.
② 좌회전하려는 차는 미리 도로의 중앙선을 따라 서행하면서 교차로의 중심 안쪽을 이용하여 좌회전하여야 한다.
③ 우회전하려는 차는 미리 도로의 우측 가장자리를 서행하면서 우회전하여야 한다.
④ 좌회전을 하기 위해 등화로써 신호를 하는 차가 있는 경우에 그 뒤차의 운전자는 신호를 한 앞차의 진행을 방해하여서는 안된다.

---

36 서행하여야 하는 경우
- 교차로에서 좌·우회전할 때 각각 서행
- 통행하고 있는 도로의 폭보다 교차하는 도로 폭이 넓은 경우
- 안전지대에 보행자가 있는 경우와 차로가 설치되지 않은 좁은 도로에서 보행자의 옆을 지나는 경우

37 운전자는 보행자(자전거를 끌고 통행하는 자를 포함)가 횡단보도를 통행하고 있을 때에는 보행자의 횡단을 방해하거나 위험을 주지 않도록 횡단보도 앞(정지선)에서 일시정지해야 한다.

38 일시정지 : 어린이가 보호자 없이 도로를 횡단할 때, 도로에 앉아 있거나 서 있을 때 또는 놀이를 할 때 등 어린이에 대한 교통사고의 위험이 있는 것을 발견한 경우, 앞을 보지 못하는 사람이 흰색 지팡이를 가지거나 장애인보조견을 동반하고 횡단하고 있는 경우, 지하도·육교 등 횡단시설을 이용할 수 없는 지체장애인·노인 등이 도로를 횡단하고 있는 경우에는 일시정지한다.

39 어린이가 보호자 없이 도로를 횡단할 때, 도로에 앉아 있거나 서 있을 때 등 어린이에 대한 교통사고의 위험이 있는 것을 발견한 경우, 앞을 보지 못하는 사람이 흰색 지팡이를 가지거나 장애인보조견을 동반하고 횡단하고 있는 경우, 지하도·육교 등 횡단시설을 이용할 수 없는 지체장애인·노인 등이 도로를 횡단하고 있는 경우에는 일시정지한다.

40 교차로 통행방법(법 제25조)
- 신호기로 교통정리를 하고 있는 교차로에 들어가거나 교차로에 정지하게 되어 통행에 방해가 될 우려가 있는 때에는 교차로에 진입 금지
- 일시정지·양보의 안전표지가 설치된 교차로에 들어가려고 할 때에는 일시정지·양보하여야 함
- 좌회전 시 미리 도로의 중앙선을 따라 서행하면서 교차로의 중심 안쪽을 이용해 좌회전하여야 함
- 우회전 시 미리 도로의 우측 가장자리를 서행하면서 우회전하여야 함
- 우회전·좌회전을 하기 위해 손·방향지시기·등화로써 신호하는 차가 있는 경우 뒤차의 운전자는 앞차의 진행을 방해해서는 안됨

정답 36 ③ 37 ④ 38 ③ 39 ② 40 ①

41 교차로 통행방법으로 올바른 것은?

① 좌회전 시에는 미리 도로의 중앙선을 따라 서행하면서 교차로의 중심 안쪽을 이용하여야 한다.
② 우회전 시에는 미리 도로의 좌측 가장자리를 서행하면서 우회전하여야 한다.
③ 동시에 진입하려고 하는 경우에는 좌측도로에서 진입하는 차에 진로를 양보하여야 한다.
④ 우회전하려고 하는 경우에는 좌회전하려는 차에 진로를 양보하여야 한다.

41 ① 좌회전 시 미리 도로의 중앙선을 따라 서행하면서 교차로의 중심 안쪽을 이용해 좌회전
② 우회전 시 미리 도로의 우측 가장자리를 서행하면서 우회전
③ 교차로에 동시에 들어가려고 하는 차의 운전자는 우측 도로의 차에 진로를 양보
④ 좌회전하려고 하는 차는 직진하거나 우회전하려는 차에 진로를 양보

42 모든 차의 운전자는 회전교차로에 진입하려는 경우에는 서행하거나 일시정지 하여야 하며, 이미 진행하고 있는 다른 차가 있는 때에는 (　　)하여야 한다. (　　) 안에 들어갈 용어는?

① 그 차보다 먼저 진입
② 그 차에게 진로를 양보
③ 그 차에게 경적을 울리며 진입
④ 그 차보다 빠르게 진입

42 교차로에 들어가려고 하는 차의 운전자는 이미 교차로에 들어가 있는 다른 차가 있을 때에는 (그 차에 진로를 양보)하여야 한다.

43 교통정리가 행하여지고 있지 않는 교차로에서 최우선 통행권을 갖는 자동차는?

① 직진하려는 차　　② 좌회전하려는 차
③ 우회전하려는 차　　④ 이미 진입하여 있는 차

43 교통정리를 하고 있지 않은 교차로에 들어가려고 하는 차의 운전자는 이미 교차로에 들어가 있는 다른 차가 있을 때에는 그 차에 진로를 양보하여야 한다.

44 교차로에 동시 진입 시 양보운전 방법으로 틀린 것은?

① 도로의 폭이 넓은 도로에서 진입하는 경우에는 도로의 폭이 좁은 도로에서 진입하는 차에 진로를 양보한다.
② 동시에 교차로 진입 시 우측 도로에서 진입하는 차에 진로를 양보한다.
③ 좌회전 시 직진하려는 차에 진로를 양보한다.
④ 좌회전 시 우회전하려는 차에 진로를 양보한다.

44 교통정리가 없는 교차로에서의 양보운전
- 통행하고 있는 도로의 폭보다 교차하는 도로의 폭이 넓은 경우에는 서행하여야 하며, 폭이 넓은 도로로부터 교차로에 들어가려고 하는 다른 차가 있을 때에는 진로를 양보하여야 한다.
- 교차로에 동시에 들어가려고 하는 차의 운전자는 우측 도로의 차에 진로를 양보하여야 한다.
- 교차로에서 좌회전하려고 하는 차의 운전자는 직진하거나 우회전하려는 차가 있을 때에는 진로를 양보하여야 한다.

45 도로의 폭이 대등하고 교통정리를 하고 있지 아니하는 교차로에서의 통행우선순위에 대한 설명으로 옳지 않은 것은?

① 선진입하여 있는 차 우선
② 동시 진입 시 우측도로에서 진입하는 차 우선
③ 동시 진입 시 직진 차가 좌회전 차보다 우선
④ 동시 진입 시 좌회전 차가 우회전 차보다 우선

45 교통정리가 없는 교차로에서의 양보운전
- 교차로에 들어가려고 하는 차의 운전자는 이미 교차로에 들어가 있는 차가 있을 때에는 그 차에 진로를 양보
- 교차로에 동시에 들어가려고 하는 차의 운전자는 우측 도로의 차에 진로를 양보
- 교차로에서 좌회전하려고 하는 차의 운전자는 교차로에서 직진하거나 우회전하려는 차가 있을 때에는 그 차에 진로를 양보

정답　41 ①　42 ②　43 ④　44 ①　45 ④

46 우회전이나 좌회전하기 위해 사용하는 신호방법으로 적절하지 않은 것은?

① 손
② 방향지시기
③ 등화
④ 경음기

46 우회전이나 좌회전을 하기 위하여 손이나 방향지시기 또는 등화로써 신호를 하는 차가 있는 경우에 그 뒤차의 운전자는 신호를 한 앞차의 진행을 방해하여서는 안된다.

47 제1종 보통면허 소지자가 운전할 수 있는 차량이 아닌 것은?

① 승용자동차
② 구난차
③ 12인승 승합자동차
④ 적재중량 11톤 화물자동차

47 제1종 보통면허 : 승용자동차, 승차정원 15인 이하의 승합자동차, 적재중량 12톤 미만의 화물자동차, 건설기계(3톤 미만의 지게차에 한정), 총중량 10톤 미만의 특수자동차 등

48 도로교통법령상 1종 보통면허로 운전할 수 있는 건설기계로 올바른 것은?

① 도로를 운행하는 1톤 미만의 지게차로 한정
② 도로를 운행하는 2톤 미만의 지게차로 한정
③ 도로를 운행하는 3톤 미만의 지게차로 한정
④ 도로를 운행하는 5톤 미만의 지게차로 한정

48 제1종 보통면허로 운전 가능한 차량 : 승용자동차, 승차정원 15인 이하의 승합자동차, 적재중량 12톤 미만의 화물자동차, 건설기계(도로를 운행하는 3톤 미만의 지게차에 한정), 총중량 10톤 미만의 특수자동차(구난차 등은 제외), 원동기장치자전거

49 도로교통법상 제1종 보통운전면허 소지자가 운전할 수 있는 화물자동차는?

① 콘크리트믹서 트레일러
② 적재중량 12톤 미만의 화물자동차
③ 덤프트럭
④ 콘크리트 믹서트럭

49
• 제1종 보통면허 : 승용자동차, 승차정원 15인 이하의 승합자동차, 적재중량 12톤 미만의 화물자동차, 건설기계(3톤 미만의 지게차에 한정), 총중량 10톤 미만의 특수자동차 등
• 제1종 대형면허 : 승용자동차, 승합자동차, 화물자동차, 건설기계(덤프트럭, 아스팔트살포기, 노상안정기, 콘크리트믹서트럭, 콘크리트펌프, 천공기, 콘크리트믹서트레일러, 3톤 미만의 지게차), 특수자동차 등

50 제2종 보통운전면허로 운전할 수 있는 사업용 자동차는?

① 총중량 4톤의 특수자동차
② 적재중량 4톤의 화물자동차
③ 승차정원 12인의 승합자동차
④ 콘크리트믹서트럭

50 제2종 보통면허 : 승용자동차, 승차정원 10인 이하의 승합자동차, 적재중량 4톤 이하 화물자동차, 총중량 3.5톤 이하의 특수자동차(구난차 등은 제외), 원동기장치자전거

정답 46 ④ 47 ② 48 ③ 49 ② 50 ②

51 제2종 보통운전면허로 운전할 수 있는 차량에 해당하지 않는 것은?

① 승차인원 10인승인 승합자동차
② 승용자동차
③ 총중량 4톤의 특수자동차
④ 원동기장치자전거

52 운전자가 지정된 도로의 최고속도보다 40km/h 초과 60km/h 이하로 운행하였을 때 부과되는 벌점은?

① 10점 ② 15점
③ 20점 ④ 30점

53 운전자에게 30점의 벌점이 적용되는 범칙행위가 아닌 것은?

① 중앙선 침범
② 보도침범, 보도 횡단방법 위반
③ 속도위반(40km/h 초과 60km/h 이하)
④ 운전면허증 등의 제시의무위반

54 운전면허 행정처분 기준 중 운행기록계를 설치하지 않은 채 운전한 운전자에 대한 벌점은?

① 10점 ② 15점
③ 30점 ④ 40점

55 신호 및 지시위반시 부과되는 벌점은?

① 5점 ② 10점
③ 15점 ④ 30점

---

51 제2종 보통면허 : 승용자동차, 승차정원 10인 이하의 승합자동차, 적재중량 4톤 이하 화물자동차, 총중량 3.5톤 이하의 특수자동차(구난차 등은 제외), 원동기장치자전거

52 속도위반 벌점
- 100km/h 초과 : 100점
- 80km/h 초과 100km/h 이하 : 80점
- 60km/h 초과 80km/h 이하 : 60점
- 40km/h 초과 60km/h 이하 : 30점
- 20km/h 초과 40km/h 이하, 어린이보호구역 내 20km/h 초과 : 15점

53 벌점 30점이 부과되는 범칙행위 : 중앙선 침범, 속도위반(40km/h 초과 60km/h 이하), 철길건널목 통과방법위반, 어린이통학버스 운전자의 의무위반, 고속도로·자동차전용도로 갓길통행, 버스전용차로·다인승전용차로 통행위반, 운전면허증 제시의무위반, 신원확인을 위한 경찰공무원의 질문에 불응 등. 보도침범 및 보도 횡단방법 위반은 벌점 10점이 부과됨

54 운전면허 행정처분 기준 중 벌점 15점 부과 행위 : 신호·지시위반, 속도위반(20km/h 초과 40km/h 이하), 어린이보호구역 내 20km/h 초과, 앞지르기 금지시기·장소위반, 적재 제한 위반 또는 적재물 추락 방지 위반, 운전 중 휴대용 전화사용, 운전 중 영상표시장치 조작, 운행기록계 미설치 자동차 운전금지 위반 등

55 신호·지시위반, 앞지르기 금지시기·장소위반, 속도위반(20km/h 초과 40km/h 이하), 어린이보호구역 내 20km/h 초과, 적재 제한 위반, 적재물 추락방지 위반, 운전 중 휴대용 전화사용, 운전 중 영상표시장치 조작 등의 위반 시 벌점 15점을 부과

정답 51 ③ 52 ④ 53 ② 54 ② 55 ③

56 운전자가 정지선 위반을 포함한 보행자 보호 불이행으로 적발된 경우에 부과하는 벌점은?

① 10점　② 20점
③ 30점　④ 40점

57 운전면허 행정처분기준 중 사망 1명당 벌점은?

① 100점　② 90점
③ 60점　④ 40점

58 도로교통법령상 사고결과에 따른 벌점기준 중 피해자가 사고 발생 후 몇 시간이내 사망한 때 벌점 90점이 부과되는가?

① 12시간　② 24시간
③ 48시간　④ 72시간

59 도로교통법령상 교통사고 결과에 따른 벌점기준에 대한 설명으로 옳지 않은 것은?

① 피해자가 사고발생 시부터 72시간 이내에 사망한 때에는 가해자에게 90점의 벌점을 부과한다.
② 자동차 등 대 사람 교통사고의 경우 쌍방과실인 때에는 그 벌점을 2분의 1로 감경한다.
③ 자동차 등 대 자동차 등 교통사고의 경우에는 그 사고원인 중 중한 위반 행위를 한 운전자만 적용한다.
④ 교통사고로 인해 중상자가 2명 발생한 경우에는 가해자에게 15점의 벌점을 부과한다.

60 5톤 화물자동차의 적재제한 위반 또는 적재물 추락방지 위반에 따른 범칙금액은?

① 2만 원　② 3만 원
③ 5만 원　④ 7만 원

56 보행자 보호 불이행(정지선 위반 포함), 통행구분 위반(보도침범, 횡단방법 위반), 지정차로 통행위반, 일반도로 전용차로 통행위반, 안전거리 미확보, 앞지르기 방법위반, 승객·승하차자 추락방지조치위반, 안전운전 의무위반 등에 부과되는 벌점은 10점이다.

57 사고결과에 따른 벌점기준 : 사고발생 시부터 72시간 이내에 사망한 때 사망 1명마다 벌점 90점을 부과

58 사고결과에 따른 벌점기준
- 도로교통법령상 사고발생 시부터 72시간 이내에 사망한 때 사망 1명마다 벌점 90점을 부과
- 3주 이상의 치료를 요하는 진단이 있는 사고 발생 시 중상 1명마다 벌점 15점을 부과
- 3주 미만 5일 이상의 치료를 요하는 사고 발생 시 경상 1명마다 벌점 5점을 부과
- 5일 미만의 치료를 요하는 사고 발생 시 부상신고 1명마다 벌점 2점을 부과

59 ④ 3주 이상의 치료를 요하는 사고 발생 시 중상 1명마다 벌점 15점을 부과하고, 3주 미만 5일 이상 사고 발생 시 경상 1명마다 벌점 5점, 5일 미만 사고 발생 시 부상 1명마다 벌점 2점을 부과하므로, 중상자가 2명 발생한 경우에는 각각 15점씩, 30점의 벌점을 부과함
① 사고발생 시부터 72시간 이내에 사망한 때 사망 1명마다 벌점 90점을 부과함
② 자동차 등 대 사람 교통사고의 경우 쌍방과실인 때에는 벌점을 2분의 1로 감경함
③ 자동차 등 대 자동차 등 교통사고의 경우 사고원인 중 중한 위반행위를 한 운전자만 적용함

60 적재제한 위반, 적재물 추락방지 위반행위 범칙금액 : 승합자동차 등(승합자동차, 4톤 초과 화물자동차, 특수자동차, 건설기계·노면전차를 말함) 5만원, 승용자동차 4만원, 이륜자동차 3만원, 자전거 및 손수레 2만원

정답　56 ①　57 ②　58 ④　59 ④　60 ③

61 교통사고처리특례법 적용 배제 사유가 아닌 것은?

① 신호·지시위반 사고
② 앞지르기의 금지장소 위반 사고
③ 교차로 내 사고
④ 무면허운전 사고

62 교통사고처리특례법 적용 배제 사유가 아닌 것은?

① 중앙선 침범사고
② 끼어들기 금지 위반사고
③ 무면허운전사고
④ 속도위반(10km/h 초과) 과속사고

63 교통사고처리특례법 적용배제 사유가 아닌 것은?

① 운전 중 휴대폰 사용 사고
② 앞지르기 방법 위반 사고
③ 주취운전 사고
④ 보도침범 사고

64 제한속도보다 10km/h를 초과하여 진행하다 보행자를 충격하여 경상사고를 발생시킨 경우 사고책임에 대한 설명으로 틀린 것은?

① 중대법규위반 12개 항목에 해당되는 사고로서 운전자는 형사책임을 면할 수 없다.
② 피해자와 합의 또는 가입된 종합보험에 의하여 운전자는 형사 면책된다.
③ 사고 결과에 따라 운전자에게 벌점을 부과할 수 있다.
④ 고속도로에서의 사고인 경우 운전자는 형사책임을 면할 수도 있다.

65 교통사고처리특례법에 따라 피해자의 명시적인 의사에 반하여 공소를 제기할 수 없는 경우는?

① 신호위반으로 중상 2명이 발생한 사고였고, 자동차 종합보험에 가입된 상태였다.
② 철길건널목 통과방법 위반으로 인명사고를 발생시켰다.
③ 중앙선 침범으로 경상 3명이 발생한 사고로 피해자와 합의를 하였다.
④ 골목길에서 물적피해 사고가 발생하여 피해자와 합의를 하였다.

---

61 교통사고처리특례법 적용의 배제 사유(중대 법규위반 교통사고) : 신호·지시위반사고, 중앙선 침범, 고속도로나 자동차전용도로에서의 횡단·유턴 또는 후진 위반, 속도위반(20km/h 초과), 앞지르기의 방법·금지시기·금지장소 또는 끼어들기 금지 위반, 철길 건널목 통과방법 위반, 보행자보호의무 위반, 무면허운전, 주취운전·약물복용운전, 승객추락방지의무 위반사고 등

62 교통사고처리특례법 적용 배제 사유 : 신호·지시위반사고, 속도위반(20km/h 초과) 과속, 중앙선 침범, 고속도로나 자동차전용도로에서의 횡단·유턴·후진 위반, 앞지르기의 방법·금지시기·금지장소 또는 끼어들기 금지 위반, 철길 건널목 통과방법 위반, 보행자보호의무 위반, 무면허운전, 주취운전·약물복용운전, 보도침범·보도횡단방법 위반, 승객추락방지의무 위반 등

63 운전 중 휴대폰 사용으로 인한 사고는 교통사고처리특례법 적용 배제 사유가 아니다. 교통사고처리특례법 적용배제 사유에 해당하는 것으로는, ②·③·④외에 신호·지시위반사고, 속도위반(20km/h 초과), 중앙선침범, 횡단·유턴·후진 위반, 끼어들기 금지, 철길건널목 통과방법 위반, 보행자보호의무 위반, 무면허운전사고 등이 있다.

64 중대 법규위반 교통사고의 경우 속도위반 사고는 20km/h 초과 과속사고를 말하므로, 제한속도보다 10km/h를 초과하여 진행하다 보행자를 충격하여 경상사고를 발생시킨 경우는 해당되지 않는다.

65 교통사고처리특례법 적용 배제 사유(공소를 제기하는 경우) : 중대 법규위반사고
- 신호·지시위반, 과속(20km/h 초과)사고
- 중앙선 침범, 고속도로·자동차전용도로에서의 횡단·유턴·후진 위반사고
- 앞지르기의 방법·금지시기·금지장소, 끼어들기 금지 위반사고
- 철길건널목 통과방법 위반, 보행자보호의무 위반사고
- 무면허운전, 주취운전·약물복용운전 사고
- 보도침범·보도횡단방법 위반, 승객추락방지의무 위반사고
- 어린이보호구역내 안전운전의무 위반사고

정답 **61** ③ **62** ④ **63** ① **64** ① **65** ④

66 특정범죄가중처벌 등에 관한 법률에 따라 도주차량 운전자를 가중처벌할 수 있는 경우가 아닌 것은?

① 피해자를 사망에 이르게 하고 도주한 경우
② 도주 후 피해자가 사망한 경우
③ 피해자를 사고 장소로부터 옮겨 유기하고 도주한 경우
④ 피해자의 차량을 손괴하고 도주한 경우

67 피해자를 사고 장소로부터 옮겨 유기하여 사망에 이르게 한 경우에 대한 처벌로 옳지 않은 것은?

① 사형
② 500만원 이상 3천만원 이하의 벌금
③ 무기징역
④ 5년 이상의 징역

68 도주사고의 성립요건에 해당되지 않는 것은?

① 피해자가 다친 사실을 인식하고 현장을 이탈한 경우
② 피해자를 방치한 채 현장을 이탈한 경우
③ 피해자를 병원에 후송하고 연락처를 주고 헤어진 경우
④ 피해자 구호조치 등 적절한 조치가 없었을 경우

69 신호·지시 위반에 해당되지 않는 것은?

① 교차로 진입 후 황색신호로 변경되었을 때 진행한 경우
② 녹색신호로 변경되기 전에 출발한 경우
③ 황색신호일 때 교차로에 진입한 경우
④ 경찰관의 수신호를 무시하고 진행한 경우

70 중앙선 침범의 의미로 맞는 것은?

① 차의 전체가 중앙선을 넘어서 운행하는 것만을 말한다.
② 차의 일부라도 중앙선을 넘어서 운행하는 것을 말한다.
③ 차의 진행방향 왼쪽바퀴가 중앙선을 넘어서 운행하는 것을 말한다.
④ 차의 절반 이상이 중앙선을 넘어서 운행하는 것을 말한다.

---

66 도주차량 운전자의 가중처벌
- 피해자를 사망에 이르게 하고 도주하거나, 도주 후에 피해자가 사망한 경우
- 도주하여 피해자를 상해에 이르게 한 경우
- 피해자를 유기하고 도주한 경우, 피해자를 사망에 이르게 하고 도주하거나 도주 후에 사망한 경우
- 피해자를 사고 장소로부터 옮겨 유기하고 도주한 경우, 피해자를 상해에 이르게 한 경우

67 도주차량 운전자의 가중처벌
- 피해자를 사망에 이르게 하고 도주하거나, 도주 후에 피해자가 사망한 경우 : 무기 또는 5년 이상의 징역
- 도주하여 피해자를 상해에 이르게 한 경우 : 1년 이상의 유기징역 또는 500만원 이상 3천만원 이하의 벌금
- 피해자를 사고 장소로부터 옮겨 유기하고 도주한 경우, 피해자를 사망에 이르게 하고 도주하거나 도주 후에 피해자가 사망한 경우 : 사형, 무기 또는 5년 이상의 징역
- 피해자를 사고 장소로부터 옮겨 유기하고 도주한 경우, 피해자를 상해에 이르게 한 경우 : 3년 이상의 유기징역

68 도주사고 적용사례
- 사상 사실을 인식하고도 가버린 경우
- 피해자를 방치한 채 현장을 이탈 도주한 경우
- 거짓진술·신고하거나 운전자를 바꿔치기한 경우
- 부상피해자에 대한 적극적 구호조치없이 가버린 경우
- 사체 안치 후송 등 조치 없이 가버린 경우
- 피해자를 병원까지만 후송하고 계속 치료 받을 수 있는 조치없이 도주한 경우

69
- 신호위반의 종류 : 사전 출발 신호위반, 주의(황색)신호에 무리한 진입, 신호 무시하고 진행한 경우
- 신호·지시위반사고의 예외사항
  - 진행방향에 신호기가 설치되지 않은 경우
  - 신호기의 고장이나 황색 점멸 신호등의 경우
  - 기타 지시표지판(통행금지·진입금지·일시정지표지 제외)이 설치된 구역

70 중앙선침범의 한계 : 사고의 참혹성과 예방목적상 차체의 일부라도 걸치면 중앙선침범이 적용된다.

정답 66 ④ 67 ② 68 ③ 69 ① 70 ②

71 교통사고처리특례법상 특례의 배제에 해당하는 중앙선 침범이 적용되는 경우는?

① 추돌사고를 당해 불가항력적으로 중앙선을 침범한 경우
② 사고피양 등 부득이한 사유로 중앙선을 침범한 경우
③ 법정 제한속도로 운행 중 빙판길에 미끄러지면서 중앙선을 침범한 경우
④ 커브길 과속운전으로 중앙선을 침범한 경우

72 고속도로에서 발생한 사고 중 중앙선 침범에 해당하지 않는 것은?

① 횡단중 사고
② 갓길정차중 사고
③ 유(U)턴중 사고
④ 후진중 사고

73 교통사고처리특례법상 중앙선 침범에 해당하지 않는 경우는?

① 사고피양 등 부득이하게 중앙선을 침범한 경우
② 커브길 과속운행으로 중앙선을 침범한 경우
③ 중앙선을 걸친 상태로 계속 진행한 경우
④ 고의 또는 의도적으로 중앙선을 침범한 경우

74 교통사고처리특례법의 적용이 배제되는 사유의 하나인 철길 건널목 통과방법 위반에 해당되지 않는 것은?

① 철길 건널목 직전 일시정지 불이행
② 신호기 지시에 따라 일시정지하지 않고 통과한 경우
③ 안전미확인 통행 중 사고
④ 고장 시 승객대피, 차량이동조치 불이행

75 횡단보도 보행자 보호의무 위반사고로 적용할 수 있는 경우가 아닌 것은?

① 횡단보도 전에 정지한 차량을 추돌하여 앞 차량이 밀려나가 보행자를 충돌한 경우
② 보행신호에 횡단보도에 진입하여 건너던 중 정지신호로 변경되어 마저 건너는 보행자를 충돌한 경우
③ 횡단보도 내에서 자전거를 끌고 가고 있는 보행자를 충돌한 경우
④ 군부대 내에 임의로 설치된 횡단보도를 건너고 있는 보행자를 충돌한 경우

---

71 · 중앙선침범이 적용되는 경우 : 고의적 U턴, 회전 중 중앙선침범, 현저한 부주의로 인한 중앙선침범(커브길·빗길 과속, 졸다가 뒤늦게 급제동, 차내 잡담 등 부주의로 인한 중앙선침범 등), 고속도로·자동차전용도로에서 횡단, U턴 또는 후진중 발생한 사고
· 중앙선침범이 적용되지 않는 경우 : 불가항력적 중앙선침범(추돌로 앞차가 밀리면서 중앙선침범, 횡단보도에서의 추돌사고, 내리막길 주행 중 브레이크 파열 등), 만부득이한 중앙선침범(사고피양 급제동으로 인한 중앙선침범, 보행자피양·위험회피·빙판 등 부득이한 중앙선침범, 교차로 좌회전 중 일부 중앙선침범 등)

72 고속도로·자동차전용도로에서 횡단, U턴, 후진중 발생한 사고는 중앙선침범이 적용된다(예외사항 : 긴급자동차, 도로보수 유지 작업차, 사고응급조치 작업차).

73 중앙선침범이 적용되지 않는 경우
- 불가항력적 중앙선침범 : 뒤차의 추돌로 앞차가 밀리면서 중앙선침범, 횡단보도에서의 추돌사고, 내리막길 주행 중 브레이크 파열 등으로 중앙선을 침범한 사고
- 부득이한 중앙선침범 : 사고피양 등으로 인한 중앙선침범, 보행자 피양 또는 위험 회피로 인한 중앙선침범, 빙판 등 부득이한 중앙선침범, 좌회전 중 일부 중앙선침범

74 · 철길 건널목 통과방법을 위반한 과실 : 철길 건널목 직전 일시정지 불이행, 안전미확인 통행 중 사고, 고장 시 승객대피·차량이동·조치 불이행
· 철길 건널목 통과방법을 위반 예외사항 : 철길 건널목 신호기·경보기 등의 고장으로 일어난 사고(신호에 따르는 때에는 일시정지하지 않고 통과할 수 있음)

75 횡단보도 보행자 보호의무 위반사고 : 횡단보도를 건너는 보행자를 충돌한 경우와 횡단보도 전에 정지한 차량을 추돌하여 앞차가 밀려나가 보행자를 충돌, 주의신호·정지신호가 되어 마저 건너고 있는 보행자를 충돌, 이륜차(자전거·오토바이)를 끌고 가던 보행자를 충돌한 경우 등이 보행자 보호의무 위반사고에 해당한다. 아파트 단지나 학교·군부대 내부에 자체 설치된 횡단보도의 보행자를 추돌한 경우는 예외사항에 해당되어, 보행자 보호의무 위반사고로 볼 수 없다.

정답 **71** ④ **72** ② **73** ① **74** ② **75** ④

76 화물자동차의 규모에 따른 구분으로 경형(일반형) 특수자동차의 기준으로 옳지 않은 것은?

① 배기량 1,000cc 미만
② 길이 3.4미터 이하
③ 너비 1.6미터 이하
④ 높이 2.0미터 이하

76 화물자동차의 규모별 종류 및 기준

경형	초소형	배기량 250cc 이하, 길이 3.6미터, 너비 1.5미터, 높이 2.0미터 이하인 것
	일반형	배기량 1,000cc 미만, 길이 3.6미터, 너비 1.6미터, 높이 2.0미터 이하인 것

77 소형 화물자동차의 최대적재량과 총중량 기준으로 옳은 것은?

① 최대적재량 1.5톤 이하, 총중량 3톤 이하
② 최대적재량 1톤 이하, 총중량 3톤 이하
③ 최대적재량 1.5톤 이하, 총중량 3.5톤 이하
④ 최대적재량 1톤 이하, 총중량 3.5톤 이하

77 화물자동차의 규모별 종류 및 기준
- 경형 화물자동차
  - 초소형 : 배기량 250cc 이하이고, 길이 3.6미터·너비 1.5미터·높이 2.0미터 이하인 것
  - 일반형 : 배기량이 1,000cc 미만으로서 길이 3.6미터, 너비 1.6미터, 높이 2.0미터 이하인 것
- 소형 화물자동차 : 최대적재량이 1톤 이하인 것으로서 총중량이 3.5톤 이하인 것

78 총중량이 3.5톤 이하인 특수자동차는?

① 경형 특수자동차
② 소형 특수자동차
③ 중형 특수자동차
④ 대형 특수자동차

78 특수자동차
- 경형 : 배기량이 1,000cc 미만이고 길이 3.6미터, 너비 1.6미터, 높이 2.0미터 이하인 것
- 소형 : 총중량이 3.5톤 이하인 것
- 중형 : 총중량이 3.5톤 초과 10톤 미만인 것
- 대형 : 총중량이 10톤 이상인 것

79 화물자동차의 규모별 종류 중 소형 특수자동차의 세부기준으로 옳은 것은?

① 총중량이 1.5톤 이하인 것
② 총중량이 2.5톤 이하인 것
③ 총중량이 3.5톤 이하인 것
④ 총중량이 4.5톤 이하인 것

79 소형 특수자동차의 세부기준 : 총중량이 3.5톤 이하인 것

80 화물자동차 운수사업법의 목적이 아닌 것은?

① 운수사업의 효율적 관리
② 화물의 원활한 운송
③ 화물자동차 운전면허 관리
④ 공공복리 증진

80 화물자동차 운수사업을 효율적으로 관리하고 건전하게 육성하여 화물의 원활한 운송을 도모함으로써 공공복리의 증진에 기여함을 목적으로 한다.

정답 76 ② 77 ④ 78 ② 79 ③ 80 ③

81 화물자동차의 유형별 분류 중 적재함을 원동기의 힘으로 기울여 적재물을 중력에 의하여 쉽게 미끄러뜨리는 구조의 화물운송용 자동차는?

① 덤프형 ② 일반형
③ 밴형   ④ 특수용도형

81 화물자동차의 유형 구분
 - 일반형 : 보통의 화물운송용인 것
 - 덤프형 : 적재물을 중력에 의하여 쉽게 미끄러뜨리는 구조의 화물운송용인 것
 - 밴형 : 지붕구조의 덮개가 있는 화물운송용인 것
 - 특수용도형 : 어느 형에도 속하지 않는 화물운송용인 것

82 화물자동차의 유형별 구분에 따른 특수자동차의 종류에 해당되지 않는 것은?

① 견인형 ② 구난형
③ 밴형   ④ 특수작업형

82 특수자동차의 종류 : 견인형, 구난형, 특수작업형

83 고장·사고 등으로 운행이 곤란한 자동차를 구난·견인할 수 있는 구조로 된 특수자동차의 유형은?

① 견인형   ② 구난형
③ 특수작업형 ④ 덤프형

83 특수자동차의 유형 구분
 - 견인형 : 피견인차의 견인을 전용으로 하는 구조인 것
 - 구난형 : 고장·사고 등으로 운행이 곤란한 자동차를 구난·견인할 수 있는 구조인 것
 - 특수작업형 : 어느 형에도 속하지 않는 특수작업용인 것

84 화물자동차 운수사업법에 따른 화물자동차 운수사업에 해당하는 것은?

① 화물자동차 운송협력사업
② 화물자동차 운송대리사업
③ 화물자동차 운송주선사업
④ 화물자동차 택배운송사업

84 화물자동차 운수사업 : 화물자동차 운송사업, 화물자동차 운송주선사업, 화물자동차 운송가맹사업

85 화물자동차 운수사업의 종류에 해당되지 않는 것은?

① 화물자동차 경영위탁사업
② 화물자동차 운송주선사업
③ 화물자동차 운송가맹사업
④ 화물자동차 운송사업

85 화물자동차 운수사업 : 화물자동차 운송사업, 화물자동차 운송주선사업, 화물자동차 운송가맹사업

정답 81 ① 82 ③ 83 ② 84 ③ 85 ①

86 다른 사람의 요구에 응하여 자기 화물자동차를 사용하여 화물을 유상으로 운송하는 사업은?

① 화물자동차 운송주선사업
② 화물자동차 운송협력사업
③ 화물자동차 운송사업
④ 화물자동차 경영위탁사업

86
- 화물자동차 운송사업 : 다른 사람의 요구에 응하여 화물자동차를 사용하여 화물을 유상으로 운송하는 사업
- 화물자동차 운송주선사업 : 다른 사람의 요구에 응하여 유상으로 화물운송계약을 중개·대리하는 사업 등

87 다른 사람의 요구에 응하여 자기 화물자동차를 사용하여 유상으로 화물을 운송하거나 화물정보망을 통해 소속 화물자동차 운송가맹점에 의뢰하여 화물을 운송하게 하는 사업은?

① 화물자동차 운송가맹사업
② 화물자동차 운송주선사업
③ 화물자동차 운송사업
④ 화물자동차 위탁사업

87
- 화물자동차 운송사업 : 다른 사람의 요구에 응하여 화물자동차를 사용하여 화물을 유상으로 운송하는 사업
- 화물자동차 운송주선사업 : 다른 사람의 요구에 응하여 유상으로 화물운송계약을 중개·대리하는 사업 등
- 화물자동차 운송가맹사업 : 다른 사람의 요구에 응하여 자기 화물자동차를 사용하여 유상으로 화물을 운송하거나 화물정보망을 통하여 소속 화물자동차 운송가맹점에 의뢰하여 화물을 운송하게 하는 사업

88 운수종사자에 해당되지 않는 사람은?

① 화물자동차의 운전자
② 화물의 운송에 관한 사무를 취급하는 사무원
③ 화물의 운송에 관한 사무를 취급하는 사무원을 보조하는 보조원
④ 화물 수탁인

88 운수종사자란 화물자동차의 운전자, 화물의 운송 또는 운송주선에 관한 사무를 취급하는 사무원 및 이를 보조하는 보조원, 그밖에 화물자동차 운수사업에 종사하는 자를 말한다.

89 화물자동차 운수사업법령에서 정의한 운수종사자에 해당하는 자는?

① 정비공장 정비원
② 화물자동차 운전자
③ 교통담당 공무원
④ 보험회사 직원

89 운수종사자란 화물자동차의 운전자, 화물의 운송 또는 운송주선에 관한 사무를 취급하는 사무원 및 이를 보조하는 보조원, 그밖에 화물자동차 운수사업에 종사하는 자를 말한다.

90 화물자동차의 공영차고지 설치자에 해당되지 않는 자는?

① 경찰서장
② 지방공기업법에 따른 지방공사
③ 특별시장
④ 대통령령으로 정하는 공공기관

90 공영차고지 설치자 : 특별시장·광역시장·특별자치시장·도지사·특별자치도지사, 시장·군수·구청장, 대통령령으로 정하는 공공기관, 「지방공기업법」에 따른 지방공사

정답 86 ③ 87 ① 88 ④ 89 ② 90 ①

91 화물차주에 대한 적정한 운임의 보장을 통하여 과로, 과속, 과적 운행을 방지하는 등 교통안전을 확보하기 위하여 화주, 운송사업자, 운송주선사업자 등이 화물운송의 운임을 산정할 때에 참고할 수 있는 운송원가는 무엇인가?

① 화물자동차 안전운임
② 화물자동차 안전운송운임
③ 화물자동차 안전위탁운임
④ 화물자동차 안전운송원가

91 ④ 설문의 운송원가는 화물자동차 안전운송원가이다. 안전운송원가는 화물자동차 안전운임위원회의 심의·의결을 거쳐 국토교통부장관이 공표한 원가를 말한다.
① 화물자동차 안전운임 : 화물차주에 대한 적정한 운임의 보장을 통하여 과로, 과속, 과적 운행을 방지하는 등 교통안전을 확보하기 위하여 필요한 최소한의 운임
② 화물자동차 안전운송운임 : 화주가 운송사업자, 운송주선사업자 및 운송가맹사업자 또는 화물차주에게 지급하여야 하는 최소한의 운임
③ 화물자동차 안전위탁운임 : 운수사업자가 화물차주에게 지급하여야 하는 최소한의 운임

92 화물자동차 운송사업을 경영하려는 자가 관할관청으로부터 받아야 하는 것은?

① 허가
② 특허
③ 신고
④ 인가

92 화물자동차 운송사업을 경영하려는 자는 국토교통부장관의 허가를 받아야 한다.

93 화물자동차 운수사업법령에서 화물자동차 1대를 사용하여 화물을 운송하는 사업은?

① 개인화물자동차 운송사업
② 일반화물자동차 운송사업
③ 밴형화물자동차 운송사업
④ 특수화물자동차 운송사업

93
• 일반화물자동차 운송사업 : 20대 이상의 화물자동차를 사용하여 화물을 운송하는 사업
• 개인화물자동차 운송사업 : 화물자동차 1대를 사용해 화물을 운송하는 사업으로서 대통령령으로 정하는 사업

94 화물자동차 운송사업자의 상호가 변경되었을 때 하여야 할 조치는?

① 국토교통부장관에게 허가를 신청해야 한다.
② 국토교통부장관에게 신고를 하여야 한다.
③ 국토교통부장관의 변경허가를 받아야 한다.
④ 국토교통부장관의 동의를 받아야 한다.

94 국토교통부장관에게 허가사항 변경신고
- 상호의 변경, 대표자의 변경(법인인 경우)
- 화물취급소의 설치·폐지, 화물자동차의 대폐차
- 주사무소·영업소 및 화물취급소의 이전

95 운송사업자가 적재물배상 보험 등에 가입하고자 할 때, 가입 단위는?

① 각 차종별
② 각 사업장별
③ 각 사업자별
④ 각 화물자동차별

95 적재물배상 책임보험 등의 가입 범위
- 운송사업자 : 각 화물자동차별로 가입
- 운송주선사업자 : 각 사업자별로 가입

정답 91 ④ 92 ① 93 ① 94 ② 95 ④

96 최대 적재량 10톤인 일반형 화물자동차를 소유한 운송가맹사업자가 적재물배상보험 등에 가입하고자 할 때 가입 단위는?

① 각 차종별 및 각 사업자별
② 각 사업자별 및 각 사업장별
③ 각 차종별 및 각 화물자동차별
④ 각 화물자동차별 및 각 사업자별

96 적재물배상 책임보험 등의 가입 범위
- 운송사업자 : 각 화물자동차별로 가입
- 운송주선사업자 : 각 사업자별로 가입
- 운송가맹사업자 : 최대 적재량이 5톤 이상이거나 총중량이 10톤 이상인 화물자동차 중 일반형·밴형·특수용도형 화물자동차와 견인형 특수자동차를 소유한 자는 각 화물자동차별 및 각 사업자별로, 그 외의 자는 각 사업자별로 가입

97 거짓이나 부정한 방법으로 화물운송 종사자격을 취득한 자에게 부과되는 과태료는?

① 1,000만원 이하
② 500만원 이하
③ 300만원 이하
④ 100만원 이하

97 500만원 이하의 과태료
- 법에 따른 허가사항 변경신고를 하지 않은 자
- 법에 따른 운임 및 요금에 관한 신고를 하지 않은 자
- 화물운송종사자격증을 받지 않고 화물자동차 운수사업의 운전 업무에 종사한 자
- 거짓이나 부정한 방법으로 화물운송종사자격을 취득한 자

98 화물자동차 운수사업법령에 따른 과징금의 용도로 옳은 것은?

① 화물차 정비공장 건립
② 화물차 유가보조금 지급
③ 화물터미널 건설 및 확충
④ 화물차 운전자 복지기금 조성

98 과징금의 용도 : 화물 터미널의 건설 및 확충, 공동차고지의 건설과 확충, 경영개선이나 그밖에 화물에 대한 정보 제공사업 등 화물자동차 운수사업의 발전을 위하여 필요한 사항, 신고포상금의 지급

99 화물자동차 운송사업의 허가취소를 받을 수 있는 경우는?

① 화물자동차 운송사업 허가 또는 변경허가를 받은 경우
② 자동차관리법에 의한 검사를 받지 않고 화물자동차를 운행한 경우
③ 화물자동차 운전자의 취업현황을 보고하지 않은 경우
④ 중대한 교통사고로 인해 다수의 사상자를 발생하게 한 경우

99 ④ 중대한 교통사고 또는 빈번한 교통사고로 1명 이상의 사상자를 발생하게 한 경우는 화물자동차 운송사업의 허가취소 사유에 해당한다.
① 부정한 방법으로 화물자동차 운송사업 허가 또는 변경허가를 받은 경우가 운송사업 허가취소 사유이다.
②·③ 화물자동차 운송사업의 허가취소 사유에 해당하지 않는다.

100 화물자동차 운송사업 허가취소 처분 등을 받을 수 있는 경우는?

① 개선명령을 이행한 경우
② 업무개시명령을 이행한 경우
③ 감차 조치 명령을 이행한 경우
④ 중대한 교통사고로 1명 이상의 사상자를 발생하게 한 경우

100 화물자동차 운송사업의 허가취소 사유
- 부정한 방법으로 화물자동차 운송사업 허가 또는 변경허가를 받은 경우
- 허가에 따른 신고를 하지 않았거나 거짓으로 신고한 경우
- 화물운송 종사자격이 없는 자에게 화물을 운송하게 한 경우
- 개선명령을 이행하지 않거나 업무개시명령을 이행하지 않은 경우
- 사업정지처분 또는 감차 조치 명령을 위반한 경우
- 중대한 교통사고 또는 빈번한 교통사고로 1명 이상의 사상자를 발생하게 한 경우 등

정답 96 ④ 97 ② 98 ③ 99 ④ 100 ④

101 운송가맹사업자의 허가사항 변경신고의 대상이 아닌 것은?

① 화물취급소의 설치 및 폐지
② 주사무소·영업소의 이전
③ 화물자동차 운송가맹계약의 체결 또는 해제·해지
④ 운전자의 변경

102 화물자동차 운송가맹사업자의 허가사항 변경신고의 대상이 아닌 것은?

① 대표자의 변경(법인인 경우)
② 화물자동차의 증차
③ 화물취급소의 설치 및 폐지
④ 영업소 및 화물취급소의 이전

103 화물자동차 운송가맹사업을 경영하려는 자는 누구의 허가를 받아야 하는가?

① 한국교통안전공단 이사장
② 경찰청장
③ 화물자동차 운송사업협회장
④ 국토교통부장관

104 운송가맹사업자에 대한 개선명령에 해당되지 않는 것은?

① 화물의 운임·요금
② 운송약관의 변경
③ 화물자동차의 구조변경 및 시설 개선
④ 화물의 안전운송을 위한 조치

105 다음 중 화물운송 종사자격증을 받을 수 있는 사람은?

① 화물자동차 운수사업법을 위반하여 징역 이상의 실형을 선고 받고 집행이 끝난 날부터 2년이 경과된 자
② 화물자동차 운수사업법을 위반하여 징역 이상의 형의 집행유예를 선고받고 유예기간 중에 있는 자
③ 화물운송종사 자격이 취소된 날부터 2년이 지나지 아니한 자(단, 도로교통법에 따른 운전면허 취소로 인한 자격취소는 제외)
④ 도로교통법 제93조제1항제5호의2(난폭운전)를 위반하여 운전면허가 취소된 날로부터 2년이 경과된 자

---

101 운송가맹사업자의 허가사항 변경신고의 대상 : 대표자의 변경(법인인 경우), 화물취급소의 설치 및 폐지, 화물자동차의 대폐차(운송가맹사업자만 해당), 주사무소·영업소·화물취급소의 이전, 화물자동차 운송가맹계약의 체결 또는 해제·해지

102 운송가맹사업자의 허가사항 변경신고 대상 : 대표자의 변경(법인인 경우), 화물취급소의 설치·폐지, 화물자동차의 대폐차, 주사무소·영업소·화물취급소의 이전, 화물자동차 운송가맹계약의 체결 또는 해제·해지

103 화물자동차 운송가맹사업을 경영하려는 자는 국토교통부령으로 정하는 바에 따라 국토교통부장관에게 허가를 받아야 한다.

104 운송가맹사업자에 대한 개선명령
 - 운송약관의 변경
 - 화물자동차의 구조변경 및 운송시설의 개선
 - 화물의 안전운송을 위한 조치
 - 정보공개서의 제공의무 등, 가맹금의 반환, 가맹계약의 갱신 등의 통지
 - 운송가맹사업자가 의무적으로 가입하여야 하는 보험·공제의 가입

105 화물자동차 운수사업의 운전업무 종사자격 결격사유(화물자동차 운수사업법 제9조)
 - 화물자동차 운수사업법을 위반하여 징역 이상의 실형을 선고받고 그 집행이 끝나거나 집행이 면제된 날부터 2년이 지나지 아니한 자
 - 화물자동차 운수사업법을 위반하여 징역 이상의 형의 집행유예를 선고받고 그 유예기간 중에 있는 자
 - 화물운송 종사자격이 취소된 날부터 2년이 지나지 아니한 자(단, 도로교통법에 따른 운전면허 취소로 인한 자격취소는 제외)
 - 3년간 화물운송 종사자격을 취득할 수 없는 경우 : 도로교통법」 제93조제1항제5호(공동 위험행위), 제5호의2(난폭운전)에 해당하여 운전면허가 취소된 사람

정답 **101** ④ **102** ② **103** ④ **104** ① **105** ①

106 거짓이나 부정한 방법으로 화물운송 종사자격을 취득하여 자격이 취소된 경우 취소된 날부터 최소한 몇 년이 경과되어야 화물운송 종사자격을 재취득할 수 있는가?

① 1년　　　② 2년
③ 3년　　　④ 4년

106 화물운송자격이 취소된 날부터 2년간 화물운송 종사자격을 취득할 수 없는 경우(화물자동차 운수사업의 운전업무 종사자격 결격사유)(화물자동차 운수사업법 제9조)
- 거짓이나 그 밖의 부정한 방법으로 화물운송 종사자격을 취득한 경우
- 화물운송 중에 고의나 과실로 교통사고를 일으켜 사람을 사망하게 하거나 다치게 한 경우
- 화물운송 종사자격증을 다른 사람에게 빌려준 경우
- 화물운송 종사자격 정지기간 중에 화물자동차 운수사업의 운전 업무에 종사한 경우

107 음주운전으로 운전면허가 취소되어 화물운송 종사자격이 취소되었을 경우 얼마간의 기간이 지나야 화물운송 종사자격을 재취득할 수 있는가?

① 1년　　　② 3년
③ 5년　　　④ 10년

107 화물자동차 운수사업의 운전업무 종사자격 결격사유 : 교육일 전 5년간 다음에 해당하는 사람은 화물운송 종사자격을 취득할 수 없음
- 술 취한 상태에서 운전(음주운전)한 경우
- 술 취한 상태에 있다고 인정할 만한 상당한 이유가 있음에도 경찰공무원의 측정에 응하지 않은 경우
- 약물의 영향으로 인하여 정상 운전이 곤란한 상태에서 운전한 경우

108 화물운송 종사자격의 취득에도 불구하고 택배서비스 사업의 운전업무에 종사할 수 없는 사람은?

① 술에 취한 상태에서의 운전금지를 위반하여 운전면허가 취소되어 화물운송 종사자격증이 취소되었던 사람
② 화물운송 종사자격증이 취소되어 재취득한 사람
③ 운전 중 고의 또는 과실로 3명 이상이 사망한 교통사고를 일으켜 운전면허가 취소되었던 사람
④ 마약류 관리에 관한 법률에 따른 죄를 범하여 금고 이상의 형의 집행유예를 선고받고 그 유예기간 중에 있는 사람

108 화물운송 종사자격의 취득에도 불구하고 택배서비스사업의 운전업무에 종사할 수 없는 자 : 다음의 죄를 범하여 금고 이상의 실형을 선고받고 집행이 끝나거나 면제된 날부터 일정 기간이 지나지 않은 사람, 또는 집행유예를 선고받고 유예기간 중에 있는 사람
- 「특정강력범죄의 처벌에 관한 특례법」 제2조에 따른 죄
- 「특정범죄 가중처벌 등에 관한 법률」에 따른 죄
- 「마약류 관리에 관한 법률」에 따른 죄
- 「성폭력범죄의 처벌 등에 관한 특례법」에 따른 죄
- 「아동·청소년의 성보호에 관한 법률」 제2조 제2호에 따른 죄

109 화물운송 종사자격증을 신규로 취득하고자 하는 자가 받아야 하는 운전적성정밀검사는?

① 정기검사　　　② 신규검사
③ 수시검사　　　④ 특별검사

109 운전적성정밀검사 신규검사 대상 : 화물운송 종사자격증을 취득하려는 사람. 다만, 자격시험 실시일 또는 교통안전체험교육 시작일을 기준으로 최근 3년 이내에 신규검사의 적합판정을 받은 사람은 제외한다.

110 신규검사의 적합 판정을 받은 사람으로서 해당 검사를 받은 날부터 3년 이내에 취업하지 아니하고 사고이력이 있는 사람이 받아야 하는 운전적성정밀검사는?

① 적성검사　　　② 유지검사
③ 특별검사　　　④ 정기검사

110 자격유지검사 대상 : 여객자동차·화물자동차 운송사업용 자동차의 운전업무에 종사하다가 퇴직한 사람으로서 신규검사·유지검사를 받은 날부터 3년이 지난 후 재취업하려는 사람(무사고 운전자 제외), 신규검사·유지검사의 적합판정을 받은 사람으로서 해당 검사를 받은 날부터 3년 이내에 취업하지 않은 사람(무사고 운전자 제외), 65세 이상인 사람 등

정답　**106** ②　**107** ③　**108** ④　**109** ②　**110** ②

111 화물자동차 운수사업법령에 따른 운전적성정밀검사 중 특별검사를 받아야 하는 사람은?

① 교통사고를 일으켜 사람을 사망하게 한 사람
② 교통사고를 일으켜 4주의 치료가 필요한 상해를 입힌 사람
③ 과거 2년간 운전면허행정처분기준에 의하여 산출된 누산점수가 81점 이상인 사람
④ 화물운송 종사자격을 취득하고자 하는 사람

111 특별검사의 대상
- 교통사고를 일으켜 사람을 사망하게 하거나 5주 이상의 치료가 필요한 상해를 입힌 사람
- 과거 1년간 운전면허행정처분기준에 따라 산출된 누산점수가 81점 이상인 사람

112 운전적성정밀검사 중 특별검사 대상에 해당되는 자는?

① 사망사고를 일으킨 자
② 치료기간 2주 이하의 경상사고를 일으킨 자
③ 과거 1년간 운전면허행정처분 기준 누산점수가 80점인 자
④ 화물운송 종사자격증을 신규로 취득하려는 자

112 특별검사 대상
- 사람을 사망하게 하거나 5주 이상의 치료가 필요한 상해를 입힌 사람
- 과거 1년간 운전면허행정처분기준에 따라 산출된 누산점수가 81점 이상인 사람

113 운전적성정밀검사 중 특별검사는 과거 1년간 운전면허 행정처분기준에 따라 산출된 누산점수가 몇 점 이상인 사람이 받아야 하는가?

① 81점
② 71점
③ 61점
④ 51점

113 특별검사 대상 : 교통사고를 일으켜 사람을 사망하게 하거나 5주 이상의 치료가 필요한 상해를 입힌 사람, 과거 1년간 운전면허행정처분기준에 따라 산출된 누산점수가 81점 이상인 사람

114 화물운송 종사자격시험 합격자에 대한 교육을 시행하는 기관은?

① 화물자동차 운송사업협회
② 도로교통공단
③ 관할관청
④ 한국교통안전공단

114 화물운송 종사자격시험에 합격한 사람은 법에 따라 8시간 동안 한국교통안전공단에서 실시하는 교육을 받아야 한다.

115 화물운송 종사자격증을 재발급 받으려는 경우 어느 기관에 신청하여야 하는가?

① 시·도
② 관할경찰서
③ 국토교통부
④ 한국교통안전공단

115
- 화물운송 종사자격증의 발급 신청 : 한국교통안전공단
- 화물운송 종사자격증의 재발급 신청 : 한국교통안전공단 또는 협회

정답 111 ① 112 ① 113 ① 114 ④ 115 ④

116 화물운송 종사자격증의 기재사항 변경으로 인한 재발급 신청 시 구비해야 할 서류는?

① 화물운송 종사자격증명, 운전면허증 사본
② 화물운송 종사자격증, 사진 1장
③ 화물운송 종사자격증명, 사진 1장
④ 화물운송 종사자격증, 운전면허증 사본

117 화물운송 종사자격증명을 반납하여야 하는 경우가 아닌 것은?

① 화물운송 종사자격이 취소된 경우
② 화물운송 종사자격의 효력이 정지된 경우
③ 화물자동차 운송사업의 휴업 또는 폐업 신고를 하는 경우
④ 사업의 양도·양수로 상호가 변경된 경우

118 화물자동차 운전자의 화물운송 종사자격이 취소되거나 효력이 정지된 경우 운송사업자는 화물운송 종사자격증명을 어디에 반납해야 하는가?

① 국토교통부   ② 협회
③ 관할관청   ④ 한국교통안전공단

119 화물자동차 밖에서 쉽게 볼 수 있도록 운전석 창에 게시하도록 되어 있는 화물운송 종사자격증명의 게시 위치로 맞는 것은?

① 뒷 창의 왼쪽 위
② 운전석 앞 창의 왼쪽 위
③ 뒷 창의 오른쪽 위
④ 운전석 앞 창의 오른쪽 위

120 화물운송 종사자격의 취소 사유에 해당하지 않는 것은?

① 화물운송 종사자격증을 다른 사람에게 빌려준 경우
② 화물자동차를 운전할 수 있는 도로교통법상의 운전면허가 취소된 경우
③ 도로교통법 제46조의3(난폭운전 금지)을 위반하여 화물자동차를 운전할 수 있는 운전면허가 정지된 경우
④ 택시 요금미터기의 장착 등 택시 유사표시행위를 위반하여 적발된 경우

---

116 • 화물운송 종사자격증 재발급 신청 시 구비서류 : 화물운송 종사자격증(분실한 경우는 제외), 사진 1장
• 화물운송 종사자격증명 재발급 신청 시 구비서류 : 화물운송 종사자격증명(분실한 경우는 제외), 사진 2장

117 • 운송사업자가 관할관청에 종사자격증명을 반납하여야 경우 : 사업의 양도 신고를 하는 경우, 화물자동차 운전자의 화물운송종사자격이 취소되거나 효력이 정지된 경우
• 운송사업자가 협회에 종사자격증명을 반납하여야 경우 : 퇴직한 화물자동차 운전자의 명단을 제출하는 경우, 화물자동차 운송사업의 휴업·폐업 신고를 하는 경우

118 운송사업자가 관할관청에 화물운송종사자격증명을 반납 : 사업의 양도 신고를 하는 경우, 화물자동차 운전자의 화물운송 종사자격이 취소되거나 효력이 정지된 경우

119 화물운송 종사자격증명의 게시 : 운송사업자는 화물자동차 운전자에게 화물운송 종사자격증명을 밖에서 쉽게 볼 수 있도록 운전석 앞 창의 오른쪽 위에 항상 게시하고 운행하도록 하여야 한다.

120 화물운송 종사자격의 취소 처분기준(화물자동차 운수사업법 제23조)
- 거짓이나 부정한 방법으로 화물운송 종사자격을 취득한 경우
- 고의나 과실로 교통사고를 일으켜 사람을 사망하게 하거나 다치게 한 경우
- 화물운송 종사자격증을 다른 사람에게 빌려준 경우
- 화물운송 종사자격 정지기간 중에 화물자동차 운수사업의 운전 업무에 종사한 경우
- 화물자동차를 운전할 수 있는 「도로교통법」에 따른 운전면허가 취소된 경우
- 도로교통법 제46조의3(난폭운전 금지)을 위반하여 화물자동차를 운전할 수 있는 운전면허가 정지된 경우

정답 116 ② 117 ④ 118 ③ 119 ④ 120 ④

121 국토교통부장관은 화물자동차 운수사업법을 위반하여 징역 이상의 실형을 선고받고 집행 중에 있을 때 그 자격에 대해 어떠한 처분을 내리는가?

① 정지하고 반납하게 한다.
② 취소하고 반납하게 한다.
③ 반납하게 한다.
④ 재발급하게 한다.

122 관할관청이 화물운송 종사자격의 취소 또는 효력정지 처분을 하였을 때 그 사실을 통지하여야 하는 대상이 아닌 것은?

① 처분 대상자
② 한국교통안전공단
③ 협회
④ 국토교통부

123 화물자동차 운전자의 근무기간 등 운전경력증명서 발급을 위하여 필요한 사항을 기록·관리할 의무를 부담하는 자는?

① 국토교통부장관
② 화물자동차 운송사업자
③ 화물자동차 운전자
④ 시·도지사

124 자가용 화물자동차 유상운송의 허가사유가 아닌 것은?

① 천재지변으로 인해 수송력 공급을 긴급히 증가시킬 필요가 있는 경우
② 사업용 화물자동차 운행이 불가능하여 일시적으로 대체 수송력 공급이 긴급히 필요한 경우
③ 영농조합법인이 그 사업을 위하여 화물자동차를 직접 소유·운영하는 경우
④ 사업용 화물자동차의 부족으로 부득이하게 장거리 운행을 하여야 하는 경우

125 화물자동차 운전업무에 종사하는 운수종사자의 교육 시행 주최에 해당하는 자는?

① 화물협회
② 시·도지사
③ 화물연합회
④ 한국교통안전공단 이사장

---

121 • 화물운송 종사자격 취소(화물자동차 운수사업법 제23조) : 국토교통부장관은 화물자동차 운수사업법을 위반하여 징역 이상의 실형을 선고받고 그 집행이 끝나거나 집행이 면제된 날부터 2년이 지나지 아니한 자와 징역 이상의 형의 집행유예를 선고받고 그 유예기간 중에 있는 자 등의 경우에는 그 자격을 취소하여야 한다.
• 관할관청은 화물운송 종사자격의 취소 또는 효력정지 처분을 하였을 때에는 그 사실을 처분 대상자, 한국교통안전공단 및 협회에 각각 통지하고 처분 대상자에게 화물운송 종사자격증을 반납하게 하여야 한다(동법 시행규칙 제33조의2).

122 관할관청은 화물운송 종사자격의 취소 또는 효력정지 처분을 하였을 때에는 그 사실을 처분 대상자, 한국교통안전공단 및 협회에 각각 통지하고, 처분 대상자에게 화물운송 종사자격증을 반납하게 하여야 한다.

123 화물자동차 운전자 채용기록의 관리 : 운송사업자는 화물자동차의 운전자를 채용할 때에는 근무기간 등 운전경력증명서의 발급을 위하여 필요한 사항을 기록·관리하여야 한다.

124 자가용 화물자동차 유상운송의 허가사유(국토교통부령으로 정하는 사유) : 자가용 화물자동차의 소유자·사용자는 화물자동차를 유상으로 화물운송용으로 제공하거나 임대하여서는 안된다. 다만, 국토교통부령으로 정하는 다음의 사유에 해당되는 경우로서 시·도지사의 허가를 받으면 화물운송용으로 제공하거나 임대할 수 있다.
- 천재지변이나 이에 준하는 비상사태로 인하여 수송력 공급을 긴급히 증가시킬 필요가 있는 경우
- 사업용 화물자동차·철도 등 화물운송수단의 운행이 불가능하여 이를 일시적으로 대체하기 위한 수송력 공급이 긴급히 필요한 경우
- 영농조합법인이 그 사업을 위하여 화물자동차를 직접 소유·운영하는 경우

125 운수종사자 교육 : 화물자동차의 운전업무에 종사하는 운수종사자는 시·도지사가 실시하는 교육을 매년 1회 이상 받아야 한다.

정답 **121** ② **122** ④ **123** ② **124** ④ **125** ②

126 관할관청은 화물자동차 운수종사자 교육을 실시하려면 운수종사자 교육계획을 수립하여 언제까지 운수사업자에게 통지하여야 하는가?

① 교육을 시작하기 1개월 전까지
② 교육을 시작하기 2개월 전까지
③ 교육을 시작하기 3개월 전까지
④ 교육을 시작하기 6개월 전까지

126 관할관청은 운수종사자 교육을 실시하는 때에는 운수종사자 교육계획을 수립하여 운수사업자에게 교육을 시작하기 1개월 전까지 통지하여야 한다.

127 최대적재량 1.5톤 이하의 화물자동차가 차고지 또는 지방자치단체의 조례로 정하는 시설 및 장소가 아닌 곳에서 밤샘 주차한 경우 일반화물자동차 운송사업자에 대한 과징금은 얼마인가?

① 5만 원
② 10만 원
③ 20만 원
④ 30만 원

127 과징금 부과기준
- 최대적재량 1.5톤 초과의 화물자동차가 차고지와 조례로 정하는 시설·장소가 아닌 곳에서 밤샘 주차한 경우 : 일반화물자동차 운송사업자 20만원, 개인화물자동차 운송사업자 10만원
- 최대적재량 1.5톤 이하의 화물자동차가 주차장, 차고지 또는 조례로 정하는 시설·장소가 아닌 곳에서 밤샘 주차한 경우 : 일반 20만원, 개인 5만원

128 사업용 화물자동차의 바깥쪽에 일반인이 알아보기 쉽도록 해당 운송사업자의 명칭을 표시하지 않은 경우, 일반화물자동차 운송사업자에 대한 과징금은 얼마인가?

① 5만 원
② 10만 원
③ 20만 원
④ 30만 원

128 사업용 화물자동차의 바깥쪽에 일반인이 알아보기 쉽도록 해당 운송사업자의 명칭을 표시하지 않은 경우, 일반화물자동차 운송사업자인 경우 10만 원, 개인화물자동차 운송사업자인 경우 5만 원의 과징금을 부과한다.

129 화물자동차 운전자에게 운행기록계가 설치된 운송사업용 화물자동차를 해당 장치가 정상적으로 작동되지 않는 상태에서 운행하도록 한 경우 일반화물자동차 운송사업자에 대한 과징금은 얼마인가?

① 5만원
② 10만원
③ 20만원
④ 30만원

129 화물자동차 운전자에게 운행기록계가 설치된 운송사업용 화물자동차를 해당 장치 또는 기기가 정상적으로 작동되지 않는 상태에서 운행하도록 한 경우, 일반화물자동차 운송사업자에 대해서는 20만원, 개인화물자동차 운송사업자에 대해서는 10만원의 과징금을 부과한다.

130 신고한 운송주선약관을 준수하지 않은 경우 화물자동차 운송주선사업자에 대한 과징금은 얼마인가?

① 30만원
② 20만원
③ 15만원
④ 10만원

130 신고한 운송주선약관을 준수하지 않은 경우, 허가증에 기재되지 않은 상호를 사용한 경우, 화주에게 견적서·계약서·사고확인서를 발급하지 않은 경우 화물운송주선사업자에 부과되는 과징금은 20만원이다.

정답 126 ① 127 ③ 128 ② 129 ③ 130 ②

131 시·도에서 화물운송업과 관련하여 처리하는 업무에 해당하는 것은?

① 화물자동차 운송주선사업 허가사항에 대한 경미한 변경신고
② 화물자동차 운송사업의 허가 및 변경허가
③ 운전적성에 대한 정밀검사의 시행
④ 과적 운행, 과로 운전, 과속 운전의 예방 등 안전한 수송을 위한 지도·계몽

132 화물운송업 관련 업무 중 시·도에서 처리하는 업무가 아닌 것은?

① 화물자동차 운송사업의 허가 및 변경허가
② 화물자동차 운송주선사업 허가사항에 대한 변경신고
③ 화물운송 종사자격의 취소 및 효력의 정지
④ 운송사업자에 대한 개선명령

133 시·도에서 화물운송업과 관련하여 처리하는 업무로 옳은 것은?

① 화물운송 종사자격의 취소 및 효력의 정지
② 화물자동차 운송사업 허가사항에 대한 경미한 사항 변경신고
③ 과적 운행, 과로 운전, 과속 운전의 예방 등 안전한 수송을 위한 지도·계몽
④ 화물운송 운전자의 교통사고 및 교통법규 위반사항 제공요청

134 한국교통안전공단에서 화물운송업과 관련하여 처리하는 업무로 맞는 것은?

① 화물운송 종사자격의 취소 및 효력의 정지
② 운송사업자에 대한 과태료 부과 및 징수
③ 화물자동차 운송사업 허가사항에 대한 경미한 사항 변경신고
④ 운전적성에 대한 정밀검사 시행

---

131 화물운송업 관련 업무 처리
- 시·도에서 처리하는 업무 : 화물자동차 운송사업의 허가 및 허가사항 변경허가, 허가기준에 관한 사항의 신고, 영업소의 허가, 운송약관의 신고 및 변경신고, 과징금의 부과·징수, 종사자격의 취소 및 효력의 정지 등
- 협회에서 처리하는 업무 : 화물자동차 운송사업 허가사항에 대한 경미한 사항 변경신고 등
- 연합회에서 처리하는 업무 : 과적 운행, 과로 운전, 과속 운전의 예방 등 안전한 수송을 위한 지도·계몽 등
- 한국교통안전공단에서 처리하는 업무 : 안전운임신고센터의 설치·운영, 운전적성에 대한 정밀검사의 시행, 종사자격시험의 실시·관리·교육, 교통안전체험교육, 종사자격증의 발급, 교통사고 위반사항 제공요청 및 기록·관리 등

132
- 시·도에서 처리하는 업무 : 화물자동차 운송사업의 허가 및 허가사항 변경허가, 허가기준에 관한 사항의 신고, 영업소의 허가, 운송약관의 신고 및 변경신고, 운송사업자에 대한 개선명령, 허가취소, 과징금의 부과·징수, 종사자격의 취소 및 효력의 정지, 운송주선사업의 허가 및 허가취소, 운송가맹사업의 허가 및 변경허가·허가취소, 개선명령, 과태료의 부과 및 징수 등
- 협회에서 처리하는 업무 : 화물자동차 운송사업 허가사항에 대한 경미한 사항 변경신고, 운송주선사업 허가사항에 대한 변경신고 등

133 ① 시·도에서 처리하는 업무 : 화물자동차 운송사업의 허가 및 허가사항 변경허가, 허가기준에 관한 사항의 신고, 영업소의 허가, 운송약관의 신고 및 변경신고, 휴업 및 폐업 신고, 허가취소, 과징금의 부과·징수, 종사자격의 취소 및 효력의 정지 등
② 협회에서 처리하는 업무 : 화물자동차 운송사업 허가사항에 대한 경미한 사항 변경신고, 운송주선사업 허가사항에 대한 변경신고 등
③ 연합회에서 처리하는 업무 : 과적 운행, 과로 운전, 과속 운전의 예방 등 안전한 수송을 위한 지도·계몽 등
④ 한국교통안전공단에서 처리하는 업무 : 운전적성에 대한 정밀검사의 시행, 종사자격시험의 실시·관리 및 교육, 종사자격증의 발급, 운전자의 교통사고 및 교통법규 위반사항 제공요청 및 기록·관리 등

134 한국교통안전공단의 화물운송업 관련 처리 업무
- 운전적성에 대한 정밀검사의 시행
- 화물운송 종사자격시험의 실시·관리·교육, 종사자격증 발급
- 교통안전체험교육의 이론 및 실기교육
- 교통사고·교통법규 위반사항 제공요청·기록·관리
- 화물자동차 운전자채용 기록·관리 자료의 요청

정답 **131** ② **132** ② **133** ① **134** ④

135 화물자동차 운수사업법상 자가용 화물자동차로 사용하고자 할 경우, 관할관청에 사용신고를 하여야 하는 차량은 최대적재량 몇 톤 이상인가? (단, 특수자동차는 제외)

① 최대적재량 1.0톤 이상 화물자동차
② 최대적재량 1.5톤 이상 화물자동차
③ 최대적재량 2.5톤 이상 화물자동차
④ 최대적재량 5.0톤 이상 화물자동차

135 사용신고대상 화물자동차 : 특수자동차, 특수자동차를 제외한 화물자동차로서 최대 적재량이 2.5톤 이상인 화물자동차

136 자가용 화물자동차의 소유자가 자가용 화물자동차에 갖추어 두고 운행하여야 하는 것은 무엇인가?

① 화물운송종사자격증
② 화물운송종사자격증명
③ 신고확인증
④ 운전면허증

136 신고확인증의 비치 : 자가용 화물자동차의 소유자는 자가용 화물자동차에 신고확인증을 갖추어 두고 운행하여야 한다.

137 인명피해 교통사고 발생 시 필요한 조치를 하지 않은 운전자에 대한 벌칙으로 옳은 것은?

① 10년 이하 징역 또는 2천만 원 이하의 벌금
② 5년 이하 징역 또는 2천만 원 이하의 벌금
③ 2년 이하 징역 또는 1천만 원 이하의 벌금
④ 1년 이하 징역 또는 5백만 원 이하의 벌금

137 벌칙 : 5년 이하의 징역 또는 2천만원 이하의 벌금(화물자동차 운수사업법 제66조)
 - 적재된 화물이 떨어지지 않도록 덮개·포장·고정장치 등 필요한 조치를 하지 않아 사람을 상해 또는 사망에 이르게 한 운송사업자
 - 필요한 조치를 하지 않고 화물자동차를 운행하여 사람을 상해 또는 사망에 이르게 한 운수종사자

138 자동차관리법의 목적에 해당하지 않는 것은?

① 자동차의 효율적 관리
② 자동차 증가추세 요인 분석
③ 자동차의 성능 확보
④ 자동차의 안전 확보

138 자동차관리법의 목적(제1조) : 자동차의 등록, 안전기준, 자기인증, 제작결함 시정, 점검, 정비, 검사 및 자동차관리사업 등에 관한 사항을 정하여 자동차를 효율적으로 관리하고 자동차의 성능 및 안전을 확보함으로써 공공의 복리를 증진한다.

139 자동차관리법령상 제작연도에 등록하지 아니한 자동차의 차령 기산일은 언제인가?

① 최초의 신규등록일
② 제작연도의 말일
③ 제작사 출고일
④ 최초 구입일

139 자동차의 차령기산일
 - 제작연도에 등록된 자동차 : 최초의 신규등록일
 - 제작연도에 등록되지 않은 자동차 : 제작연도의 말일

정답 135 ③ 136 ③ 137 ② 138 ② 139 ②

140 A가 산 자동차의 제작일은 2018년 4월 20일인데, 이 자동차를 2019년 1월 10일 등록하였다. 이 자동차의 차령기산일은?

① 2018년 4월 20일
② 2018년 12월 31일
③ 2019년 1월 1일
④ 2019년 1월 10일

141 자동차관리법상 내부의 특수한 설비로 인하여 승차인원이 10인 이하로 된 자동차의 종류는?

① 화물자동차
② 특수자동차
③ 승용자동차
④ 승합자동차

142 자동차관리법에서 정하고 있는 '10인 이하를 운송하기에 적합한 자동차'란?

① 승용자동차
② 승합자동차
③ 화물자동차
④ 특수자동차

143 자동차등록원부에 등록되지 않은 상태에서 자동차를 운행할 수 있는 경우는?

① 자동차검사에 합격한 경우
② 관계기관에 신고한 경우
③ 임시운행허가를 받아 허가 기간 내에 운행하는 경우
④ 형식승인을 마친 경우

144 자동차관리법령에 따라 자동차등록원부에 등록한 후가 아니라도 운행할 수 있는 자동차는?

① 이륜자동차
② 특수용도형 화물자동차
③ 승용겸화물형 승용자동차
④ 캠핑용트레일러

---

140 자동차의 차령기산일
- 제작연도에 등록된 자동차 : 최초의 신규등록일
- 제작연도에 등록되지 아니한 자동차 : 제작연도의 말일

141
- 승합자동차 : 11인 이상을 운송하기에 적합한 자동차. 다만, 내부의 특수한 설비로 인하여 승차인원이 10인 이하로 된 자동차와 경형자동차로서 승차정원이 10인 이하인 전방조종자동차는 승합자동차로 본다.
- 승용자동차 : 10인 이하를 운송하기에 적합한 자동차

142 ① 승용자동차 : 10인 이하를 운송하기에 적합하게 제작된 자동차
② 승합자동차 : 11인 이상을 운송하기에 적합하게 제작된 자동차. 다만, 내부의 특수한 설비로 인하여 승차인원이 10인 이하로 된 자동차와 경형자동차로서 승차정원이 10인 이하인 전방조종자동차는 승합자동차로 봄
③ 화물자동차 : 화물을 운송하기에 적합한 화물적재공간을 갖추고, 화물적재공간의 총적재화물의 무게가 운전자를 제외한 승객이 승차공간에 모두 탑승했을 때의 승객의 무게보다 많은 자동차
④ 특수자동차 : 다른 자동차를 견인하거나 구난작업 또는 특수한 작업을 수행하기에 적합하게 제작된 자동차로서 승용자동차·승합자동차 또는 화물자동차가 아닌 자동차

143 자동차(이륜자동차는 제외함)는 자동차등록원부에 등록한 후가 아니면 운행할 수 없다. 다만, 임시운행허가를 받아 허가 기간 내에 운행하는 경우에는 운행할 수 있다.

144 자동차(이륜자동차는 제외함)는 자동차등록원부에 등록한 후가 아니면 이를 운행할 수 없다. 다만, 임시운행허가를 받아 허가 기간 내에 운행하는 경우에는 그러하지 아니하다.

정답 140 ② 141 ④ 142 ① 143 ③ 144 ①

145 고의로 등록번호판을 가리거나 알아보기 곤란하게 한 자에 대한 벌칙은?

① 3년 이하의 징역 또는 1천만원 이하의 벌금
② 3년 이하의 징역 또는 500만원 이하의 벌금
③ 2년 이하의 징역 또는 500만원 이하의 벌금
④ 1년 이하의 징역 또는 1천만원 이하의 벌금

146 A는 자동차를 등록하여 소유하다가 B에게 팔았다. 자동차관리법에 따를 때 이전등록을 해야 하는 원칙적 법적 의무자는?

① A
② B
③ A의 대리인
④ B의 대리인

147 시·도지사가 직권으로 말소등록을 할 수 있는 경우로 옳지 않은 것은?

① 말소등록을 신청하여야 할 자가 신청하지 않은 경우
② 자동차의 차대가 등록원부상의 차대와 다른 경우
③ 속임수나 그 밖의 부정한 방법으로 등록된 경우
④ 자동차를 수출한 경우

148 자동차관리법상 자동차 신규등록신청을 하기 위한 임시운행 허가기간은 며칠 이내인가?

① 30일
② 20일
③ 15일
④ 10일

149 국토교통부장관 또는 시·도지사의 임시운행허가를 받아야 하는 사항으로 옳지 않은 것은?

① 튜닝승인을 받지 않고 자동차의 구조·장치를 튜닝한 자가 자동차의 튜닝승인을 받으려 운행하려는 경우
② 자동차를 제작·조립·수입 또는 판매하는 자가 판매사업장·하치장 또는 전시장에 자동차를 보관·전시하기 위하여 운행하려는 경우
③ 수출하기 위하여 말소등록한 자동차를 점검·정비하거나 선적하기 위하여 운행하려는 경우
④ 자동차를 제작·조립 또는 수입하는 자가 자동차에 특수한 설비를 설치하기 위하여 다른 제작 또는 조립장소로 자동차를 운행하려는 경우

145
- 고의로 자동차등록번호판을 가리거나 알아보기 곤란하게 한 자 : 1년 이하의 징역 또는 1,000만원 이하의 벌금
- 자동차등록번호판을 가리거나 알아보기 곤란하게 하거나, 그러한 자동차를 운행한 경우 : 과태료 1차 50만원, 2차 150만원, 3차 250만원

146 이전등록 : 등록된 자동차를 양수받는 자는 대통령령으로 정하는 바에 따라 시·도지사에게 자동차 소유권의 이전등록을 신청하여야 한다.

147 시·도지사의 직권 말소등록
- 말소등록을 신청하여야 할 자가 신청하지 않은 경우
- 자동차의 차대가 등록원부상의 차대와 다른 경우
- 자동차 운행정지 명령에도 불구하고 해당 자동차를 계속 운행하는 경우
- 자동차를 폐차한 경우, 속임수나 부정한 방법으로 등록된 경우

148 임시운행 허가기간
- 신규등록신청을 위해 자동차를 운행하는 경우 : 10일 이내
- 신규검사·임시검사를 받기 위해 운행하는 경우 : 10일 이내

149 임시운행 허가기간
- 신규등록신청을 위하여 자동차를 운행하려는 경우 : 10일 이내
- 자동차의 차대번호·원동기형식의 표기를 지우거나 받기 위해 운행하려는 경우 : 10일 이내
- 자동차를 제작·조립·수입·판매하는 자가 판매사업장·하치장 또는 전시장에 보관·전시하거나 환수하기 위해 운행하려는 경우 : 10일 이내
- 자동차를 제작·조립·수입·판매하는 자가 판매한 자동차를 환수하기 위하여 운행하려는 경우 : 10일 이내
- 수출하기 위해 말소등록한 자동차를 점검·정비·선적하기 위해 운행하려는 경우 : 20일 이내
- 자동차를 제작·조립·수입하는 자가 자동차에 특수한 설비를 설치하기 위하여 다른 제작 또는 조립장소로 자동차를 운행하려는 경우 : 40일 이내

정답 **145** ④ **146** ② **147** ④ **148** ④ **149** ①

150 자동차의 튜닝승인 신청 서류에 해당하지 않는 것은?

① 보험가입증명서
② 튜닝 전·후의 주요제원대비표
③ 튜닝 전·후의 자동차외관도(외관의 변경이 있는 경우에 한함)
④ 튜닝하려는 구조·장치의 설계도

150 튜닝검사의 신청서류 : 말소사실증명서, 튜닝승인서, 튜닝 전·후의 주요제원대비표, 튜닝 전·후의 자동차외관도(외관의 변경이 있는 경우에 한함), 튜닝하려는 구조·장치의 설계도

151 자동차 튜닝에 대한 승인권자는?

① 시·도지사
② 도로교통공단
③ 한국교통안전공단
④ 정비업자 협회

151 자동차의 구조·장치 중 국토교통부령으로 정하는 것을 변경하려는 경우에는 그 자동차의 소유자가 시장·군수·구청장의 승인을 받아야 한다. 시장·군수·구청장은 튜닝 승인에 관한 권한을 한국교통안전공단에 위탁한다.

152 자동차 구조·장치의 변경 승인에 관한 권한을 집행하는 기관은?

① 시·도지사
② 화물자동차운송사업협회
③ 한국교통안전공단
④ 관할경찰서

152 자동차의 구조·장치 중 국토교통부령으로 정한 것을 변경하려는 경우에는 자동차의 소유자가 시장·군수·구청장의 승인을 받아야 한다. 시장·군수·구청장은 튜닝 승인에 관한 권한을 한국교통안전공단에 위탁한다.

153 자동차관리법령상 자동차를 신규등록 하고자 할 때 받아야 하는 검사는?

① 정기검사
② 튜닝검사
③ 임시검사
④ 신규검사

153 ④ 신규검사 : 자동차의 신규등록을 하려는 경우 실시하는 검사
① 정기검사 : 신규등록 후 정기적으로 실시하는 검사
② 튜닝검사 : 자동차를 튜닝한 경우에 실시하는 검사
③ 임시검사 : 자동차관리법 또는 자동차관리법에 따른 명령이나 소유자의 신청을 받아 비정기적으로 실시하는 검사

154 자동차검사에 대한 설명으로 옳지 않은 것은?

① 신규등록을 하려는 경우 실시하는 검사를 신규검사라 한다.
② 자동차를 튜닝한 경우에 실시하는 검사를 성능확인검사라 한다.
③ 자동차관리법에 따른 명령이나 자동차 소유자의 신청을 받아 비정기적으로 실시하는 검사를 임시검사라 한다.
④ 전손 처리 자동차를 수리한 후 운행하려는 경우에 실시하는 검사를 수리검사라 한다.

154 자동차검사
- 신규검사 : 신규등록을 하려는 경우 실시하는 검사
- 정기검사 : 신규등록 후 일정 기간마다 정기적으로 실시하는 검사
- 튜닝검사 : 자동차를 튜닝한 경우에 실시하는 검사
- 임시검사 : 자동차관리법 또는 자동차관리법에 따른 명령이나 소유자의 신청을 받아 비정기적으로 실시하는 검사
- 수리검사 : 전손 처리 자동차를 수리한 후 운행하려는 경우에 실시하는 검사

정답 **150** ① **151** ③ **152** ③ **153** ④ **154** ②

155 경형·소형 화물자동차의 정기검사 유효기간은?

① 6개월   ② 1년
③ 2년   ④ 3년

155 차종·차령 별 자동차 정기검사 유효기간
- 비사업용 승용자동차 및 피견인자동차 : 2년(최초 4년)
- 사업용 승용자동차 : 1년(최초 2년)
- 경형·소형의 승합 및 화물자동차 : 1년
- 사업용 대형화물자동차 : (차령 2년 이하) 1년, (차령 2년 초과) 6월
- 중형 승합자동차 및 사업용 대형승합자동차 : (차령 8년 이하) 1년, (차령 8년 초과) 6월
- 그 밖의 자동차 : (차령 5년 이하) 1년, (차령 5년 이상) 6월

156 차령이 2년 이하인 사업용 대형화물자동차의 자동차 정기검사 유효기간은?

① 3년   ② 2년
③ 1년   ④ 6월

156 사업용 대형화물자동차의 정기검사 유효기간 : (차령 2년 이하) 1년, (차령 2년 초과) 6월

157 차령 3년의 중형 화물자동차 소유자의 자동차정기검사 유효기간은?

① 3년   ② 2년
③ 1년   ④ 6월

157 차종·차령 별 자동차정기검사 유효기간
- 비사업용 승용자동차 및 피견인자동차 : 2년(최초 4년)
- 사업용 승용자동차 : 1년(최초 2년)
- 경형·소형의 승합 및 화물자동차 : 1년
- 사업용 대형화물자동차 : (차령 2년 이하) 1년, (차령 2년 초과) 6월
- 중형 승합자동차 및 사업용 대형승합자동차 : (차령 8년 이하) 1년, (차령 8년 초과) 6월
- 그 밖의 자동차 : (차령 5년 이하) 1년, (차령 5년 이상) 6월

158 사업용 소형화물자동차의 자동차종합검사 대상이 되는 차령 기준은?

① 차령이 1년 초과   ② 차령이 2년 초과
③ 차령이 3년 초과   ④ 차령이 4년 초과

158 자동차종합검사의 대상과 유효기간
- 경형·소형의 승합 및 화물자동차
  - 비사업용 : (적용 차령) 차령이 3년 초과인 자동차, (검사 유효기간) 1년
  - 사업용 : (적용 차령) 차령이 2년 초과인 자동차, (검사 유효기간) 1년
- 사업용 대형화물자동차 : (적용 차령) 차령이 2년 초과인 자동차, (검사 유효기간) 6개월

정답 **155** ② **156** ③ **157** ③ **158** ②

159 자동차 사용본거지 변동 등의 사유로 자동차종합검사의 대상이 된 자동차 중 자동차 정기검사의 기간 중에 있는 자동차는 변경등록을 한 날부터 며칠 이내에 자동차종합검사를 받아야 하는가?

① 62일
② 42일
③ 22일
④ 12일

160 자동차종합검사기간 전에 자동차종합검사 부적합 판정을 받은 자동차의 소유자는 부적합 판정을 받은 날부터 며칠 이내에 재검사를 신청하여야 하는가?

① 5일
② 10일
③ 15일
④ 30일

161 종합검사기간 내에 종합검사를 신청한 때, 자동차 배출가스 검사기준 위반하여 부적합 판정을 받은 날부터 재검사 신청기간은 며칠 이내인가?

① 40일
② 30일
③ 20일
④ 10일

162 자동차관리법령상 자동차 검사기간을 연장·유예할 수 있는 경우가 아닌 것은?

① 천재지변이 발생한 경우
② 자동차를 도난당한 경우
③ 생업에 종사하느라 바쁜 경우
④ 장기간의 정비가 필요한 경우

163 자동차정기검사 유효기간 만료일부터 30일 이내인 때 과태료는 얼마인가?

① 2만 원
② 3만 원
③ 4만 원
④ 5만 원

---

159 소유권 변동 또는 사용본거지 변동 등의 사유로 종합검사의 대상이 된 자동차 중 정기검사의 기간 중에 있거나 정기검사의 기간이 지난 자동차는 변경등록을 한 날부터 62일 이내에 종합검사를 받아야 한다.

160 재검사 신청기간
- 종합검사기간 전 또는 후에 종합검사를 신청한 경우 : 부적합 판정을 받은 날부터 10일 이내
- 종합검사기간 내에 종합검사를 신청한 경우
  - 최고속도제한장치의 미설치, 무단 해체·해제·미작동, 자동차 배출가스 검사기준 위반 : 부적합 판정을 받은 날부터 10일 이내
  - 기타 사유 : 종합검사기간 만료 후 10일 이내

161 종합검사기간 내에 종합검사를 신청한 경우 재검사 신청기간
  - 최고속도제한장치의 미설치, 무단 해체·해제 및 미작동, 자동차 배출가스 검사기준 위반 : 부적합 판정을 받은 날부터 10일 이내
  - 그 밖의 사유 : 부적합 판정을 받은 날부터 종합검사기간 만료 후 10일 이내

162 자동차종합검사 유효기간의 연장·유예 사유
전시·사변 또는 이에 준하는 비상사태로 인한 경우
자동차를 도난당한 경우, 사고발생으로 장기간 정비가 필요한 경우, 압수·면허취소로 운행할 수 없는 경우
자동차 소유자가 폐차를 하려는 경우

163 정기검사·종합검사를 받지 않는 경우 과태료
  - 검사 지연기간이 30일 이내인 경우 : 4만원
  - 지연기간이 30일 초과 114일 이내인 경우 : 4만원에 31일째부터 3일 초과시마다 2만원을 더한 금액
  - 지연기간이 115일 이상인 경우 : 60만원

정답 **159** ① **160** ② **161** ④ **162** ③ **163** ③

164 자동차매매업자가 국토교통부령으로 정하는 바에 따라 시장·군수·구청장에게 신고하여야 하는 사항에 해당되지 않는 것은?

① 매매용 자동차가 고장난 경우
② 매매용 자동차가 사업장에 제시된 경우
③ 매매용 자동차가 팔린 경우
④ 매매용 자동차가 팔리지 않고 소유자에게 반환된 경우

164 매매용 자동차의 관리(자동차관리법 제59조) : 자동차매매업자는 다음의 하나에 해당되는 경우에는 국토교통부령으로 정하는 바에 따라 시장·군수·구청장에게 신고하여야 한다.
- 매매용 자동차가 사업장에 제시된 경우
- 매매용 자동차가 팔린 경우
- 매매용 자동차가 팔리지 아니하고 그 소유자에게 반환된 경우

165 도로법에 규정된 내용이 아닌 것은?

① 도로망의 계획수립
② 도로 노선의 지정
③ 자동차 안전기준
④ 도로의 시설기준

165 도로법의 목적(제1조) : 도로망의 계획수립, 도로 노선의 지정, 도로공사의 시행과 도로의 시설기준, 도로의 관리·보전 및 비용 부담 등에 관한 사항을 규정하여 국민이 안전하고 편리하게 이용할 수 있는 도로의 건설과 공공복리의 향상에 이바지함을 목적으로 한다.

166 도로관리청이 도로의 편리한 이용과 안전 및 원활한 도로교통의 확보, 도로의 관리를 위하여 설치하는 시설 또는 공작물은?

① 일반국도　　② 도로의 부속물
③ 안전지대　　④ 지방도

166 도로의 부속물 : 도로관리청이 도로의 편리한 이용과 안전 및 원활한 도로교통의 확보, 그밖에 도로의 관리를 위하여 설치하는 시설 또는 공작물

167 도로법령상 도로의 종류에 대한 설명으로 옳지 않은 것은?

① 고속국도 : 도로교통망의 중요한 축을 이루며 주요 도시를 연결하는 도로로서 자동차 전용의 고속교통에 사용되는 도로
② 일반국도 : 주요 도시, 지정항만, 주요 공항, 국가산업단지 등을 연결하여 지방도와 함께 국가간선도로망을 이루는 도로
③ 특별시도·광역시도 : 특별시, 광역시의 관할구역에 있는 도로
④ 시도(市道) : 특별자치시, 시 또는 행정시의 관할구역에 있는 도로

167 도로법에 따른 도로의 종류 : 고속국도, 일반국도, 특별시도·광역시도, 지방도, 시도, 군도, 구도
- 고속국도 : 도로교통망의 중요한 축을 이루며 주요 도시를 연결하는 도로로서 자동차 전용의 고속교통에 사용되는 도로
- 일반국도 : 주요 도시, 지정항만, 주요 공항, 국가산업단지 또는 관광지 등을 연결하여 고속국도와 함께 국가간선도로망을 이루는 도로
- 특별시도·광역시도 : 특별시, 광역시의 관할구역에 있는 주요 도로망을 형성하는 도로
- 지방도 : 도청 소재지에서 시청 또는 군청 소재지에 이르는 도로, 시청 또는 군청 소재지를 서로 연결하는 도로
- 시도(市道) : 특별자치시, 시 또는 행정시의 관할구역에 있는 도로

정답　164 ①　165 ③　166 ②　167 ②

168 도로법령상 도로에 해당되지 않는 것은?

① 면도
② 일반국도
③ 군도
④ 구도

> **168** 도로법령상 도로의 종류 : 고속국도, 일반국도, 특별시도·광역시도, 지방도, 시도, 군도, 구도

169 도로법령상 도로의 종류가 아닌 것은?

① 이도
② 일반국도
③ 군도
④ 지방도

> **169**
> • 농어촌도로 정비법에 따른 농어촌도로 : 면도, 이도, 농도
> • 도로법에 따른 도로의 종류 : 고속국도, 일반국도, 특별시도·광역시도, 지방도, 시도(市道), 군도, 구도(區道)

170 도로법령상 도로에서의 금지행위에 해당하지 않는 것은?

① 도로를 파손하는 행위
② 도로를 포장하는 행위
③ 도로에 장애물을 쌓아놓는 행위
④ 도로의 구조나 교통에 지장을 끼치는 행위

> **170** 도로에서의 금지행위 : 도로를 파손하는 행위, 도로에 토석·입목·죽(竹) 등 장애물을 쌓아놓는 행위, 그밖에 도로의 구조나 교통에 지장을 주는 행위

171 도로법령상 차량의 운행을 제한할 수 있는 기준은?

① 축하중이 4톤을 초과한 경우
② 축하중이 5톤을 초과한 경우
③ 축하중이 7톤을 초과한 경우
④ 축하중이 10톤을 초과한 경우

> **171** 도로관리청이 운행을 제한할 수 있는 차량
> - 축하중이 10톤을 초과하거나 총중량이 40톤을 초과하는 차량
> - 차량의 폭이 2.5미터, 높이가 4.0미터, 길이가 16.7미터를 초과하는 차량 등

172 도로법상 차량의 운행을 제한할 수 있는 기준은?

① 총중량이 10톤을 초과하는 경우
② 총중량이 20톤을 초과하는 경우
③ 총중량이 30톤을 초과하는 경우
④ 총중량이 40톤을 초과하는 경우

> **172** 도로관리청이 운행을 제한할 수 있는 차량 : 축하중(軸荷重)이 10톤을 초과하거나 총중량이 40톤을 초과하는 차량, 차량의 폭이 2.5미터, 높이 4.0미터, 길이 16.7미터를 초과하는 차량

정답 168 ① 169 ① 170 ② 171 ④ 172 ④

173 도로법령상 운행을 제한할 수 있는 차량이 아닌 것은?

① 차량의 폭이 2.7미터인 차량
② 차량의 길이가 18미터인 차량
③ 차량의 높이가 4.3미터인 차량
④ 총중량이 35톤인 차량

173 도로관리청이 운행을 제한할 수 있는 차량
- 축하중이 10톤을 초과하거나 총중량이 40톤을 초과하는 차량
- 차량의 폭이 2.5미터, 높이가 4.0미터, 길이가 16.7미터를 초과하는 차량

174 도로법령에 따라 차량의 적재량 측정을 방해한 자에 대한 벌칙은?

① 1년 이하의 징역이나 2천만원 이하의 벌금
② 1년 이하의 징역이나 1천만원 이하의 벌금
③ 3년 이하의 징역이나 1천만원 이하의 벌금
④ 3년 이하의 징역이나 700만원 이하의 벌금

174 정당한 사유 없이 적재량 측정을 위한 도로관리청의 요구에 따르지 아니한 자와 차량의 적재량 측정을 방해한 자, 도로관리청의 재측정 요구에 따르지 아니한 자는 1년 이하의 징역이나 1천만원 이하의 벌금에 처한다.

175 차량의 구조나 적재화물의 특수성으로 인하여 관리청의 운행 허가를 받으려는 자는 신청서를 작성하여 도로 관리청에 제출해야 한다. 신청서 기재 사항에 해당되지 않는 것은?

① 하이패스 및 블랙박스 설치 유무
② 운행하려는 도로의 종류 및 노선명
③ 운행구간 및 그 총 연장
④ 운행목적 및 방법

175 차량 관리청 허가를 받으려는 자의 신청서 기재사항 : 차량의 구조나 적재화물의 특수성으로 인하여 관리청의 허가를 받으려는 자는 신청서에 '운행하려는 도로의 종류 및 노선명, 운행구간 및 그 총 연장, 차량의 제원, 운행기간, 운행목적, 운행방법'을 기재하여 도로 관리청에 제출하여야 한다.

176 대기환경보전법의 목적에 해당하지 않는 것은?

① 자동차 소음방지장치 장착을 유도
② 대기오염으로 인한 국민건강이나 환경에 관한 위해를 예방
③ 대기환경을 적정하고 지속가능하게 관리·보전
④ 모든 국민이 건강하고 쾌적한 환경에서 생활

176 대기환경보전법의 목적 : 대기오염으로 인한 국민건강이나 환경에 관한 위해를 예방하고 대기환경을 적정하게 지속가능하게 관리·보전하여 모든 국민이 건강하고 쾌적한 환경에서 생활할 수 있게 하는 것을 목적으로 한다.

177 대기환경보전법의 용어 중 '대기오염의 원인이 되는 가스·입자상물질로서 환경부령으로정하는 것'을 무엇이라 하는가?

① 대기오염물질
② 온실가스
③ 가스
④ 매연

177 ① 대기오염물질 : 대기오염의 원인이 되는 가스·입자상물질로서 환경부령으로 정하는 것
② 온실가스 : 적외선 복사열을 흡수·방출하여 온실효과를 유발하는 대기 중의 가스상태물질
③ 가스 : 물질이 연소·합성·분해될 때에 발생하거나 물리적 성질로 인해 발생하는 기체상물질
④ 매연 : 연소할 때에 생기는 유리 탄소가 주가 되는 미세한 입자상물질

정답 173 ④ 174 ② 175 ① 176 ① 177 ①

178 대기환경보전법령에 따른 '온실가스'에 해당하지 않는 물질은?

① 이산화탄소
② 일산화탄소
③ 메탄
④ 수소불화탄소

178 온실가스 : 적외선 복사열을 흡수하거나 다시 방출하여 온실효과를 유발하는 대기 중의 가스상태 물질로서 이산화탄소, 메탄, 아산화질소, 수소불화탄소, 과불화탄소 등을 말함

179 대기환경보전법령에 따른 '대기 중에 떠다니거나 흩날려 내려오는 입자상 물질'을 무엇이라 하는가?

① 가스
② 먼지
③ 검댕
④ 온실가스

179 ② 먼지 : 대기 중에 떠다니거나 흩날려 내려오는 입자상물질
① 가스 : 물질이 연소·합성·분해될 때에 발생하거나 물리적 성질로 발생하는 기체상물질
③ 검댕 : 유리 탄소가 응결하여 입자의 지름이 1미크론 이상인 입자상물질
④ 온실가스 : 적외선 복사열을 흡수하거나 방출하여 온실효과를 유발하는 가스상태 물질

180 대기환경보전법상 용어의 정의 중 연소할 때 생기는 유리(遊離) 탄소가 주가 되는 미세한 입자상물질은?

① 가스
② 액체상 물질
③ 매연
④ 검댕

180 • 매연 : 연소할 때에 생기는 유리 탄소가 주가 되는 미세한 입자상물질
• 검댕 : 연소할 때에 생기는 유리 탄소가 응결하여 입자의 지름이 1미크론 이상이 되는 입자상물질

181 시·도지사가 관할 지역의 대기질 개선을 위하여 그 지역에서 운행하는 자동차 중 일정 요건을 충족하는 자동차 소유자에 대하여 명령하거나 권고할 수 있는 사항이 아닌 것은?

① 저공해자동차로의 전환
② 배출가스저감장치의 부착
③ 저공해엔진으로 개조
④ 원동기장치자전거 구매

181 시·도지사와 시장·군수는 관할 지역의 대기질 개선 등을 위하여 필요한 경우 저공해자동차로의 전환·개조 명령, 배출가스저감장치의 부착·교체 명령 또는 배출가스 관련 부품의 교체 명령, 저공해엔진으로의 개조·교체를 권고할 수 있다.

182 시·도지사의 저공해자동차로의 전환·개조명령을 이행하지 않은 자에 대한 처벌기준은?

① 300만 원 이하의 과태료
② 500만 원 이하의 과태료
③ 700만 원 이하의 과태료
④ 1,000만 원 이하의 과태료

182 시·도지사와 시장·군수는 관할지역의 대기질 개선 등을 위하여 저공해자동차로의 전환·개조명령, 배출가스저감장치의 부착·교체명령 또는 배출가스 관련 부품의 교체명령, 저공해엔진으로의 개조·교체를 권고할 수 있으며, 이를 이행하지 않은 자는 300만원 이하의 과태료 처분에 처한다.

정답 178 ② 179 ② 180 ③ 181 ④ 182 ①

183 시·도지사가 공회전 제한장치의 부착을 명령할 수 있는 택배용 화물자동차의 최대 적재량 기준은?

① 3톤 이하
② 2톤 이하
③ 1.5톤 이하
④ 1톤 이하

183 공회전 제한장치 부착명령 대상 자동차
- 시내버스운송사업에 사용되는 자동차, 일반택시운송사업에 사용되는 자동차
- 화물자동차운송사업에 사용되는 최대 적재량이 1톤 이하인 밴형 화물자동차로서 택배용으로 사용되는 자동차

184 공차상태의 자동차에 있어서 접지부분외의 부분은 지면과의 사이에 몇 센티미터 이상의 간격이 있어야 하는가?

① 8센티미터 이상
② 10센티미터 이상
③ 12센티미터 이상
④ 15센티미터 이상

184 최저지상고(자동차안전기준에 관한 규칙 제5조) : 공차상태의 자동차에 있어서 접지부분외의 부분은 지면과의 사이에 12센티미터 이상의 간격이 있어야 한다.

185 국토교통부장관은 자동차를 효율적으로 관리하고 안전도를 높이기 위하여 5년마다 수립·시행하여야 하는 자동차정책기본계획 사항으로 옳지 않은 것은?

① 자동차 관련 기술발전 전망과 자동차 안전 및 관리 정책의 추진방향
② 신재생에너지 보급에 관한 사항
③ 자동차 안전도 향상에 관한 사항
④ 자동차 관리제도 및 소비자 보호에 관한 사항

185 자동차정책기본계획의 수립 : 5년마다 수립·시행
- 자동차 관련 기술발전 전망과 자동차 안전 및 관리 정책의 추진방향
- 자동차안전기준 등의 연구개발·기반조성 및 국제조화에 관한 사항
- 자동차 안전도 향상에 관한 사항
- 자동차 관리제도 및 소비자 보호에 관한 사항
- 신기술이 적용된 자동차검사기준 등에 관한 사항

정답 183 ④ 184 ③ 185 ②

PART 02

화물취급요령

CHAPTER 01 ▶ 화물취급요령 기출핵심정리

☐ **운송장의 기능** : 계약서 기능, 화물인수증 기능, 운송요금 영수증 기능, 정보처리 기본자료, 배달에 대한 증빙(배송에 대한 증거서류 기능), 수입금 관리자료, 행선지 분류정보 제공(작업지시서 기능)

☐ **운송장의 형태**
- **기본형 운송장(포켓타입)** : 기본적으로 운송회사(택배업체 등)에서 사용하고 있는 운송장은 업체별로 디자인에 다소 차이는 있으나 기록되는 내용은 대동소이하며, 송하인용, 전산처리용, 수입관리용, 배달표용, 수하인용으로 구성
- **보조운송장** : 동일 수하인에게 다수의 화물이 배달될 때 운송장 비용을 절약하기 위하여 사용하는 운송장으로서, 간단한 기본적인 내용과 원운송장을 연결시키는 내용만 기록
- **스티커형 운송장** : 운송장 제작비와 전산 입력비용을 절약하기 위하여 기업고객과 완벽한 EDI(전자문서교환)시스템이 구축될 수 있는 경우에 이용. 배달표형 스티커 운송장과 바코드 절취형 스티커 운송장이 있음

☐ **운송장의 기록과 운영**
- **운송장 번호와 바코드** : 운송장을 인쇄할 때 기록되기 때문에 별도로 기록할 필요는 없으나, 상당기간 중복되는 번호가 발행되지 않도록 충분한 자리수가 확보되어야 함
- **송하인 성명, 주소 및 전화번호** : 배송이 어려운 경우 송하인에게 확인 절차가 불가능해 고객 불만이 발생할 수 있으므로, 정확한 이름과 주소뿐만 아니라 전화번호도 기록
- **수하인 성명, 주소 및 전화번호** : 정확한 이름과 주소(도로명 주소, 상세주소 포함)와 전화번호를 기록
- **주문번호 또는 고객번호** : 이용자가 접수번호만으로도 추적조회를 할 수 있도록 하고, 통신판매·전자상거래 등의 경우 운송장 번호 없이도 화물추적이 가능하도록 예약접수번호·상품주문번호 등을 표시토록 함
- **화물명** : 화물의 품명(종류)을 기록하며 파손·분실 등 사고발생시 손해배상의 기준이 되고 취급금지 및 제한 품목 여부를 알기 위해서도 반드시 기록하도록 해야 함. 여러 화물을 하나의 박스에 포장하는 경우에도 중요한 화물명은 기록해야 하며, 중고 화물인 경우에는 중고임을 기록
- **화물의 가격**
  - 물품가액은 내용품에 대한 사항을 고객이 직접 기재하도록 하되, 중고 또는 수제품의 경우에는 시중 가격을 참고하여 산정함
  - 화물의 파손·분실·배달지연 사고발생 시 손해배상의 기준이 되며, 약관 기준을 초과하는 고가의 화물인 경우에는 할증을 적용해야 하므로 정확하게 기록함
- **화물의 크기(중량, 사이즈)** : 화물의 크기에 따라 요금이 달라지기 때문에 정확히 기록
- **운임의 지급방법** : 운송요금의 지불이 선불·착불·신용으로 구분 표시
- **운송요금** : 운송요금뿐만 아니라 포장요금·물품대 등을 구분 기록
- **발송지(집하점)** : 실 발송지와 송하인의 주소가 다른 경우가 있기 때문에 집하한 주소를 기록
- **도착지(코드)** : 화물이 도착할 터미널 및 배달할 장소를 기록
- **집하자** : 화물사고가 발생하면 책임소재를 확인하기 위해 집하자가 누구인가를 기록
- **인수자 날인** : 인수한 사람의 이름을 정자로 기록하고 서명이나 인장을 날인 받아야 함
- **특기사항, 면책사항, 화물의 수량 등**

❏ 면책사항
- 포장상태 불완전 등으로 사고발생 가능성이 높아 수탁이 곤란한 화물의 경우에는 송하인이 모든 책임을 진다는 조건으로 수탁할 수 있음
- 포장이 불완전하거나 파손가능성이 높은 화물인 때에는 "파손면책"을 기재
- 수하인의 전화번호가 없는 때에는 "배달지연면책", "배달불능면책"을 기재
- 식품 등 정상적으로 배달해도 부패의 가능성이 있는 화물인 때에는 "부패면책"을 기재

❏ 운송장 기재 시 유의사항
- 화물 인수 시 적합성 여부를 확인한 다음, 고객이 직접 운송장 정보를 기입하도록 한다.
- 운송장은 꼭꼭 눌러 기재하여 맨 뒷면까지 잘 복사되도록 한다.
- 수하인의 주소 및 전화번호가 맞는지 재차 확인한다.
- 도착점 코드가 유사지역과 혼동되지 않도록 정확히 기재되었는지 확인한다.
- 특약사항에 대하여 고객에게 고지한 후 특약사항 약관설명 확인필에 서명을 받는다.
- 파손, 부패, 변질 등 문제의 소지가 있는 물품의 경우에는 면책확인서를 받는다.
- 고가품에 대하여는 품목과 물품가격을 정확히 확인하여 기재하고 할증료를 청구하여야 하며, 할증료를 거절하는 경우에는 특약사항을 설명하고 보상한도에 대해 서명을 받는다.
- 같은 장소로 2개 이상 보내는 물품에 대해서는 보조송장을 기재할 수 있으며, 보조송장도 주송장과 같이 정확한 주소와 전화번호를 기재한다.
- 산간 오지, 섬 지역 등은 지역특성을 고려하여 배송예정일을 정한다.

❏ 송하인의 기재사항
- 송하인의 주소, 성명(또는 상호) 및 전화번호
- 수하인의 주소, 성명, 전화번호(거주지 또는 핸드폰번호)
- 물품의 품명, 수량, 가격
- 특약사항 약관설명 확인필 자필 서명
- 파손품 또는 냉동 부패성 물품의 면책확인서(별도 양식) 자필 서명

❏ 집하담당자 기재사항
- 접수일자, 발송점, 도착점, 배달 예정일
- 운송료, 집하자 성명 및 전화번호
- 총수량 및 도착점 코드, 기타 물품 운송에 필요한 사항

❏ 운송장 부착요령
- 운송장 부착은 원칙적으로 접수 장소에서 매 건마다 작성하여 화물에 부착
- 운송장은 물품의 정중앙 상단에 뚜렷하게 보이도록 부착하며, 부착이 어려운 경우 최대한 잘 보이는 곳에 부착
- 박스 모서리나 후면 또는 측면에 부착하여 혼동을 주어서는 안됨
- 운송장이 떨어지지 않도록 손으로 잘 눌러서 부착
- 운송장을 부착할 때에는 운송장과 물품이 정확히 일치하는지 확인하고 부착
- 소형·변형화물은 박스에 넣어 수탁한 후 부착하고, 작은 소포의 경우에도 운송장 부착이 가능한 박스에 포장하

여 수탁한 후 부착
- 박스 물품이 아닌 쌀, 매트, 카펫 등은 물품의 정중앙에 운송장을 부착하며, 테이프 등을 이용하여 운송장이 떨어지지 않도록 조치하되 운송장의 바코드가 가려지지 않도록 함
- 운송장이 떨어질 우려가 큰 물품의 경우 송하인의 동의를 얻어 포장재에 수하인 주소 및 전화번호 등 필요한 사항을 기재하도록 함
- 운송장이 이중으로 부착되지 않도록 상차할 때마다 확인하고, 2개 운송장이 부착된 물품이 도착되었을 때에는 바로 집하지점에 통보하여 확인하도록 함
- 기존에 사용하던 박스를 사용하는 경우에 반드시 구 운송장은 제거하고 새로운 운송장을 부착하여 1개의 화물에 2개의 운송장이 부착되지 않도록 함
- 취급주의 스티커의 경우 운송장 바로 우측 옆에 붙여서 눈에 띄게 함

포장의 기능
- **보호성** : 내용물을 보호하는 가장 기본적인 기능. 제품의 품질유지에 불가결한 요소로서 내용물의 변형과 파손으로부터의 보호(완충포장), 이물질의 혼입과 오염으로부터의 보호, 기타의 병균으로부터의 보호 등이 있음
- **표시성** : 인쇄·라벨 붙이기 등이 포장에 의해 표시가 쉬워짐
- **상품성** : 생산 공정을 거쳐 만들어진 물품은 자체 상품뿐만 아니라 포장을 통해 상품화가 완성
- **편리성** : 공업포장·상업포장에 공통된 것으로서 설명서·증서·팜플릿 등을 넣거나 진열이 쉽고 수송·하역·보관에 편리
- **효율성** : 작업효율이 양호한 것을 의미하며, 구체적으로는 생산·판매·하역, 수·배송 등의 작업이 효율적으로 이루어짐
- **판매촉진성** : 판매의욕을 환기시킴과 동시에 광고 효과가 많이 나타남

운송화물 포장의 분류
- **상업포장** : 소매를 주로 하는 상거래 상품의 일부로서 또는 상품을 정리·취급하기 위해 시행하는 것으로 상품가치를 높이기 위해 하는 포장. 판매 촉진 기능, 진열판매의 편리성, 작업의 효율성이 중시됨(소비자 포장, 판매포장)
- **공업포장** : 물품의 수송·보관을 주목적으로 하는 포장으로, 물품을 상자, 자루, 나무통, 금속 등에 넣어 수송·보관·하역 과정 등에서 물품이 변질되는 것을 방지하는 포장. 포장의 기능 중 수송·하역의 편리성이 중시됨(수송포장)

포장 재료의 특성에 따른 분류 : 유연포장, 강성포장, 반강성포장
- **유연포장** : 포장된 물품 또는 단위포장물이 포장 재료나 용기의 유연성으로 본질적인 형태는 변화되지 않으나 외모가 변화될 수 있는 포장을 말한다. 즉 종이, 플라스틱필름, 알루미늄포일, 면포 등의 유연성이 풍부한 재료로 하는 포장으로, 필름이나 엷은 종이 등으로 포장하는 경우 부드럽게 구부리기 쉬운 포장을 말한다.
- **강성포장** : 포장된 물품 또는 단위포장물이 포장 재료나 용기의 경직성으로 형태가 변화되지 않고 고정되는 포장을 말한다. 유연포장과 대비되는 포장으로 유리제 및 플라스틱제의 병이나 통(桶), 목제 및 금속제의 상자나 통(桶) 등 강성을 가진 포장을 말한다.

포장방법(포장기법)별 분류
- **방수포장** : 방수 포장재료, 방수 접착제 등을 사용하여 물이 침입하는 것을 방지하는 포장. 방수포장을 한 것은 반드시 방습포장을 겸하고 있는 것은 아니며, 방수포장에 방습포장을 병용할 경우에는 방습포장은 내면에, 방수포장은 외면에 하는 것을 원칙으로 함

- **방습포장** : 흡수성이 없는 제품 또는 흡습 허용량이 적은 제품을 포장할 때 내용물을 습기 피해로부터 보호하기 위하여 건조 상태로 유지하는 포장
- **방청포장** : 금속, 금속제품·부품을 수송·보관할 때 녹 발생을 막기 위하여 하는 포장
- **완충포장** : 진동·충격에 의한 물품파손을 방지하고, 외부압력을 완화시키는 포장
- **진공포장** : 밀봉 상태에서 공기를 빨아들여 버림으로써 변질·활성화 등을 방지하는 포장
- **압축포장** : 포장비와 운송·보관·하역비 등을 절감하기 위하여 상품을 압축하는 포장
- **수축포장** : 물품을 1개 또는 여러 개를 합하여 수축 필름으로 덮고, 가열 수축시켜 물품을 강하게 고정·유지하는 포장

포장의 유의 사항

- 휴대폰 및 노트북 등 고가품의 경우 내용물이 파악되지 않도록 별도의 박스로 이중 포장
- 꿀 등을 담은 병제품의 경우 가능한 플라스틱 병으로 대체하거나 병이 움직이지 않도록 포장재를 보강하여 낱개로 포장한 뒤 박스로 포장하며, 부득이 병으로 집하하는 경우 면책확인서를 받고 박스 안에 폐지 또는 스티로폼 등으로 채워 집하
- 식품류(김치, 특산물, 농수산물 등)의 경우 스티로폼으로 포장하는 것을 원칙
- 서류 등 부피가 작고 가벼운 물품의 경우 집하할 때에는 작은 박스에 넣어 포장
- 비나 눈이 올 경우 비닐 포장 후 박스 포장이 원칙
- 부패 또는 변질되기 쉬운 물품의 경우 아이스박스를 사용
- 깨지기 쉬운 물품 등의 경우 플라스틱 용기로 대체하여 충격 완화포장

창고 내 작업 및 입·출고 작업 요령

- 창고 내에서 작업할 때에는 어떠한 경우라도 흡연을 금한다.
- 화물 적하장소에 무단으로 출입하지 않는다.
- 창고 내에서 화물을 옮길 때에는 다음과 같은 사항에 주의해야 한다.
  - 창고의 통로 등에는 장애물이 없도록 조치
  - 작업 안전통로를 충분히 확보한 후 화물을 적재
  - 바닥에 물건 등이 놓여 있으면 즉시 치우도록 함
  - 바닥의 기름기나 물기는 즉시 제거하여 미끄럼 사고를 예방
  - 운반통로에 있는 맨홀이나 홈에 주의
- 화물더미에서 작업할 때에는 다음과 같은 사항에 주의해야 한다.
  - 화물더미 한쪽 가장자리에서 작업할 때에는 불안전한 상태를 수시 확인하여 붕괴 등의 위험이 발생하지 않도록 주의
  - 화물더미에 오르내릴 때에는 화물의 쏠림이 발생하지 않도록 조심하고 안전한 승강시설을 이용함
  - 화물을 쌓거나 내릴 때에는 순서에 맞게 신중히 하여야 함
  - 화물더미의 상층과 하층에서 동시에 작업을 하지 않음
  - 화물을 출하할 때에는 위에서부터 순차적으로 층계를 지으며 헐어냄
  - 화물더미의 중간에서 화물을 뽑아내거나 직선으로 깊이 파내는 작업을 하지 않음
  - 화물더미 위에서 작업 시 힘을 줄 때 항상 발 밑을 조심함

- 상차용 컨베이어를 이용하여 타이어 등을 상차할 때는 타이어 등이 떨어지거나 떨어질 위험이 있는 곳에서 작업을 해선 안 된다.
- 컨베이어 위로는 절대 올라가서는 안 된다.
- 상차 작업자와 컨베이어를 운전하는 작업자는 상호간에 신호를 긴밀히 해야 한다.
- 운반하는 물건이 시야를 가리지 않도록 한다.
- 뒷걸음질로 화물을 운반해서는 안 된다.
- 작업장 주변의 화물상태, 차량 통행 등을 항상 살핀다.
- 원기둥형 화물을 굴릴 때는 앞으로 밀어 굴리고 뒤로 끌어서는 안 된다.
- 발판을 활용한 작업을 할 때에는 다음과 같은 사항에 주의해야 한다.
  - 발판은 경사를 완만하게 하여 사용
  - 발판을 이용하여 오르내릴 때에는 2명 이상이 동시에 통행하지 않음
  - 발판의 넓이와 길이는 작업에 적합하고 자체결함이 없는지 확인함
  - 발판의 설치는 안전하게 되어 있는지, 미끄럼 방지조치는 되어 있는지 확인함
  - 발판은 움직이지 않도록 설치하거나 발판 상·하 부위에 고정조치를 철저히 하도록 함
- 화물의 붕괴를 막기 위하여 적재규정을 준수하고 있는지 확인한다.
- 작업 종료 후 작업장 주위를 정리해야 한다.

❏ 하역방법

- 상자로 된 화물은 취급 표지에 따라 다루어야 한다.
- 종류가 다른 것을 적치할 때는 무거운 것을 밑에 쌓는다.
- 부피가 큰 것을 쌓을 때는 무거운 것은 밑에 가벼운 것은 위에 쌓는다.
- 화물 종류별로 표시된 쌓는 단수 이상으로 적재를 하지 않는다.
- 길이가 고르지 못하면 한쪽 끝이 맞도록 한다.
- 작은 화물 위에 큰 화물을 놓지 말아야 한다.
- 물품을 야외에 적치할 때는 밑받침을 하여 부식을 방지하고, 덮개로 덮어야 한다.
- 높이 올려 쌓는 화물은 무너질 염려가 없도록 하고, 물건 위에 다른 물건을 던져 쌓아 화물이 무너지는 일이 없도록 하여야 한다.
- 화물을 한 줄로 높이 쌓지 않아야 하며, 가벼운 화물이라도 너무 높게 적재하지 않는다.
- 화물을 쌓아 올릴 때에 사용하는 깔판 자체의 결함 및 깔판 사이의 간격 등의 이상 유무를 확인한다.
- 원목과 같은 원기둥형의 화물은 열을 지어 정방형을 만들고 그 위에 직각으로 열을 지어 쌓거나 열 사이에 끼워 쌓는 방법으로 하되, 구르기 쉬우므로 외측에 제동장치를 해야 한다.
- 화물더미가 무너질 위험이 있는 경우에는 로프를 사용하여 묶거나, 망을 치는 등 위험방지를 위한 조치를 하여야 한다.
- 높은 곳이나 무거운 물건을 적재할 때에는 무리해서는 안되며, 안전모를 착용해야 한다.
- 물건을 적재할 때 주변으로 넘어질 것을 대비해 위험한 요소는 사전에 제거한다.
- 구르거나 무너지지 않도록 받침대를 사용하거나 로프로 묶어야 한다.
- 같은 종류 또는 동일규격끼리 적재해야 한다.

❏ 적재함 적재방법
- 상차할 때 화물이 넘어지지 않도록 질서 있게 정리하면서 적재한다.
- 차의 요동으로 안정이 파괴되기 쉬운 짐은 결박을 철저히 한다.
- 둥글고 구르기 쉬운 물건은 상자 등으로 포장한 후 적재한다.
- 적재함보다 긴 물건을 적재할 때에는 적재함 밖으로 나온 부위에 위험표시를 하여 둔다.
- 컨테이너는 트레일러에 단단히 고정되어야 한다.
- 체인은 화물 위나 둘레에 놓이도록 하고, 화물이 움직이지 않을 정도로 탄탄하게 당길 수 있도록 바인더를 사용한다.
- 트랙터 차량의 캡과 적재물의 간격을 120㎝ 이상으로 유지해야 한다.

❏ 컨테이너에 수납되어 있는 위험물의 표시사항
위험물의 분류명, 표찰 및 컨테이너 번호를 외측부 가장 잘 보이는 곳에 표시한다.

❏ 위험물의 수납방법 및 주의사항, 적재방법
- 컨테이너에 위험물을 수납하기 전에 철저히 점검하여 그 구조와 상태 등이 불안한 컨테이너를 사용해서는 안되며, 특히 개폐문의 방수상태를 점검할 것
- 컨테이너를 깨끗이 청소하고 잘 건조할 것
- 화물의 이동·전도·충격·마찰·누설 등에 의한 위험이 생기지 않도록 충분한 깔판 및 고임목을 사용하여 화물을 보호하는 동시에 단단히 고정시킬 것
- 화물 중량의 배분과 외부충격의 완화를 고려하는 동시에, 어떠한 경우라도 화물 일부가 컨테이너 밖으로 튀어나오지 않도록 할 것
- 수납되는 위험물 용기의 포장 및 표찰이 완전한가를 충분히 점검하여 포장 및 용기가 파손되었거나 불완전한 것은 수납을 금지시킬 것
- 품명이 틀린 위험물 또는 위험물과 위험물 이외의 화물이 상호작용하여 발열 및 가스를 발생시키고, 부식작용이 일어나거나 기타 물리적 화학작용이 일어날 염려가 있을 때에는 동일 컨테이너에 수납하지 말 것
- 수납이 완료되면 즉시 문을 폐쇄할 것
- 위험물 수납 시 컨테이너가 이동하는 동안에 전도·손상 등이 생기지 않도록 적재할 것
- 컨테이너를 적재 후 반드시 콘(잠금장치)을 잠글 것

❏ 주유취급소의 위험물 취급기준
- 자동차 등에 주유할 때에는 고정 주유설비를 사용하여 직접 주유한다.
- 자동차 등을 주유할 때는 자동차 등의 원동기를 정지시킨다.
- 자동차 등의 일부 또는 전부가 주유취급소 밖에 나온 채로 주유하지 않는다.
- 주유취급소의 전용탱크 또는 간이탱크에 위험물을 주입할 때는 탱크에 연결되는 고정 주유설비의 사용을 중지하여야 하며, 자동차 등을 탱크의 주입구에 접근시켜서는 안된다.
- 유분리 장치에 고인 유류는 넘치지 않도록 수시로 퍼내어야 한다.
- 고정주유설비에 유류를 공급하는 배관은 전용탱크 또는 간이탱크로부터 고정 주유설비에 직접 연결된 것이어야 한다.
- 자동차 등에 주유할 때는 정당한 이유 없이 다른 자동차 등을 주유취급소 안에 주차시켜서는 안된다.

☐ 상·하차 작업 시의 확인사항

- 작업원에게 화물의 내용·특성 등을 잘 주지시켰는가.
- 받침목·지주·로프 등 필요한 보조용구는 준비되어 있는가.
- 차량에 구름막이는 되어 있는가(적재하여야 함).
- 위험한 승강을 하고 있지는 않는가.
- 던지기 및 굴려 내리기를 하고 있지 않는가.
- 적재량을 초과하지 않았는가.
- 적재화물의 높이·길이·폭 등의 제한은 지키고 있는가.
- 화물의 붕괴를 방지하기 위한 조치는 취해져 있는가.
- 위험물이나 긴 화물은 소정의 위험표지를 하였는가.
- 차를 통로에 방치해 두지 않았는가.

☐ 파렛트(Pallet) 화물의 붕괴 방지요령

- **밴드걸기 방식** : 나무상자를 파렛트에 쌓는 경우의 붕괴 방지에 많이 사용되는 방법으로, 수평 밴드걸기 방식과 수직 밴드걸기 방식이 있음
- **주연(周緣)어프 방식** : 파렛트의 가장자리(주연)를 높게 하여 포장화물을 안쪽으로 기울여 화물이 갈라지는 것을 방지하는 방법으로서, 부대화물 등에 효과가 있음
- **슬립 멈추기 시트삽입 방식** : 포장과 포장 사이에 미끄럼을 멈추는 시트를 넣음으로써 안전을 도모하는 방식
- **풀 붙이기 접착 방식** : 파렛트 화물의 붕괴 방지대책의 자동화·기계화가 가능하고, 비용도 저렴한 방식
- **수평 밴드걸기 풀 붙이기 방식** : 풀 붙이기와 밴드걸기 방식을 병용한 것으로, 화물의 붕괴를 방지하는 효과를 높이는 방식
- **슈링크 방식** : 열수축성 플라스틱 필름을 파렛트 화물에 씌우고 슈링크 터널을 통과시킬 때 가열하여 필름을 수축시켜 밀착시키는 방식으로, 물이나 먼지도 막아내어 우천 시의 하역이나 야적보관도 가능하게 됨. 통기성이 없고, 고열의 터널을 통과하므로 상품에 따라서는 이용할 수가 없고, 비용이 많이 든다는 단점이 있음
- **스트레치 방식** : 스트레치 포장기를 사용하여 플라스틱 필름을 파렛트 화물에 감아 움직이지 않게 하는 방식
- **박스 테두리 방식** : 파렛트에 테두리를 붙이는 박스 파렛트와 같은 형태는 화물이 무너지는 것을 방지하는 효과가 큼

☐ 고속도로 운행제한차량

- **축하중** : 차량의 축하중이 10톤을 초과
- **총중량** : 차량 총중량이 40톤을 초과
- **길이** : 적재물을 포함한 차량의 길이가 16.7m 초과
- **폭** : 적재물을 포함한 차량의 폭이 2.5m 초과
- **높이** : 적재물을 포함한 차량의 높이가 4.0m 초과
- **저속** : 정상운행속도가 50km/h 미만 차량
- **적재불량 차량** : 전도·낙하 등의 우려가 있는 차량, 모래 등을 운반하면서 덮개를 미설치하거나 없는 차량, 덮개를 씌우지 않았거나 묶지 않아 결속상태가 불량한 차량, 스페어타이어 고정상태가 불량한 차량, 액체 적재물 방류 또는 유출 차량 등

- 이상기후(적설량 10㎝ 이상, 영하 20℃ 이하)일 때 연결 화물차량(트레일러 등)
- 기타 도로관리청이 도로의 구조보전과 운행의 위험을 방지하기 위하여 운행제한이 필요하다고 인정하는 차량

❑ 화물의 인수요령

- 포장 및 운송장 기재 요령을 반드시 숙지하고 인수에 임한다.
- 집하 자제품목·금지품목(화약류 및 인화물질 등 위험물)의 경우는 그 취지를 알리고 양해를 구한 후 정중히 거절한다.
- 집하물품의 도착지와 고객의 배달요청일이 배송 소요 일수 내에 가능한지 필히 확인하고, 기간 내에 배송 가능한 물품을 인수한다.
- 제주도 및 도서지역인 경우 부대비용(항공료, 도선료)을 수하인에게 징수할 수 있음을 반드시 알려주고, 이해를 구한 후 인수한다.
- 도서지역 등 차량이 직접 들어갈 수 없는 지역은 착불로 거래 시 운임을 징수할 수 없으므로 운임 및 도선료는 선불로 처리한다.
- 항공을 이용한 운송의 경우 항공기 탑재 불가 물품(총포류, 화약류 등)과 공항유치물품(가전제품, 전자제품)은 집하시 고객에게 이해를 구한 다음 집하를 거절한다.
- 항공료가 착불일 경우 기타란에 항공료 착불이라고 기재하고 합계란은 공란으로 비워둔다.
- 운송인의 책임은 물품을 인수하고 운송장을 교부한 시점부터 발생한다(운송장은 물품 인수 후 교부하는 것이 일반적).
- 운송장에 대한 비용은 항상 발생하므로 운송장 작성 전 물품의 성질, 규격, 포장상태, 운임, 파손 면책 등을 고객에게 알리고 상호 동의가 되었을 때 운송장을 작성·발급한다.
- 취급가능 화물규격 및 중량, 취급불가 화물품목 등을 확인하고 포장상태 및 화물의 상태를 확인한 후 접수여부를 결정한다.
- 두 개 이상의 화물을 하나의 화물로 밴딩처리한 경우에는 반드시 고객에게 파손 가능성을 설명하고 별도로 포장하여 각각 운송장 및 보조송장을 부착하여 집하한다.
- 전화로 발송할 물품을 접수 받을 때 반드시 집하 가능한 일자와 고객의 배송 요구일자를 확인한 후 배송 가능한 경우에 고객과 약속한다.
- 인수(집하)예약은 반드시 접수대장에 기재하여 누락되는 일이 없도록 한다.

❑ 화물의 인계요령

- 수하인의 주소 및 수하인이 맞는지 확인한 후에 인계한다.
- 지점에 도착된 물품에 대해서는 당일 배송을 원칙으로 한다(당일배송이 불가능한 경우 소비자의 양해를 구한 뒤 조치).
- 물품 인계 시 이상 유무를 확인한다(이상 발생 시 즉시 지점에 알려 조치).
- 영업소로 분류된 물품은 수하인에게 도착 사실을 알리고 배송 가능한 시간을 약속한다.
- 부패성 물품과 긴급을 요하는 물품에 대해서는 우선적으로 배송한다.
- 택배는 수하인에게 어디로 나오라고 하던가, 배달처가 높아 못 올라간다고 말하지 않는다.
- 1인이 배송하기 힘든 물품의 경우 원칙적으로 집하해서는 안 되지만, 도착된 물품에 대해서는 수하인에게 정중히 요청하여 같이 운반할 수 있도록 한다.
- 물품을 고객에게 인계할 때 물품의 이상 유무를 확인시키고 인수증에 정자로 인수자 서명을 받아 향후 발생

할 수 있는 손해배상을 예방하도록 한다(인수자 서명이 없을 경우 수하인이 물품인수를 부인하면 그 책임이 배송지점에 전가됨).
- 배송지연은 고객불만 사항으로 발전되는 경향이 있으므로, 고객에게 사전에 양해를 구하고 약속한 것은 반드시 이행하도록 한다.
- 배송확인 문의 전화를 받았을 경우, 임의적으로 약속하지 말고 반드시 해당 영업소에 확인하여 고객에게 전달하도록 한다.
- 귀중품 및 고가품의 경우 분실되었을 때 피해 보상액이 크므로, 수하인에게 직접 전달하도록 한다(본인에게 전달이 어려울 경우 정확하게 전달될 수 있도록 조치).
- 배송중 수하인이 직접 찾으러 오는 경우 물품 전달 시 반드시 본인 확인을 한다.
- 당일 배송 불가 시 익일 영업시간까지 안전하게 보관될 수 있는 장소에 물품을 보관한다.

❏ 수하인 부재 시 화물의 인계요령
- 임의적으로 방치 또는 배송처 안으로 무단 투기하지 말 것
- 수하인에게 연락하여 지정하는 장소에 전달하고, 수하인에게 알릴 것(특히 아파트의 소화전이나 집 앞에 물건을 방치해 두지 말 것)
- 수하인과 통화가 되지 않을 경우 송하인과 통화하여 반송 또는 다음 날 재배송 할 수 있도록 할 것
- 수하인이 부재중일 경우 부재중 방문표를 활용하여 방문근거를 남기되, 우편함에 넣거나 문틈으로 밀어 넣어 타인이 볼 수 없도록 조치할 것
- 부득이하게 대리인에게 인계할 때에는 실제 수하인과 연락을 취하여 확인할 것
- 수하인과 연락이 되지 않아 물품을 다른 곳에 맡길 경우, 반드시 수하인과 연락하여 맡겨놓은 위치 및 연락처를 남겨 물품인수를 확인하도록 할 것
- 수하인이 장기부재, 휴가, 주소불명 등으로 배송이 어려운 경우, 집하지점 또는 송하인과 연락하여 조치하도록 할 것

❏ 파손사고의 원인
- 집하할 때 화물의 포장상태를 미확인한 경우
- 화물을 함부로 던지거나 발로 차거나 끄는 경우
- 화물을 적재할 때 무분별한 적재로 압착되는 경우
- 차량에 상·하차할 때 컨베이어 벨트 등에서 떨어진 경우

❏ 파손사고의 대책
- 집하할 때 고객에게 내용물에 관한 정보를 충분히 듣고 포장상태를 확인
- 가까운 거리 또는 가벼운 화물이라도 절대 함부로 취급하지 않음
- 사고위험이 있는 물품은 안전박스에 적재하거나 별도 적재 관리
- 충격에 약한 화물은 보강포장 및 특기사항을 표기

❏ 오손사고의 원인
- 김치, 젓갈, 한약류 등 수량에 비해 포장이 약한 경우
- 화물을 적재할 때 중량물을 상단에 적재하여 하단 화물에 피해가 발생한 경우
- 쇼핑백, 이불, 카펫 등 포장이 미흡한 화물을 중심으로 피해가 발생한 경우

❏ 오손사고의 대책
- 상습적으로 오손이 발생하는 화물은 안전박스에 적재하여 위험으로부터 격리
- 중량물은 하단에, 경량물은 상단에 적재한다는 규정준수

❏ 오배달사고의 원인
- 수령인이 없을 때 임의의 장소에 두고 간 후 미확인한 경우
- 수령인의 신분 확인 없이 화물을 인계한 경우

❏ 오배달사고의 대책
- 화물을 인계하였을 때 수령인 본인여부 확인 작업 반드시 실시
- 우편함, 소화전 등 임의장소에 화물 방치행위 엄금

❏ 지연배달사고의 원인
- 당일 배송되지 않는 화물에 대한 관리 미흡의 경우
- 제3자에게 전달한 후 원래 수령인에게 받은 사람을 통지하지 않은 경우
- 사전에 배송연락 미실시로 제3자가 수취한 후 전달이 늦어지는 경우
- 집하 부주의, 터미널 오분류로 터미널 오착·잔류되는 경우

❏ 지연배달사고 대책
- 사전에 배송연락 후 배송 계획 수립으로 효율적 배송 시행
- 미배송되는 화물 명단 작성과 조치사항 확인(최대한의 사고예방조치)
- 터미널 잔류화물 운송을 위한 가용차량 사용 조치
- 부재중 방문표의 사용으로 방문사실을 고객에게 알려 고객과의 분쟁 예방

❏ 일반적인 화물자동차 종류(호칭)
- 보닛 트럭 : 원동기부의 덮개가 운전실의 앞쪽에 나와 있는 트럭
- 캡 오버 엔진 트럭 : 원동기의 전부 또는 대부분이 운전실의 아래쪽에 있는 트럭
- 밴(van) : 상자형 화물실을 갖추고 있는 트럭. 다만, 지붕이 없는 것(오픈 톱형)도 포함
- 픽업(pickup) : 화물실의 지붕이 없고, 옆판이 운전대와 일체로 되어 있는 화물자동차
- 특수자동차 : 특별한 장비를 한 사람·물품의 수송전용 또는 특수한 작업 전용의 자동차
- 냉장차 : 수송물품을 냉각제를 사용하여 냉장하는 설비를 갖추고 있는 특수용도 자동차
- 탱크차 : 탱크모양의 용기와 펌프 등을 갖추고, 오로지 물, 휘발유와 같은 액체를 수송하는 특수 장비차
- 덤프차 : 화물대를 기울여 적재물을 중력으로 쉽게 미끄러지게 내리는 구조의 특수 장비 자동차로, 리어 덤프, 사이드 덤프, 삼전 덤프 등이 있음
- 믹서 자동차 : 시멘트, 골재, 물을 드럼 내에서 혼합 반죽하여(믹싱해서) 콘크리트로 하는 특수장비 자동차
- 레커차 : 크레인 등을 갖추고 고장차의 앞·뒤를 매달아 올려서 수송하는 특수장비 자동차
- 트럭 크레인 : 크레인을 갖추고 크레인 작업을 하는 특수장비 자동차(레커차 제외)
- 크레인붙이트럭 : 차에 실은 화물의 쌓기·내리기용 크레인을 갖춘 특수장비 자동차
- 트레일러 견인 자동차 : 주로 풀 트레일러를 견인하도록 설계된 자동차

❏ 트레일러의 종류
트레일러는 자동차를 동력부분(견인차 또는 트랙터)과 적하부분(피견인차)으로 나누었을 때, 적하부분에 해당된다. 일반적으로 풀 트레일러, 세미 트레일러, 폴 트레일러 3가지로 구분되며, 여기에 돌리(Dolly)를 추가하여 4가지로 구분하기도 한다.

- **풀 트레일러(Full trailer)** : 트랙터와 트레일러가 완전히 분리되어 있고 트랙터 자체도 적재함을 가지고 있다. 총 하중이 트레일러만으로 지탱되도록 설계되어, 선단에 견인구 즉, 트랙터를 갖춘 트레일러이다.
- **세미 트레일러(Semi-trailer)** : 세미 트레일러용 트랙터에 연결하여, 총 하중의 일부분이 견인하는 자동차에 의해서 지탱되도록 설계된 트레일러이다. 가동 중인 트레일러 중에서는 가장 많고 일반적인 트레일러다.
- **폴 트레일러(Pole trailer)** : 기둥, 통나무 등 장척(長尺)의 적하물 자체가 트랙터와 트레일러의 연결부분을 구성하는 구조의 트레일러이다. 파이프나 H형강 등 장척물의 수송을 목적으로 한 트레일러다.
- **돌리(Dolly)** : 세미 트레일러와 조합해서 풀 트레일러로 하기 위한 견인구를 갖춘 대차를 말한다. 돌리와 조합된 세미 트레일러는 풀 트레일러에 해당된다.

❏ 트레일러의 장점
- 대량·신속을 위한 차량이며, 대형화·경량화 화물적재의 효율성과 안정성을 지닌다.
- 트랙터와 트레일러를 별도로 분리하여 화물을 적재하거나 하역할 수 있으며, 분리가 가능하기 때문에 회전율을 높일 수 있다.
- 자동차의 차량총중량은 20톤으로 제한되어 있으나, 화물자동차 및 특수자동차(트랙터와 트레일러가 연결된 경우 포함)의 경우 차량총중량은 40톤이다.
- 트랙터 1대로 복수의 트레일러를 운영할 수 있으므로 트랙터와 운전사의 이용효율을 높일 수 있다.
- 트레일러 부분에 일시적으로 화물을 보관할 수 있으며, 여유 있는 하역작업을 할 수 있다.
- 각각의 트랙터가 기점에서 중계점까지 왕복운송함으로써 차량운용의 효율을 높일 수 있다.

❏ 트레일러의 구조 형상에 따른 종류
- **평상식 트레일러** : 전장의 프레임 상면이 평면의 하대를 가진 구조로서, 일반화물이나 강재 등의 수송에 적합
- **저상식 트레일러** : 적재할 때 전고가 낮은 하대를 가진 트레일러로서, 불도저나 기중기 등 건설장비의 운반에 적합
- **중저상식 트레일러** : 저상식 트레일러 가운데 프레임 중앙 하대부가 오목하게 낮은 트레일러로서, 대형 핫코일이나 중량 블록 화물 등 중량화물의 운반에 편리
- **스케레탈 트레일러** : 컨테이너 운송을 위해 제작된 트레일러로서, 전·후단에 컨테이너 고정장치가 부착되어 있으며 20피트(feet)용, 40피트용 등 여러 종류가 있음
- **밴 트레일러** : 하대부분에 밴형의 보데가 장치된 트레일러로서 일반잡화 및 냉동화물 등의 운반용으로 사용
- **오픈 탑 트레일러** : 밴형 트레일러의 일종으로서 천장에 개구부가 있어 채광이 들어가게 만든 화물 운반용 트레일러
- **특수용도 트레일러** : 덤프 트레일러, 탱크 트레일러, 자동차 운반용 트레일러 등

❏ 이사화물 표준약관상의 계약해제
- 고객의 책임있는 사유로 계약을 해제한 경우에는 다음의 손해배상액을 사업자에게 지급한다. 다만, 고객이 이미 지급한 계약금이 있는 경우에는 그 금액을 공제할 수 있다.
  - 고객이 약정된 이사화물의 인수일 1일전까지 해제를 통지한 경우 : 계약금

- 고객이 약정된 이사화물의 인수일 당일에 해제를 통지한 경우 : 계약금의 배액
• 사업자의 책임있는 사유로 계약을 해제한 경우에는 다음의 손해배상액을 고객에게 지급한다. 다만, 고객이 이미 지급한 계약금이 있는 경우에는 손해배상액과는 별도로 그 금액도 반환한다.
  - 사업자가 약정된 이사화물의 인수일 2일전까지 해제를 통지한 경우 : 계약금의 배액
  - 사업자가 약정된 이사화물의 인수일 1일전까지 해제를 통지한 경우 : 계약금의 4배액
  - 사업자가 약정된 이사화물의 인수일 당일에 해제를 통지한 경우 : 계약금의 6배액
  - 사업자가 약정된 이사화물의 인수일 당일에도 해제를 통지하지 않은 경우 : 계약금의 10배액

인수를 거절할 수 있는 이사화물
• 현금, 유가증권, 귀금속, 예금통장, 신용카드, 인감 등 고객이 휴대할 수 있는 귀중품
• 위험물, 불결한 물품 등 다른 화물에 손해를 끼칠 염려가 있는 물건
• 동식물, 미술품, 골동품 등 운송에 특수한 관리를 요하기 때문에 다른 화물과 동시에 운송하기에 적합하지 않은 물건
• 일반 이사화물의 종류, 무게, 부피, 운송거리 등에 따라 운송에 적합하도록 포장할 것을 사업자가 요청하였으나 고객이 이를 거절한 물건

이사화물 표준약관상 고객의 손해배상
• 고객의 책임 있는 사유로 이사화물의 인수가 지체된 경우에는, 고객은 약정된 인수일시로부터 지체된 1시간마다 계약금의 반액을 곱한 금액(지체시간수×계약금×1/2)을 손해배상액으로 사업자에게 지급해야 한다. 다만, 계약금의 배액을 한도로 하며, 지체시간수의 계산에서 1시간 미만의 시간은 산입하지 않는다.
• 고객의 귀책사유로 이사화물의 인수가 약정된 일시로부터 2시간 이상 지체된 경우에는, 사업자는 계약을 해제하고 계약금의 배액을 손해배상으로 청구할 수 있다.

이사화물 표준약관상 책임의 특별소멸사유와 시효
• 이사화물의 일부 멸실 또는 훼손에 대한 사업자의 손해배상책임은, 고객이 이사 화물을 인도받은 날로부터 30일 이내에 일부 멸실 또는 훼손의 사실을 사업자에게 통지하지 않으면 소멸한다.
• 이사화물의 멸실, 훼손 또는 연착에 대한 사업자의 손해배상책임은, 고객이 이사 화물을 인도받은 날로부터 1년이 경과하면 소멸한다.

운송물의 인도일
• 사업자는 다음의 인도예정일까지 운송물을 인도한다.
  - 운송장에 인도예정일의 기재가 있는 경우에는 그 기재된 날
  - 운송장에 인도예정일의 기재가 없는 경우에는 운송장에 기재된 운송물의 수탁일로부터 인도예정 장소에 따라 일반 지역은 2일, 도서·산간벽지는 3일
• 사업자는 수하인이 특정 일시에 사용할 운송물을 수탁한 경우에는 운송장에 기재된 인도예정일의 특정 시간까지 운송물을 인도한다.

❏ 택배 표준약관상 운송물의 수탁거절

- 고객이 운송장에 필요한 사항을 기재하지 않은 경우
- 사업자가 고객에게 운송에 적합하지 않은 운송물에 대하여 필요한 포장을 하도록 청구하거나 고객의 승낙을 얻고자 하였으나, 고객이 거절하여 운송에 적합한 포장이 되지 않은 경우
- 사업자가 운송장에 기재된 운송물의 종류·수량에 관하여 고객의 동의를 얻어 확인하고자 하였으나, 고객이 확인을 거절하거나 운송물의 종류·수량이 운송장에 기재된 것과 다른 경우
- 운송물 1포장의 가액이 300만원을 초과하는 경우
- 운송물의 인도예정일(시)에 따른 운송이 불가능한 경우
- 운송물이 화약류, 인화물질 등 위험한 물건인 경우
- 운송물이 밀수품, 군수품, 부정임산물 등 위법한 물건인 경우
- 운송물이 현금, 카드, 어음, 수표, 유가증권 등 현금화가 가능한 물건인 경우
- 운송물이 살아있는 동물, 동물사체 등인 경우
- 운송이 법령, 사회질서, 기타 선량한 풍속에 반하는 경우
- 운송이 천재지변, 기타 불가항력적인 사유로 불가능한 경우

❏ 사업자의 손해배상 및 손해배상한도액

- **손해배상** : 고객이 운송장에 운송물의 가액을 기재하지 않은 경우에는 사업자의 손해배상은 전부 멸실된 때, 일부 멸실된 때, 훼손된 때, 연착되고 일부 멸실 및 훼손되지 않은 때, 연착되고 일부 멸실 또는 훼손된 때로 구분
- **손해배상한도액** : 손해배상한도액은 50만원으로 하되, 운송물의 가액에 따라 할증요금을 지급하는 경우의 손해배상한도액은 각 운송가액 구간별 운송물의 최고가액으로 함

❏ 택배 표준약관상 책임의 특별소멸사유와 시효

- 운송물의 일부 멸실 또는 훼손에 대한 사업자의 손해배상책임은 수하인이 운송물을 수령한 날로부터 14일 이내에 그 사실을 사업자에게 통지하지 않으면 소멸한다.
- 운송물의 일부 멸실, 훼손 또는 연착에 대한 사업자의 손해배상책임은 수하인이 운송물을 수령한 날로부터 1년이 경과하면 소멸한다. 다만, 운송물이 전부 멸실된 경우에는 그 인도예정일로부터 기산한다.

CHAPTER 02 화물취급요령 기출문제(2025~2021년)

01 운송장의 기능에 해당하지 않는 것은?
① 계약서 기능
② 운송요금 영수증 기능
③ 화물의 가격표시 기능
④ 수입금 관리자료

> 01 운송장의 기능 : 계약서 기능, 화물인수증 기능, 운송요금 영수증 기능, 정보처리 기본자료, 배달에 대한 증빙, 수입금 관리자료, 행선지 분류정보 제공(작업지시서)

02 운송장의 기능으로 옳은 것은?
① 취급한 화물의 크기 분류 기능
② 화물 인수증 기능
③ 물품 유통기한 확인 기능
④ 빈번히 운송하는 화물의 가격 결정 기능

> 02 화물 운송장의 기능 : 계약서 기능, 화물인수증 기능, 운송요금 영수증 기능, 정보처리 기본자료, 배달에 대한 증빙(배송의 증거서류 기능), 수입금 관리자료, 행선지 분류정보 제공(작업지시서 기능)

03 택배업체 등 운송회사에서 사용하는 기본형 운송장의 용도가 아닌 것은?
① 송하인용
② 세금계산서용
③ 전산처리용
④ 수입관리용

> 03 기본형 운송장(포켓타입) : 기본적으로 운송회사(택배업체 등)에서 사용하고 있는 운송장은 송하인용, 전산처리용, 수입관리용, 배달표용, 수하인용으로 구성된다.

04 다음 중 운송장의 기재 내용으로 틀린 것은?
① 주문번호 또는 고객번호
② 송하인 성명, 주소 및 전화번호
③ 수하인 주소 및 주민등록번호
④ 운임의 지급방법

> 04 운송장의 기록(기재) 내용 : 운송장 번호와 바코드, 송하인 성명·주소 및 전화번호, 수하인 성명·주소 및 전화번호, 주문번호 또는 고객번호, 화물명, 화물의 가격, 화물의 크기(중량, 사이즈), 운임의 지급방법, 운송요금, 발송지(집하점), 도착지(코드), 집하자, 인수자 날인 등

05 운송장의 기록에 대한 사항 중 맞지 않는 것은?
① 배송이 어려운 경우를 대비하여 송하인의 전화번호를 반드시 확보하여야 한다.
② 인터넷이나 콜센터를 통하여 집하접수를 받는 경우 이용자가 접수번호만으로도 추적조회를 할 수 있어야 한다.
③ 실 발송지와 송하인의 주소가 다른 경우가 있으므로 화물을 집하한 주소를 기록하여야 한다.
④ 화물명을 기재할 경우 해당 화물이 새 제품인지 중고제품인지 여부를 기재해야 한다.

> 05 ④ 해당 화물이 중고 화물인 경우에는 중고임을 기재하며, 새 제품인 때에는 따로 기재할 필요 없음
> ① 배송이 어려운 경우 고객 불만이 발생할 수 있으므로, 송하인의 정확한 이름·주소·전화번호를 기록
> ② 인터넷·콜센터를 통하여 집하접수를 받는 경우 이용자가 접수번호만으로도 추적조회를 할 수 있도록 함
> ③ 실 발송지와 송하인의 주소가 다른 경우가 있기 때문에 화물을 집하한 주소를 기록

정답 **01** ③ **02** ② **03** ② **04** ③ **05** ④

06 운송장에 기재하여야 할 화물의 가격에 대한 설명으로 옳은 것은?

① 집하를 담당하는 기사가 물품가액을 직접 기재한다.
② 중고 또는 수제품은 화물 가격을 기재하지 않는다.
③ 화물의 파손, 분실, 배달지연 사고발생 시 손해배상의 기준이 되지 않는다.
④ 고가의 화물에는 할증을 적용해야 하므로 정확하게 기록한다.

07 운송장에 기재된 사항 중 운송요금의 변동을 가져올 수 있는 사항으로 옳지 않은 것은?

① 화물의 크기 또는 중량
② 화물의 수량
③ 주문번호 또는 고객번호
④ 화물의 가격

08 운송장에 기재하는 면책사항에 대한 설명으로 옳은 것은?

① 수탁이 곤란한 화물의 경우에는 수하인이 모든 책임을 진다는 조건으로 수탁한다.
② 파손가능성이 높은 화물인 경우 부패면책을 기재한다.
③ 수하인의 전화번호가 없을 경우 배달지연면책 혹은 배달불능면책을 기재한다.
④ 부패의 가능성이 있는 화물일 경우 파손면책을 기재한다.

09 포장이 불완전하거나 파손가능성이 높은 화물일 때 송하인의 책임사항을 기록하고 서명하도록 하는 면책사항으로 옳은 것은?

① 배달불능면책
② 파손면책
③ 배달지연면책
④ 부패면책

10 운송장 기재 시 유의사항 중 보조송장을 기재할 수 있는 경우는?

① 파손·변질 가능성이 있는 물품을 보낼 경우
② 할증료가 청구되는 고가품을 보낼 경우
③ 산간 오지와 섬 지역 같은 곳에 물품을 보낼 경우
④ 같은 장소로 2개 이상의 물품을 보낼 경우

---

06 화물의 가격
- 물품가액은 고객이 직접 기재하도록 함
- 중고 또는 수제품의 경우에는 시중 가격을 참고하여 산정함
- 화물의 파손·분실·배달지연 사고발생 시 손해배상의 기준이 됨
- 약관 기준을 초과하는 고가의 화물인 경우에는 할증을 적용해야 하므로 정확하게 기록함

07 화물의 크기·중량에 따라 운송요금이 달라지며, 화물의 수량에 따라 보조스티커를 사용하는 경우에는 총 박스 수량을 기록할 수 있으므로 운송요금이 달라질 수 있다. 화물의 가격에 따라 고가의 화물인 경우에는 할증을 적용한다.

08 면책사항
- 사고발생 가능성이 높아 수탁이 곤란한 화물의 경우 송하인이 모든 책임을 진다는 조건으로 수탁
- 포장이 불완전하거나 파손가능성이 높은 화물인 때에는 '파손면책'을 기재
- 수하인의 전화번호가 없는 때에는 '배달지연면책' 또는 '배달불능면책'을 기재
- 부패의 가능성이 있는 화물인 때에는 '부패면책'을 기재

09 면책사항 : 포장이 불완전하거나 파손가능성이 높은 화물인 때에는 '파손면책'을 기재하며, 수하인의 전화번호가 없는 때에는 '배달지연면책' 또는 '배달불능면책'을, 정상적으로 배달해도 부패의 가능성이 있는 화물인 때에는 '부패면책'을 기재한다.

10 운송장 기재 시 유의사항
- 파손, 부패, 변질 등 문제의 소지가 있는 물품의 경우에는 면책확인서를 받는다.
- 고가품에 대하여는 품목과 물품가격을 정확히 확인하여 기재하고 할증료를 청구하여야 한다.
- 같은 장소로 2개 이상 보내는 물품에 대해서는 보조송장을 기재할 수 있으며, 보조송장도 주송장과 같이 정확한 주소와 전화번호를 기재한다.
- 산간 오지, 섬 지역 등은 지역특성을 고려하여 배송예정일을 정한다.

정답 06 ④ 07 ③ 08 ③ 09 ② 10 ④

11 운송장 기재 시 유의사항에 대한 설명으로 맞는 것은?

① 특약사항에 대하여 고객에게 고지하면 특약사항 약관설명 확인필에 서명은 받지 않아도 된다.
② 섬 지역과 같은 오지도 대도시와 동일한 배송예정일을 정하여 기재한다.
③ 수하인의 주소 및 전화번호가 맞는지 재차 확인한다.
④ 고객이 배송의뢰한 모든 화물에 대해서는 추가적인 할증을 일체 요구하지 않는다.

11 운송장 기재 시 유의사항
- 화물 인수 시 적합성 여부를 확인한 다음, 고객이 직접 운송장 정보를 기입
- 특약사항에 대해 고객에게 고지한 후 특약사항 약관설명 확인필에 서명을 받음
- 산간 오지, 섬 지역은 지역특성을 고려하여 배송예정일을 정함
- 수하인의 주소·전화번호가 맞는지 재차 확인
- 고가품에 대하여는 할증료를 청구

12 운송장 기재 시 유의사항에 대한 설명으로 옳지 않은 것은?

① 특약사항은 별도 고지하지 않고 확인필 서명을 받는다.
② 화물 인수 시 적합성 여부를 확인한다.
③ 수하인의 주소 및 전화번호가 맞는지 재차 확인한다.
④ 도착점 코드가 정확히 기재되었는지 확인한다.

12 운송장 기재 시 유의사항
- 화물 인수 시 적합성 여부를 확인한 후 고객이 직접 정보를 기입하도록 함
- 수하인의 주소·전화번호가 맞는지 재차 확인함
- 도착점 코드가 유사지역과 혼동되지 않도록 정확히 기재되었는지 확인함
- 특약사항에 대하여 고객에게 고지한 후 약관설명 확인필에 서명을 받음
- 문제 소지가 있는 물품의 경우 면책확인서를 받음

13 산간 오지나 섬 지역으로 배송 의뢰된 고객의 운송장 기재 시 유의사항으로 옳은 것은?

① 배송 시 운송장 훼손에 대비하여 2장 이상의 운송장을 붙인다.
② 고가품은 동일하게 할증료를 청구한다.
③ 지역특성을 고려하여 배송예정일을 잡는다.
④ 배송불능 등의 상황을 대비하여 면책확인서를 미리 수령한다.

13 운송장 기재 시 산간 오지나 섬 지역 등은 지역특성을 고려하여 배송예정일을 정한다. 파손·부패·변질 등 문제의 소지가 있는 물품의 경우에는 면책확인서를 받으며, 같은 장소로 2개 이상 보내는 물품에 대해서는 보조송장을 기재할 수 있다.

14 운송장 기재사항 중 송하인의 기재사항으로 옳은 것은?

① 접수일자
② 집하자의 전화번호
③ 발송점
④ 수하인의 주소

14 송하인의 기재사항으로는 송하인의 주소·성명(상호)·전화번호, 수하인의 주소·성명·전화번호, 물품의 품명·수량·가격, 특약사항 약관설명 확인필 자필서명 등이 있다. 접수일자·발송점·도착점·배달예정일·운송료, 집하자 성명·전화번호 등은 집하담당자의 기재사항이다.

15 화물운송장에 기재할 내용 중 송하인의 기재사항은?

① 운송료
② 물품의 품명, 수량, 가격
③ 집하자의 성명 및 전화번호
④ 접수일자, 발송점, 도착점, 배달예정일

15 송하인의 기재사항으로는 송하인의 주소·성명(상호)·전화번호, 수하인의 주소·성명·전화번호, 물품의 품명·수량·가격, 특약사항 약관설명 확인필 자필서명, 파손품 또는 냉동부패성 물품의 면책확인서 자필서명이 있다. ①·③·④와 총수량 및 도착점 코드는 집하담당자의 기재사항이다.

정답 11 ③ 12 ① 13 ③ 14 ④ 15 ②

16 택배운송장 기재요령 중 송하인의 기재사항이 아닌 것은?

① 송하인의 주소·성명 및 전화번호
② 수하인의 주소·성명 및 전화번호
③ 물품의 품명·수량 및 물품가격
④ 집하자의 성명 및 전화번호

17 운송장 기재요령 중 집하담당자의 기재사항으로 옳지 않은 것은?

① 접수일자, 발송점, 도착점 및 배달 예정일
② 운송료
③ 집하자 성명 및 전화번호
④ 특약사항 설명에 대한 확인필 자필 서명

18 운송장 부착요령으로 옳지 않은 것은?

① 운송장 부착은 원칙적으로 접수 장소에서 매 건마다 작성하여 화물에 부착한다.
② 운송장은 박스 모서리나 후면 또는 측면에 부착한다.
③ 운송장과 물품이 정확히 일치하는지 확인하고 부착한다.
④ 취급주의 스티커의 경우 운송장 바로 우측 옆에 붙여서 눈에 띄게 한다.

19 화물에 운송장을 부착하는 방법으로 옳지 않은 것은?

① 운송장 부착은 접수 장소에서 매 건마다 작성하여 화물에 부착한다.
② 박스 물품이 아닌 쌀, 매트, 카펫 등은 물품의 모서리에 운송장을 부착한다.
③ 박스 후면 또는 측면 부착으로 혼동을 주어서는 안된다.
④ 운송장이 떨어질 우려가 있는 물품의 경우 송하인의 동의를 얻어 수하인 주소·전화번호를 기재한다.

20 화물에 운송장을 부착하는 요령으로 옳지 않은 것은?

① 취급주의 스티커의 경우 운송장 반대쪽에 부착해야 한다.
② 운송장 부착 시 운송장과 물품이 정확히 일치하는지 확인하여 부착한다.
③ 기존에 사용하던 박스 사용 시 구 운송장은 제거하고 새로운 운송장을 부착한다.
④ 한 개의 화물에 운송장 2개가 부착되지 않도록 확인한다.

---

16 집하자의 성명·전화번호는 집하담당자의 기재사항이다. 송하인의 기재사항으로는 송하인의 주소·성명(상호) 및 전화번호, 수하인의 주소·성명·전화번호, 물품의 품명·수량·가격, 특약사항 약관설명 확인필 자필서명, 파손품 또는 냉동 부패성 물품의 면책확인서 자필서명 등이 있다.

17 집하담당자 기재사항
- 접수일자, 발송점, 도착점, 배달 예정일
- 운송료, 집하자 성명 및 전화번호
- 총수량 및 도착점 코드, 물품 운송에 필요한 사항

18 운송장 부착요령
- 운송장 부착은 원칙적으로 접수 장소에서 매 건마다 작성하여 화물에 부착
- 운송장 부착 시 운송장과 물품이 정확히 일치하는지 확인하고 부착
- 박스 모서리나 후면 또는 측면에 부착하여 혼동을 주어서는 안됨
- 쌀·매트·카펫은 물품의 정중앙에 운송장을 부착
- 취급주의 스티커의 경우 운송장 바로 우측 옆에 붙임

19 ② 박스 물품이 아닌 쌀·매트·카펫 등은 물품의 정중앙에 운송장을 부착하며, 테이프 등을 이용하여 운송장이 떨어지지 않도록 조치하되 운송장의 바코드가 가려지지 않도록 함
① 운송장 부착은 원칙적으로 접수 장소에서 매 건마다 작성하여 화물에 부착
③ 박스 모서리나 후면 또는 측면에 부착하여 혼동을 주어서는 안됨
④ 운송장이 떨어질 우려가 큰 물품의 경우 송하인의 동의를 얻어 수하인 주소 및 전화번호 등을 기재

20 운송장 부착요령
- 취급주의 스티커의 경우 운송장 우측 옆에 붙여서 눈에 띄게 함
- 운송장 부착 시 운송장과 물품이 정확히 일치하는지 확인하고 부착
- 기존에 사용하던 박스 사용 시 구 운송장이 방치되면 오분류가 발생할 수 있으므로, 제거하고 새 운송장을 부착하여 1개의 화물에 2개의 운송장이 부착되지 않도록 함

정답 **16** ④ **17** ④ **18** ② **19** ② **20** ①

21 포장의 기능에 대한 설명으로 틀린 것은?

① 편리성 : 이물질의 혼입과 오염을 방지하는 기능이다.
② 보호성 : 내용물의 변형과 파손으로부터 보호하는 기능이다.
③ 표시성 : 인쇄, 라벨 붙이기 등을 쉽게 하는 기능이다.
④ 판매촉진성 : 판매의욕을 환기시킴과 동시에 광고 효과가 많은 기능이다.

22 생산, 판매, 하역, 수·배송 등의 사업이 효율적으로 이루어 지게 해주는 포장의 기능은 무엇인가?

① 기능 향상성 ② 상품성
③ 효율성 ④ 판매 촉진성

23 소매를 주로 하는 상거래 상품의 일부로 상품가치를 높이기 위해 하는 포장의 종류에 해당하지 않는 것은?

① 상업포장 ② 소비자 포장
③ 판매포장 ④ 생산자 포장

24 공업포장에 대한 설명으로 옳지 않은 것은?

① 물품의 수송·보관을 주목적으로 한다.
② 판매를 촉진시키는 기능을 중요시한다.
③ 수송·보관·하역과정 등에서 물품이 변질되는 것을 방지하는 포장이다.
④ 포장의 기능 중 수송·하역의 편리성이 중요시된다.

25 유연포장에 사용되는 포장 재료로 적합하지 않은 것은?

① 골판지상자(박스) ② 플라스틱필름
③ 알루미늄포일 ④ 면포

---

21 포장의 기능
- 편리성 : 설명서·증서·팜플릿 등을 넣거나 진열이 쉽고 수송·하역·보관에 편리
- 보호성 : 내용물의 변형과 파손으로부터의 보호, 이물질 혼입과 오염으로부터의 보호
- 표시성 : 인쇄·라벨 붙이기 등을 쉽게 함
- 상품성 : 포장을 통해 상품화 완성
- 효율성 : 생산·판매·하역, 수·배송 등의 작업 효율화
- 판매촉진성 : 판매의욕 환기, 광고 효과가 많음

22 포장의 기능
- 보호성 : 제품의 품질유지에 불가결한 요소
- 표시성 : 포장에 의해 표시가 쉬워짐
- 상품성 : 상품분만 아니라 포장을 통해 상품화가 완성
- 편리성 : 진열이 쉽고 수송·하역·보관에 편리함
- 효율성 : 생산·판매·하역, 수·배송 등의 작업이 효율적으로 이루어짐
- 판매 촉진성 : 판매의욕 환기 및 광고 효과

23 포장의 분류
- 상업포장 : 소매를 주로 하는 상거래 상품의 일부로서 상품가치를 높이기 위해 하는 포장. 판매 촉진 기능, 진열판매의 편리성, 작업의 효율성이 중시됨(소비자 포장, 판매포장)
- 공업포장 : 물품을 상자, 자루, 나무통, 금속 등에 넣어 수송·보관·하역과정 등에서 물품이 변질되는 것을 방지하는 포장. 수송·하역의 편리성이 중시됨(수송포장)
- 포장 재료의 특성에 따른 분류 : 유연포장, 강성포장, 반강성포장
- 포장방법별 분류 : 방수포장, 방습포장, 방청포장, 완충포장, 진공포장, 압축포장, 수축포장

24 공업포장 : 물품의 수송·보관을 주목적으로 하는 포장으로, 물품을 상자·자루·나무통·금속 등에 넣어 수송·보관·하역과정 등에서 물품이 변질되는 것을 방지하는 포장이다. 포장의 기능 중 수송·하역의 편리성이 중요시된다(수송포장). 판매 촉진 기능을 중시하는 포장은 상업포장(소비자포장, 판매포장)이다.

25 유연포장 : 포장된 물품 또는 단위포장물이 포장 재료나 용기의 유연성으로 본질적인 형태는 변화되지 않으나 외모가 변화될 수 있는 포장을 말한다. 즉 엷은 종이, 플라스틱필름, 알루미늄포일, 면포 등의 유연성이 풍부한 재료로 하는 포장을 말한다.

정답 **21** ① **22** ③ **23** ④ **24** ② **25** ①

26 강성포장에 사용되는 포장 재료로 옳지 않은 것은?

① 플라스틱제의 병
② 목제
③ 금속제의 상자
④ 알루미늄포일

26 강성포장 : 포장된 물품 또는 단위포장물이 포장 재료나 용기의 경직성으로 형태가 변하지 않고 고정되는 포장을 말한다. 유연포장과 대비되는 포장으로, 유리제 및 플라스틱제의 병이나 통, 목제 및 금속제의 상자 등 강성을 가진 포장을 말한다.

27 방수포장에 관한 설명으로 틀린 것은?

① 방수 포장재료, 방수 접착제 등을 사용하여 포장한다.
② 물품 내부에 물이 침입하는 것을 방지하는 포장이다.
③ 방수포장에 방습포장을 병용할 경우에는 방수포장은 내면에 하는 것을 원칙으로 한다.
④ 방수포장을 한 것은 반드시 방습포장을 겸하고 있는 것은 아니다.

27
- 방수포장 : 방수 포장재료, 방수 접착제 등을 사용하여 물이 침입하는 것을 방지하는 포장, 방수포장을 한 것은 반드시 방습포장을 겸하고 있는 것은 아니며, 방수포장에 방습포장을 병용할 경우에는 방습포장은 내면에, 방수포장은 외면에 하는 것을 원칙으로 함
- 방습포장 : 흡수성이 없는 제품 또는 흡습 허용량이 적은 제품을 포장할 때 내용물을 습기 피해로부터 보호하기 위하여 건조 상태로 유지하는 포장

28 물품을 1개 또는 여러 개를 합하여 필름으로 덮고 가열 수축시켜 물품을 강하게 고정하는 포장방법은?

① 완충포장
② 진공포장
③ 수축포장
④ 압축포장

28 포장방법(포장기법)별 분류
- 완충포장 : 진동·충격에 의한 물품파손을 방지하고, 외부압력을 완화시키는 포장
- 진공포장 : 밀봉상태에서 변질·활성화를 방지하는 포장
- 압축포장 : 상품을 압축하는 포장
- 수축포장 : 물품을 1개 또는 여러 개를 합하여 필름으로 덮고, 가열 수축시켜 강하게 고정·유지하는 포장

29 비나 눈이 올 때의 운송화물 배송방법으로 적절한 것은?

① 비닐 포장 후 박스 포장
② 스티로폼 포장
③ 아이스박스 포장
④ 종이 포장

29 포장의 유의 사항 : 휴대폰·노트북 등은 별도의 박스로 이중 포장, 깨지기 쉬운 물품의 경우 충격 완화포장, 식품류의 경우 스티로폼으로 포장, 비·눈이 올 경우 비닐 포장 후 박스 포장, 부패·변질되기 쉬운 물품은 아이스박스 포장

30 창고 내 작업 및 입·출고 작업 요령으로 옳지 않은 것은?

① 창고 내 통로에는 장애물이 발생하면 즉시 치운다.
② 화물 적하장소에는 무단으로 출입하여도 무방하다.
③ 화물을 쌓거나 내릴 때에는 순서에 맞게 신중히 작업한다.
④ 작업 종료 후 작업장 주위를 정리한다.

30 창고 내 작업 및 입·출고 작업 요령
- 화물 적하장소에 무단으로 출입하지 않는다.
- 창고의 통로 등에는 장애물이 없도록 조치한다.
- 바닥에 물건 등이 놓여 있으면 즉시 치우도록 한다.
- 화물을 쌓거나 내릴 때에는 순서에 맞게 신중히 하여야 한다.
- 작업 종료 후 작업장 주위를 정리해야 한다.

정답 26 ④ 27 ③ 28 ③ 29 ① 30 ②

31 창고 내에서 화물을 옮길 때의 주의사항이 아닌 것은?
① 창고의 통로 등에는 장애물이 없도록 조치한다.
② 바닥에 물건 등이 놓여 있으면 즉시 치우도록 한다.
③ 창고 내의 흡연은 최대한 화물과 멀리 떨어진 곳에서 한다.
④ 바닥에 물기가 있을 경우 즉시 제거한다.

31 창고 내 작업 시 주의사항
- 창고의 통로 등에는 장애물이 없도록 조치
- 안전통로를 충분히 확보한 후 화물을 적재
- 바닥에 물건 등이 놓여 있으면 즉시 치울 것
- 바닥의 기름이나 물기는 즉시 제거
- 창고 내 작업 시 어떠한 경우라도 금연

32 창고 내 작업 및 입출고 작업요령으로 틀린 것은?
① 창고 내 작업 시에는 어떠한 경우라도 흡연을 금한다.
② 창고의 통로 등에는 장애물이 없도록 조치한다.
③ 화물더미를 오르내릴 때에는 신속하게 움직여 작업한다.
④ 화물을 쌓거나 내릴 때에는 순서에 맞게 신중히 하여야 한다.

32 화물더미에 오르내릴 때에는 화물의 쏠림이 발생하지 않도록 조심해서 움직여야 한다.

33 화물더미에서 작업할 때의 주의사항으로 옳은 것은?
① 화물을 쌓거나 내릴 때 작업 순서는 중요하지 않다.
② 화물더미의 상층과 하층에서 동시에 작업을 한다.
③ 화물더미의 중간에서 직선으로 깊이 파내며 작업한다.
④ 화물더미 위에서 힘을 주며 작업 시 항상 발 밑을 조심한다.

33 화물더미에서 작업 시 주의사항
- 화물더미에 오르내릴 때에는 쏠림이 발생하지 않도록 조심함
- 화물을 쌓거나 내릴 때에는 순서에 맞게 신중히 하여야 함
- 화물더미의 상층과 하층에서 동시에 작업을 하지 않음
- 화물을 출하할 때에는 위에서부터 순차적으로 층계를 지으며 헐어냄
- 화물더미의 중간에서 화물을 뽑아내거나 직선으로 깊이 파내는 작업을 하지 않음
- 화물더미 위에서 작업 시 힘을 줄 때 발 밑을 항상 조심함

34 화물의 입·출고 작업 요령으로 옳지 않는 것은?
① 컨베이어를 이용하여 타이어를 상차할 때에는 떨어질 위험이 있는 곳에서 작업을 하면 안 된다.
② 컨베이어 작업 시 컨베이어 위로 올라가 안전을 확인해야 한다.
③ 상차 작업자와 컨베이어 운전 작업자는 상호간 신호를 긴밀히 해야 한다.
④ 작업 안전 통로를 충분히 확보한 후 적재한다.

34 ② 컨베이어 작업 시 위로는 절대 올라가서는 안됨
① 컨베이어를 이용하여 타이어를 상차할 때는 떨어지거나 떨어질 위험이 있는 곳에서 작업을 해선 안됨
③ 상차 작업자와 컨베이어 운전 작업자는 상호간에 신호를 긴밀히 해야 함
④ 창고 내에서 화물을 옮길 때에는 작업 안전통로를 충분히 확보한 후 화물을 적재함

35 화물을 운반할 때 주의사항으로 틀린 것은?
① 화물을 뒷걸음질로 운반해서는 안 된다.
② 운반하는 물건이 시야를 가리지 않도록 한다.
③ 원기둥형을 굴릴 때는 뒤로 끌어서 운반한다.
④ 작업장 주변의 화물상태를 항상 살핀다.

35 ③·① 원기둥형 화물을 굴릴 때는 앞으로 밀어 굴리고, 뒤로 끌어서 운반해서는 안 된다. 뒷걸음질로 화물을 운반해서는 안 된다.
②·④ 운반하는 물건이 시야를 가리지 않도록 하고, 작업장 주변의 화물상태나 차량 통행 등을 항상 살핀다.

정답 **31** ③ **32** ③ **33** ④ **34** ② **35** ③

36 화물을 입·출고할 때의 작업요령으로 옳지 않은 것은?

① 뒷걸음질로 화물을 운반해서는 안된다.
② 발판은 경사를 완만하게 하여 사용한다.
③ 원기둥형 화물을 굴릴 때는 뒤로 끌어서 운반한다.
④ 발판을 이용하여 오르내릴 때에는 2명 이상이 동시에 통행하지 않는다.

37 화물의 입·출고 작업요령에 대한 설명으로 옳은 것은?

① 화물더미의 상층과 하층에서 동시에 작업한다.
② 원기둥형 화물을 굴릴 때는 뒤로 끌어서 이동한다.
③ 컨베이어 위에서 작업할 때는 두 사람 이상이 서로 안전을 확인해 준다.
④ 발판을 활용한 작업 시는 발판의 경사를 완만하게 하여 사용한다.

38 발판을 활용한 작업 시 주의사항으로 옳은 것은?

① 발판을 이용하여 오르내릴 때는 2명이 동시에 통행하도록 한다.
② 발판은 경사를 완만하게 하여 사용한다.
③ 발판을 이용한 작업 시 미끄럼 방지조치를 할 필요가 없다.
④ 발판의 넓이와 길이는 화물 이동작업과 관련이 없다.

39 화물의 하역방법으로 적절하지 않은 것은?

① 상자 화물은 취급표지에 따라 다루어야 한다.
② 길이가 고르지 못하면 한쪽 끝을 맞추도록 한다.
③ 종류가 다른 것을 적치할 때는 가벼운 것을 밑에 쌓는다.
④ 야외에 적치할 때에는 밑받침을 하고 덮개로 덮는다.

40 화물의 하역방법으로 옳지 않은 것은?

① 상자화물은 취급표지에 따라 다루어야 한다.
② 종류가 다른 것을 적치할 때는 가벼운 것을 밑에 쌓는다.
③ 길이가 고르지 못하면 한쪽 끝을 맞추도록 한다.
④ 야외에 적치할 때에는 밑받침을 하고 덮개로 덮는다.

---

36 창고 내 작업 및 입·출고 작업요령
- 운반하는 물건이 시야를 가리지 않도록 함
- 뒷걸음질로 화물을 운반해서는 안됨
- 원기둥형 화물은 앞으로 밀어 굴리고, 뒤로 끌어서는 안됨
- 발판은 경사를 완만하게 하여 사용함
- 발판을 이용하여 오르내릴 때에는 2명 이상이 동시에 통행하지 않음

37 ④ 발판을 활용한 작업을 할 때에는 발판의 경사를 완만하게 하여 사용하고, 발판을 오르내릴 때에는 2명 이상이 동시에 통행하지 않으며 화물의 쏠림이 발생하지 않도록 조심한다.
① 화물더미의 상층과 하층에서 동시에 작업을 하지 않는다.
② 원기둥형 화물을 굴릴 때는 앞으로 밀어 굴리고, 뒤로 끌어서 이동해서는 안 된다.
③ 컨베이어 위로는 절대 올라가서는 안 되며, 상차 작업자와 컨베이어를 운전하는 작업자는 상호간에 신호를 긴밀히 해야 한다.

38 발판을 활용한 작업 시 주의사항
- 발판은 경사를 완만하게 하여 사용
- 발판을 이용하여 오르내릴 때에는 2명 이상이 동시에 통행하지 않음
- 발판의 넓이와 길이는 작업에 적합하고 자체결함이 없는지 확인함
- 발판의 설치는 안전하게 되어 있는지, 미끄럼 방지조치는 되어 있는지 확인함
- 발판은 움직이지 않도록 설치하거나 발판 상·하 부위에 고정조치를 철저히 하도록 함

39 ③ 종류가 다른 것을 적치할 때는 무거운 것을 밑에 쌓음
① 상자로 된 화물은 취급 표지에 따라 다루어야 함
② 길이가 고르지 못하면 한쪽 끝이 맞도록 함
④ 야외에 적치할 때는 밑받침을 하여 부식을 방지하고, 덮개로 덮어야 함

40 화물의 하역방법
- 상자로 된 화물은 취급표지에 따라 다루어야 함
- 종류가 다른 것을 적치할 때는 무거운 것을 밑에 쌓음
- 길이가 고르지 못하면 한쪽 끝이 맞도록 함
- 야외에 적치할 때는 밑받침을 하고, 덮개로 덮어야 함
- 화물을 한 줄로 높이 쌓지 말아야 함
- 같은 종류 또는 동일규격끼리 적재해야 함

정답 36 ③ 37 ④ 38 ② 39 ③ 40 ②

41 하역방법으로 옳지 않은 것은?

① 부피가 큰 것을 쌓을 때에는 가벼운 것은 밑에, 무거운 것은 위에 쌓는다.
② 작은 화물 위에 큰 화물을 적재하지 않는다.
③ 화물을 한 줄로 높이 쌓지 말아야 한다.
④ 길이가 고르지 못하면 한쪽 끝이 맞도록 한다.

42 화물에 대한 작업요령으로 옳은 것은?

① 가급적 화물더미의 상층과 하층에서 동시에 작업한다.
② 반드시 뒷걸음질로 화물을 운반한다.
③ 화물 종류별로 규정된 적재단 이상으로 적재하지 않는다.
④ 원기둥형 화물 이동 시에는 뒤로 끌어서 이동한다.

43 길이와 크기가 일정하지 않는 화물의 하역·적재방법 중 옳은 것은?

① 길이에 관계없이 적재한다.
② 작은 화물 위에 큰 화물을 놓는다.
③ 작은 화물과 큰 화물을 섞어서 적재한다.
④ 길이가 고르지 못하면 한쪽 끝이 맞도록 한다.

44 화물의 적재·하역방법으로 옳지 않은 것은?

① 화물을 한 줄로 높이 쌓는다.
② 상자로 된 화물은 취급 표지에 따라 다루어야 한다.
③ 종류가 다른 것을 적치할 때는 무거운 것을 밑에 쌓는다.
④ 가벼운 화물이라도 너무 높게 적재하지 않도록 한다.

45 화물을 높이 쌓아야 할 때 주의해야 할 점이 아닌 것은?

① 원목과 같은 원기둥형의 화물은 일렬로 세워서 쌓는다.
② 높이 올려 쌓는 화물은 무너질 염려가 없도록 하고, 다른 물건을 던져 무너지지 않도록 한다.
③ 화물을 쌓아 올릴 때는 사용하는 깔판 자체의 결함이나 깔판 사이의 간격 등의 이상 유무를 확인한다.
④ 화물 종류별로 표시된 쌓는 단수 이상으로 적재를 하지 않는다.

---

41 하역방법
- 부피가 큰 것을 쌓을 때는 무거운 것은 밑에, 가벼운 것은 위에 쌓음
- 작은 화물 위에 큰 화물을 놓지 말아야 함
- 종류가 다른 것을 적치할 때는 무거운 것을 밑에 쌓음
- 화물을 한 줄로 높이 쌓지 말아야 함
- 길이가 고르지 못하면 한쪽 끝이 맞도록 함
- 같은 종류 또는 동일규격끼리 적재해야 함

42 창고 내 작업 및 입·출고 작업 요령
- 화물더미의 상층과 하층에서 동시에 작업을 하지 않음
- 컨베이어 위로는 절대 올라가서는 안됨
- 뒷걸음질로 화물을 운반해서는 안됨
- 원기둥형 화물 이동 시 앞으로 밀어 굴리고 뒤로 끌어서는 안됨
- 화물 종류별로 표시된 쌓는 단수 이상으로 적재하지 않음

43 길이가 고르지 못하면 한쪽 끝이 맞도록 하역·적재하고, 같은 종류나 동일규격끼리 적재한다. 작은 화물 위에 큰 화물을 놓지 말아야 하고, 부피가 큰 것을 쌓을 때는 무거운 것은 밑에, 가벼운 것은 위에 적재한다.

44 화물의 하역방법
- 상자로 된 화물은 취급 표지에 따라 다루어야 함
- 종류가 다른 것을 적치할 때는 무거운 것을 밑에 쌓음
- 부피가 큰 것을 쌓을 때는 무거운 것은 밑에 가벼운 것은 위에 쌓음
- 화물 종류별로 표시된 쌓는 단수 이상 적재하지 않음
- 가벼운 화물이라도 너무 높게 적재하지 않도록 함
- 한 줄로 높이 쌓지 않고, 무너질 염려가 없도록 함
- 구르거나 무너지지 않도록 받침대를 사용하거나 로프로 묶음
- 같은 종류 또는 동일규격끼리 적재

45 ① 원목과 같은 원기둥형의 화물은 열을 지어 정방형을 만들고 그 위에 직각으로 열을 지어 쌓거나 열 사이에 끼워 쌓는 방법으로 하되, 구르기 쉬우므로 외측에 제동장치를 해야 한다.
② 높이 올려 쌓는 화물은 무너질 염려가 없도록 하고, 물건 위에 다른 물건을 던져 쌓아 화물이 무너지는 일이 없도록 하여야 한다.
③ 화물을 쌓아 올릴 때에 사용하는 깔판 자체의 결함 및 깔판 사이의 간격 등의 이상 유무를 확인한다.
④ 화물 종류별로 표시된 쌓는 단수 이상으로 적재를 하지 않는다.

정답 **41** ① **42** ③ **43** ④ **44** ① **45** ①

46 화물의 적재방법으로 옳지 않은 것은?

① 높은 곳에 무거운 물건을 적재할 때는 안전모를 착용해야 한다.
② 적재 시 주위에 넘어질 것을 대비하여 위험한 요소는 사전에 제거한다.
③ 같은 종류 및 동일규격끼리 적재하지 않는다.
④ 구르거나 무너지지 않도록 받침대를 사용하거나 로프로 묶어야 한다.

47 차량 내 화물 적재방법으로 맞지 않는 것은?

① 상차 시 화물이 넘어지지 않도록 질서있게 정리하여 적재한다.
② 차의 요동으로 안정이 파괴되기 쉬운 화물은 결박하지 않는다.
③ 둥글고 구르기 쉬운 물건은 상자에 넣어 적재한다.
④ 긴 물건을 적재할 때는 끝에 위험표시를 한다.

48 차량 내에 화물을 적재하는 방법으로 옳지 않은 것은?

① 컨테이너는 트레일러에 단단히 고정한다.
② 차의 요동으로 안정이 파괴되기 쉬운 짐은 철저히 결박한다.
③ 체인은 화물이 움직이지 않을 정도로 탄탄하게 당길 수 있도록 바인더를 사용한다.
④ 트랙터 차량의 캡과 적재물의 간격을 60cm 이내로 가까이 유지한다.

49 컨테이너에 수납되어 있는 위험물에 대한 표시 사항이 아닌 것은?

① 컨테이너 규격
② 위험물의 분류명
③ 위험물의 표찰
④ 컨테이너 번호

50 동일 컨테이너에 수납하지 말아야 할 화물이 아닌 것은?

① 위험물 이외의 화물과 목재 화물
② 부식작용이 일어나거나 기타 물리적 화학작용이 일어날 염려가 있는 화물
③ 포장 및 용기가 파손되어 있거나 불완전한 화물
④ 품명이 틀린 위험물 또는 위험물과 위험물 이외의 화물이 상호작용하여 발열 및 가스를 발생시키는 화물

---

46 ③ 같은 종류 또는 동일규격끼리 적재해야 함
① 높은 곳이나 무거운 물건 적재 시 무리해서는 안되며, 안전모를 착용해야 함
② 넘어질 것을 대비해 위험한 요소는 사전에 제거함
④ 구르거나 무너지지 않도록 받침대를 사용하거나 로프로 묶어야 함

47 ② 차의 요동으로 불안정한 화물은 철저히 결박함
① 상차 시 화물이 넘어지지 않도록 질서 있게 정리하면서 적재
③ 둥글고 구르기 쉬운 물건은 상자 포장 후 적재
④ 적재함보다 긴 물건 적재 시 끝에 위험표시를 함

48 적재함 적재방법
- 차의 요동으로 안정이 파괴되기 쉬운 짐은 결박을 철저히 한다.
- 둥글고 구르기 쉬운 물건은 상자 등으로 포장한 후 적재한다.
- 적재함 밖으로 나온 부위는 위험표시를 해둔다.
- 컨테이너는 트레일러에 단단히 고정되어야 한다.
- 체인은 화물 위나 둘레에 놓이도록 하고, 화물이 움직이지 않을 정도로 탄탄하게 당길 수 있도록 바인더를 사용한다.
- 트랙터 차량의 캡과 적재물의 간격을 120cm 이상으로 유지해야 한다.

49 컨테이너에 수납된 위험물의 표시 사항 : 위험물의 분류명, 표찰 및 컨테이너 번호를 외측부 가장 잘 보이는 곳에 표시

50 위험물의 수납방법 및 주의사항
- 포장 및 용기가 파손되었거나 불완전한 것은 수납을 금지시킬 것
- 품명이 틀린 위험물 또는 위험물과 위험물 이외의 화물이 상호작용하여 발열 및 가스를 발생시키고, 부식작용이 일어나거나 물리적 화학작용이 일어날 염려가 있을 때에는 동일 컨테이너에 수납하지 말 것

정답 46 ③ 47 ② 48 ④ 49 ① 50 ①

51 컨테이너 취급 시 주의사항으로 옳지 않은 것은?

① 컨테이너 위험물을 수납하기 전에 철저히 점검하며, 특히 개폐문의 방수상태를 점검한다.
② 수납에 있어서 어떤 경우라도 화물 일부가 컨테이너 밖으로 튀어 나와서는 안된다.
③ 컨테이너를 적재 후에는 반드시 콘(잠금장치)을 해제해야 한다.
④ 수납이 완료되면 즉시 문을 폐쇄해야 한다.

52 주유취급소의 위험물 취급기준으로 옳은 것은?

① 자동차에 주유할 때는 고정 주유설비를 사용한다.
② 자동차에 주유할 때는 자동차의 출력을 낮춘다.
③ 자동차에 주유할 때는 충분히 넘치도록 하여야 한다.
④ 자동차에 주유할 때는 다른 자동차를 주유취급소 안에 주차시켜야 한다.

53 주유취급소에서 자동차 등에 주유할 때의 주의사항에 대한 설명으로 적절하지 않은 것은?

① 주유 시 자동차 등의 원동기를 정지시킨다.
② 고정 주유설비가 사용 중일 때에는 이동 주유설비를 사용하여 주유한다.
③ 자동차 등의 일부 또는 전부가 주유취급소 밖에 나온 채로 주유하지 않는다.
④ 정당한 이유 없이 다른 자동차 등을 그 주유취급소 안에 주차시켜서는 아니 된다. 다만, 재해발생의 우려가 없는 경우에는 그러하지 아니하다.

54 주유취급소의 위험물 취급기준으로 옳지 않은 것은?

① 자동차에 주유할 때에는 고정 주유설비를 사용하여 직접 주유하여야 한다.
② 유분리 장치에 고인 유류는 넘치지 않도록 퍼내어야 한다.
③ 주유취급소의 전용탱크에 위험물을 주입할 때는 탱크에 연결되는 고정 주유설비의 사용을 중지하여야 한다.
④ 자동차에 주유할 때는 자동차 원동기의 출력을 낮추어야 한다.

---

51 ③ 컨테이너를 적재 후 반드시 콘(잠금장치)을 잠글 것
① 컨테이너에 위험물 수납 전 철저히 점검하며, 특히 개폐문의 방수상태를 점검할 것
② 화물 일부가 컨테이너 밖으로 튀어 나오지 않도록 할 것
④ 수납이 완료되면 즉시 문을 폐쇄할 것

52 ① 자동차에 주유할 때에는 고정 주유설비를 사용하여 직접 주유
② 주유할 때는 자동차 등의 원동기를 정지시킴
③ 주유 시 넘치지 않도록 하며, 유분리 장치에 고인 유류는 수시로 퍼냄
④ 주유 시 정당한 이유 없이 다른 자동차를 주유취급소 안에 주차시켜서는 안됨

53 자동차 등에 주유할 때에는 고정 주유설비를 사용하여 직접 주유한다.

54 ④ 자동차에 주유할 때는 자동차의 원동기를 정지시킨다.
① 자동차에 주유할 때에는 고정 주유설비를 사용하여 직접 주유한다.
② 유분리 장치에 고인 유류는 넘치지 않도록 수시로 퍼내어야 한다.
③ 주유취급소의 전용탱크·간이탱크에 위험물을 주입할 때는 탱크에 연결되는 고정 주유설비의 사용을 중지하여야 하며, 자동차를 탱크의 주입구에 접근시켜서는 안된다.

정답 51 ③ 52 ① 53 ② 54 ④

CHAPTER 02. 화물취급요령 기출문제

55 주유취급소의 위험물 취급기준으로 옳은 것은?

① 자동차에 주유할 때는 자동차의 출력을 낮춘다.
② 자동차에 주유할 때는 고정 주유설비를 사용한다.
③ 자동차에 주유할 때는 충분히 넘치도록 하여야 한다.
④ 자동차에 주유할 때는 다른 자동차의 주유취급소 안에 주차시켜야 한다.

56 화물의 상·하차 작업 시 확인사항이 아닌 것은?

① 작업원에게 화물의 내용, 특성 등을 잘 주지시켰는지 여부
② 받침목, 지주, 로프 등 필요한 보조용구는 준비되어 있는지 여부
③ 차량에 구름막이는 설치되어 있는지 여부
④ 차량에 운행기록계가 설치되어 있는지 여부

57 화물의 상·하차 작업 시 확인사항으로 옳지 않은 것은?

① 작업원에게 화물의 내용, 특성 등을 잘 주지시켰는가.
② 받침목, 지주, 로프 등 필요한 보조용구는 준비되어 있는가.
③ 차량에 구름막이, 운행기록계는 설치되어 있는가.
④ 적재량을 초과하지 않았는가.

58 화물을 상·하차 작업 시 확인해야 하는 사항으로 틀린 것은?

① 적재량의 초과 여부
② 화물의 붕괴 방지 조치
③ 위험물에 소정의 위험표지 여부
④ 물품의 배달 시간

59 화물의 포장과 포장 사이에 미끄럼이 발생하지 않도록 조치하여 파렛트 화물의 붕괴를 방지하는 방식은?

① 슬립 멈추기 시트삽입 방식
② 밴드걸기 방식
③ 주연어프 방식
④ 풀 붙이기 접착 방식

---

55 주유취급소의 위험물 취급기준
- 주유할 때는 고정 주유설비를 사용하여 직접 주유함
- 위험물을 주입할 때는 고정 주유설비의 사용을 중지하여야 함
- 주유할 때는 자동차 등의 원동기를 정지시킴
- 자동차의 일부·전부가 주유취급소 밖에 나온 채 주유하지 않음
- 유분리 장치에 고인 유류는 넘치지 않도록 수시로 퍼냄
- 주유 시 다른 자동차를 주유취급소 안에 주차시켜서는 안됨

56 운행기록계가 설치되어 있는가 여부는 상·하차 작업 시 확인사항에 해당되지 않는다. 화물의 상·하차 작업 시 확인사항으로는 ①·②·③ 외에, 위험한 승강을 하고 있지는 않는가와 적재량을 초과하지 않았는가, 던지기 및 굴려 내리기를 하고 있지 않는가, 적재화물의 높이·길이·폭 등의 제한은 지키고 있는가, 화물의 붕괴방지조치는 취해져 있는가, 차를 통로에 방치해 두지 않았는가 등이 있다.

57 운행기록계가 설치되어 있는가는 상·하차 작업 시 확인사항이 아니다. 구름막이는 차량에 적재하여야 한다.
상·하차 작업 시의 확인사항 : 작업원에게 화물의 내용·특성 등을 잘 주지시켰는가, 받침목·지주·로프 등 필요한 보조용구는 준비되어 있는가, 차량에 구름막이는 되어 있는가(적재하여야 함), 적재량을 초과하지 않았는가, 적재화물의 높이·길이·폭 등의 제한은 지키고 있는가.

58 상·하차 작업 시의 확인사항
- 작업원에게 화물의 내용·특성 등을 잘 주지시켰는가.
- 받침목·지주·로프 등 필요한 보조용구는 준비되어 있는가.
- 차량에 구름막이는 되어 있는가(적재하여야 함).
- 위험한 승강을 하고 있지는 않는가.
- 던지기 및 굴려 내리기를 하고 있지 않는가.
- 적재량을 초과하지 않았는가., 적재화물의 높이·길이·폭 등의 제한은 지키고 있는가.
- 화물의 붕괴를 방지하기 위한 조치는 취해져 있는가.
- 위험물이나 긴 화물은 소정의 위험표지를 하였는가.
- 차를 통로에 방치해 두지 않았는가.

59 슬립 멈추기 시트삽입 방식은 화물의 포장과 포장 사이에 미끄럼을 멈추는 시트를 넣음으로써 안전을 도모하는 방법이다.

정답 55 ② 56 ④ 57 ③ 58 ④ 59 ①

60 파렛트 화물의 붕괴를 방지하기 위한 요령 중 풀 붙이기와 밴드걸기의 병용방식은?

① 슈링크 방식
② 수평 밴드걸기 풀 붙이기 방식
③ 스트레치 방식
④ 박스 테두리 방식

61 열수축성 플라스틱필름을 파렛트 화물에 씌우고 이를 가열하여 필름을 수축시켜 파렛트와 밀착시키는 화물붕괴 방지 방식은?

① 주연어프 방식
② 풀 붙이기 접착 방식
③ 수평 밴드걸기 방식
④ 슈링크 방식

62 파렛트 화물의 붕괴를 방지하기 위한 슈링크 방식에 대한 설명으로 옳지 않은 것은?

① 비용이 저렴하다.
② 열수축성 플라스틱 필름을 이용한다.
③ 물이나 먼지도 막아낸다.
④ 통기성이 없다.

63 파렛트 화물의 붕괴를 방지하기 위한 방식에 해당되지 않는 것은?

① 성형가공 방식
② 밴드걸기 방식
③ 스트레치 방식
④ 박스 테두리 방식

64 고속도로 운행제한차량에 대한 설명으로 틀린 것은?

① 차량의 축하중이 5톤을 초과한 차량
② 적재물을 포함한 차량의 길이가 16.7m 초과한 차량
③ 정상운행속도가 50km/h 미만인 차량
④ 결속상태가 불량하거나 액체 적재물 방류 또는 유출한 차량

---

60 수평 밴드걸기 풀 붙이기 방식은 풀 붙이기와 밴드걸기 방식을 병용한 방식으로, 화물의 붕괴를 방지하는 효과를 높이는 방법이다.

61 슈링크 방식 : 열수축성 플라스틱 필름을 파렛트 화물에 씌우고 슈링크 터널을 통과시킬 때 가열하여 필름을 수축시켜 밀착시키는 방식으로, 물이나 먼지도 막아내어 우천 시의 하역이나 야적보관도 가능하게 된다.

62 슈링크 방식 : 열수축성 플라스틱 필름을 파렛트 화물에 씌우고 슈링크 터널을 통과시킬 때 가열하여 파렛트와 밀착시키는 방식으로, 물이나 먼지도 막아내어 우천 시의 하역이나 야적보관도 가능하게 한다. 통기성이 없고, 고열의 터널을 통과하므로 상품에 따라서는 이용할 수가 없으며, 비용이 많이 든다는 단점이 있다.

63 파렛트 화물의 붕괴 방지 요령 : 밴드걸기 방식(수평 밴드걸기 방식, 수직 밴드걸기 방식), 주연(周緣)어프 방식, 풀 붙이기 접착 방식, 수평 밴드걸기 풀 붙이기 방식, 슈링크 방식, 스트레치 방식, 박스 테두리 방식

64 고속도로 운행제한차량
- 축하중 : 차량의 축하중이 10톤을 초과
- 총중량 : 차량 총중량이 40톤을 초과
- 길이 : 적재물을 포함한 차량의 길이가 16.7m 초과
- 폭 : 적재물을 포함한 차량의 폭이 2.5m 초과
- 높이 : 적재물을 포함한 차량의 높이가 4.0m 초과
- 저속 : 정상운행속도가 50km/h 미만 차량
- 적재불량 차량 : 전도·낙하 등의 우려가 있는 차량, 결속상태가 불량한 차량, 스페어타이어 고정상태가 불량한 차량, 액체 적재물 방류 또는 유출 차량 등
- 이상기후(적설량 10cm 이상, 영하 20℃ 이하)일 때 연결 화물차량

정답 **60** ② **61** ④ **62** ① **63** ① **64** ①

CHAPTER 02. 화물취급요령 기출문제

65 고속도로를 운행할 때 운행제한 대상이 되는 차량 총중량의 기준은?

① 36톤 초과　　② 40톤 초과
③ 42톤 초과　　④ 44톤 초과

66 고속도로 운행제한차량의 사유에 해당하지 않는 것은?

① 차량의 축하중·총중량·길이·높이 등 허용기준을 초과하는 경우
② 주행속도 50km/h 이상인 차량의 경우
③ 차량의 적재불량으로 인하여 적재물 낙하 우려가 있는 경우
④ 도로관리청이 도로의 구조보전과 운행의 위험을 방지하기 위하여 차량의 운행제한이 필요하다고 인정하는 경우

67 화물을 인수하는 요령 중 옳지 않은 것은?

① 집하 금지품목에 대해서는 그 취지를 알리고 양해를 구한 후 인수를 정중히 거절한다.
② 부대비용(항공료, 도선료)의 징수가 필요한 배송지역에 대해서는 물품인수 전에 알려 주어야 한다.
③ 인수(집하)예약은 반드시 접수대장에 기재하여 누락되는 일이 없도록 한다.
④ 화물을 인수한 후 포장상태 확인 및 운송장 기재요령을 반드시 숙지한다.

68 화물을 인수하는 요령으로 옳지 않은 것은?

① 취급가능 화물의 규격을 확인하고 취급불가 화물품목에 해당하는지 확인한다.
② 운송장을 교부하기 전에 물품을 먼저 인수한다.
③ 도서지역에 운송되는 물품에 대해서는 부대비용의 징수할 수 있음을 미리 알려주고 인수한다.
④ 전화로 예약 접수 시에는 고객의 배송 요구일자를 확인하지 않아도 된다.

---

65 고속도로 운행제한차량
- 총중량 : 차량 총중량이 40톤을 초과
- 길이 : 적재물 포함 차량의 길이가 16.7m 초과
- 폭 : 적재물 포함 차량의 폭이 2.5m 초과
- 높이 : 적재물 포함 차량의 높이가 4.0m 초과

66 고속도로 운행제한차량
- 축하중·총중량 : 차량의 축하중 10톤 초과, 총중량 40톤 초과
- 길이·폭 : 적재물을 포함한 차량 길이 16.7m 초과, 폭 2.5m 초과
- 높이 : 적재물을 포함한 차량의 높이가 4.0m 초과
- 저속 : 정상운행속도가 50km/h 미만 차량
- 적재불량 차량 : 전도·낙하 등의 우려가 있는 차량 등
- 기타 도로관리청이 도로의 구조보전과 운행의 위험을 방지하기 위하여 운행제한이 필요하다고 인정하는 차량

67 ④ 포장 및 운송장 기재요령을 반드시 숙지하고 인수에 임함
① 집하 자제품목·금지품목(위험물)의 경우는 그 취지를 알리고 양해를 구한 후 정중히 거절함
② 제주도·도서지역인 경우 부대비용(항공료, 도선료)을 수하인에게 징수할 수 있음을 알려주고, 이해를 구한 후 인수함
③ 인수(집하)예약은 반드시 접수대장에 기재하여 누락되는 일이 없도록 함

68 ④ 전화로 발송할 물품을 접수 받을 때 반드시 집하 가능한 일자와 고객의 배송 요구일자를 확인한 후 배송 가능한 경우에 고객과 약속한다.
① 취급가능 화물규격 및 중량, 취급불가 화물품목 등을 확인하고 포장상태 및 화물의 상태를 확인한 후 접수여부를 결정한다.
② 운송장은 물품 인수 후 교부하는 것이 일반적이다. 운송인의 책임은 물품을 인수하고 운송장을 교부한 시점부터 발생한다.
③ 제주도 및 도서지역인 경우 부대비용(항공료, 도선료)을 수하인에게 징수할 수 있음을 반드시 알려주고, 이해를 구한 후 인수한다.

정답　65 ②　66 ②　67 ④　68 ④

69 화물의 인수 요령으로 옳지 않은 것은?
① 집하 자제품목·금지품목에 대해서는 취지를 알리고 인수한다.
② 고객의 배달요청일 내에 배송 가능한 물품만을 인수한다.
③ 도서지역 화물에 대해서는 부대비용을 징수할 수 있다는 것을 반드시 알려준다.
④ 물품인수 예약을 받은 때에는 반드시 접수대장 등에 기재하여 누락되지 않도록 주의한다.

70 화물의 인수요령으로 옳은 것은?
① 긴급을 요하는 화물은 우선 배송될 수 있도록 쉽게 꺼낼 수 있게 적재한다.
② 다수 화물이 도착하였을 때에는 미도착 수량이 있는지 확인한다.
③ 수하인의 주소 및 수하인이 맞는지 확인한 후 인계한다.
④ 인수예약은 반드시 접수대장에 기재하여 누락되는 일이 없도록 한다.

71 화물을 인수하는 요령 중 옳지 않은 것은?
① 항공을 이용한 운송의 경우 항공료가 착불이면 기타란에 '항공료 착불'이라고 기재하고 합계란은 공란으로 한다.
② 운송장을 작성하기 전에 물품의 성질 등 부대사항을 고객에게 통보하여 상호 동의를 구한다.
③ 도서지역의 운임은 무조건 착불로 한다.
④ 물품을 인수하고 운송장을 교부한다.

72 화물의 인수요령으로 옳지 않은 것은?
① 두 개 이상의 화물을 하나의 화물로 밴딩처리한 경우 반드시 고객에게 파손 가능성을 설명한다.
② 전화 예약 접수 시 집하가능 일자와 고객의 배송 요구일자를 확인한 후 배송 가능한 경우에 고객과 약속한다.
③ 화물의 안전한 수송과 타 화물의 보호를 위해 포장상태만 확인 후 접수여부를 결정한다.
④ 인수예약은 반드시 접수대장에 기재하여 누락되지 않도록 한다.

69 ① 집하 자제품목·금지품목(화약류·인화물질 등)의 경우는 그 취지를 알리고 양해를 구한 후 정중히 거절한다.
② 도착지와 고객의 배달요청일이 배송 소요일수 내에 가능한지 확인하고, 기간 내에 배송가능한 물품을 인수한다.
③ 도서지역인 경우 부대비용(항공료 등)을 수하인에게 징수할 수 있음을 반드시 알려주고, 이해를 구한 후 인수한다.
④ 인수(집하)예약은 반드시 접수대장에 기재하여 누락되지 않도록 한다.

70 인수(집하)예약은 반드시 접수대장에 기재하여 누락되는 일이 없도록 하는 것이 적절한 화물의 인수요령이다. ①·②는 화물의 적재요령에 해당하고, ③은 인계요령에 해당한다.

71 ③ 도서지역은 착불로 운임을 징수할 수 없으므로, 운임·도선료를 선불로 처리
① 항공료가 착불일 경우 기타란에 '항공료 착불'이라 기재하고 합계란은 공란으로 비워둠
② 운송장 작성 전 물품의 성질·규격·운임 등을 고객에게 알리고 상호 동의를 구한 뒤 작성
④ 물품을 인수하고 운송장을 교부하며, 운송인의 책임은 운송장을 교부한 시점부터 발생

72 화물의 인수요령
- 취급가능 화물규격·중량, 취급불가 화물품목을 확인하고 포장상태 및 화물의 상태를 확인한 후 접수여부를 결정
- 두 개 이상의 화물을 하나의 화물로 밴딩처리한 경우에는 반드시 고객에게 파손 가능성을 설명
- 전화로 발송물품을 접수 받을 때 집하가능한 일자와 고객의 배송 요구일자를 확인한 후 배송 가능한 경우에 고객과 약속
- 인수(집하)예약은 반드시 접수대장에 기재하여 누락되는 일이 없도록 함

정답 **69** ① **70** ④ **71** ③ **72** ③

73 전화로 발송할 물품을 접수 받을 때 인수요령으로 틀린 것은?

① 집하 가능 일자를 확인한다.
② 고객의 배송요구 일자를 확인한다.
③ 배송이 가능한 경우 고객과 약속하고, 약속불이행으로 불만이 발생하지 않도록 한다.
④ 전화로 받는 인수예약은 접수대장에 기재하지 않아도 된다.

73 화물의 인수요령
- 집하 가능한 일자와 고객의 배송요구일자를 확인한 후 배송 가능한 경우에 고객과 약속하고, 약속 불이행으로 불만이 발생하지 않도록 함
- 인수(집하)예약은 반드시 접수대장에 기재하여 누락되는 일이 없도록 함

74 화물의 인계 시, 인수자 서명이 없을 경우 수하인이 물품인수를 부인하면 그 책임이 어디에 전가되는가?

① 집하장   ② 운송인
③ 배송지점   ④ 배송 가맹점

74 인수자 서명이 없을 경우 수하인이 물품인수를 부인하면 그 책임이 배송지점에 전가된다. 물품을 고객에게 인계할 때 물품의 이상 유무를 확인시키고 인수증에 정자로 인수자 서명을 받아 향후 발생 할 수 있는 손해배상을 예방하도록 한다.

75 배송할 때 수하인의 부재로 배송이 곤란한 경우 인계요령으로 틀린 것은?

① 임의적으로 방치 또는 집안으로 무단 투기하지 않는다.
② 수하인과 통화하여 지정하는 장소에 전달하고 통보한다.
③ 수하인과 통화가 되지 않을 경우 송하인과 통화하여 반송 또는 재배송할 수 있도록 한다.
④ 아파트의 소화전이나 집 앞에 물건을 둔다.

75 ④·② 수하인에게 연락하여 지정하는 장소에 전달·통보하며, 아파트 소화전이나 집 앞에 물건을 두지 말 것
① 임의적으로 방치 또는 배송처 내로 무단투기하지 말 것
③ 수하인과 통화가 안될 경우 송하인과 통화하여 반송 또는 다음날 재배송하며, 수하인이 부재중일 경우 부재중 방문표를 남기고 부득이하게 대리인에게 인계할 때는 수하인에게 연락해 확인할 것

76 화물 파손사고의 원인에 해당하지 않는 것은?

① 화물을 인계할 때 인수자 확인 서명 등이 부실한 경우
② 집하할 때 화물의 포장상태를 확인하지 않은 경우
③ 화물을 함부로 던지거나 발로 차거나 끄는 경우
④ 화물을 적재할 때 무분별한 적재로 압착되는 경우

76 파손사고의 원인
- 집하할 때 화물의 포장상태를 미확인한 경우
- 화물을 함부로 던지거나 발로 차거나 끄는 경우
- 화물을 적재할 때 무분별한 적재로 압착되는 경우
- 상하차 시 컨베이어 벨트에서 떨어져 파손되는 경우

77 운송화물의 파손 또는 오손사고 원인으로 옳지 않은 것은?

① 집하할 때 포장상태를 확인하지 않은 경우
② 김치·젓갈류 등 수량에 비해 포장이 약한 경우
③ 중량물을 하단에 적재한 경우
④ 무분별한 적재로 압착된 경우

77
- 파손사고의 원인 : 집하할 때 화물의 포장상태 미확인, 화물을 던지거나 차거나 끄는 경우, 무분별한 적재로 압착되는 경우, 상·하차 시 컨베이어 벨트 등에서 떨어진 경우
- 오손사고의 원인 : 김치·젓갈·한약류 등 수량에 비해 포장이 약한 경우, 적재 시 중량물을 상단에 적재하여 하단에 피해가 발생한 경우, 쇼핑백·이불 등 포장이 미흡한 화물에 피해가 발생한 경우

정답 73 ④ 74 ③ 75 ④ 76 ① 77 ③

78 화물의 파손·오손사고 방지 대책으로 옳지 않은 것은?

① 집하 시 내용물에 관한 정보를 충분히 듣고 포장상태를 확인한다.
② 사고위험이 있는 물품은 안전박스에 적재하거나 별도 관리한다.
③ 충격에 약한 화물은 보강포장 및 특기사항을 표기한다.
④ 중량물은 상단에, 경량물은 하단에 적재한다.

79 오배달사고, 지연배달사고의 원인으로 옳지 않은 것은?

① 수령인 부재 시 임의의 장소에 화물을 두고 간 후 미확인
② 수령인의 신분 확인 없이 화물을 인계한 경우
③ 화물터미널 및 집하영업점에서의 화물의 체계적 분류
④ 당일 미배송 화물에 대한 별도 관리 미흡

80 화물의 지연배달사고에 대한 대책으로 옳지 않은 것은?

① 미배송되는 화물 명단 작성과 조치사항을 확인한다.
② 사후에 배송연락 후 배송계획 수립으로 효율적 배송을 시행한다.
③ 터미널 잔류화물 운송을 위한 가용차량 사용조치를 취한다.
④ 부재중 방문표의 사용으로 방문사실을 고객에게 알려 고객과의 분쟁을 예방한다.

81 한국산업표준(KS)에 따른 화물자동차 종류에 대한 설명으로 옳은 것은?

① 픽업 : 화물실의 지붕이 있고, 옆판이 운전대와 분리되어 있는 소형트럭
② 캡 오버 엔진 트럭 : 원동기의 전부 또는 대부분이 운전실의 아래쪽에 있는 트럭
③ 보닛 트럭 : 원동기부의 덮개가 운전실의 뒤쪽에 나와 있는 트럭
④ 밴 : 차에 실은 화물의 쌓아 내림용 크레인을 갖춘 특수장비 자동차

---

78 • 파손사고의 대책
  - 집하할 때 고객에게 내용물에 관한 정보를 충분히 듣고 포장상태를 확인
  - 가까운 거리 또는 가벼운 화물이라도 절대 함부로 취급하지 않음
  - 사고위험이 있는 물품은 안전박스에 적재하거나 별도 적재 관리
  - 충격에 약한 화물은 보강포장 및 특기사항을 표기
• 오손사고의 대책
  - 상습적으로 오손이 발생하는 화물은 안전박스에 적재하여 위험으로부터 격리
  - 중량물은 하단에, 경량물은 상단에 적재한다는 규정준수

79 • 오배달사고의 원인
  - 수령인이 없을 때 임의의 장소에 두고 간 후 미확인한 경우
  - 수령인의 신분 확인 없이 화물을 인계한 경우
• 지연배달사고의 원인
  - 당일 배송되지 않는 화물에 대한 관리 미흡의 경우
  - 제3자에게 전달한 후 원래 수령인에게 받은 사람을 통지하지 않은 경우
  - 사전에 배송연락 미실시로 제3자가 수취한 후 전달이 늦어지는 경우
  - 집하 부주의, 터미널 오분류로 터미널 오착·잔류되는 경우

80 지연배달사고에 대한 대책
  - 사전에 배송연락 후 배송계획 수립으로 효율적 배송 시행
  - 미배송되는 화물 명단 작성과 조치사항 확인
  - 터미널 잔류화물 운송을 위한 가용차량 사용조치
  - 부재중 방문표의 사용으로 방문사실을 알려 고객과의 분쟁 예방

81 ② 캡 오버 엔진 트럭 : 원동기의 전부나 대부분이 운전실의 아래쪽에 있는 트럭
① 픽업 : 화물실의 지붕이 없고, 옆판이 운전대와 일체로 되어 있는 화물자동차
③ 보닛 트럭 : 원동기부의 덮개가 운전실의 앞쪽에 나와 있는 트럭
④ 밴 : 상자형 화물실을 갖추고 있는 트럭
크레인붙이트럭 : 차에 실은 화물의 쌓기·내리기용 크레인을 갖춘 특수장비 자동차

정답 **78** ④ **79** ③ **80** ② **81** ②

82 한국산업표준(KS)에 따른 화물자동차 종류 중 '화물실의 지붕이 없고 옆판이 운전대와 일체로 되어 있는 소형트럭'을 지칭하는 것은?

① 보닛 트럭
② 캡 오버 엔진 트럭
③ 픽업
④ 밴

82 ③ 픽업 : 화물실의 지붕이 없고, 옆판이 운전대와 일체로 되어 있는 화물자동차
① 보닛 트럭 : 원동기부의 덮개가 운전실 앞쪽에 나와 있는 트럭
② 캡 오버 엔진 트럭 : 원동기의 전부나 대부분이 운전실 아래쪽에 있는 트럭
④ 밴 : 상자형 화물실을 갖추고 있는 트럭

83 한국산업표준(KS)에 따른 화물자동차에 대한 설명으로 틀린 것은?

① 보닛 트럭은 원동기부의 덮개가 운전실의 앞쪽에 나와 있는 트럭을 말한다.
② 밴은 상자형 화물실을 갖추고 있는 트럭으로, 지붕이 없는 것은 제외한다.
③ 냉장차는 냉각제를 이용하여 수송물품을 냉장하는 설비를 갖추고 있는 특수 용도 자동차를 말한다.
④ 레커차는 크레인 등을 갖추고 고장차의 앞 또는 뒤를 매달아 올려서 수송하는 특수 장비 자동차를 말한다.

83 밴(van)은 상자형 화물실을 갖추고 있는 트럭으로, 다만 지붕이 없는 것(오픈 톱형)도 포함한다.

84 화물자동차의 종류 중 '화물대를 기울여 적재물을 중력으로 쉽게 미끄러지게 내리는 구조의 특수장비 자동차'의 명칭은?

① 덤프차(dump truck)
② 냉장차(insulated vehicle)
③ 믹서 자동차(truck mixer)
④ 트럭 크레인(truck crane)

84 ① 덤프차 : 화물대를 기울여 적재물을 중력으로 쉽게 미끄러지게 내리는 구조의 특수장비 자동차
② 냉장차 : 냉각제를 사용해 냉장하는 설비를 갖춘 특수용도 자동차
③ 믹서 자동차 : 시멘트·골재·물을 드럼 내에서 혼합 반죽하여 (믹싱해서) 콘크리트로 하는 특수장비 자동차
④ 트럭 크레인 : 크레인을 갖추고 크레인 작업을 하는 자동차

85 동력부분(견인차)과 적하부분(피견인차)으로 구분되는 차량의 적하부분에 해당하는 것은?

① 트레일러
② 트랙터
③ 레커차
④ 크레인

85 트레일러는 자동차를 동력부분(견인차, 트랙터)과 적하부분(피견인차)으로 나누었을 때 적하부분을 해당되며, 일반적으로 풀 트레일러, 세미 트레일러, 폴 트레일러 3가지로 구분된다.

정답 82 ③ 83 ② 84 ① 85 ①

86 트레일러에 대한 설명으로 옳지 않은 것은?

① 트레일러는 물품수송을 목적으로 하는 견인차를 말한다.
② 트레일러에는 풀 트레일러, 세미 트레일러, 폴 트레일러로 구분한다.
③ 세미 트레일러는 트랙터에 연결하여, 총 하중의 일부분이 견인하는 자동차에 의해서 지탱되도록 설계된 트레일러이다.
④ 돌리와 조합된 세미 트레일러는 풀 트레일러에 해당한다.

87 다음 중 트레일러의 종류에 해당되지 않는 것은?

① 트럭 트레일러(Truck trailer)
② 돌리(Dolly)
③ 풀 트레일러(Full trailer)
④ 폴 트레일러(Poletrailer)

88 트레일러에 대한 설명 중 틀린 것은?

① 트레일러는 자동차를 동력부분과 적하부분으로 나누었을 때, 동력부분을 지칭한다.
② '풀 트레일러(Full trailer)'는 총 하중이 트레일러만으로 지탱되도록 설계된 것을 말한다.
③ 가동 중인 트레일러 중에서 가장 많고 일반적인 트레일러는 '세미 트레일러(Semi-trailer)'이다.
④ '폴 트레일러(Pole trailer)'는 파이프나 H형강 등 장척물의 수송을 목적으로 한 트레일러이다.

89 트레일러의 일부 하중을 트랙터가 부담하여 운행하는 차량은?

① 풀(Full) 트레일러
② 폴(Pole) 트레일러
③ 돌리(Dolly)
④ 세미(Semi) 트레일러

---

86 트레일러 : 자동차를 동력부분(견인차·트랙터)과 적하부분(피견인차)으로 나누었을 때, 적하부분에 해당된다.
- 풀 트레일러 : 트랙터와 트레일러가 완전히 분리되어 있고 트랙터 자체도 적재함을 가지고 있다(총 하중이 트레일러만으로 지탱).
- 세미 트레일러 : 세미 트레일러용 트랙터에 연결하여, 총 하중의 일부분이 견인하는 자동차에 의해서 지탱되도록 설계된 트레일러이다(가장 일반적 트레일러).
- 폴 트레일러 : 장척(長尺)의 적하물 자체가 트랙터와 트레일러의 연결부분을 구성하는 구조의 트레일러이다.
- 돌리 : 세미 트레일러와 조합해서 풀 트레일러로 하기 위한 견인구를 갖춘 대차를 말한다. 돌리와 조합된 세미 트레일러는 풀 트레일러로 해석된다.

87 일반적으로 트레일러 종류는 풀 트레일러(Full trailer), 세미 트레일러(Semi-trailer), 폴 트레일러(Pole trailer) 등 3가지로 구분하며, 돌리(Dolly)를 추가하여 4가지로 구분하기도 한다.

88 ① 트레일러 : 자동차를 동력부분(견인차·트랙터)과 적하부분(피견인차)으로 나눌 때, 적하부분에 해당
② 풀 트레일러 : 트랙터와 트레일러가 분리되어 있고, 총 하중이 트레일러만으로 지탱되도록 설계
③ 세미 트레일러 : 총 하중의 일부분이 견인차에 의해서 지탱되도록 설계된 트레일러로, 가동 중인 트레일러 중 가장 많고 일반적임
④ 폴 트레일러 : 적하물 자체가 트랙터와 트레일러의 연결부분을 구성하는 구조로, 파이프나 H형강 등 장척물의 수송을 목적으로 함

89 ④ 세미 트레일러 : 일부 하중이 견인하는 자동차(트랙터)에 의해서 지탱되도록 설계된 트레일러(가장 많음)
① 풀 트레일러 : 총 하중이 트레일러만으로 지탱되도록 설계된 견인구(트랙터)를 갖춘 트레일러
② 폴 트레일러 : 장척의 적하물 자체가 트랙터와 트레일러의 연결부분을 구성하는 구조의 트레일러
③ 돌리 : 세미 트레일러와 조합해서 풀 트레일러로 하기 위한 견인구를 갖춘 대차

정답 86 ① 87 ① 88 ① 89 ④

90 트레일러의 장점에 대한 일반적인 설명이 아닌 것은?

① 트랙터와 트레일러를 분리하여 화물적재나 하역이 가능하다.
② 소량의 화물을 운송하는데 적합하다.
③ 중형 화물자동차에 비해 적재 및 수송할 수 있는 총중량이 크다.
④ 일시적으로 화물을 보관할 수 있다.

91 트레일러 구조 형상에 따른 종류 중 특수용도 트레일러가 아닌 것은?

① 덤프 트레일러
② 탱크 트레일러
③ 평상식 트레일러
④ 자동차 운반용 트레일러

92 일반잡화 및 냉동화물의 운반에 주로 사용되는 트레일러는?

① 밴 트레일러
② 평상식 트레일러
③ 중저상식 트레일러
④ 오픈탑 트레일러

93 이사화물 표준약관에 따라 사업자가 약정된 이사화물의 인수일 2일전까지 사업자의 책임있는 사유로 고객에게 계약해지를 통지한 경우 사업자가 고객에게 지급해야 하는 손해배상액은?

① 계약금의 배액
② 계약금의 4배액
③ 계약금의 6배액
④ 계약금의 10배액

94 이사화물 표준약관상 운송사업자가 인수를 거절할 수 있는 화물이 아닌 것은?

① 현금, 유가증권, 귀금속, 인감 등 고객이 휴대할 수 있는 귀중품
② 화물의 종류, 부피 등에 따라 운송에 적합하도록 포장한 물건
③ 위험물, 불결한 물품 등 다른 화물에 손해를 끼칠 염려가 있는 물건
④ 동식물, 미술품, 골동품 등 운송에 특수한 관리를 요하는 물건

---

90 트레일러의 장점
- 대량·신속운송을 위한 차량이며, 대형화·경량화 화물적재의 효율성·안정성을 지님
- 트랙터와 트레일러를 별도로 분리하여 화물을 적재·하역할 수 있음
- 차량총중량은 20톤으로 제한되어 있으나, 화물자동차 및 특수자동차의 경우 차량총중량은 40톤임
- 트레일러 부분에 일시적으로 화물을 보관할 수 있음

91 트레일러의 구조 형상에 따른 종류 : 평상식 트레일러, 저상식 트레일러, 중저상식 트레일러, 스케레탈 트레일러, 밴 트레일러, 오픈 탑 트레일러, 특수용도 트레일러가 있고, 특수용도 트레일러에는 덤프 트레일러, 탱크 트레일러, 자동차 운반용 트레일러가 있다.

92 트레일러의 구조 형상에 따른 종류
- 밴 트레일러 : 하대부분에 밴형의 보데가 장치된 트레일러로서, 일반잡화·냉동화물의 운반용으로 사용
- 평상식 트레일러 : 프레임 상면이 평면하대를 가진 구조, 일반화물·강재 수송에 적합
- 중저상식 트레일러 : 프레임 중앙 하대부가 낮은 트레일러, 대형 핫코일이나 중량화물의 운반에 편리
- 스케레탈 트레일러 : 컨테이너 운송을 위해 제작된 트레일러
- 오픈탑 트레일러 : 천장에 개구부가 있어 채광이 들어가게 만든 화물운반용 트레일러

93 이사화물 표준약관상의 계약해제 : 사업자의 책임있는 사유로 계약을 해제한 경우 다음의 손해배상액을 고객에게 지급
- 사업자가 약정된 이사화물의 인수일 2일전까지 해제를 통지한 경우 : 계약금의 배액
- 인수일 1일전까지 해제를 통지한 경우 : 계약금의 4배액
- 인수일 당일에 해제를 통지한 경우 : 계약금의 6배액
- 인수일 당일에도 해제를 통지하지 않은 경우 : 계약금의 10배액

94 이사화물 표준약관상 인수를 거절할 수 있는 이사화물
- 현금, 유가증권, 귀금속, 예금통장, 인감 등 고객이 휴대할 수 있는 귀중품
- 위험물, 불결한 물품 등 다른 화물에 손해를 끼칠 염려가 있는 물건
- 동식물, 미술품, 골동품 등 다른 화물과 동시에 운송하기에 적합하지 않은 물건
- 화물의 종류·무게·부피 등에 따라 운송에 적합하도록 포장을 요청하였으나 고객이 거절한 물건

정답 90 ② 91 ③ 92 ① 93 ① 94 ②

95 이사화물 표준약관상 운송사업자가 인수를 거절할 수 있는 화물로 옳지 않은 것은?

① 현금·유가증권·귀금속·예금통장·신용카드 등 고객이 휴대할 수 있는 귀중품
② 동식물·미술품·골동품 등 운송에 특수한 관리를 요하므로 다른 화물과 동시에 운송하기에 적합하지 않은 물건
③ 일반 이사화물로 무게나 부피가 크지만 운송에 적합하도록 포장한 물건
④ 위험물, 불결한 물품 등 다른 화물에 손해를 끼칠 염려가 있는 물건

96 이사화물 표준약관상 고객의 귀책사유로 이사화물의 인수가 약정된 일시보다 지체된 경우 사업자는 계약을 해제하고 계약금의 배액을 손해배상으로 청구할 수 있다. 이때 몇 시간 이상 지체된 경우 손해배상 청구가 가능한가?

① 1시간 이상
② 2시간 이상
③ 3시간 이상
④ 4시간 이상

97 이사화물 표준약관상 이사화물의 일부 멸실 또는 훼손에 대한 사업자의 손해배상 책임은 고객이 이사화물을 인도받은 날로부터 며칠 이내에 그 사실을 사업자에게 통지하지 아니하면 소멸되는가?

① 30일
② 20일
③ 10일
④ 5일

98 이사화물 표준약관상 이사화물의 멸실, 훼손 또는 연착에 대한 사업자의 손해배상책임에 대한 설명으로 옳은 것은?

① 고객의 이사화물을 인도받은 날로부터 30일이 경과하면 소멸된다.
② 고객의 이사화물을 인도받은 날로부터 1년이 경과하면 소멸된다.
③ 고객의 이사화물을 인도받은 날로부터 1년 6개월이 경과하면 소멸된다.
④ 고객의 이사화물을 인도받은 날로부터 2년이 경과하면 소멸된다.

95 이사화물 표준약관상 인수를 거절할 수 있는 화물
- 현금, 유가증권, 귀금속, 예금통장, 신용카드, 인감 등 고객이 휴대할 수 있는 귀중품
- 위험물, 불결한 물품 등 다른 화물에 손해를 끼칠 염려가 있는 물건
- 동식물, 미술품, 골동품 등 운송에 특수한 관리를 요하기 때문에 다른 화물과 동시에 운송하기에 적합하지 않은 물건
- 일반 이사화물의 종류, 무게, 부피, 운송거리 등에 따라 운송에 적합하도록 포장할 것을 사업자가 요청하였으나 고객이 이를 거절한 물건

96 고객의 귀책사유로 이사화물의 인수가 약정된 일시로부터 2시간 이상 지체된 경우에는, 사업자는 계약을 해제하고 계약금의 배액을 손해배상으로 청구할 수 있다. 이 경우 고객은 그가 이미 지급한 계약금이 있는 경우에는 손해배상액에서 그 금액을 공제할 수 있다.

97 이사화물 표준약관상 책임의 특별소멸사유와 시효 : 이사화물의 일부 멸실 또는 훼손에 대한 사업자의 손해배상책임은, 고객이 이사 화물을 인도받은 날로부터 30일 이내에 일부 멸실 또는 훼손의 사실을 사업자에게 통지하지 않으면 소멸한다.

98 이사화물 표준약관상 책임의 특별소멸사유와 시효
- 이사화물의 일부 멸실·훼손에 대한 사업자의 손해배상책임은, 고객이 이사화물을 인도받은 날로부터 30일 이내에 그 사실을 사업자에게 통지하지 않으면 소멸
- 이사화물의 멸실, 훼손 또는 연착에 대한 사업자의 손해배상책임은, 고객이 이사화물을 인도받은 날로부터 1년이 경과하면 소멸

정답 95 ③ 96 ② 97 ① 98 ②

99 운송물의 인도일에 대한 설명으로 옳지 않은 것은?

① 수하인이 특정 일시에 사용할 운송물을 수탁한 경우 운송장에 기재된 인도예정일의 특정 시간까지
② 운송장에 인도예정일의 기재가 없는 경우로서 도서 및 산간벽지는 3일
③ 운송장에 인도예정일의 기재가 없는 경우로서 일반지역은 1일
④ 운송장에 인도예정일의 기재가 있는 경우 그 기재된 날

99 운송물의 인도일
- 운송장에 인도예정일의 기재가 있는 경우에는 그 기재된 날
- 인도예정일의 기재가 없는 경우에는 운송장에 기재된 운송물의 수탁일로부터 인도예정 장소에 따라 일반 지역은 2일, 도서·산간벽지는 3일
- 수하인이 특정 일시에 사용할 운송물을 수탁한 경우에는 운송장에 기재된 인도예정일의 특정 시간까지

100 택배 표준약관상 운송물의 인도일에 관한 설명 중 옳지 않은 것은?

① 운송장에 인도예정일의 기재가 있는 경우 그 기재된 날
② 인도예정일의 기재가 없는 경우 일반 지역은 2일
③ 인도예정일의 기재가 없는 경우 도서·산간벽지는 5일
④ 특정 일시에 사용할 운송물을 수탁한 경우 운송장에 기재된 인도예정일의 특정 시간까지

100 인도예정일의 기재가 없는 경우에는 운송장에 기재된 운송물의 수탁일로부터 인도예정 장소에 따라 일반 지역은 2일, 도서·산간벽지는 3일이다.

101 사업자는 운송장에 인도예정일의 기재가 없는 경우 일반지역의 운송물은 운송장에 기재된 수탁일로부터 며칠 이내에 인도해야 하는가?

① 4일　　② 3일
③ 2일　　④ 1일

101 운송물의 인도일
- 운송장에 인도예정일의 기재가 있는 경우에는 그 기재된 날
- 운송장에 인도예정일의 기재가 없는 경우에는 운송장에 기재된 운송물의 수탁일로부터 인도예정 장소에 따라 일반 지역은 2일, 도서·산간벽지는 3일
- 사업자는 수하인이 특정 일시에 사용할 운송물을 수탁한 경우에는 운송장에 기재된 인도예정일의 특정 시간까지 운송물을 인도한다.

102 택배 표준약관상 운송물의 수탁거절 사유가 아닌 것은?

① 운송물 1포장의 가액이 200만원을 초과하는 경우
② 고객이 운송장에 필요한 사항을 기재하지 아니한 경우
③ 운송물이 밀수품, 군수품 등 위법한 물건인 경우
④ 운송이 법령, 사회질서, 기타 선량한 풍속에 반하는 경우

102 택배 표준약관상 운송물의 수탁거절 사유
- 고객이 운송장에 필요한 사항을 기재하지 않은 경우
- 운송물 1포장의 가액이 300만원을 초과하는 경우
- 운송물이 화약류, 인화물질 등 위험한 물건인 경우
- 운송물이 밀수품, 군수품, 부정임산물 등 위법한 물건인 경우
- 운송이 법령, 사회질서, 기타 선량한 풍속에 반하는 경우

정답　99 ③　100 ③　101 ③　102 ①

103 택배 표준약관상 운송물의 수탁거절 사유에 해당하지 않는 것은?

① 운송물이 밀수품, 군수품, 부정임산물 등 위법한 물건인 경우
② 운송물이 현금, 카드 등 현금화가 가능한 물건인 경우
③ 운송이 천재지변, 기타 불가항력적인 사유로 불가능한 경우
④ 운송물 1포장의 가액이 100만원을 초과하는 경우

103 운송물 1포장의 가액이 300만원을 초과하는 경우는 택배 표준약관상 운송물의 수탁거절 사유에 해당한다.

104 택배 표준약관상 고객이 운송장에 운송물의 가액을 기재하지 않은 경우 사업자의 손해배상 한도액은?

① 200만원　② 100만원
③ 50만원　④ 30만원

104 고객이 운송장에 운송물의 가액을 기재하지 않은 경우 사업자의 손해배상한도액은 50만원으로 하되, 운송물의 가액에 따라 할증요금을 지급하는 경우의 한도액은 각 운송가액 구간별 운송물의 최고가액으로 한다.

105 택배 표준약관상 운송물의 일부 멸실, 훼손 또는 연착에 대한 사업자의 손해배상책임은 수하인이 운송물을 수령한 날로부터 얼마동안의 기간이 경과되면 소멸되는가?

① 6개월　② 1년
③ 2년　④ 3년

105 운송물의 일부 멸실 또는 훼손에 대한 사업자의 손해배상책임은 수하인이 운송물을 수령한 날로부터 14일 이내에 사업자에게 통지하지 않으면 소멸한다. 운송물의 일부 멸실, 훼손 또는 연착에 대한 사업자의 손해배상책임은 수하인이 운송물을 수령한 날로부터 1년이 경과하면 소멸한다.

정답　103 ④　104 ③　105 ②

PART 03

안전운행요령

CHAPTER 01 ▶ 안전운행요령 기출핵심정리

☐ **도로교통체계의 구성요소** : 운전자 및 보행자를 비롯한 도로사용자, 도로 및 교통신호등 등의 환경, 차량

☐ **교통사고의 3대 요인**
- **인적요인** : 운전자, 보행자 등
- **차량요인** : 차량구조장치, 부속품 또는 적하(積荷) 등
- **도로·환경요인**
  - **도로요인** : 도로구조(도로의 선형, 노면, 차로수, 노폭, 구배 등), 안전시설(신호기, 노면표시, 방호울타리 등)
  - **자연환경** : 기상, 일광 등 자연조건에 관한 것
  - **교통환경** : 차량 교통량, 운행 차 구성, 보행자 교통량 등 교통상황에 관한 것
  - **사회환경** : 일반국민·운전자·보행자 등의 교통도덕, 정부의 교통정책, 교통단속과 형사처벌 등에 관한 것
  - **구조환경** : 교통여건변화, 차량점검 및 정비관리자와 운전자의 책임한계 등

☐ **일반적으로 도로가 되기 위한 4가지 조건**
- **형태성** : 자동차 등 운송수단의 통행에 용이한 형태를 갖출 것
- **이용성** : 공중의 교통영역으로 이용되고 있는 곳
- **공개성** : 불특정 다수인 등을 위해 이용이 허용되고 실제 이용되고 있는 곳
- **교통경찰권** : 공공의 안전과 질서유지를 위하여 교통경찰권이 발동될 수 있는 곳

☐ **인지판단조작** : 자동차를 운행하고 있는 운전자는 교통상황을 알아차리고(인지), 어떻게 자동차를 움직여 운전할 것인가를 결정하고(판단), 그 결정에 따라 자동차를 움직이는 운전행위(조작)에 이르는 "인지-판단-조작"의 과정을 수없이 반복한다. 교통사고를 예방하고 교통의 안전을 확립하기 위해서는 운전자의 인지-판단-조작 능력을 향상시키는 계획적이고 체계적인 교육·훈련·지도·계몽 등을 통하여 지속적인 변화를 추구하여야 한다.

☐ **운전자의 정보처리과정** : 감각기관의 수용기 → 구심성 신경 → 뇌 → 의사결정 → 원심성 신경 → 효과기(운동기) → 운전조작행위

☐ **안전운전에 영향을 미치는 신체·생리적 조건과 심리적 조건** : 내외의 교통환경을 인지하고 이에 대응하는 의사결정과정과 운전행위로 연결되는 운전과정에 영향을 미치는 운전자의 신체·생리적 조건은 피로·약물·질병 등이며, 심리적 조건은 흥미·욕구·정서 등이다.

☐ **운전특성**
- 감각기관의 수용기로부터 입수되는 교통정보(운전정보)는 정보처리부인 뇌로 전달되며, 운전자의 지식·경험·사고·판단을 바탕으로 의사결정과정을 거쳐 원심성 신경을 통해 효과기(운동기)로 전달되어 운전조작행위가 이루어진다(이 과정은 매우 짧은 매순간마다 행해지며, 수정·보완되는 피드백 과정을 끊임없이 반복).
- 운전특성은 일정하지 않고 사람 간에 차이(개인차)가 있다.

- 신체적·생리적 및 심리적 상태가 항상 일정한 것은 아니며 환경조건과의 상호작용이 매우 가변적이기 때문에 인간의 운전행위를 공산품의 공정처럼 일정하게 유지시킬 수 없다.
- 인간의 특성은 운전뿐 아니라 인간행위, 삶 자체에도 큰 영향을 미친다.

운전과 관련되는 시각의 특성
- 운전에 필요한 정보의 대부분을 시각을 통하여 획득한다.
- 속도가 빨라질수록 시력은 떨어진다.
- 속도가 빨라질수록 시야의 범위가 좁아진다.
- 속도가 빨라질수록 전방주시점은 멀어진다.

운전면허 발급 시력기준(교정시력 포함)
- 제1종 운전면허 : 두 눈을 동시에 뜨고 잰 시력이 0.8이상, 양쪽 눈의 시력이 각각 0.5이상
- 제2종 운전면허 : 두 눈을 동시에 뜨고 잰 시력이 0.5이상
- 붉은색, 녹색 및 노란색을 구별할 수 있어야 함

교통상 위험과 장해를 일으킬 수 있는 다음의 사람은 운전면허를 취득할 수 없음
- 정신질환 또는 정신 발육 지연, 간질 등으로 인해 해당 분야 전문의가 정상적인 운전을 할 수 없다고 인정하는 사람
- 듣지 못하는 사람(제1종 운전면허인 경우만), 앞을 보지 못하는 사람, 다리, 머리, 척추나 신체장애로 인해 앉아 있을 수 없는 사람
- 양팔의 팔꿈치관절 이상을 잃은 사람이나 양팔을 전혀 쓸 수 없는 사람
- 마약·대마·향정신성의약품 또는 알콜 관련 장애 등으로 인해 정상적 운전을 할 수 없다고 인정하는 사람

동체시력 : 움직이는 물체 또는 움직이면서 다른 자동차·사람 등의 물체를 보는 시력
- 동체시력은 물체의 이동속도가 빠를수록 상대적으로 저하된다.
- 연령이 높을수록 더욱 저하된다.
- 장시간 운전에 의한 피로상태에서도 저하된다.

야간의 시력저하 : 해질 무렵이 가장 운전하기 힘든 시간이다. 전조등을 비추어도 주변의 밝기와 비슷하기 때문에 의외로 다른 자동차나 보행자를 보기가 어렵다. 더욱이 야간에는 어둠으로 인해 대상물을 명확하게 보기 어렵다. 이런 조건들이 황혼 무렵이나 야간의 운전을 어렵게 만들며, 이를 보완하기 위하여 가로등이나 차량의 전조등이 사용된다.

야간시력과 옷 색깔의 영향 : 야간에 하향 전조등만으로 서로 다른 색깔의 옷을 입고 있는 사람을 인지·확인하기 위한 연구에 의하면, 인지하기 쉬운 옷 색깔은 흰색, 엷은 황색의 순이며 흑색이 가장 어렵다. 일반적으로 흑색이나 어두운 색은 구별하기 어렵다.

현혹현상(눈부심 현상) : 운전자의 눈 기능이 순간적으로 저하되는 현상이다. 대향차의 전조등에 의한 현혹현상 발생 시 정상운전보다 교통사고 위험이 증가된다(현혹현상으로 중앙선상의 통행인을 우측 갓길에 있는 통행인보다 확인하기 어려움).

- **암순응과 명순응** : 낮 시간에 터널 밖을 운행하던 운전자가 어두운 터널 안으로 주행하는 순간 일시적으로 일어나는 심한 시각장애를 암순응이라 하고, 어두운 터널을 벗어나 밝은 도로로 주행할 때 일시적으로 눈부심으로 인해 물체가 보이지 않는 시각장애를 명순응이라 한다. 일반적으로 명순응은 시력회복이 암순응에 비해 빠르다.

- **시야와 시야 범위** : 정지한 상태에서 눈의 초점을 고정시키고 양쪽 눈으로 볼 수 있는 범위를 시야라고 한다. 정상적인 시력을 가진 사람의 시야 범위는 180°~200°이다. 시야 범위 안에 있는 대상물이라 하더라도 시축(視軸)에서 벗어나는 시각에 따라 시력이 저하되는데, 그 정도는 시축에서 시각 약 3° 벗어나면 약 80%, 6° 벗어나면 약 90%, 12° 벗어나면 약 99%가 저하된다.

- **심경각과 심시력** : 전방에 있는 대상물까지의 거리를 목측하는 것을 심경각이라고 하며, 그 기능을 심시력이라고 한다. 심시력의 결함은 입체공간 측정의 결함으로 인한 교통사고를 초래할 수 있다

교통사고의 3가지 요인
- **간접적 요인** : 교통사고 발생을 용이하게 한 상태를 만든 조건으로, 운전자에 대한 홍보활동결여나 훈련의 결여, 운전 전 점검습관의 결여, 안전운전 교육 태만, 안전지식 결여, 무리한 운행계획, 원만하지 못한 인간관계 등
- **중간적 요인** : 운전자의 지능, 성격, 심신기능, 불량한 운전태도, 음주·과로 등과 관계가 있으며, 직접적·간접적 요인과 복합적으로 작용하여 교통사고가 발생
- **직접적 요인** : 사고와 직접 관계있는 것으로, 사고 직전 과속과 같은 법규위반, 위험인지의 지연, 운전조작의 잘못, 잘못된 위기대처 등

사고의 심리적 요인
- **교통사고 운전자의 특성** : 선천적 능력 부족, 후천적 능력 부족, 바람직한 동기와 사회적 태도 결여, 불안정한 생활환경 등
- **착각** : 크기의 착각, 원근의 착각, 경사의 착각, 속도의 착각, 상반의 착각
- **예측의 실수** : 감정이 격앙된 경우, 고민거리가 있는 경우, 시간에 쫓기는 경우

착각 : 착각의 정도는 사람에 따라 차이가 있지만 태어날 때부터 지닌 감각에 속함
- **크기의 착각** : 어두운 곳에서는 가로 폭보다 세로 폭을 보다 넓은 것으로 판단함
- **원근의 착각** : 작은 것은 멀리 있는 것 같이, 덜 밝은 것은 멀리 있는 것으로 느껴짐
- **경사의 착각** : 작은 경사와 내림경사는 실제보다 작게, 큰 경사와 오름경사는 실제보다 크게 보임
- **속도의 착각** : 주시점이 가까운 좁은 시야에서는 빠르게, 비교 대상이 먼 곳에 있을 때는 느리게 느껴짐, 상대 가속도감(반대방향)와 상대 감속도감(동일방향)을 느낌
- **상반의 착각**
  - 주행 중 급정거 시 반대방향으로 움직이는 것처럼 보임
  - 큰 물건들 가운데 있는 작은 물건은 작은 물건들 가운데 있는 것보다 작아 보임
  - 한쪽 방향의 곡선을 보고 반대 방향의 곡선을 봤을 경우 실제보다 더 구부러져 보임

- ❏ **운전피로의 특징** : 피로의 증상은 전신에 걸쳐 나타나고 대뇌의 피로(나른함, 불쾌감 등)를 불러온다. 피로는 운전 작업의 생략이나 착오가 발생할 수 있다는 위험신호이다. 단순한 운전피로는 휴식으로 회복되나 정신적·심리적 피로는 신체적 부담에 의한 일반적 피로보다 회복시간이 길다.
- ❏ **운전피로의 요인** : 운전피로는 수면·생활환경 등 생활 요인, 차내환경·차외환경·운행조건 등 운전 작업 중의 요인, 신체조건·경험조건·연령조건·성별조건·성격·질병 등의 운전자 요인 등 3요인으로 구성된다.
- ❏ **운전피로와 교통사고** : 대체로 운전피로는 운전조작의 잘못, 주의력 집중의 편재, 외부의 정보를 차단하는 졸음 등을 불러와 교통사고의 직접·간접원인이 된다.
- ❏ **피로와 운전착오**
- 운전 작업의 착오는 운전업무 개시 후와 종료 시에 많아진다.
- 운전시간 경과와 운전피로의 증가로 작업타이밍의 불균형을 초래한다.
- 운전착오는 심야에서 새벽사이에 특히 많이 발생하는데, 이는 각성수준의 저하, 졸음과 관련된다.
- 운전 피로에 정서적·신체적 부적응이 가중되면 난폭하며 방만한 운전을 하게 된다.
- 피로가 쌓이면 졸음상태가 되어 차내·외의 정보를 효과적으로 입수하지 못한다.
- ❏ **교통사고 발생과 관련된 운전자의 상태** : 운전피로, 장시간 연속운전, 수면부족 등

- ❏ **보행자 사고의 실태** : 보행 중 교통사고 비율이 높음(보행 중 교통사고 사망자 구성비는 OECD 평균 18.8%, 우리나라 38.9%, 미국 14.5%, 프랑스 14.2%, 일본 36.2%)
- ❏ **보행유형과 사고**
- 차대 사람의 사고가 가장 많은 보행유형은 횡단 중의 사고가 가장 많음(54.7%)(횡단 사고 중 무단 횡단에 따른 사고 위험이 가장 큼)
- 통행 중의 사고가 많으며, 연령층별로는 어린이와 노약자가 높은 비중을 차지함
- ❏ **보행자 사고의 요인** : 교통사고를 당했을 당시의 보행자 요인은 교통상황 정보를 제대로 인지하지 못한 경우가 가장 많고, 다음으로 판단착오, 동작착오의 순서로 많음

- ❏ **교통 정보 인지결함의 원인**
- 술에 많이 취해 있음, 피곤한 상태여서 주의력이 저하되며 다른 생각을 하면서 보행
- 등교 또는 출근시간 때문에 급하게 서둘러 걷고 있음
- 횡단 중 한쪽 방향에만 주의를 기울이거나 동행자와 이야기에 열중했거나 놀이에 열중함

- ❏ **비횡단보도 횡단보행자의 심리**
- 횡단거리 줄이기 : 횡단보도로 건너면 거리가 멀고 시간이 더 걸리기 때문에
- 평소습관 : 평소 교통질서를 잘 지키지 않는 습관을 그대로 답습
- 자동차가 달려오지만 충분히 건널 수 있다고 판단해서, 갈 길이 바빠서, 술에 취해서 등

- ❏ **보행자가 도로를 무단횡단하는 심리적 특성** : 가까운 길로 건너기 위한 심리, 시간에 쫓기는 조급한 심리, 안전의식 미흡 등

과다 음주의 문제점
- 질병 : 과다 음주는 신체의 거의 모든 부분에 영향을 미쳐 각종 질환·질병을 일으킴
- 행동 및 심리 : 반사회적 행동, 정신장애, 약물 남용, 강박신경증 등을 유발할 가능성이 높고, 우울증과 자살도 음주와 밀접한 관련이 있음
- 교통사고 : 안전한 교통생활에 매우 부정적인 영향을 미치며, 개인적·사회적으로 치유하기 어려운 큰 손실을 초래

음주운전 교통사고의 특징
- 주차 중인 자동차와 같은 정지물체 등에 충돌할 가능성이 높다.
- 전신주, 도로변 시설물(가로시설물, 가로수 등)과 같은 고정물체와 충돌할 가능성이 높다
- 대향차의 전조등에 의한 현혹 현상 발생 시 정상운전보다 교통사고 위험이 증가된다.
- 교통사고가 발생하면 치사율이 높다.
- 차량단독사고의 가능성이 높다(차량단독 도로이탈사고 등).

고령자의 교통의식 및 행동
- 고령자의 운전은 젊은 층에 비하여 상대적으로 신중하고, 과속을 하지 않는다.
- 젊은 층에 비하여 반사신경이 둔하고, 돌발사태시 대응력이 미흡하다.
- 빠른 판단과 동작능력이 젊은 층에 비하여 뒤떨어진다.
- 야간의 어두운 조명이나 대향차가 비추는 밝은 조명에 적응능력이 상대적으로 부족하다.

고령자의 교통행동
- 풍부한 지식과 경험을 가지고 있으며, 행동이 신중하여 모범적 교통 생활인으로서의 자질을 갖추고 있다.
- 운동능력이 떨어지고 시력·청력 등 감지기능이 약화되어 위급 시 회피능력이 둔화되는 연령층이다.
- 움직이는 물체에 대한 판별능력이 저하되고, 야간의 어두운 조명이나 대향차가 비추는 밝은 조명에 적응능력이 상대적으로 부족하다.
- 신체적인 취약 조건들로 인해 어린이·신체허약자와 함께 교통사고 피해자의 상당수를 점유하고 있다.

고령자의 시각능력 장애요인
- 시력자체의 저하현상 발생 : 자연퇴화 과정으로 다른 연령층보다 전반적으로 시력저하
- 대비(contrast)능력 저하 : 사물 간 또는 사물과 배경을 식별하는 대비능력이 저하
- 동체시력의 약화 현상 : 움직이는 물체를 정확히 식별하고 인지하는 능력이 약화
- 원근 구별능력의 약화
- 암순응에 필요한 시간 증가 : 밝은 곳에서 어두운 곳으로 이동할 때 낮은 조도에 순응하는 능력인 암순응에 필요한 시간이 증가
- 눈부심에 대한 감수성이 증가 : 햇빛에 노출되거나 야간에 마주 오는 차의 전조등 불빛이 다가올 때 안구 속에서 산란을 일으켜 위험한 상황을 초래
- 시야 감소 현상 : 시야가 좁아져 시야 바깥에 있는 표지판, 신호, 차량, 보행자들을 발견하지 못하는 경우가 증가

고령보행자의 보행행동 특성
- 고착화된 자기 경직성 : 뒤에서 오는 차의 접근에도 주의를 기울이지 않거나 경음기를 울려도 반응을 보이지

않는 경향이 증가
- 이면도로 등에서 도로의 노면표시가 없으면 도로 중앙부를 걷는 경향을 보이며, 보행 궤적이 흔들거리며 보행 중에 사선횡단을 하기도 함
- 보행 시 상점이나 포스터를 보면서 걷는 경향이 있음
- 정면에서 오는 차량 등을 회피할 수 있는 여력을 갖지 못하며, 소리 나는 방향을 주시하지 않는 경향이 있음

고령 보행자의 교통안전 계몽 사항
- 필요시 안경 및 보청기 착용
- 단독보다는 다수 또는 부축을 받아 도로를 횡단
- 야간에 운전자들의 눈에 잘 보이게 의복 등의 착용
- 도로 횡단 시 2륜자동차(모터사이클)를 잘 살핌
- 필요시 주차된 자동차 사이를 안전하게 통과하는 방법을 배움

어린이의 교통행동 특성
- 교통상황에 대한 주의력과 판단력이 부족하고 모방행동이 많다.
- 사고방식이 단순하고, 추상적인 말은 잘 이해하지 못하는 경우가 많다.
- 호기심이 많고 모험심이 강하다.
- 눈에 보이지 않는 것은 없다고 생각하며, 제한된 주의 및 지각능력을 가지고 있다.
- 감정을 억제하거나 참아내는 능력이 약하다.

어린이들이 당하기 쉬운 교통사고 유형
- 도로에 갑자기 뛰어들기, 도로 횡단 중의 부주의, 도로상에서 위험한 놀이
- 자전거 사고, 차내 안전사고

운행기록장치 : 자동차의 속도, 위치, 방위각, 가속도, 주행거리 및 교통사고 상황 등을 기록하는 자동차의 부속장치 중 하나인 전자식 장치

위험운전행동 기준 및 유형
- 과속 유형 : 과속, 장기과속
- 급가속 유형 : 급가속, 급출발
- 급감속 유형 : 급감속, 급정지
- 급차로 변경유형(초당 회전각) : 급진로변경, 급앞지르기
- 급회전 유형(누전 회전각) : 급좌우회전, 급U턴
- 연속운전

급차로 변경유형 : 급앞지르기, 급진로변경
- 속도가 느린 상태에서 옆 차로로 진행하기 위해 진로변경을 시도하는 경우 급 앞지르기가 발생하기 쉽다(진로변경 차로 상에서도 공간이 발생하여 후행차량도 급하게 진행하고자 하는 운전심리가 있어 진로변경 중 측면 접촉 사고가 발생될 수 있음).

- 진로를 변경하고자 하는 차로의 전방뿐만 아니라 후방의 교통상황도 충분하게 고려하고 반영하는 운전 습관이 중요하다.
- 화물자동차는 차체가 높고 중량이 많이 나가기 때문에 급진로변경은 차량의 전도 및 전복을 야기할 수 있다.
- 화물자동차는 가속능력이 떨어지고 차폭이 승용차의 1.3배에 달하며, 적재물로 인해 후방 시야확보의 한계가 있으므로, 급진로변경은 다른 차량에 큰 위협이 된다.
- 진로변경을 하고자 하는 경우 방향지시등을 켜고 차로를 천천히 변경하여 옆 차로에 뒤따르는 차량이 진로변경을 인지할 수 있도록 해야 하며, 차로 후방의 교통상황도 충분하게 고려해야 한다.

☐ 제동장치
- **주차 브레이크** : 차를 주·정차시킬 때 사용하는 제동장치
- **풋 브레이크** : 주행 중에 발로써 조작하는 주 제동장치로, 브레이크 페달을 밟으면 마스터 실린더 내의 피스톤이 작동하여 휠 실린더로 전달되며, 휠 실린더의 피스톤에 의해 브레이크 라이닝을 밀어 주어 회전하는 드럼을 잡아 멈추게 함
- **엔진 브레이크** : 가속페달을 놓거나 저단기어로 바꾸게 되면 엔진 브레이크가 작용하여 속도가 떨어지게 됨. 내리막길에서 풋 브레이크만 사용하게 되면 제동력이 떨어지므로 엔진 브레이크를 사용하는 것이 안전
- **ABS** : 제동 시 바퀴가 잠기는 현상을 감지한 뒤 브레이크를 풀어주고 다시 브레이크를 작동해 바퀴가 잠기도록 반복하면서 제동 안정성을 확보할 수 있도록 한 제동장치로, 미끄러운 노면상이나 통상의 주행에서 제동 시에 바퀴를 록(lock)시키지 않음으로써 핸들의 조종이 용이하도록 함(ABS의 사용목적은 안정성과 조종성 확보)

☐ 주행장치
- **정의** : 엔진에서 발생한 동력이 최종적으로 바퀴에 전달되어 자동차가 노면 위를 달리는데 필요한 장치. 휠과 타이어가 이에 속함
- **휠** : 타이어와 함께 차량의 중량을 지지하고 구동력과 제동력을 지면에 전달하는 역할을 함. 가볍고 충격·측력에 견디는 강성이 있어야 하고 열을 흡수하여 대기로 잘 방출해야 함
- **타이어** : 휠의 림에 끼워져서 일체로 회전하며 자동차가 달리거나 멈추는 것을 원활히 함

☐ 조향장치
- **토우인(Toe-in)** : 앞바퀴를 위에서 보았을 때 앞쪽이 뒤쪽보다 좁은 상태를 말한다. 이것은 타이어의 마모를 방지하기 위해 있는 것인데, 바퀴를 원활하게 회전시켜 핸들의 조작을 용이하게 한다. 토우인은 주행 중 타이어가 바깥쪽으로 벌어지는 것을 방지하고, 캠버에 의해 토아웃(Toe-out) 되는 것을 방지하며, 주행저항 및 구동력의 반력으로 토아웃 되는 것을 방지하여 타이어 마모를 방지한다.
- **캠버(Camber)** : 자동차를 앞에서 보았을 때, 위쪽이 아래보다 약간 바깥쪽으로 기울어져 있는 것을 (+)캠버라고 하고, 위쪽이 아래보다 약간 안쪽으로 기울어져 있는 것을 (−)캠버라고 한다. 캠버는 앞바퀴가 하중을 받을 때 아래로 벌어지는 것을 방지하고, 핸들조작을 가볍게 하며, 수직방향 하중에 의해 앞차축의 휨을 방지한다.
- **캐스터(Caster)** : 자동차를 옆에서 보았을 때 차축과 연결되는 킹핀의 중심선이 약간 뒤로 기울어져 있는 것을 말하는데, 이것은 앞바퀴에 직진성을 부여하여 차의 롤링을 방지하고 핸들의 복원성을 좋게 하기 위하여 필요하다. 캐스터는 주행 시 앞바퀴에 방향성(진행방향으로 향하게 하는 성질)을 부여하고, 조향을 하였을 때 직진 방향으로 되돌아오려는 복원력을 준다.

- **현가장치** : 차량의 무게를 지탱하여 차체가 직접 차축에 얹히지 않도록 해주며, 도로충격을 흡수하여 운전자와 화물에 더욱 유연한 승차를 제공
- **현가장치의 유형** : 판 스프링, 코일 스프링, 비틀림 막대 스프링, 공기 스프링, 충격흡수장치(쇽 업소버, Shock absorber)

원심력
- 원심력은 원의 중심으로부터 벗어나려는 힘이다.
- 원심력은 속도가 빠를수록, 곡선반경(커브정도)이 작을수록, 중량이 무거울수록 커지게 되는데, 특히 속도의 제곱에 비례해서 커진다.
- 커브에 진입하기 전에 속도를 줄여 노면에 대한 타이어의 접지력이 원심력을 안전하게 극복할 수 있도록 하여야 한다.
- 커브가 예각을 이룰수록 원심력은 커지므로, 안전하게 회전하려면 커브에서 더 감속하여야 한다.
- 노면이 젖어있거나 얼어 있으면 타이어의 접지력은 감소하므로, 안전속도는 보다 저속이 된다.
- 비포장도로는 도로의 가운데가 높고 가장자리로 갈수록 낮아지는 곳이 많은데, 이러한 도로는 커브에서 원심력이 오히려 더 커질 수 있으므로 노면경사에 따라 속도를 줄여야 한다.

자동차의 물리적 현상
- **스탠딩 웨이브** : 타이어의 회전속도가 빨라지면 접지부에서 받은 타이어의 변형(주름)이 다음 접지 시점까지도 복원되지 않고 진동의 물결이 일어나는 현상. 스탠딩 웨이브 현상을 예방하기 위해서 속도를 맞추거나 공기압을 높이는 등의 주의가 필요
- **수막현상** : 물이 고인 노면을 고속으로 주행할 때 타이어는 그루브(타이어 홈) 사이에 있는 물을 배수하는 기능이 감소되어 노면으로부터 미끄러지듯이 되는 현상. 수막현상을 예방하기 위해서는 고속으로 주행하지 않고 마모된 타이어를 사용하지 않으며, 공기압을 조금 높게 하고, 배수효과가 좋은 타이어를 사용하는 등의 주의가 필요
- **페이드 현상** : 비탈길을 내려가거나 할 경우 브레이크를 반복하여 사용하면 마찰열이 라이닝에 축적되어 브레이크의 제동력이 저하되는 현상
- **베이퍼 록 현상** : 열에 의하여 액체가 증기(베이퍼)로 되어 계통의 기능이 상실되는 것, 즉 유압식 브레이크의 휠 실린더나 브레이크 파이프 속에서 브레이크액이 기화하여 페달을 밟아도 스펀지를 밟는 것 같고 유압이 전달되지 않아 브레이크가 작용하지 않는 현상
- **모닝 록 현상** : 비가 자주오거나 습도가 높은 날, 오랜 시간 주차한 후에는 브레이크 드럼에 미세한 녹이 발생하는 현상. 이 현상이 발생하면 브레이크드럼과 라이닝, 브레이크 패드와 디스크의 마찰계수가 높아져 평소보다 브레이크가 예민하게 작동됨

수막현상의 발생원인 및 최저의 물깊이
- **발생원인** : 자동차의 속도, 타이어의 마모 정도, 노면의 거침(포장상태) 및 물기의 정도
- **발생하는 최저의 물깊이** : 자동차의 속도, 타이어의 마모 정도, 노면의 포장상태 등에 따라 다르지만, 2.5mm~10mm정도이다.

타이어 마모에 영향을 미치는 요인
타이어 공기압, 차량 하중, 주행 속도, 커브, 브레이크, 도로 조건, 대기온도, 운전습관 등이 있다.

자동차의 진동
- 바운싱(상하 진동) : 이 진동은 차체가 Z축 방향과 평행 운동을 하는 고유 진동
- 피칭(앞뒤 진동) : 차체가 Y축을 중심으로 하여 회전운동을 하는 고유 진동
- 롤링(좌우 진동) : 차체가 X축을 중심으로 하여 회전운동을 하는 고유 진동. 즉, 차량의 무게중심을 지나는 세로 방향의 축(X축)을 중심으로 차량이 좌우로 기울어지는 현상
- 요잉(차체 후부 진동) : 차체가 Z축을 중심으로 하여 회전운동을 하는 고유 진동

노즈 다운, 노즈 업(Nose down, Nose up)
노즈 다운은 자동차를 제동할 때 바퀴는 정지하려하고 차체는 관성에 의해 앞 범퍼 부분이 내려가는 현상을 말하며, 다이브(Dive) 현상이라고도 한다. 노즈 업은 자동차가 출발할 때 구동 바퀴는 이동하려 하지만 차체는 정지하고 있기 때문에 앞 범퍼 부분이 들리는 현상을 말하며, 스쿼트(Squat) 현상이라고도 한다.

선회 특성과 방향 안정성
- 일반적으로 언더 스티어링의 자동차가 방향 안정성이 크다.
- 오버 스티어링은 앞바퀴의 사이드슬립 각도가 뒷바퀴의 사이드슬립 각도보다 작을 때 발생한다.
- 언더 스티어링은 앞바퀴의 사이드슬립 각도가 뒷바퀴의 사이드슬립 각도보다 클 때 발생한다.
- 아스팔트 포장 도로를 장시간 고속 주행할 경우에는 옆 방향의 바람에 대한 영향이 적은 언더 스티어링이 유리하다.

내륜차와 외륜차
자동차 핸들을 우측으로 돌렸을 경우 뒷바퀴의 연장선상의 한 점을 중심으로 바퀴가 동심원을 그리게 되는데, 앞바퀴의 안쪽과 뒷바퀴의 안쪽과의 차이를 내륜차(內輪差)라 하고 바깥 바퀴의 차이를 외륜차(外輪差)라고 한다. 대형차일수록 이 차이는 크다.

유체자극 현상
고속으로 주행하게 되면 노면과 좌·우에 있는 풍경이 마치 물이 흘러서 눈에 들어오는 느낌의 자극을 받게 된다. 속도가 빠를수록 흐름의 자극은 더해지며 주변의 경관은 흐르는 선과 같이 되어 눈을 자극하는데, 이러한 현상을 유체자극이라 한다.

공주시간과 공주거리
운전자가 자동차를 정지시켜야 할 상황임을 지각하고 브레이크 페달로 발을 옮겨 브레이크가 작동을 시작하는 순간까지의 시간을 공주시간이라고 하며, 이때까지 자동차가 진행한 거리를 공주거리라고 한다.

제동시간과 제동거리
브레이크에 발을 올려 브레이크가 막 작동을 시작하는 순간부터 자동차가 완전히 정지할 때까지의 시간을 제동시간이라고 하며, 이때까지 자동차가 진행한 거리를 제동거리라고 한다.

정지시간과 정지거리
위험을 인지하고 자동차를 정지시키려고 시작하는 순간부터 자동차가 완전히 정지할 때까지의 시간을 정지시간이라고 하며, 이때까지 자동차가 진행한 거리를 정지거리라고 한다. 정지거리는 공주거리와 제동거리를 합한 거리를 말하며, 정지시간은 공주시간과 제동시간을 합한 시간을 말한다.

자동차 원동기의 일상점검
- 시동이 쉽고 잡음이 없는가.
- 배기가스의 색이 깨끗하고 유독가스 및 매연이 없는가.

- 엔진오일의 양이 충분하고 오염되지 않으며 누출이 없는가.
- 연료 및 냉각수가 충분하고 새는 곳이 없는가.
- 연료분사펌프조속기의 봉인상태가 양호한가.
- 배기관 및 소음기의 상태가 양호한가.

❏ 동력전달장치의 일상점검
- 클러치 페달의 유동이 없고 클러치의 유격은 적당한가.
- 변속기의 조작이 쉽고 변속기 오일의 누출은 없는가.
- 추진축 연결부의 헐거움이나 이음은 없는가.

❏ 조향장치의 일상점검
- 스티어링 휠의 유동·느슨함·흔들림은 없는가.
- 조향축의 흔들림이나 손상은 없는가.

❏ 완충장치(현가장치)의 일상점검
- 새시스프링 및 쇽 업소버 이음부의 느슨함이나 손상은 없는가.
- 새시스프링이 절손된 곳은 없는가.
- 쇽 업소버의 오일 누출은 없는가.

❏ 주행장치의 일상점검
- 휠너트(허브너트)의 느슨함은 없는가.
- 타이어의 이상마모와 손상은 없고 공기압은 적당한가.

❏ 차량점검 및 주의사항
- 운행 전 점검을 실시하며, 적색 경고등이 들어온 상태에서는 절대로 운행하지 않는다.
- 운행 전에 조향핸들의 높이와 각도가 맞게 조정되어 있는지 점검하며, 운행 중에는 조정하지 않는다.
- 주차 시에는 항상 주차브레이크를 사용한다.
- 파워핸들이 작동되지 않더라도 조향할 수 있으나 조향이 매우 무거움에 유의하여 운행한다.
- 주차브레이크를 작동시키지 않은 상태에서 절대로 운전석에서 떠나지 않는다.
- 라디에이터 캡은 주의해서 연다.
- 캡을 기울일 때 손을 머드가드(흙받이 밀폐고무)에 올려놓지 않는다.
- 컨테이너 차량의 경우 고정장치가 작동되는지를 확인한다.

❏ 고장이 잘 일어나는 부분 - 진동과 소리가 날 때
- **엔진의 점화장치 부분** : 주행 전 차체에 이상한 진동이 느껴질 때는 엔진 고장이 주원인이다. 이는 플러그 배선이 빠져있거나 플러그 자체가 나쁠 때 발생하는 현상이다.
- **엔진의 이음** : 엔진의 회전수에 비례하여 쇠가 마주치는 소리가 날 때가 있다. 이런 이음은 밸브 장치에서 나는 소리로, 밸브 간극 조정으로 고쳐질 수 있다.
- **팬벨트** : 가속 페달을 힘껏 밟는 순간 '끼익'하는 소리가 나는 경우가 많은데, 이때는 팬벨트 또는 기타의 V벨트가 이완되어 걸려 있는 풀리(pulley)와의 미끄러짐에 의해 일어난다.
- **클러치 부분** : 클러치를 밟고 있을 때 '달달달' 떨리는 소리와 함께 차체가 떨리고 있다면 클러치 릴리스 베어링의 고장이다.

- **브레이크 부분** : 브레이크 페달을 밟을 때 바퀴에서 '끼익'하는 소리가 나는 경우 브레이크 라이닝의 마모가 심하거나 라이닝에 결함이 있을 때 발생한다.
- **조향장치 부분** : 핸들이 속도에 따라 극단적으로 흔들리기도 하는데, 핸들 자체에 진동이 일어나면 앞바퀴 불량이 원인인 경우가 많다. 앞차륜 정렬(휠 얼라인먼트)이 맞지 않거나 바퀴의 휠 밸런스가 맞지 않을 때 주로 발생한다.
- **바퀴 부분** : 주행 중 하체 부분에서 흔들림이 일어나는 때가 있는데, 커브를 돌았을 때 휘청거리는 느낌이 들 때는 바퀴의 휠 너트의 이완이나 타이어의 공기 부족이 원인인 경우가 많다.
- **현가장치 부분** : 울퉁불퉁한 노면 위를 달릴 때 '딱각딱각'하는 소리나 '쿵쿵'하는 소리가 날 때에는 현가장치인 쇽 업소버의 고장으로 발생한다.

❑ 고장이 잘 일어나는 부분 – 냄새와 열이 날 때
- **전기장치 부분** : 고무 같은 것이 타는 냄새가 날 때 대개 엔진실 내의 전기 배선 등의 피복이 녹아 벗겨져 합선에 의해 전선이 타면서 나는 냄새가 대부분이다.
- **브레이크 부분** : 단내가 심하게 나는 경우는 주브레이크의 간격이 좁든가, 주차 브레이크를 풀었으나 완전히 풀리지 않았을 경우이다. 긴 언덕길을 내려갈 때 계속 브레이크를 밟는다면 이런 현상이 일어나기 쉽다.
- **바퀴 부분** : 드럼에 손을 대보면 한쪽만 뜨거울 경우가 있는데, 이때는 브레이크 라이닝 간격이 좁아 브레이크가 끌리기 때문이다.

❑ 배출가스의 색과 엔진의 건강 상태
- **무색** : 완전연소 때 배출되는 가스의 색은 정상상태에서 무색 또는 약간 엷은 청색을 띔
- **검은색** : 농후한 혼합가스가 들어가 불완전 연소되는 경우이며, 초크 고장이나 에어클리너 엘리먼트의 막힘, 연료장치 고장 등이 원인
- **백색(흰색)** : 엔진 안에서 다량의 엔진오일이 실린더 위로 올라와 연소되는 경우로, 헤드 개스킷 파손, 밸브의 오일 씰 노후, 피스톤 링의 마모 등 엔진 보링을 할 시기가 됐음을 알려줌

❑ **엔진오일 과다 소모 시 점검사항** : 배기 배출가스 육안 확인, 에어 클리너 오염도 확인(과다 오염), 블로바이가스(blow-by gas) 과다배출 확인, 에어 클리너 청소 및 교환주기 미준수, 엔진과 콤프레셔 피스톤 링 과다 마모

❑ **엔진오일 과다 소모 시 조치방법** : 엔진 피스톤 링 교환, 실린더라이너 교환, 실린더 교환이나 보링작업, 오일팬이나 개스킷 교환, 에어 클리너 청소 및 장착 방법 준수 철저

❑ **엔진온도 과열 시 점검사항** : 냉각수 및 엔진오일의 양 확인과 누출여부 확인, 냉각팬 및 워터펌프의 작동 확인, 팬 및 워터펌프의 벨트 확인, 수온조절기의 열림 확인, 라디에이터 손상 상태 및 써머스태트 작동상태 확인

❑ **엔진온도 과열 시 조치방법** : 냉각수 보충, 팬벨트의 장력조정, 냉각팬 휴즈 및 배선상태 확인, 팬벨트 교환, 수온조절기 교환, 냉각수 온도 감지센서 교환, 실린더헤드 볼트 조임 불량 및 손상으로 고장입고 조치(냉각수 내 기포현상이 발생 시)

❏ 엔진 과회전(over revolution)
- 현상 : 내리막길 주행 변속 시 엔진 소리와 함께 재시동이 불가함
- 점검사항
  - 내리막길에서 순간적으로 고단에서 저단으로 기어 변속 시(감속 시) 엔진 내부가 손상되므로 엔진 내부 확인
  - 로커암 캡을 열고 푸쉬로드 휨 상태, 밸브 스템 등 손상 확인
- 예방 및 조치방법 : 과도한 엔진 브레이크 사용 지양(내리막길 주행 시), 최대 회전속도를 초과한 운전 금지, 고단에서 저단으로 급격한 기어변속 금지(특히 내리막길)

❏ 엔진 시동 꺼짐
- 점검사항 : 연료량 확인, 연료파이프 누유 및 공기유입 확인, 연료탱크 내 이물질 혼입 여부 확인, 워터 세퍼레이터 공기 유입 확인
- 조치방법 : 연료공급 계통의 공기빼기 작업, 워터 세퍼레이터 공기 유입 부분 확인하여 현장에서 조치 가능하면 작업에 착수(단품교환), 작업 불가시 응급조치하여 공장으로 입고

❏ 혹한기 주행 중 시동 꺼짐
- 현상 : 혹한기 주행 중 오르막 경사로에서 급가속 시 시동 꺼짐, 일정 시간 경과 후 재시동 가능함
- 점검사항 : 연료 파이프 및 호스 연결부분 에어 유입 확인, 연료 차단 솔레노이드 밸브 작동 상태 확인, 워터 세퍼레이터 내 결빙 확인
- 조치방법 : 인젝션 펌프 에어빼기 작업, 워터 세퍼레이트 수분 제거, 연료탱크 내 수분 제거

❏ 덤프 작동 불량
- 점검사항 : P.T.O(동력인출장치) 작동상태 점검(반 클러치 정상작동), 호이스트 오일 누출상태 점검, 클러치 스위치 점검, P.T.O 스위치 작동불량 발견 등
- 조치방법 : P.T.O 스위치 교환, 현상에서 작업 조치하고 불가능시 공장 입고

❏ 주행 제동 시 차량 쏠림
- 점검사항
  - 좌·우 타이어의 공기압 점검, 좌·우 브레이크 라이닝 간극 및 드럼손상 점검
  - 브레이크 에어 및 오일 파이프 점검
  - 듀얼 서킷 브레이크 점검, 공기 빼기 작업 등
- 조치방법 : 타이어의 공기압 좌·우 동일하게 주입, 좌·우 브레이크 라이닝 간극 재조정, 브레이크 드럼 교환

❏ 제동 시 차체 진동
- 현상 : 급제동 시 차체 진동이 심하고 브레이크 페달 떨림
- 점검사항 : 전(前)차륜 정열상태 점검(휠 얼라이먼트), 제동력 점검, 브레이크 드럼 및 라이닝 점검, 브레이크 드럼의 진원도 불량
- 조치방법 : 조향핸들 유격 점검, 허브베어링 교환 또는 허브너트 재조임, 앞 브레이크 드럼 연마 작업 또는 교환

❏ **제동등 계속 작동(브레이크 페달 미작동 시에도 제동등 계속 점등) 시 점검사항** : 제동등 스위치 접점 고착 점검, 전원 연결배선 점검, 배선의 차체 접촉여부 점검

❏ **수온 게이지 작동 불량 시 점검사항**
- 온도 메터 게이지 및 수온센서 교환 후 동일현상여부 점검
- 배선 및 커넥터 점검
- 프레임과 엔진 배선 중간부위 과다 꺾임 확인
- 배선 피복 내부 에나멜선의 단선 확인

❏ **수온 게이지 작동 불량 시 조치방법** : 온도 메터 게이지 및 수온센서 교환, 배선 및 커넥터 교환, 단선된 부위 납땜 조치 후 테이핑

❏ **도로선형과 사고율과의 관계**
- 일반도로에서는 곡선반경이 100m 이내일 때 사고율이 높다(특히 2차로 도로).
- 고속도로에서도 곡선반경 750m를 경계로 하여 그 값이 적어짐에 따라(곡선이 급해짐에 따라) 사고율이 높아진다.
- 곡선부의 수가 많으면 사고율이 높을 것 같으나 반드시 그런 것은 아니다.
- 곡선부가 오르막 내리막의 종단경사와 중복되는 곳은 훨씬 더 사고 위험성이 높다.
- 곡선부는 미끄럼 사고가 발생하기 쉬운 곳이다.

❏ **길어깨의 역할**
- 고장차가 본선차도로부터 대피할 수 있고, 사고 시 교통의 혼잡을 방지하는 역할을 한다.
- 측방 여유폭을 가지므로 교통의 안전성과 쾌적성에 기여한다.
- 유지관리 작업장이나 지하매설물에 대한 장소로 제공된다.
- 절토부 등에서는 곡선부의 시거가 증대되기 때문에 교통의 안전성이 높다.
- 유지가 잘되어 있는 길어깨는 도로 미관을 높인다.
- 보도 등이 없는 도로에서는 보행자 등의 통행장소로 제공된다.

❏ **중앙분리대의 종류**
- **광폭 중앙분리대** : 도로선형의 양방향 차로가 완전히 분리될 수 있는 충분한 공간 확보로 대향차량의 영향을 받지 않을 정도의 넓이를 제공
- **방호울타리형 중앙분리대** : 중앙분리대 내에 충분한 설치 폭의 확보가 어려운 곳에서 차량의 대향차로로의 이탈을 방지하는 곳에 비중을 두고 설치하는 유형
- **연석형 중앙분리대** : 좌회전 차로의 제공이나 향후 차로 확장에 쓰일 공간 확보, 연석의 중앙에 잔디나 수목을 심어 녹지공간 제공, 운전자의 심리적 안정감 등에 기여하지만, 차량과 충돌 시 차량을 본래의 주행방향으로 복원해주는 기능이 미약

❏ **중앙분리대의 설치** : 중앙분리대를 넘어가 정면충돌한 사고의 비율과 분리대 폭과의 관계도 밀접해, 분리대 폭이 넓을수록 횡단사고가 적고 정면충돌사고의 비율도 낮다. 중앙분리대의 설치는 정면충돌사고를 차량단독사고로 변환시킴으로써 사고의 유형을 효과적으로 변환시켜준다.

❏ 중앙분리대의 주된 기능
- 상하 차도의 교통 분리
- 좌회전 차로로 활용할 수 있어 교통처리가 유연
- 광폭 분리대의 경우 사고 및 고장 차량이 정지할 수 있는 여유공간을 제공
- 보행자에 대한 안전섬이 됨으로써 횡단 시 안전 보장
- 필요에 따라 유턴 방지, 대향차의 현광 방지
- 도로표지, 기타 교통관제시설 등을 설치할 수 있는 장소를 제공 등

❏ 중앙분리대 방호울타리(방호책)의 기능
횡단을 방지할 수 있어야 하고, 차량을 감속시킬 수 있어야 하며, 차량이 대향차로로 튕겨나가지 않아야 하고, 차량의 손상이 적도록 해야 한다.

❏ 교량과 교통사고
- 교량 접근로의 폭에 비하여 교량의 폭이 좁을수록 사고가 더 많이 발생한다.
- 교량의 접근로 폭과 교량의 폭이 같을 때 사고율이 가장 낮다.
- 교량의 접근로 폭과 교량의 폭이 서로 다른 경우에도 교통통제시설을 효과적으로 설치함으로써 사고율을 현저히 감소시킬 수 있다.

❏ 용어 정의
- **차로수** : 양방향 차로(오르막차로·회전차로·변속차로·양보차로 제외)의 수를 합한 것
- **오르막차로** : 오르막 구간에서 저속 자동차를 다른 자동차와 분리하여 통행시키기 위하여 설치하는 차로
- **회전차로** : 우회전·좌회전·유턴을 할 수 있도록 직진하는 차로와 분리하여 설치하는 차로
- **변속차로** : 자동차를 가속시키거나 감속시키기 위하여 설치하는 차로
- **측대** : 운전자의 시선을 유도하고 옆부분의 여유를 확보하기 위하여 중앙분리대 또는 길어깨에 차도와 동일한 횡단경사와 구조로 차도에 접속하여 설치하는 부분
- **분리대** : 차도를 통행의 방향에 따라 분리하거나 성질이 다른 같은 방향의 교통을 분리하기 위하여 설치하는 도로의 부분이나 시설물
- **중앙분리대** : 차도를 통행의 방향에 따라 분리하고 옆부분의 여유를 확보하기 위하여 도로의 중앙에 설치하는 분리대와 측대
- **길어깨** : 도로를 보호하고 비상시에 이용하기 위해 차도에 접속하여 설치하는 도로의 부분
- **주·정차대** : 자동차의 주차 또는 정차에 이용하기 위하여 도로에 접속하여 설치하는 부분
- **노상시설** : 보도·자전거도로·중앙분리대·길어깨 또는 환경시설대 등에 설치하는 표지판 및 방호울타리 등 도로의 부속물
- **횡단보도** : 보행자가 도로를 바로 건널 수 있게 만든 보행시설이자 도로노면표시
- **편경사** : 평면곡선부에서 자동차가 원심력에 저항할 수 있도록 하기 위하여 설치하는 횡단경사
- **횡단경사** : 도로의 진행방향에 직각으로 설치하는 경사로서, 도로의 배수를 원활하게 하기 위하여 설치하는 경사와 평면곡선부에 설치하는 편경사가 있음
- **종단경사** : 도로의 진행방향 중심선의 길이에 대한 높이의 변화 비율
- **시설한계** : 자동차나 보행자 등의 교통안전을 확보하기 위하여 일정한 폭과 높이 안쪽에는 시설물을 설치하지 못하게 하는 도로 위 공간 확보의 한계

- **정지시거** : 운전자가 같은 차로상에 고장차 등의 장애물을 인지하고 안전하게 정지하기 위하여 필요한 거리
- **앞지르기시거** : 2차로 도로에서 저속 자동차를 안전하게 앞지를 수 있는 거리

☐ 안전운전과 방어운전
- 운전자는 안전운전과 방어운전을 별도의 개념으로 양립시켜 운전할 수 없는데, 이는 하나라도 소홀히 하면 생명과 재산상의 손실을 초래할 수 있기 때문이다.
- 안전운전이란 운전자가 자동차를 그 본래의 목적에 따라 운행함에 있어서 자신이 위험한 운전을 하거나 교통사고를 유발하지 않도록 주의하여 운전하는 것을 말한다.
- 방어운전이란 자기 자신이 사고의 원인을 만들지 않는 운전, 자기 자신이 사고에 말려들어 가지 않게 하는 운전, 타인의 사고를 유발시키지 않는 운전을 말한다.

☐ 방어운전의 기본사항 : 능숙한 운전 기술, 정확한 운전 지식, 세심한 관찰력, 예측능력과 판단력, 양보와 배려의 실천, 교통상황 정보수집, 반성의 자세, 무리한 운행 배제

☐ 방어운전의 기본능력
- **예측력** : 앞으로 일어날 위험 및 운전 상황을 미리 파악하고 안전을 위협하는 운전 상황의 변화요소를 재빠르게 파악하는 능력
- **판단력** : 교통 상황에 적절하게 대응하고 이에 맞게 자신의 행동을 통제하고 조절하면서 운행하는 능력

☐ 실전 방어운전·안전운전 요령
- 뒤차가 접근해 올 때는 속도를 낮추며, 앞지르기를 하려고 하면 양보해 준다. 뒤차가 바싹 뒤따라올 때는 가볍게 브레이크 페달을 밟아 제동등을 켜서 주의를 환기시킨다.
- 눈이나 비가 올 때는 가시거리 단축, 수막현상 등 위험요소를 염두에 두고 운전한다.
- 교통이 혼잡할 때는 조심스럽게 교통의 흐름을 따르고 가급적 끼어들기 등을 삼간다.
- 과로로 피로하거나 심리적으로 흥분된 상태에서는 운전을 자제한다.
- 앞차를 뒤따라 갈 때는 추돌하지 않도록 차간거리를 충분히 유지하며, 대형차를 뒤따라갈 때는 가능한 앞지르기를 하지 않도록 한다.
- 다른 차량이 갑자기 뛰어들거나 차로를 변경할 필요가 있을 때, 가능한 한 뒤로 물러서거나 앞으로 나아가 다른 차량과 나란히 주행하지 않도록 한다.
- 차량이 많을 때 가장 안전한 속도는 다른 차량의 속도와 같을 때이므로, 다른 차량과 같은 속도로 운전하고 안전한 차간거리를 유지한다.

☐ 운전 상황별 방어운전 방법
- **출발 시** : 차의 전·후·좌·우와 차의 밑과 위까지 안전을 확인, 도로 가장자리에서 도로에 진입하는 경우 반드시 신호를 함, 교통류에 합류할 때 진행하는 차의 간격상태를 확인하고 합류
- **좌·우로 회전 시** : 회전이 허용된 차로에서만 회전, 대향차가 교차로를 완전히 통과한 후 좌회전, 우회전 시 보도나 노견으로 타이어가 넘어가지 않도록 주의, 미끄러운 노면에서 급회전 조작으로 회전하지 않음, 회전 시 반드시 신호를 함
- **정지 시** : 운행 전에 제동등이 점등되는지 확인, 원활하게 서서히 정지, 교통상황을 판단하여 미리 감속하여 급정지를 방지함, 미끄러운 노면에서는 급제동으로 차가 회전하지 않도록 주의

❏ 신호교차로(신호기)의 장점
- 교통류의 흐름을 질서 있게 한다.
- 교통처리용량을 증대시킬 수 있다.
- 교차로에서의 직각충돌사고를 줄일 수 있다.
- 특정 교통류의 소통을 도모하기 위해 교통흐름을 차단하는 통제에 이용할 수 있다.

❏ 시가지 외 도로운행 시 안전운전 방법
- 자기 능력에 부합된 속도로 주행한다.
- 맹속력으로 주행하는 차에게는 진로를 양보한다.
- 좁은 길에서 마주 오는 차가 있을 때에는 서행하면서 교행한다.
- 철길 건널목을 주의한다.
- 커브에서는 특히 주의하여 주행하며, 원심력을 가볍게 생각하지 않는다.

❏ 황색신호 시 사고유형(교차로 황색신호시간에 일어날 수 있는 교통사고)
- 교차로 상에서 전신호 차량과 후신호 차량의 충돌
- 횡단보도 전 앞차 정지 시 앞차 추돌
- 횡단보도 통과 시 보행자, 자전거 또는 이륜차 충돌
- 유턴 차량과의 충돌

❏ 커브길 안전운전 및 방어운전
- 핸들조작은 '슬로우 인, 패스트 아웃(Slow-in, Fast-out)' 원리에 따라 진입직전에 속도를 감속하고, 커브가 끝나는 조금 앞에서 차량의 방향을 안정되게 유지한 후 속도를 증가(가속)하여 신속하게 통과할 수 있도록 한다.
- 미끄러지거나 전복될 위험이 있으므로 급핸들 조작이나 급제동은 하지 않는다.
- 핸들을 조작할 때는 가속이나 감속을 하지 않는다.
- 중앙선을 침범하거나 도로의 중앙으로 치우쳐 운전하지 않는다.
- 주간에는 경음기, 야간에는 전조등을 사용하여 내 차의 존재를 알린다.
- 안전표지가 없더라도 앞지르기는 절대로 하지 않는다.
- 커브의 경사도나 도로의 폭을 확인하고 엔진 브레이크가 작동되도록 하여 속도를 줄인다.

❏ 좌·우회전 시 준수사항
- 좌·우회전 시 신호를 준수하며, 자기의 눈으로 확실히 확인한 후 회전한다.
- 좌·우회전 시나 진로변경을 하고자 하는 경우 방향지시등을 켜고 회전·변경하여야 한다.
- 주행 중 좌·우회전 시 급핸들 조작을 하지 않는다(특히 미끄러운 노면 주의).
- 우회전 시 저속으로 회전을 해야 하며, 보도나 노견을 침범하지 않도록 주의한다.

❏ 차로폭
: 어느 도로의 차선과 차선 사이의 최단거리를 말한다. 차로폭은 관련 기준에 따라 도로의 설계속도·지형조건 등을 고려하여 달리할 수 있으나, 대개 3.0m~3.5m를 기준으로 한다. 다만, 교량위, 터널내, 유턴차로 등에서 부득이한 경우 2.75m로 할 수 있다.

배기 브레이크 사용의 이점
- 브레이크액의 온도상승 억제에 따른 베이퍼 록 현상을 방지한다.
- 드럼의 온도상승을 억제하여 페이드 현상을 방지한다.
- 브레이크 사용 감소로 라이닝의 수명을 증대시킬 수 있다.

오르막길 안전운전 및 방어운전
- 정차할 때는 앞차가 뒤로 밀려 충돌할 가능성을 염두에 두고 충분한 차간 거리를 유지
- 오르막길의 사각 지대는 정상 부근이므로, 마주 오는 차가 바로 앞에 다가올 때까지 보이지 않으므로 서행하여 위험에 대비
- 정차 시에는 풋 브레이크와 핸드 브레이크를 같이 사용
- 출발 시에는 핸드 브레이크를 사용하는 것이 안전
- 앞지르기 할 때는 힘과 가속력이 좋은 저단 기어를 사용하는 것이 안전

앞지르기의 개념 : 앞지르기란 뒤차가 앞차의 좌측면을 지나 앞차의 앞으로 진행하는 것

앞지르기 사고의 유형
- 앞지르기 위한 진로변경 시 동일방향 좌측 후속차 또는 나란히 진행하던 차와 충돌
- 좌측 도로상의 보행자와 충돌, 우회전 차량과의 충돌
- 중앙선을 넘어 앞지르기 시 대향차와 충돌(중앙선이 실선 또는 점선의 구분없이 중앙선침범으로 적용됨)
- 진행 차로 내의 앞·뒤 차량과의 충돌, 앞 차량과의 근접주행에 따른 측면 충격
- 경쟁 앞지르기에 따른 충돌

건널목의 종류
- 1종 건널목 : 차단기, 경보기 및 건널목 교통안전 표지를 설치하고 차단기를 주·야간 계속하여 작동시키거나 또는 건널목 안내원이 근무하는 건널목
- 2종 건널목 : 경보기와 건널목 교통안전 표지만 설치하는 건널목
- 3종 건널목 : 건널목 교통안전 표지만 설치하는 건널목

철길 건널목 사고원인 : 운전자가 건널목의 경보기를 무시하거나 일시정지하지 않고 통과하다 주로 발생한다. 사고가 발생하면 인명피해가 큰 대형사고가 주로 발생하게 된다.

철길 건널목의 안전운전 및 방어운전
- 건널목 직전 일시정지 후 확인하고 진입 여부를 결정하며, 좌·우의 안전을 확인한다.
- 건널목 건너편 여유 공간 확인 후 통과한다(맞은편에 여유 공간이 있을 때 통과).
- 건널목 통과 시 엔진이 정지되지 않도록 가속페달을 조금 힘주어 밟고, 가급적 기어는 변속하지 않는다.

고속도로의 운행방법
- 속도의 흐름과 도로사정·날씨 등에 따라 안전거리를 충분히 확보
- 주행 중 법정속도를 준수

- 차로 변경 시는 최소한 100m 전방으로부터 방향지시등을 켜고, 전방 주시점은 속도가 빠를수록 멀리 둠
- 앞차의 움직임 뿐 아니라 가능한 그 앞 3~4대 차량의 움직임도 살핌
- 고속도로 진입 시 충분한 가속으로 속도를 높인 후 주행차로에 진입하여 주행차에 방해를 주지 않도록 함
- 주행차로 운행을 준수하고 두 시간마다 휴식
- 뒤차가 자기 차를 추월하고 있는 상황에서 경쟁하는 것은 위험

❏ 야간 안전운전방법
- 해가 저물면 곧바로 전조등을 점등할 것
- 주간보다 속도를 낮추어 주행할 것
- 흑색이나 감색의 복장을 입은 보행자는 발견하기 곤란하므로 더욱 세심한 주의를 기울일 것
- 실내를 불필요하게 밝게 하지 말 것
- 가급적 전조등이 비치는 곳 끝까지 살필 것
- 대향차의 전조등을 바로 보지 말 것
- 자동차가 교행할 때에는 조명장치를 하향 조정할 것
- 노상에 주·정차를 하지 말 것
- 운전 시 흡연을 하지 말 것
- 술에 취한 사람이 차도에 뛰어드는 경우를 조심할 것

❏ 염화칼슘
노면의 결빙을 막기 위해 뿌려진 염화칼슘이 운행 중에 자동차의 바닥부분에 부착되어 차체의 부식을 촉진시킨다.

❏ 봄철 교통환경의 특징
- **계절 및 기상** : 해빙기로서 날씨가 온화해짐에 따라 사람들의 활동이 활발해지는 계절이며, 대륙성 고기압의 활동이 약화되고 낮과 밤의 일교차가 커지며(환절기) 강수량이 증가함
- **도로조건** : 얼어있던 땅이 녹아 지반 붕괴로 도로의 균열이나 낙석의 위험이 크며, 바람과 황사 현상에 의한 시야 장애도 사고의 원인으로 작용함
- **운전자** : 기온이 상승함에 따라 긴장이 풀리고 몸도 나른해져 춘곤증에 의한 졸음운전으로 사고의 위험이 높아짐
- **보행자** : 도로변에 보행자가 급증하므로 보행자 보호에 많은 주의를 기울어야 하고, 특히 어린이 노약자 관련 교통사고가 증가함에 주의해야 함

❏ 여름철 교통사고의 특징
- **운전자** : 기온과 습도 상승으로 불쾌지수가 높아져 적절히 대응하지 못하면 이성적 통제가 어려워져 난폭운전, 불필요한 경음기 사용 등의 행동이 나타남
- **도로조건** : 장마와 더불어 갑작스런 소나기로 도로 노면의 물은 빙판 못지않게 미끄러지고, 고속운전 시 수막현상에 의한 교통사고 위험을 유발시킴

❏ 여름철 자동차관리
- **냉각장치 점검** : 냉각수의 양은 충분한지, 냉각수가 새는 부분은 없는지, 팬벨트의 장력은 적절한지를 수시로 확인해야 하며, 팬벨트는 여유분을 휴대하는 것이 바람직함

- **와이퍼의 작동상태 점검** : 유리면과 접촉하는 부위인 블레이드가 닳지 않았는지, 모터의 작동은 정상적인지, 노즐의 분출구가 막히지 않았는지, 노즐의 분사각도는 양호한지, 워셔액은 깨끗하고 충분한지를 점검
- **타이어 마모상태 점검** : 과마모 타이어는 빗길에서 잘 미끄러져 교통사고의 위험이 높으므로, 노면과 맞닿는 부분인 요철형 무늬의 깊이(트레드 홈 깊이)가 최저 1.6mm 이상이 되는지를 확인하고 적정 공기압을 유지하고 있는지 점검
- **차량 내부의 습기 제거** : 차량 내부에 습기가 찰 때에는 습기를 제거하여 차체의 부식과 악취발생을 방지

☐ **팬벨트의 장력 측정** : 장력을 확인하는 방법은 엄지손가락을 이용해 벨트를 10kg의 힘으로 눌러 8~10mm 정도의 휘거나, 힘껏 눌렀을 때 12~20mm 정도가 들어가면 적당한 장력이다. 따라서 손으로 누를 때 활용되는 감각은 촉각이다.

☐ **가을철 교통사고의 특징** : 잦은 기상변화와 낮과 밤의 심한 일교차로 안개가 많이 발생하므로 연중 교통사고가 가장 많이 발생하는 시기이다. 낮에는 덥고 밤에는 기온이 떨어지면 강·하천을 끼고 있는 도로에서는 안개가 짙게 깔리면서 운전자의 시야를 가리기 때문에, 사고위험이 더욱 높아진다. 특히 하천이나 강, 발전용 댐 주변 도로에는 안개가 자주 발생한다.

☐ **가을철 농기계 주의**
- 추수시기를 맞아 경운기 등 농기계의 빈번한 사용도 교통사고의 원인이 되므로, 농기계 출현에 대비하여야 한다.
- 농촌 마을 인접 도로에서는 농지로부터 도로로 나오는 농기계에 주의하여 서행한다.
- 도로가에 심어져 있는 나무 등에 가려 경운기를 보지 못하는 경우가 있으므로 주의한다.
- 경운기에는 후사경이 달려있지 않고 운전자가 비교적 고령이며, 자체 소음이 커서 자동차가 뒤에서 접근한다는 사실을 모르는 경우가 있으므로, 안전거리를 유지하고 경적을 울려 자동차가 가까이 있다는 사실을 알려주어야 한다.

☐ **겨울철 교통사고의 특징**
- **도로조건** : 눈이 녹지 않고 쌓여 적은 양의 눈이 내려도 바로 빙판이 되기 때문에 자동차의 충돌·추돌·도로 이탈 등의 사고가 많이 발생
- **운전자** : 마음이 들뜨기 쉬우며 술로 인한 음주운전 사고가 우려되며, 방한복 등 두꺼운 옷을 착용함에 따라 위기상황에 대한 민첩한 대처능력이 떨어지기 쉬움
- **보행자** : 두터운 외투·방한복 등을 착용하고 앞만 보며 목적지까지 최단거리로 이동하고자 하는 경향이 있어, 사고에 직면하기 쉬움

☐ **주행 시 안전운행 및 교통사고 예방**
- 빙판이나 미끄러운 도로에서의 제동 시 정지거리가 평소보다 2배 이상 길므로 충분한 차간거리 확보 및 감속이 요구되며, 다른 차량과 나란히 주행하지 않는다.
- 눈이 내린 후 앞차량의 타이어 자국위에 자기 차량의 바퀴를 두면 미끄러짐을 예방할 수 있고, 눈이 새로 내렸을 때 기어는 2단·3단으로 고정하여 구동력을 바꾸지 않는다.
- 미끄러운 오르막길에서는 앞선 자동차가 정상에 오르는 것을 확인한 후 올라가야 한다(밑에서부터 탄력을 받아

일정 속도로 기어 변속 없이 한 번에 올라감).
- 주행 중 노면의 동결되기 쉬운 그늘진 장소, 북쪽 도로 등은 주의해야 한다.
- 눈 쌓인 커브길 주행 시에는 기어 변속을 하지 않는다(커브 진입 전 충분히 감속하며, 커브길의 입구와 출구 쪽의 노면 상태가 다르므로 도로상태 확인 및 감속).

❏ **겨울철 동결되기 쉬운 장소** : 그늘진 장소, 북쪽 도로, 교량 위, 터널 근처 등

❏ **운반 방법**
- 마찰 및 흔들림 일으키지 않도록 운반할 것
- 지정 수량 이상의 위험물을 차량으로 운반할 때는 차량의 전면·후면의 보기 쉬운 곳에 표지를 게시할 것
- 일시정차 시는 안전한 장소를 택하여 안전에 주의할 것
- 위험물에 적응하는 소화설비를 설치할 것
- 독성가스를 적재하여 운반하는 때에는 독성가스의 종류에 따른 방독면, 고무장갑, 보호구 및 재해발생 방지를 위한 자재, 제독제 및 공구 등을 휴대할 것
- 재해발생이 우려될 때는 응급조치를 취하고 가까운 소방관서나 관계기관에 통보·조치할 것

❏ **운송 시 주의사항(숙지사항)**
- 지정된 장소가 아닌 곳에서는 탱크로리 상호간에 취급물질을 입·출하시키지 말 것
- 운송 전 운행계획 수립 및 확인 필요
- 운송 중은 물론 정차 시에도 허용된 장소 이외에서는 흡연이나 화기를 사용하지 말 것
- 수리를 할 때에는 통풍이 양호한 장소에서 실시할 것
- 운송할 물질의 특성, 차량의 구조, 탱크 및 부속품의 종류와 성능, 정비점검방법, 운행 및 주차 시의 안전조치와 재해발생 시에 취해야 할 조치를 숙지할 것

❏ **안전운송기준**
- 위험물의 종류에는 고압가스·화약·석유류·독극물·방사성물질 등이 있으며, 이를 안전하게 운송하기 위해서는 도로교통법, 고압가스 안전관리법, 액화석유가스의 안전관리 및 사업법 등 관계법규·기준을 잘 준수하여야 함
- 도로 노면이 나쁜 도로를 통과할 경우 안전한 장소를 선택하여 주차하고, 가스의 누설, 밸브의 이완, 부속품의 부착부분 등을 점검하여 이상여부를 확인할 것
- 운행계획에 따른 운행 경로를 임의로 바꾸지 말 것
- 차량이 육교 등 밑을 통과할 때는 육교 등 높이에 주의하여 서서히 운행하여야 하고, 아래 부분에 접촉할 우려가 있는 경우에는 다른 길로 돌아서 운행
- 빈 차의 경우는 적재차량보다 차의 높이가 높게 되므로 적재차량이 통과한 장소라도 주의할 것
- 철길 건널목 앞에서 일시정지하여 열차를 확인하여 통과할 것
- 터널에 진입하는 경우는 전방에 이상사태가 발생하지 않았는지 표시등을 확인할 것
- 취급물질을 출하한 후에도 탱크에 잔류가스가 남아 있으므로 내용물이 적재된 상태와 동일하게 취급·점검을 실시할 것

❏ 위험물의 특성 및 적재방법
- **특성** : 발화성, 인화성, 폭발성 등
- **적재방법** : 위험물의 품목·화학명·수량 등을 운반용기와 포장외부에 표시, 운반도중 위험물을 수납한 운반용기가 떨어지거나 포장이 파손되지 않도록 적재, 수납구를 위로 향하게 적재, 직사광선 및 빗물 등의 침투를 방지할 수 있는 덮개 설치, 혼재 금지된 위험물의 혼합 적재 금지 등

❏ 위험물 운송차량의 주차 시 주의사항
- 노상에 주차할 필요가 있는 경우에는 주택 및 상가 등이 밀집한 지역을 피함
- 교통량이 적고 부근에 화기가 없는 안전하고 지반이 평탄한 장소를 선택하여 주차
- 비탈길에 주차하는 경우에는 사이드브레이크를 확실히 걸고 차바퀴를 고임목으로 고정
- 차량운전자가 차량으로부터 이탈한 경우에는 항상 눈에 띄는 곳에 머묾
- 탱크로리의 직사광선에 의한 온도상승을 방지하기 위해 노상에 주차할 경우에는 그늘에 주차시키거나 탱크에 덮개를 씌우는 등의 조치를 할 것
- 고속도로를 운행할 경우 제한속도와 안전거리를 필히 준수하고, 커브길 등에서는 특히 신중하게 운행할 것

❏ 이입작업 시의 기준(주의사항)
- 차를 정차시키고 사이드브레이크를 확실히 건 다음, 엔진을 끄고 전기장치를 완전히 차단하여 스파크가 발생하지 않도록 하고, 커플링을 분리하지 않은 상태에서는 엔진을 사용할 수 없도록 할 것
- 차량이 앞·뒤로 움직이지 않도록 차바퀴를 차바퀴 고정목 등으로 확실하게 고정시킬 것
- 정전기 제거용의 접지코드를 기지(基地)의 접지텍에 접속할 것
- 부근의 화기가 없는가를 확인할 것
- '이입작업 중(충전중) 화기엄금'의 표시판이 눈에 잘 띄는 곳에 세워져 있는가를 확인할 것
- 만일의 화재에 대비하여 소화기를 즉시 사용할 수 있도록 할 것
- 저온 및 초저온가스의 경우에는 가죽장갑 등을 끼고 작업을 할 것
- 가스누설을 발견할 경우 긴급차단장치를 작동시키는 등 신속한 누출방지조치를 할 것
- 차량에 고정된 탱크의 운전자는 이입작업이 종료될 때까지 탱크로리차량의 긴급차단장치 부근에 위치하여야 하며, 긴급사태 발생 시 안전관리자의 지시에 따라 신속하게 긴급차단장치를 작동하거나 차량이동 등의 조치를 취할 것

❏ 충전용기 등의 적재·하역 및 운반방법
- 충전용기를 차량에 적재하여 운반하는 때에는 보기 쉬운 곳에 각각 붉은 글씨로 "위험 고압가스"라는 경계표시를 할 것
- 밸브가 돌출한 충전용기는 고정식 프로텍터 또는 캡을 부착시켜 밸브의 손상을 방지하는 조치를 하고 운반할 것
- 주·정차장소 선정은 지형을 충분히 고려하여 가능한 한 평탄하고 교통량이 적은 안전한 장소를 택할 것(혼잡한 시장 등 차량 통행이 현저히 곤란한 장소 등에는 주·정차하지 않음)
- 주·정차시는 가능한 한 언덕길 등 경사진 곳을 피하여야 하며, 엔진을 정지시킨 후 사이드브레이크를 걸어 놓고 반드시 차바퀴를 고정목으로 고정시킬 것
- 제1종 보호시설에서 15m 이상 떨어지고, 제2종 보호시설이 밀착되어 있는 지역은 가능한 한 피하며, 교통상황

이나 화기 등이 없는 안전한 장소에 주·정차할 것
- 차량의 고장, 교통사정, 운반책임자·운전자의 휴식·식사 등의 경우를 제외하고는 당해 차량에서 동시에 이탈하지 않으며, 이탈할 경우에는 차량이 쉽게 보이는 장소에 주차할 것(잠시 주·정차할 경우도 가능한 한 운전자가 잘 볼 수 있는 곳에 주·정차함)
- 차량의 고장 등으로 인하여 주·정차하는 경우는 고장자동차의 표지 등을 설치하여 다른 차와의 충돌·추돌을 피하기 위한 조치를 할 것
- 충전용기 등을 차에 싣거나 내릴 때에는 충격이 완화될 수 있는 고무판 또는 가마니 등의 위에서 주의하여 취급할 것
- 충전용기 등을 차량에 적재하여 운반할 때는 그물망을 씌우거나 전용 로프 등을 사용하여 떨어지지 않도록 하여야 함

❑ 충전용기 등을 적재 시 준수해야 할 기준
- 차량의 최대 적재량을 초과하여 적재하지 않으며, 적재함을 초과하여 적재하지 않을 것
- 차량에 싣고 내릴 때에는 충격완화 물품을 사용할 것
- 운반중의 충전용기는 항상 40℃ 이하를 유지할 것
- 자전거 또는 오토바이에 적재하여 운반하지 않을 것
- 차량에 적재하여 운반하는 때에는 용기가 충돌하지 않도록 고무링을 씌우거나 적재함에 넣어 가능한 세워서 운반할 것. 다만, 충전용기의 형태·구조상 세워서 적재하기 곤란한 때에는 적재함 높이 이내로 눕혀서 적재할 것
- 목재·플라스틱·강철재로 만든 팔레트에 넣어 적재하는 경우와 용량 10kg 미만의 액화석유가스 충전용기를 적재할 경우를 제외하고 모든 충전용기는 1단으로 적재할 것

❑ 교통사고 및 고장 발생 시 대처 요령
- 2차사고의 방지
  - 신속히 비상등을 켜고 다른 차의 소통에 방해가 되지 않도록 갓길로 차량을 이동시킴. 차량 이동이 어려운 경우 안전조치 후 신속하게 가드레일 바깥 등의 안전한 장소로 대피
  - 후방에서 접근하는 운전자가 쉽게 확인할 수 있도록 고장자동차의 표지(안전삼각대)를 함. 야간에는 적색섬광신호·전기제등 또는 불꽃 신호를 추가로 설치
  - 운전자와 탑승자가 차량 내 또는 주변에 있는 것은 매우 위험하므로 가드레일 밖 등 안전한 장소로 대피
  - 경찰관서, 소방관서 또는 한국도로공사 콜센터로 연락하여 도움을 요청
- 부상자의 구호
  - 사고 현장에 의사·구급차 등이 도착할 때까지 가제나 깨끗한 손수건으로 지혈
  - 함부로 부상자(특히 두부 손상자)를 움직여서는 안되며, 2차사고의 우려가 있을 경우에는 부상자를 안전한 장소로 이동
- 경찰공무원등에게 신고 : 사고를 낸 운전자는 사고 발생 장소, 사상자 수, 부상정도의 조치상황을 경찰공무원·경찰관서에 신고

CHAPTER 02 안전운행요령 기출문제(2025~2021년)

01 도로교통체계를 구성하는 요소에 포함되지 않는 것은?
① 운전자 및 보행자 등의 도로사용자
② 도로 및 교통신호등 등의 환경
③ 차량
④ 교통을 관리하는 경찰

01 도로교통체계의 구성요소 : 운전자 및 보행자를 비롯한 도로사용자, 도로 및 교통신호등 등의 환경, 차량

02 교통사고 요인의 하나인 도로요인에 해당하지 않는 것은?
① 도로의 선형 ② 노면
③ 차로수 ④ 바퀴(타이어)

02 도로요인의 구성 요소는 크게 도로구조(도로의 선형, 노면, 차로수, 노폭, 구배 등)와 안전시설(신호기, 노면표시, 방호울타리 등)이 있다. 교통사고의 3대 요인은 인적요인과 차량요인, 도로·환경요인이 있으며, 도로·환경요인은 도로요인, 자연환경, 교통환경, 사회환경 등으로 구성된다.

03 도로의 안전시설에 해당되지 않는 것은?
① 차로수 ② 신호기
③ 노면표시 ④ 방호책

03 도로의 안전시설은 신호기, 노면표시, 방호책 등 도로의 안전시설에 관한 것을 포함하는 개념이다. 교통사고의 요인으로는 인적요인과 차량요인, 도로·환경요인이 있으며, 이 중 도로요인은 도로구조와 안전시설로 구분된다.

04 도로 교통체계를 구성하는 요인 중 교통환경 요인에 해당하지 않는 것은?
① 차량 구조장치 ② 차량 교통량
③ 운행차종 구성비 ④ 보행자 통행량

04 교통체계를 구성하는 요인에는 인적요인과 차량요인, 도로·환경요인이 있으며, 환경요인에는 자연환경·교통환경·사회환경·구조환경 요인이 있다. 이 중 교통환경 요인에 해당하는 것으로는 차량 교통량, 운행차 구성비, 보행자 교통량 등이 있다. 차량 구조장치나 부속품, 적하 등은 차량요인에 해당한다.

05 교통사고의 요인 중 사회환경요인에 해당하는 것은?
① 차량교통량
② 교통여건변화
③ 정비관리자·운전자의 책임한계
④ 운전자·보행자의 교통도덕

05 교통사고의 도로·환경요인 : 자연환경, 교통환경(차량교통량, 운행차 구성, 보행자 교통량 등 교통상황에 관한 것), 사회환경(일반국민·운전자·보행자의 교통도덕, 교통정책, 교통단속과 형사처벌 등에 관한 것), 구조환경(교통여건변화, 차량점검, 정비관리자·운전자의 책임한계)

정답 01 ④ 02 ④ 03 ① 04 ① 05 ④

06 교통사고의 요인 중 사회환경요인에 해당하는 것은?

① 교통단속과 형사처벌
② 교통여건변화
③ 차량점검
④ 정비관리자와 운전자의 책임한계

06 교통사고의 사회환경요인으로는 일반국민·운전자·보행자 등의 교통도덕, 정부의 교통정책, 교통단속과 형사처벌 등에 관한 것이 있다. ②·③·④는 모두 구조환경요인에 해당한다.

07 교통사고 요인을 크게 3가지로 분류할 때 그 분류 항목이 아닌 것은?

① 인적 요인
② 차량 요인
③ 도로·환경 요인
④ 단속 요인

07 교통사고의 3대 요인
- 인적요인 : 운전자, 보행자 등
- 차량요인 : 차량구조장치, 부속품 또는 적하 등
- 도로·환경요인 : 도로요인(도로구조·안전시설), 환경요인(자연·교통·사회·구조환경)

08 도로가 되기 위한 일반적인 4가지 조건에 해당되지 않는 것은?

① 형태성
② 이용성
③ 공개성
④ 편의성

08 일반적으로 도로가 되기 위한 4가지 조건
- 형태성 : 자동차 등 운송수단의 통행에 용이한 형태를 갖출 것
- 이용성 : 공중의 교통영역으로 이용되고 있는 곳
- 공개성 : 불특정 다수인 등을 위해 이용이 허용되고 실제 이용되고 있는 곳
- 교통경찰권 : 공공의 안전과 질서유지를 위하여 교통경찰권이 발동될 수 있는 곳

09 교통사고 예방과 교통안전 확립을 위한 운전자의 '인지–판단–조작' 능력을 향상시키는 활동이 아닌 것은?

① 계획적·체계적인 교육
② 계획적·체계적인 훈련
③ 계획적·체계적인 교통사고처리
④ 계획적·체계적인 지도 및 계몽

09 교통사고를 예방하고 교통의 안전을 확립하기 위해서는 운전자의 인지–판단–조작 능력을 향상시키기 위한 계획적이고 체계적인 교육·훈련·지도·계몽 등을 통하여 지속적인 변화를 추구하여야 한다.

10 운전자의 정보처리과정으로 옳은 것은?

① 구심성 신경 → 뇌 → 의사결정 → 원심성 신경 → 운전조작행위
② 구심성 신경 → 원심성 신경 → 뇌 → 운전조작행위 → 의사결정
③ 원심성 신경 → 구심성 신경 → 뇌 → 운전조작행위 → 의사결정
④ 뇌 → 구심성 신경 → 운전조작행위 → 원심성 신경 → 의사결정

10 운전자의 정보처리과정 : 구심성 신경 → 뇌 → 의사결정 → 원심성 신경 → 효과기(운동기) → 운전조작행위

정답 **06** ① **07** ④ **08** ④ **09** ③ **10** ①

11 자동차 안전운전에 영향을 미치는 운전자의 신체·생리적 조건이 아닌 것은?

① 피로
② 지식
③ 약물
④ 질병

11 안전운전에 영향을 미치는 신체·생리적 조건과 심리적 조건 : 교통환경을 인지·대응하는 의사결정과정과 운전행위로 연결되는 운전과정에 영향을 미치는 신체·생리적 조건은 '피로·약물·질병' 등이며, 심리적 조건은 '흥미·욕구·정서' 등이다.

12 감각기관의 수용기로부터 입수된 교통정보가 운전자의 의사결정과정을 거쳐 운전조작행위가 될 때 기여하지 않는 요인은?

① 지식
② 추측
③ 경험
④ 판단

12 감각기관의 수용기로부터 입수되는 교통정보(운전정보)는 정보처리부인 뇌로 전달되며, 운전자의 지식·경험·사고·판단을 바탕으로 의사결정과정을 거쳐 효과기(운동기)로 전달되어 운전조작행위가 이루어진다.

13 인간의 운전특성에 대한 설명으로 옳지 않은 것은?

① 신체적·생리적·심리적 상태가 항상 일정한 것은 아니다.
② 인간의 운전행위를 공산품의 공정처럼 일정하게 유지시킬 수 있다.
③ 운전특성은 일정하지 않고 사람 간에 차이가 있다.
④ 인간의 특성은 운전뿐만 아니라 삶 자체에도 큰 영향을 미친다.

13 ②·① 신체적·생리적·심리적 상태가 항상 일정한 것은 아니며 환경조건과의 상호작용이 가변적이기 때문에 운전행위를 공산품의 공정처럼 일정하게 유지시킬 수 없다.
③ 운전특성은 일정하지 않고 개인차가 있다.
④ 인간의 특성은 운전뿐 아니라 인간행위나 삶 자체에도 큰 영향을 미친다.

14 운전자의 운전에 필요한 정보 수집을 위해 가장 많이 활용되는 감각은?

① 청각
② 시각
③ 후각
④ 촉각

14 운전에 필요한 정보의 대부분은 시각을 통하여 획득한다. 속도가 빨라질수록 시력은 떨어지고, 시야의 범위가 좁아지며, 전방주시점은 멀어진다.

15 운전과 관련되는 시각의 특성에 대한 설명 중 옳지 않은 것은?

① 속도가 빨라질수록 시력은 떨어진다.
② 속도가 빨라질수록 전방주시점은 멀어진다.
③ 속도가 빨라질수록 시야의 범위가 좁아진다.
④ 속도가 빨라질수록 주변경관은 잘 보인다.

15 운전과 관련되는 시각의 특성
- 운전에 필요한 정보의 대부분을 시각을 통하여 획득한다.
- 속도가 빨라질수록 시력은 떨어진다.
- 속도가 빨라질수록 시야의 범위가 좁아진다.
- 속도가 빨라질수록 전방주시점은 멀어진다.

정답 11 ② 12 ② 13 ② 14 ② 15 ④

16 운전과 관련되는 시각의 특성에 대한 설명으로 틀린 것은?

① 운전자는 운전에 필요한 정보의 대부분을 시각을 통하여 획득한다.
② 속도가 빨라질수록 전방주시점은 가까워진다.
③ 속도가 빨라질수록 시력은 떨어진다.
④ 속도가 빨라질수록 시야의 범위가 좁아진다.

16 운전 속도가 빨라질수록 전방주시점은 멀어진다.

17 자동차의 속도가 빨라질수록 운전자 시야의 범위는?

① 좁아진다.
② 변화없다.
③ 넓어진다.
④ 멀어진다.

17 속도가 빨라질수록 시력은 떨어지고, 시야의 범위가 좁아지며, 전방주시점은 멀어진다.

18 도로교통법상 운전면허를 발급받을 수 있는 사람은?

① 두 눈의 시력이 각각 1.0인 사람으로 색채(붉은색, 녹색, 노란색) 식별이 가능한 사람
② 듣지 못하는 사람(1종 대형면허·특수면허의 경우)
③ 앞을 보지 못하는 사람
④ 정신질환자 또는 뇌전증 환자로서 전문의가 정상적인 운전을 할 수 없다고 인정한 사람

18 운전면허 발급 시력기준(교정시력 포함)
 - 제1종 : 두 눈을 동시에 뜨고 잰 시력이 0.8이상, 양쪽 눈의 시력이 각각 0.5이상
 - 제2종 : 두 눈을 동시에 뜨고 잰 시력이 0.5이상
 - 붉은색, 녹색 및 노란색을 구별할 수 있어야 함
위험과 장해를 일으킬 수 있어 운전면허 취득이 불가한 사람 : 정신질환·간질 등으로 정상적 운전을 할 수 없다고 인정한 사람, 듣지 못하는 사람, 앞을 보지 못하는 사람, 앉아 있을 수 없는 사람, 양팔을 쓸 수 없는 사람, 마약·향정신성의약품·알콜관련 장애 등으로 정상적 운전을 할 수 없다고 인정한 사람

19 운전면허를 취득하려는 경우 색채식별이 가능하여야 하는 색상과 관계가 없는 것은?

① 붉은색
② 흰색
③ 녹색
④ 노란색

19 운전면허를 취득하기 위해서는 붉은색, 녹색 및 노란색을 구별할 수 있어야 한다.

20 다음 중 움직이는 물체 또는 움직이면서 다른 자동차·사람 등의 물체를 보는 시력은?

① 사물시력
② 동체시력
③ 운동시력
④ 정지시력

20 동체시력 : 움직이는 물체 또는 움직이면서 다른 자동차·사람 등의 물체를 보는 시력이다. 동체시력은 물체의 이동속도가 빠를수록 상대적으로 저하되며, 연령이 높을수록, 장시간 운전에 의한 피로상태에서도 저하된다.

정답 16 ② 17 ① 18 ① 19 ② 20 ②

21 동체시력의 특성에 대한 설명으로 틀린 것은?
① 물체의 이동속도가 빠를수록 상대적으로 저하된다.
② 장시간 운전에 의한 피로상태에서도 저하된다.
③ 연령이 높을수록 더욱 저하된다.
④ 운전시간은 동체시력에 영향을 미치지 않는다.

21 동체시력
 - 물체의 이동속도가 빠를수록 상대적으로 저하
 - 장시간 운전에 의한 피로상태에서도 저하
 - 연령이 높을수록 더욱 저하

22 일광조건과 관련하여 운전하기 가장 어려운 시간대는?
① 오전 9시경　② 정오시간대
③ 오후 3시경　④ 해질 무렵

22 야간의 시력저하 : 야간운전이 어려운데, 특히 해질 무렵이 가장 운전하기 힘든 시간이다. 전조등을 비추어도 주변의 밝기와 비슷하므로 다른 자동차·보행자를 보기 어렵고, 더욱이 야간에는 어둠으로 인해 대상물을 명확하게 식별하기 어렵다.

23 주간운전보다 야간운전이 교통사고의 위험이 높은 이유로 옳지 않은 것은?
① 해질 무렵에는 전조등을 비추어도 주변의 밝기와 비슷하기 때문
② 어둠으로 인해 사물이 명확히 보이지 않기 때문
③ 가로등이 설치되고 차량의 전조등이 사용되기 때문
④ 입고 있는 옷이 어두운 색인 경우 구별하기 어렵기 때문

23 ③ 황혼 무렵이나 야간 운전을 어려움을 보완하기 위하여 가로등이나 차량의 전조등이 사용된다.
① 해질 무렵이 가장 운전하기 힘든 시간인데, 전조등을 비추어도 주변의 밝기와 비슷하기 때문에 의외로 다른 자동차나 보행자를 보기가 어렵다.
② 야간에는 어둠으로 인해 대상물을 명확하게 보기 어렵다.
④ 서로 다른 색깔의 옷을 입고 있는 사람을 인지·확인하기 위한 연구에 의하면, 야간에 하향 전조등만으로 인지하기 가장 어려운 색은 흑색이며, 대체로 어두운 색은 구별하기 어렵다.

24 야간운행 시 주의사항으로 틀린 것은?
① 커브길에서는 속도를 줄여 운행한다.
② 전조등은 항상 위로 비추어 도로 중앙이 잘 보이도록 한다.
③ 대향차의 전조등을 바로 보지 않으며 중앙선에서 조금 떨어져 운행한다.
④ 뒤차의 불빛에 현혹되지 않도록 실내 후사경을 조정한다.

24 ② 전조등을 상향등 상태로 주행하면 대향차의 운전자는 증발현상과 현혹현상 등으로 교통사고를 일으키기 쉬움
① 커브길에선 헤드라이트를 비춰도 회전하는 방향이 비춰지지 않으므로 속도를 줄여 주행함
③ 대향차의 전조등을 바로 보지 말아야 하며, 중앙선침범을 하지 않도록 중앙선에서 조금 떨어져 운행함
④ 뒤차의 불빛에 현혹되지 않도록 실내 후사등을 조정함

25 현혹현상은 운전자의 어떤 기능이 순간적으로 저하되는 현상인가?
① 청각기능　② 촉각기능
③ 시각기능　④ 판단기능

25 현혹현상은 운전자의 눈(시각)기능이 순간적으로 저하되는 현상이다. 대향차의 전조등에 의한 현혹현상 발생 시 정상운전보다 교통사고 위험이 증가된다.

정답　21 ④　22 ④　23 ③　24 ②　25 ③

26 주간에 운전하는 경우 터널에 들어갈 때와 나올 때 순간적으로 앞이 보이지 않는 현상이 나타날 수 있는데, 이때의 시력회복에 관한 설명으로 옳은 것은?

① 들어갈 때와 나올 때의 시력회복 시간이 같다.
② 나올 때보다 들어갈 때 시력회복이 빠르다.
③ 들어갈 때보다 나올 때 시력회복이 빠르다.
④ 시력회복에 영향이 있다.

27 운전과 관련되는 시력과 속도의 관계에 대한 설명으로 옳은 것은?

① 터널에 진입할 때 시력이 일시 떨어지므로 미리 감속하여 진입한다.
② 시력과 속도는 아무런 상관관계가 없다.
③ 터널에서 나올 때 시력이 일시 좋아지므로 미리 속도를 높인다.
④ 속도가 빨라질수록 가까이 있는 물체가 명확히 보인다.

28 정상적인 시력을 가진 사람의 시야 범위는 얼마인가?

① 대략 100 ~ 120°
② 대략 130 ~ 150°
③ 대략 160 ~ 170°
④ 대략 180 ~ 200°

29 시야 범위 안에 있는 대상물이라도 시축에서 약 3도(3°)의 시각을 벗어나면 시력은 약 몇 % 저하되는가?

① 99%
② 90%
③ 80%
④ 70%

30 운전자의 입체공간 측정 결함에 따라 교통사고를 초래할 수 있는 기능과 밀접한 관계가 있는 것은?

① 정지시력
② 주변시력
③ 심시력
④ 동체시력

---

26 낮 시간에 터널 밖을 운행하던 운전자가 갑자기 어두운 터널 안으로 주행하는 순간 일시적으로 일어나는 시각장애를 암순응이라 하며, 어두운 터널을 벗어나 밝은 도로로 주행할 때 운전자가 일시적으로 눈부심으로 인해 물체가 보이지 않는 시각장애를 명순응이라 한다. 일반적으로 명순응은 시력회복이 암순응에 비해 빠르다.

27 ①·③ 터널 밖을 운행하던 운전자가 어두운 터널 안으로 주행하는 순간 시각장애가 일시적으로 발생하며(암순응), 터널을 벗어나 밝은 도로로 주행할 때 일시적으로 눈부심으로 인해 물체가 보이지 않는 시각장애가 발생한다(명순응). 암순응이나 명순응이 발생할 우려가 있을 때는 속도를 줄여 이에 대비하여야 한다. 특히 암순응은 시력회복이 명순응에 비해 느리므로, 암순응이 발생할 때는 미리 감속하여 진입하여야 한다.
②·④ 속도가 빨라질수록 시력은 떨어지고 시야의 범위가 좁아져 물체가 불명확하게 보인다.

28 시야와 시야 범위 : 정지한 상태에서 눈의 초점을 고정시키고 양쪽 눈으로 볼 수 있는 범위를 시야라고 한다. 정상적인 시력을 가진 사람의 시야 범위는 180°~200°이다. 시야 범위 안에 있는 대상물이라 하더라도 시축(視軸)에서 벗어나는 시각에 따라 시력이 저하된다(시축에서 시각 약 3° 벗어나면 약 80%, 6° 벗어나면 약 90%, 12° 벗어나면 약 99%가 저하됨).

29 시야와 시야 범위 : 정상적 시력을 가진 사람의 시야 범위는 180°~200°이다. 시야 범위 안에 있는 대상물이라 하더라도 시축(視軸)에서 벗어나는 시각에 따라 시력이 저하되는데, 시축에서 시각 약 3° 벗어나면 80%, 6° 벗어나면 약 90%, 12° 벗어나면 약 99%가 저하된다.

30 전방에 있는 대상물까지의 거리를 목측하는 기능을 심시력이라고 한다. 심시력의 결함은 입체공간 측정의 결함으로 인한 교통사고를 초래할 수 있다

정답 26 ③ 27 ① 28 ④ 29 ③ 30 ③

31 전방 대상물까지의 거리를 목측하는 것을 심경각이라 하고, 그 기능을 심시력이라 한다. 심시력이 좋지 않은 경우 나타나는 현상으로 가장 알맞은 것은?

① 시야의 범위가 좁아진다.
② 입체공간 측정의 결함으로 교통사고를 초래한다.
③ 사물을 보는데 아무런 영향이 없다.
④ 갓길통행을 발견할 수 없어 사고위험을 초래한다.

31 심시력의 결함은 입체공간 측정의 결함으로 이어져 교통사고를 초래할 수 있다.

32 교통사고의 주요한 3대 요인에 해당하지 않는 것은?

① 간접적 요인
② 중간적 요인
③ 표면적 요인
④ 직접적 요인

32 교통사고의 주요 3가지 요인으로는 간접적 요인, 중간적 요인, 직접적 요인이 있다.

33 교통사고 요인 중 운전자와 관련된 3가지 요인에 포함되지 않는 것은?

① 간접적 요인
② 예외적 요인
③ 중간적 요인
④ 직접적 요인

33 교통사고의 요인은 간접적·중간적·직접적 요인으로 구분된다. 간접적 요인은 교통사고 발생을 용이하게 만든 조건이며, 중간적 요인은 직접적·간접적 요인과 복합적으로 작용해 사고가 발생하게 한 요인, 직접적 요인은 사고와 직접 관계있는 요인이다.

34 교통사고의 주요한 3가지 요인 중 간접적 요인에 해당하는 것은?

① 운전자 지능 및 성격
② 불량한 운전태도
③ 잘못된 위기대처
④ 무리한 운행계획

34 교통사고의 3가지 요인
- 간접적 요인 : 교통사고 발생을 용이하게 한 상태를 만든 조건으로, 운전자에 대한 홍보활동결여나 훈련의 결여, 운전 전 점검습관의 결여, 안전운전 교육 태만, 안전지식 결여, 무리한 운행계획, 원만하지 못한 인간관계 등
- 중간적 요인 : 운전자의 지능, 성격, 심신기능, 불량한 운전태도, 음주·과로 등
- 직접적 요인 : 사고와 직접 관계있는 것으로, 사고 직전 과속과 같은 법규위반, 위험인지의 지연, 운전조작의 잘못, 잘못된 위기대처 등

35 교통사고 발생의 직접적 요인이 아닌 것은?

① 사고 직전 과속과 같은 법규위반
② 무리한 운행계획
③ 위험인지의 지연
④ 운전조작의 잘못

35 직접적 요인은 사고와 직접 관계있는 요인으로, 사고 직전 과속과 같은 법규위반, 위험인지의 지연, 운전조작의 잘못, 잘못된 위기대처 등이 있다. 무리한 운행계획은 간접적 요인에 해당한다.

정답 31 ② 32 ③ 33 ② 34 ④ 35 ②

36 교통사고의 심리적 요인 중 예측의 실수가 발생하는 경우로 옳지 않은 것은?

① 감정이 격앙된 경우
② 고민이 있는 경우
③ 시간에 쫓기는 경우
④ 마음이 평온한 경우

37 교통사고의 심리적 요인 중 작은 것과 덜 밝은 것이 멀리 있는 것으로 느껴지는 것은 어떤 착각인가?

① 크기의 착각
② 속도의 착각
③ 상반의 착각
④ 원근의 착각

38 교통사고를 유발시킬 수 있는 착각에 대한 설명으로 옳은 것은?

① 착각의 정도는 모든 사람이 똑같다.
② 작은 것은 멀리 있는 것 같이 느껴진다.
③ 오름 경사는 실제보다 작게 보인다.
④ 비교 대상이 먼 곳에 있을 때는 빠르게 느껴진다.

39 운전 중에 발생할 수 있는 착각에 대한 설명으로 틀린 것은?

① 어두운 곳에서는 가로 폭보다 세로 폭을 보다 넓은 것으로 판단한다.
② 넓은 시야에서는 속도가 빠르게 느껴진다.
③ 작은 것은 멀리 있는 것 같이 보인다.
④ 작은 경사와 내림경사는 실제보다 작게 보인다.

40 사고의 심리적 요인 중 운전자의 착각에 대한 설명으로 옳지 않은 것은?

① 작은 경사는 실제보다 크게, 큰 경사는 실제보다 작게 보인다.
② 작은 것은 더 멀리 있는 것 같이 느낀다.
③ 주시점이 가까운 좁은 시야에서는 더 빠른 것으로 느낀다.
④ 주행 중 급정거 시 반대방향으로 움직이는 것처럼 보인다.

---

36 교통사고의 심리적 요인 중 예측의 실수 : 감정이 격앙된 경우, 고민거리가 있는 경우, 시간에 쫓기는 경우

37 ④ 원근의 착각 : 작은 것과 덜 밝은 것은 멀리 있는 것으로 느껴짐
① 크기의 착각 : 어두운 곳에서는 가로 폭보다 세로 폭을 넓은 것으로 판단함
② 속도의 착각 : 좁은 시야에서는 빠르게, 비교 대상이 먼 곳에 있을 때는 느리게 느껴짐
③ 상반의 착각 : 급정거 시 반대로 움직이는 것처럼 보임, 큰 물건들 가운데 있는 작은 물건은 더 작아 보임

38 ② 작은 것과 덜 밝은 것은 멀리 있는 것으로 느껴짐
① 착각의 정도는 사람에 따라 다소 차이가 있음
③ 오름 경사는 실제보다 크게, 내림경사는 실제보다 작게 보임
④ 주시점이 가까운 좁은 시야에서는 빠르게, 비교 대상이 먼 곳에 있을 때는 느리게 느껴짐

39 속도의 착각 : 주시점이 가까운 좁은 시야에서는 빠르게, 비교 대상이 먼 곳에 있을 때는 느리게 느껴진다.

40 착각
- 원근의 착각 : 작은 것은 멀리 있는 것 같이, 덜 밝은 것은 멀리 있는 것으로 느껴짐
- 경사의 착각 : 작은 경사와 내림경사는 실제보다 작게, 큰 경사와 오름경사는 실제보다 크게 보임
- 속도의 착각 : 주시점이 가까운 좁은 시야에서는 빠르게, 비교 대상이 먼 곳에 있을 때는 느리게 느껴짐
- 상반의 착각 : 주행 중 급정거 시 반대방향으로 움직이는 것처럼 보임, 큰 물건들 가운데 있는 작은 물건은 작은 물건들 가운데 있는 것보다 작아 보임

정답 36 ④ 37 ④ 38 ② 39 ② 40 ①

41 단순한 운전피로가 아닌 정신적, 심리적 피로에 대한 설명으로 맞는 것은?

① 단순한 운전피로와 동일하게 회복이 용이하다.
② 반드시 약물을 이용해 피로를 회복할 수 있다.
③ 신체적 부담에 의한 일반적 피로보다 회복시간이 길다.
④ 신체적 부담에 의해 느끼는 피로이다.

41 피로는 운전 작업의 생략이나 착오가 발생할 수 있다는 위험신호이다. 단순한 운전피로는 휴식으로 회복되나, 정신적·심리적 피로는 신체적 부담에 의한 일반적 피로보다 회복시간이 길다.

42 운전피로의 특징에 대한 설명으로 틀린 것은?

① 피로의 증상은 전신에 걸쳐 나타나고 대뇌의 피로(나른함, 불쾌감 등)를 불러온다.
② 피로는 운전 작업의 생략이나 착오가 발생할 수 있다는 위험신호를 뜻한다.
③ 단순한 운전피로는 일반적으로 휴식으로 회복될 수 있다.
④ 정신적·심리적 피로는 신체적 부담에 의한 일반적 피로보다 회복이 빠르다.

42 운전피로의 특징 : 피로의 증상은 전신에 걸쳐 나타나고 대뇌의 피로(나른함, 불쾌감 등)를 불러온다. 피로는 운전 작업의 생략이나 착오가 발생할 수 있다는 위험신호이다. 단순한 운전피로는 휴식으로 회복되나 정신적·심리적 피로는 신체적 부담에 의한 일반적 피로보다 회복시간이 길다.

43 운전피로가 발생할 수 있는 주요 요인과 가장 관련이 없는 것은?

① 차량 요인
② 생활 요인
③ 운전 작업 중의 요인
④ 운전자 요인

43 운전피로의 요인 : 수면·생활환경 등 생활 요인, 차내환경·차외환경·운행조건 등 운전 작업 중의 요인, 신체조건·경험조건·연령조건·성별조건·성격·질병 등의 운전자 요인 등 3요인으로 구성된다.

44 운전피로의 3가지 요인이 아닌 것은?

① 생활 요인
② 운전작업 중의 요인
③ 운전자 요인
④ 운전 전 요인

44 운전피로는 생활 요인, 운전작업 중의 요인, 운전자 요인 등 3요인으로 구성된다.

45 운전피로의 운전자 요인으로 맞지 않는 것은?

① 신체조건
② 연령조건
③ 질병
④ 운행조건

45 운전피로의 3요인 중 하나인 운전자 요인에 해당하는 것으로는, 신체조건과 경험조건, 연령조건, 성별조건, 성격, 질병 등이 있다. 운행조건과 차내·외 환경은 운전 작업 중의 요인에 해당하며, 수면·생활환경 등은 생활 요인에 해당한다.

정답 41 ③ 42 ④ 43 ① 44 ④ 45 ④

46 운전조작의 잘못, 주의력 집중의 편재 등을 불러와 교통사고의 직접·간접원인이 되는 것은 무엇인가?

① 경사의 착각
② 원근 구별능력의 약화
③ 상반의 착각
④ 운전피로

46 운전피로 : 피로는 운전 작업의 생략이나 착오가 발생할 수 있다는 위험신호, 대체로 운전조작의 잘못, 주의력 집중의 편재, 외부의 정보를 차단하는 졸음 등을 불러와 교통사고의 직접·간접원인이 된다.

47 운전피로로 인한 교통사고의 원인이 아닌 것은?

① 운전조작 잘못
② 외부정보의 차단
③ 주의력 집중
④ 졸음운전

47 운전피로와 교통사고 : 운전피로는 운전조작의 잘못, 주의력 집중의 편재, 외부의 정보를 차단하는 졸음 등을 불러와 교통사고의 직·간접원인이 된다.

48 피로에 의한 운전착오 현상이 아닌 것은?

① 차내·외 교통정보를 효율적으로 입수할 수 있다.
② 운전기능 저하, 판단착오, 작업단절 현상을 초래할 수 있다.
③ 각성수준의 저하나 졸음을 초래할 수 있다.
④ 운전 중 난폭한 운전을 할 수 있다.

48 ① 피로가 쌓이면 졸음상태가 되어 차내·외의 정보를 효과적으로 입수하지 못함
② 운전피로의 증가로 운전기능 저하, 판단착오, 작업단절 현상을 초래함
③ 운전착오는 심야에서 새벽사이에 많이 발생하는데, 이는 각성수준의 저하 및 졸음과 관련됨
④ 운전피로에 정서적·신체적 부적응이 가중되면 난폭하며 방만한 운전을 하게 됨

49 다음 중 교통사고 발생과 관련된 운전자의 상태에 해당하지 않는 것은?

① 운전피로
② 충분한 휴식
③ 장시간 연속운전
④ 수면부족

49 교통사고 발생과 관련된 운전자의 상태 : 운전피로, 장시간 연속운전, 수면부족 등

50 보행 중 교통사고 사망자 구성비가 가장 높은 국가는?

① 미국
② 프랑스
③ 일본
④ 대한민국

50 교통사고 사망자 구성비는 2013년 통계로 우리나라가 38.9%, 미국 14.5%, 프랑스 14.2%, 일본 36.2%이며, OECD 평균은 18.8%이다.

정답 46 ④ 47 ③ 48 ① 49 ② 50 ④

51 차대 사람의 교통사고 횡단사고 위험이 가장 큰 유형은?

① 무단 횡단
② 횡단보도 횡단
③ 보행신호준수 횡단
④ 육교 위 횡단

51 차대 사람의 사고가 가장 많은 보행유형은 횡단 중의 사고이며, 횡단 사고 중 지정된 횡단보도나 건널목을 통하지 않고 횡단하거나 신호를 지키지 않고 건너는 무단 횡단에 따른 사고가 가장 많다.

52 보행자 교통사고 특성에 대한 설명으로 옳지 않은 것은?

① 횡단 중에 발생하는 사고 비율이 가장 높다.
② 연령층별 보행자 사고는 어린이와 노약자가 높은 비중을 차지한다.
③ 횡단 중 한쪽 방향에만 주의를 기울이는 것은 교통정보 인지 결함의 원인이다.
④ 보행자 사고 요인 중 교통상황 정보를 제대로 인지하지 못한 경우가 가장 적다.

52 ④ 보행자 사고의 요인은 교통상황 정보를 제대로 인지하지 못한 경우가 가장 많고, 판단착오, 동작착오의 순서로 많다.
① 차대 사람의 사고가 가장 많은 유형은 횡단 중의 사고이다.
② 연령층별로는 어린이와 노약자가 높은 비중을 차지한다.
③ 한쪽 방향에만 주의를 기울이거나 동행자와 이야기에 열중하는 것은 교통정보 인지 결함의 원인에 해당한다.

53 교통사고 발생의 보행자 요인 중 많은 부분을 차지하고 있는 것을 순서대로 옳게 배열한 것은?

① 판단착오 - 동작착오 - 교통상황정보 미인지
② 동작착오 - 판단착오 - 교통상황정보 미인지
③ 교통상황정보 미인지 - 판단착오 - 동작착오
④ 교통상황정보 미인지 - 동작착오 - 판단착오

53 보행자 사고의 요인 : 교통사고 당시의 보행자 요인은 교통상황 정보를 제대로 인지하지 못한 경우가 가장 많고, 다음으로 판단착오, 동작착오의 순으로 많다.

54 과다 음주의 문제점으로 볼 수 없는 것은?

① 각종 질병 유발
② 반사회적 행동
③ 교통법규 준수
④ 교통사고 유발

54 과다 음주의 문제점 : 많은 질환·질병을 초래, 교통사고의 유발 및 위험 증가, 반사회적 행동·정신장애·약물남용·우울증·자살 등과 관련

55 과다 음주의 문제점에 해당하지 않는 것은?

① 간질환, 위염, 고혈압, 심장병 등 많은 질환을 일으킨다.
② 반사회적 행동과 정신장애를 유발할 가능성이 높다.
③ 음주운전은 개인적·사회적으로 큰 손실을 초래한다.
④ 우울증과 자살은 음주와 밀접한 관련이 없다.

55 과다 음주의 문제점
- 질병 : 과다 음주는 신체의 거의 모든 부분에 영향을 미쳐 각종 질환·질병을 일으킴
- 행동 및 심리 : 반사회적 행동, 정신장애, 약물 남용, 강박신경증 등을 유발할 가능성이 높고, 우울증과 자살도 음주와 밀접한 관련이 있음
- 교통사고 : 안전한 교통생활에 매우 부정적인 영향을 미치며, 개인적·사회적으로 치유하기 어려운 큰 손실을 초래

정답 51 ① 52 ④ 53 ③ 54 ③ 55 ④

56 다음 중 음주운전 교통사고의 특징으로 틀린 것은?

① 사고 발생 시 평균 치사율이 낮다.
② 주차 중인 자동차와 충돌할 가능성이 높다.
③ 도로변 시설물 등의 고정물체와 충돌할 가능성이 높다.
④ 차량단독사고의 가능성이 높다.

56 음주운전 교통사고의 특징
- 주차 중인 자동차와 같은 정지물체 등에 충돌할 가능성이 높다.
- 전신주, 도로변 시설물 등과 같은 고정물체와 충돌할 가능성이 높다
- 대향차의 전조등에 의한 현혹현상 발생 시 정상운전보다 교통사고 위험이 증가된다.
- 교통사고가 발생하면 치사율이 높다.
- 차량단독사고의 가능성이 높다.

57 고령 운전자들 젊은층 운전자와 비교한 설명으로 틀린 것은?

① 젊은층 운전자에 비하여 돌발사태에 대한 대응력이 미흡하다.
② 젊은층 운전자에 비하여 재빠른 판단과 동작능력이 뒤떨어진다.
③ 젊은층 운전자보다 신중하지만 보편적으로 과속을 훨씬 많이 한다.
④ 젊은층 운전자에 비하여 마주오는 차의 전조등 불빛에 대한 적응능력이 떨어진다.

57 고령자의 운전은 젊은 층에 비하여 상대적으로 신중하고, 과속을 하지 않는다.

58 고령자의 교통행동 설명 중 올바르지 않은 것은?

① 행동이 신중하여 모범적 교통 생활인으로서의 자질을 갖추고 있다.
② 시력·청력 등 감지기능이 약화되어 위급 시 회피능력이 둔화된다.
③ 야간의 어두운 조명이나 대향차가 비추는 밝은 조명에 적응능력이 상대적으로 부족하다.
④ 움직이는 물체에 대한 판별능력이 향상된다.

58 고령자의 교통행동
- 풍부한 지식·경험을 가지고 있으며, 행동이 신중하여 모범적 교통 생활인으로서의 자질을 갖추고 됨
- 운동능력이 떨어지고 시력·청력 등 감지기능이 약화되어 위급 시 회피능력이 둔화됨
- 움직이는 물체에 대한 판별능력이 저하되고, 어두운 조명이나 대향차가 비추는 밝은 조명에 적응능력이 상대적으로 부족함

59 고령자의 시각능력 중 여러 개의 사물 간 또는 사물과 배경을 식별하는 능력이 저하되는 경우를 무엇이라 하는가?

① 시력자체의 저하 현상
② 동체시력의 약화 현상
③ 원근 구별능력의 약화
④ 대비능력 저하

59 ④ 대비능력 저하 : 사물 간 또는 사물과 배경을 식별하는 능력이 저하
① 시력자체의 저하 : 자연퇴화 과정으로 시력저하
② 동체시력의 약화 : 움직이는 물체를 정확히 식별·인지하는 능력이 약화
③ 원근 구별능력의 약화, 눈부심에 대한 감수성 증가, 암순응에 필요한 시간 증가, 시야 감소 등

정답 **56** ① **57** ③ **58** ④ **59** ④

60 고령자의 시각능력 장애요인 중 움직이는 물체를 정확히 식별하고 인지하는 능력이 약화되는 현상은?

① 시력자체의 저하 현상
② 대비능력 저하 현상
③ 동체시력의 약화 현상
④ 눈부심에 대한 감수성 증가 현상

60 고령자의 시각능력 장애요인
- 시력자체의 저하현상 발생 : 자연퇴화 과정으로 다른 연령층보다 전반적으로 시력저하
- 대비능력 저하 : 사물 간 또는 사물과 배경을 식별하는 대비능력이 저하
- 동체시력의 약화 현상 : 움직이는 물체를 정확히 식별하고 인지하는 능력이 약화
- 암순응에 필요한 시간 증가 : 밝은 곳에서 어두운 곳으로 이동할 때 낮은 조도에 순응하는 능력인 암순응에 필요한 시간이 증가
- 눈부심에 대한 감수성이 증가 : 햇빛에 노출되거나 야간에 마주 오는 차의 전조등 불빛이 다가올 때 안구 속에서 산란을 일으켜 위험한 상황을 초래
- 시야 감소 현상 : 시야가 좁아져 시야 바깥에 있는 표지판·신호·차량·보행자들을 발견하지 못하는 경우가 증가

61 고령보행자의 보행행동 특성으로 옳지 않은 것은?

① 경음기를 울리면 즉시 반응을 보인다.
② 보행 궤적이 흔들거리며 보행 중 사선횡단을 하기도 한다.
③ 보행 시 상점이나 포스터를 보면서 걷는 경향이 있다.
④ 소리 나는 방향을 주시하지 않는 경향이 있다.

61 ① 고착화된 자기 경직성을 띰(경음기를 울려도 반응을 보이지 않는 경향이 증가)
② 보행 궤적이 흔들거리며 사선횡단을 하기도 함
③ 보행 시 상점이나 포스터를 보면서 걷는 경향이 있음
④ 정면 차량을 회피할 수 있는 여력을 갖지 못하며, 소리 나는 방향을 주시하지 않는 경향이 있음

62 고령 보행자의 교통사고 방지를 위한 사항과 거리가 먼 것은?

① 필요시는 보청기를 착용한다.
② 단독보다는 다수 또는 부축을 받아 도로를 횡단한다.
③ 도로 횡단 시 전방만 주시한다.
④ 야간에 운전자들의 눈에 잘 보이는 의복을 갖춘다.

62 고령 보행자의 교통안전 계몽 사항
- 필요시 안경 및 보청기 착용
- 단독보다는 다수 또는 부축을 받아 도로를 횡단
- 야간에 운전자들의 눈에 잘 보이게 의복 등의 착용
- 도로 횡단 시 2륜자동차(모터사이클)를 잘 살핌

63 어린이의 행동특성에 대한 설명으로 옳지 않은 것은?

① 모방행동이 적다.
② 주의력과 판단력이 부족하다.
③ 사고방식이 단순하다.
④ 모험심이 강하다.

63 어린이의 교통행동 특성 : 교통상황에 대한 주의력과 판단력이 부족하고 모방행동이 많음, 사고방식이 단순하고 추상적인 말은 잘 이해하지 못하는 경우가 많음, 호기심이 많고 모험심이 강함 등

정답 60 ③ 61 ① 62 ③ 63 ①

64 어린이의 일반적인 교통행동 특성으로 옳지 않은 것은?

① 사고방식이 복잡하고 충동적이다.
② 교통상황에 대한 주의력이 부족하다.
③ 판단력이 부족하고 모방행동이 많다.
④ 추상적인 말은 잘 이해하지 못하는 경우가 있다.

64 어린이의 교통행동 특성
- 교통상황에 대한 주의력과 판단력이 부족하고 모방행동이 많다.
- 사고방식이 단순하고, 추상적인 말은 잘 이해하지 못하는 경우가 많다.
- 호기심이 많고 모험심이 강하다.
- 눈에 보이지 않는 것은 없다고 생각하며, 제한된 주의 및 지각 능력을 가지고 있다.
- 감정을 억제하거나 참아내는 능력이 약하다.

65 교통사고와 밀접한 어린이의 행동 유형이 아닌 것은?

① 도로에 갑자기 뛰어들기
② 도로횡단 중 부주의
③ 승용차 뒷좌석 탑승
④ 도로상에서의 놀이

65 어린이들이 당하기 쉬운 교통사고 유형
- 도로에 갑자기 뛰어들기
- 도로 횡단 중의 부주의
- 도로상에서 위험한 놀이
- 자전거 사고, 차내 안전사고

66 다음 중 교통사고 상황 등을 기록하는 자동차의 부속장치 중 하나의 전자식 장치는?

① 운행기록 장치
② 전자운행속도 장치
③ 교통사고기록 장치
④ 블랙박스 장치

66 운행기록 장치는 자동차의 속도, 위치, 주행거리 및 교통사고 상황 등을 기록하는 자동차의 부속장치 중 하나인 전자식 장치를 말한다.

67 사업용자동차 운전자의 위험운전 행태분석을 위한 위험운전 행동의 유형에 포함되지 않는 것은?

① 과속 유형
② 급가속 유형
③ 급회전 유형
④ 졸음운전

67 위험운전행동 기준 및 유형
- 과속 유형 : 과속, 장기과속
- 급가속 유형 : 급가속, 급출발
- 급감속 유형 : 급감속, 급정지
- 급차로 변경유형 : 급진로변경, 급앞지르기
- 급회전 유형 : 급좌우회전, 급U턴
- 연속운전

68 위험운전행동 중 급진로 변경 유형에 해당하지 않는 설명은?

① 속도가 느린 상태에서 옆 차로로 진행하기 위해 진로변경을 시도하는 경우 급 앞지르기가 발생하기 쉽다.
② 진로를 변경하고자 하는 차로의 전방뿐만 아니라 후방의 교통 상황도 충분하게 고려하고 반영하는 운전 습관이 중요하다.
③ 화물자동차는 가속능력이 떨어지고 차폭이 승용차보다 크며, 적재물로 인해 후방 시야확보의 한계가 있으므로, 급진로변경은 다른 차량에 큰 위협이 된다.
④ 화물자동차의 급진로변경은 다른 차량과의 충돌 뿐 아니라 횡단보도상의 보행자나 이륜차, 자전거와 사고를 유발할 수 있다.

68 화물자동차의 급우회전(급회전 유형)은 다른 차량과의 충돌 뿐 아니라 도로를 횡단하고 있는 횡단보도상의 보행자나 이륜차, 자전거와 사고를 유발할 수 있다

급차로 변경유형 : 급앞지르기, 급진로변경
- 속도가 느린 상태에서 옆 차로로 진행하기 위해 진로변경을 시도하는 경우 급 앞지르기가 발생하기 쉽다.
- 진로를 변경하고자 하는 차로의 전방뿐만 아니라 후방의 교통 상황도 충분하게 고려하고 반영하는 운전 습관이 중요하다.
- 화물자동차는 차체가 높고 중량이 많이 나가기 때문에 급진로 변경은 차량의 전도 및 전복을 야기할 수 있다.
- 화물자동차는 가속능력이 떨어지고 차폭이 승용차의 1.3배에 달하며 적재물로 인해 후방 시야확보의 한계가 있으므로, 급진로변경은 다른 차량에 큰 위협이 된다.

정답 64 ① 65 ③ 66 ① 67 ④ 68 ④

69 풋 브레이크에 대한 설명으로 적합하지 않은 것은?

① 주행 중에 발로 조작하는 주제동장치이다.
② 브레이크 페달을 밟으면 브레이크액이 휠 실린더로 전달된다.
③ 휠 실린더의 피스톤에 의해 브레이크 라이닝을 밀어준다.
④ 엔진의 저항력으로 속도를 줄일 때 사용한다.

70 가속페달을 놓거나 저단기어로 바꿈으로써 자동차의 속도가 떨어지게 하는 것은?

① 엔진 브레이크 ② 주차 브레이크
③ 풋 브레이크   ④ ABS

71 제동 시 바퀴가 잠기는 현상을 방지하여 제동 안정성을 높이고 핸들의 조종이 용이하도록 하는 제동장치는?

① ABS   ② 주차 브레이크
③ 풋 브레이크 ④ 엔진 브레이크

72 엔진에서 발생한 동력이 최종적으로 바퀴에 전달되어 자동차가 노면 위를 달리는데 필요한 장치는?

① 조향장치 ② 현가장치
③ 주행장치 ④ 제동장치

73 타이어와 함께 차량의 중량을 지지하고 구동력과 제동력을 지면에 전달하는 것은?

① 휠(wheel)
② ABS(Anti-lock Brake System)
③ 핸들(steering wheel)
④ 바운싱(Bouncing)

---

69 풋 브레이크는 주행 중에 발로써 조작하는 주제동장치로서, 브레이크 페달을 밟으면 브레이크액이 압축되어 휠 실린더로 전달되며, 휠 실린더의 피스톤에 의해 브레이크 라이닝을 밀어 주어 드럼을 잡아 멈추게 한다. 엔진의 회전저항으로 제동력이 발생하는 것은 엔진 브레이크이다.

70 ① 엔진 브레이크 : 가속페달을 놓거나 저단기어로 바꾸게 되면 엔진 브레이크가 작용하여 속도가 떨어지게 됨(내리막길에서 풋 브레이크만 사용하면 제동력이 떨어지므로 엔진 브레이크를 사용)
② 주차 브레이크 : 차를 주·정차시킬 때 사용하는 제동장치
③ 풋 브레이크 : 주행 중에 발로써 조작하는 주 제동장치
④ ABS : 브레이크를 밟을 때 바퀴가 잠기는 현상을 감지한 뒤 브레이크를 풀어주고, 다시 브레이크를 작동해 바퀴가 잠기도록 반복하면서 제동력을 제어하는 제동장치

71 ① ABS : 급제동 시 바퀴가 잠기는 현상을 감지한 뒤 브레이크를 풀어주고 다시 브레이크를 작동해 바퀴가 잠기도록 반복하면서 제동 안정성을 확보할 수 있도록 한 제동장치로, 제동 시에 바퀴를 록(lock)시키지 않음으로써 핸들의 조종이 용이하도록 함
② 주차 브레이크 : 차를 주·정차시킬 때 사용하는 제동장치
③ 풋 브레이크 : 주행 중에 발로써 조작하는 주 제동장치
④ 엔진 브레이크 : 가속페달을 놓거나 저단기어로 바꾸게 되면 엔진 브레이크가 작용하여 속도가 떨어지게 됨

72 주행장치 : 엔진에서 발생한 동력이 최종적으로 바퀴에 전달되어 자동차가 노면 위를 달리는데 필요한 장치이며, 휠과 타이어가 이에 속한다.

73 휠(wheel) : 타이어와 함께 차량의 중량을 지지하고 구동력과 제동력을 지면에 전달하는 역할을 한다. 휠은 무게가 가볍고 충격·측력에 견딜 수 있는 강성이 있어야 하고, 열을 흡수하여 대기로 잘 방출시켜야 한다.

정답 69 ④ 70 ① 71 ① 72 ③ 73 ①

74 조향장치 중 앞바퀴 정렬과 관련된 조향각 설정기준이 아닌 것은?

① 토우인　　② 노즈 다운
③ 캠버　　　④ 캐스터

74 조향장치(앞바퀴 정렬)
- 토우인 : 앞바퀴를 위에서 보았을 때 앞쪽이 뒤쪽보다 좁은 상태
- 캠버 : 자동차를 앞에서 보았을 때, 위쪽이 아래보다 약간 바깥쪽으로 기울어져 있는 것을 (+)캠버라고 하고, 약간 안쪽으로 기울어져 있는 것을 (-)캠버라 함
- 캐스터 : 자동차를 옆에서 보았을 때 킹핀의 중심선이 약간 뒤로 기울어져 있는 것

75 토우인(Toe-in)의 주요 역할로 볼 수 없는 것은?

① 주행 중 타이어가 바깥쪽으로 벌어지는 것을 방지한다.
② 캠버에 의해 토아웃(Toe-out) 되는 것을 방지한다.
③ 핸들조작을 가볍게 하고 수직방향 하중에 의해 앞차축의 휨을 방지한다.
④ 주행저항 및 구동력의 반력으로 토아웃 되는 것을 방지한다.

75 토우인(Toe-in) : 앞바퀴를 위에서 보았을 때 앞쪽이 뒤쪽보다 좁은 상태를 말한다. 이것은 타이어의 마모를 방지하기 위해 있는 것인데, 바퀴를 원활하게 회전시켜 핸들의 조작을 용이하게 한다. 토우인은 주행 중 타이어가 바깥쪽으로 벌어지는 것을 방지하고, 캠버에 의해 토아웃(Toe-out) 되는 것을 방지하며, 주행저항 및 구동력의 반력으로 토아웃 되는 것을 방지하여 타이어 마모를 방지한다. 수직방향 하중에 의해 앞차축의 휨을 방지하는 것은 캠버의 역할이다.

76 앞바퀴를 앞에서 보았을 때, 위쪽이 아래보다 약간 안쪽으로 기울어져 있는 상태를 말하는 것은?

① 토우인　　② (-)캠버
③ 토아웃　　④ (+)캠버

76 조향장치
- 토우인(Toe-in) : 자동차를 앞바퀴를 위에서 보았을 때 앞쪽이 뒤쪽보다 좁은 상태를 말한다. 토우인은 주행 중 타이어가 바깥쪽으로 벌어지는 것을 방지하고, 캠버에 의해 토아웃(Toe-out) 되는 것을 방지한다.
- 캠버(Camber) : 앞에서 보았을 때, 위쪽이 아래보다 약간 바깥쪽으로 기울어져 있는 것을 (+)캠버라고 하고, 위쪽이 아래보다 약간 안쪽으로 기울어져 있는 것을 (-)캠버라고 한다.

77 자동차를 옆에서 보았을 때 차축과 연결되는 킹핀의 중심선이 약간 뒤로 기울어져 있는 것을 무엇이라 하는가?

① 토우인　　② 캠버
③ 캐스터　　④ 로커암

77 캐스터(Caster) : 자동차를 옆에서 보았을 때 차축과 연결되는 킹핀의 중심선이 약간 뒤로 기울어져 있는 것을 말하는데, 이것은 앞바퀴에 직진성을 부여하여 차의 롤링을 방지하고 핸들의 복원성을 좋게 하기 위하여 필요하다.

78 자동차에 사용하는 현가장치의 유형이 아닌 것은?

① 판 스프링　　② 휠 실린더
③ 코일 스프링　④ 공기 스프링

78 현가장치 : 차량의 무게를 지탱하여 차체가 직접 차축에 얹히지 않도록 해주고 도로충격을 흡수하여 운전자와 화물에 더 유연한 승차를 제공하는 장치로, 유형에는 판 스프링, 코일 스프링, 비틀림 막대 스프링, 공기 스프링, 충격흡수장치(쇽 업소버, Shock absorber) 등이 있다.

정답　74 ②　75 ③　76 ②　77 ③　78 ②

79 원심력에 대한 설명으로 옳지 않은 것은?

① 원심력은 중심으로부터 벗어나려는 힘이다.
② 원심력은 속도가 빠를수록 증가한다.
③ 원심력은 속도의 제곱에 비례한다.
④ 원심력은 커브가 클수록 증가한다.

80 자동차의 도로 이탈 사고를 초래할 수 있는 원심력에 대한 설명으로 옳지 않은 것은?

① 원심력은 자동차 속도와 관계없다.
② 원심력은 곡선 반경(커브 반경)이 커질수록 작아진다.
③ 원심력은 자동차의 중량이 무거울수록 커진다.
④ 원심력은 자동차 속도의 제곱에 비례하여 커진다.

81 원심력에 의한 곡선로 주행 중 사고예방을 위한 방안으로 옳지 않은 것은?

① 커브에 진입하기 전에 속도를 줄여야 한다.
② 커브가 예각을 이룰수록 원심력은 커지므로 커브에서 더 감속하여야 한다.
③ 노면이 젖어있거나 얼어 있으면 안전속도는 보다 저속이 된다.
④ 비포장도로는 노면경사에 관계없이 정상속도로 운행해도 된다.

82 타이어의 회전속도가 빨라지면 접지부에서 받은 타이어의 변형이 다음 접지 시점까지도 복원되지 않는 현상을 무엇이라 하는가?

① 수막현상
② 페이드 현상
③ 스탠딩 웨이브 현상
④ 베이퍼 록 현상

---

79 원심력
- 원심력은 원의 중심으로부터 벗어나려는 힘이다.
- 원심력은 속도가 빠를수록, 커브(곡선반경)가 작을수록, 중량이 무거울수록 커지게 되는데, 특히 속도의 제곱에 비례해서 커진다.
- 커브에 진입하기 전에 속도를 줄여 노면에 대한 타이어의 접지력이 원심력을 안전하게 극복할 수 있도록 하여야 한다.
- 커브가 예각을 이룰수록 원심력은 커지므로, 안전하게 회전하려면 커브에서 더 감속하여야 한다.

80 원심력은 속도가 빠를수록, 커브(곡선반경)가 작을수록, 중량이 무거울수록 커지게 된다. 특히 속도의 제곱에 비례해서 커진다.

81 원심력
- 원심력은 속도가 빠를수록, 커브가 작을수록, 중량이 무거울수록 커지게 되는데, 특히 속도의 제곱에 비례해서 커짐
- 커브에 진입하기 전에 속도를 줄여 노면에 대한 타이어의 접지력이 원심력을 안전하게 극복할 수 있도록 해야 함
- 커브가 예각을 이룰수록 원심력은 커지므로 커브에서 더 감속하여야 함
- 노면이 젖어있거나 얼어 있으면 타이어의 접지력은 감소하므로, 안전속도는 보다 저속이 됨
- 비포장도로는 도로의 가운데가 높고 가장자리로 갈수록 낮아지는 곳이 많은데, 이러한 도로는 커브에서 원심력이 더 커질 수 있으므로 노면경사에 따라 속도를 줄여야 함

82 ③ 스탠딩 웨이브 : 타이어 회전속도가 빨라지면 접지부에서 받은 변형(주름)이 다음 접지 시점까지도 복원되지 않고 진동의 물결이 일어나는 현상
① 수막현상 : 물이 고인 노면을 고속으로 주행할 때 그루브(타이어 홈) 사이의 배수기능이 감소되어 미끄러지듯이 되는 현상
② 페이드 현상 : 비탈길을 내려가는 경우 브레이크를 반복 사용하면 마찰열이 라이닝에 축적되어 제동력이 저하되는 현상
④ 베이퍼 록 현상 : 열에 의해 액체가 증기(베이퍼)로 되어 기능이 상실되는 현상(브레이크액이 기화하여 페달을 밟아도 유압이 전달되지 않아 작동되지 않는 현상)

정답 79 ④ 80 ① 81 ④ 82 ③

83 스탠딩 웨이브 현상을 예방하기 위한 방안으로 가장 적절한 것은?

① 타이어 공기압을 낮춘다.
② 타이어 공기압을 높인다.
③ 속도를 높인다.
④ 전방을 주의 깊게 주시한다.

84 자동차의 수막현상(Hydroplaning)을 예방하는 방법 중 옳지 않은 것은?

① 보통의 경우보다 공기압을 조금 낮게 한다.
② 배수효과가 좋은 타이어를 사용한다.
③ 고속으로 주행하지 않는다.
④ 마모된 타이어를 사용하지 않는다.

85 수막현상(Hydroplaning)에 대한 설명 중 바르지 않은 것은?

① 수막현상을 방지하기 위해서는 자동차의 속도를 높인다.
② 수막현상이 발생하는 경우 핸들로 자동차를 통제할 수 없게 된다.
③ 수막에 의해 타이어가 노면으로부터 떨어지는 현상이다.
④ 수상스키와 같은 원리가 적용된다.

86 유압식 브레이크의 휠실린더나 브레이크 파이프 속에서 브레이크액이 기화되어 유압이 전달되지 않아 브레이크가 작용하지 않는 현상은?

① 스탠딩 웨이브(Standing wave) 현상
② 페이드(Fade) 현상
③ 모닝 록(Morning lock) 현상
④ 베이퍼 록(Vapour lock) 현상

87 비가 오거나 습도가 높은 날 브레이크 드럼에 미세한 녹이 발생하여 브레이크가 예민하게 작동하는 현상은?

① 페이드(Fade) 현상
② 수막현상(Hydroplaning)
③ 모닝 록(Morning lock)
④ 베이퍼 록(Vapour lock)

---

83 스탠딩 웨이브는 타이어의 회전속도가 빨라지면 접지부에서 받은 타이어의 변형(주름)이 다음 접지 시점까지도 복원되지 않는 현상이다. 스탠딩 웨이브 현상을 예방하기 위해서 속도를 맞추거나 공기압을 높이는 등의 주의가 필요하다.

84 수막현상을 예방하기 위해서는 고속으로 주행하지 않고 마모된 타이어를 사용하지 않으며, 공기압을 조금 높게 하고, 배수효과가 좋은 타이어를 사용하여야 한다.

85 수막현상은 자동차가 물이 고인 노면을 고속으로 주행할 때 그루브 사이에 있는 물을 배수하는 기능이 감소되어 노면으로부터 떠올라 미끄러지는 현상을 말한다. 수막현상을 예방하기 위해서는 고속으로 주행하지 않고 마모된 타이어를 사용하지 않으며, 공기압을 조금 높게 하고 배수효과가 좋은 타이어를 사용하여야 한다.

86
- 베이퍼 록 : 휠 실린더나 브레이크 파이프 속에서 브레이크액이 기화하여 페달을 밟아도 스펀지를 밟는 듯 유압이 전달되지 않아 브레이크가 작용하지 않는 현상
- 모닝 록 : 비가 자주오거나 습도가 높은 날, 또는 오래 주차한 후에는 브레이크 드럼에 미세한 녹이 발생하는 현상

87 모닝 록 : 비가 자주오거나 습도가 높은 날, 또는 오랜 시간 주차한 후에는 브레이크 드럼에 미세한 녹이 발생하는 현상으로, 이 현상이 발생하면 평소보다 브레이크가 지나치게 예민하게 작동된다.

정답 83 ② 84 ① 85 ① 86 ④ 87 ③

88 수막현상이 발생하는 원인으로 볼 수 없는 것은?

① 자동차의 속도
② 타이어의 마모 정도
③ 브레이크액의 용량
④ 노면의 물기 정도

> 88 수막현상의 발생원인 : 자동차의 속도, 타이어의 마모 정도, 노면의 거침(포장상태) 및 물기의 정도

89 수막현상(Hydroplaning) 발생과 관련이 없는 것은?

① 노면의 포장상태
② 타이어의 마모 정도
③ 신호기 설치 유무
④ 자동차의 속도

> 89 수막현상은 자동차가 물이 고인 노면을 주행할 때 타이어 그루브 사이에 물을 배수하는 기능이 감소되어 물의 저항에 의해 떠올라 미끄러지듯이 되는 현상을 말한다. 수막현상이 발생하는 원인은 자동차의 속도, 타이어의 마모 정도, 노면의 거침(포장상태) 및 물기의 정도 등이다.

90 타이어의 마모에 영향을 주는 주된 요인이 아닌 것은?

① 차량 색상
② 타이어 공기압
③ 차량 하중
④ 주행 속도

> 90 타이어 마모에 영향을 미치는 요인으로는 타이어 공기압, 차량 하중, 주행 속도, 커브, 브레이크, 도로 조건, 대기온도, 운전습관 등이 있다.

91 자동차 주행 중 발생하는 좌우 방향의 진동을 무엇이라 하는가?

① 바운싱(Bouncing)
② 피칭(Pitching)
③ 롤링(Rolling)
④ 요잉(Yawing)

> 91 ③ 롤링(좌우 진동) : 차체가 X축을 중심으로 하여 회전운동(좌우로 기울어지는 현상)
> ① 바운싱(상하 진동) : 차체가 Z축 방향과 평행운동
> ② 피칭(앞뒤 진동) : Y축을 중심으로 한 회전운동
> ④ 요잉(차체 후부 진동) : Z축을 중심으로 한 회전운동

92 다이브(Dive) 현상이라고도 하고 자동차를 제동할 때 앞 범퍼 부분이 내려가는 현상은?

① 피칭(Pitching)
② 바운싱(Bouncing)
③ 노즈 다운(Nose down)
④ 노즈 업(Nose up)

> 92 노즈 다운은 자동차를 제동할 때 바퀴는 정지하려하고 차체는 관성에 의해 앞 범퍼 부분이 내려가는 현상을 말하며, 다이브(Dive) 현상이라고도 한다. 노즈 업은 자동차가 출발할 때 구동 바퀴는 이동하려 하지만 차체는 정지하고 있기 때문에 앞 범퍼 부분이 들리는 현상을 말하며, 스쿼트(Squat) 현상이라고도 한다.

정답 88 ③ 89 ③ 90 ① 91 ③ 92 ③

93 자동차가 곡선 주행 시 선회 특성 및 방향 안정성과 관련된 사항으로 옳지 않은 것은?

① 오버 스티어링의 자동차가 방향 안정성이 큰 것이 일반적이다.
② 앞바퀴의 사이드슬립 각도가 뒷바퀴의 사이드슬립 각도보다 작을 때는 오버 스티어링 현상이 발생한다.
③ 앞바퀴의 사이드슬립 각도가 뒷바퀴의 사이드슬립 각도보다 클 때는 언더 스티어링 현상이 발생한다.
④ 아스팔트 포장도로를 장시간 고속 주행할 경우 옆 방향의 바람에 대한 영향이 적은 언더 스티어링이 유리하다.

93 선회 특성과 방향 안정성
- 일반적으로 언더 스티어링의 자동차가 방향 안정성이 큼
- 오버 스티어링은 앞바퀴의 사이드슬립 각도가 뒷바퀴의 사이드슬립 각도보다 작을 때 발생
- 언더 스티어링은 앞바퀴의 사이드슬립 각도가 뒷바퀴의 사이드슬립 각도보다 클 때 발생
- 아스팔트 포장도로를 장시간 고속 주행할 경우 옆 방향의 바람에 대한 영향이 적은 언더 스티어링이 유리

94 외륜차(外輪差)가 가장 크게 발생하는 차는?
① 이륜차　② 대형차
③ 중형차　④ 소형차

94 자동차 핸들을 우측으로 돌렸을 경우 뒷바퀴의 연장선상의 한 점을 중심으로 바퀴가 동심원을 그리게 되는데, 앞바퀴의 안쪽과 뒷바퀴의 안쪽과의 차이를 내륜차(內輪差)라 하고 바깥 바퀴의 차이를 외륜차(外輪差)라고 한다. 대형차일수록 이 차이는 크다.

95 고속도로에서 고속주행 시 주변의 경관이 흐르는 선처럼 보이는 현상은?
① 수막현상　② 모닝 록 현상
③ 페이드 현상　④ 유체자극 현상

95 유체자극 현상 : 고속도로에서 고속으로 주행하게 되면 노면과 좌·우에 있는 풍경이 마치 물이 흐르듯 한 느낌을 받는다. 속도가 빠를수록 자극은 더해지며 주변의 경관은 흐르는 선과 같이 되어 눈을 자극하는데, 이러한 현상을 유체자극이라 한다.

96 운전자가 자동차를 정지시켜야 할 상황임을 지각하고 브레이크 페달로 발을 옮겨 브레이크가 작동을 시작하는 순간까지의 시간을 무엇이라고 하는가?
① 공주시간　② 제동시간
③ 정지시간　④ 주행시간

96
- 공주시간 : 운전자가 자동차를 정지시켜야 할 상황임을 지각하고 브레이크 페달로 발을 옮겨 브레이크가 작동을 시작하는 순간까지의 시간
- 제동시간 : 브레이크에 발을 올려 브레이크가 막 작동을 시작하는 순간부터 자동차가 완전히 정지할 때까지의 시간
- 정지시간 : 위험을 인지하고 자동차를 정지시키려고 시작하는 순간부터 자동차가 완전히 정지할 때까지의 시간으로, 공주시간과 제동시간을 합한 시간을 말함

97 운전자가 자동차를 정지시켜야 할 상황임을 지각하고 브레이크 페달로 발을 옮겨 브레이크가 작동을 시작하는 순간까지의 진행한 거리를 무엇이라고 하는가?
① 이동거리　② 정지거리
③ 공주거리　④ 제동거리

97
- 공주거리 : 운전자가 자동차를 정지시켜야 할 상황임을 지각하고 브레이크 페달로 발을 옮겨 브레이크가 작동을 시작하는 순간까지 진행한 거리
- 제동거리 : 브레이크에 발을 올려 막 작동을 시작하는 순간부터 자동차가 완전히 정지할 때까지 진행한 거리
- 정지거리 : 위험을 인지하고 자동차를 정지시키려 시작하는 순간부터 자동차가 완전히 정지할 때까지 진행한 거리(공주거리와 제동거리를 합한 거리)

정답　93 ①　94 ②　95 ④　96 ①　97 ③

98 운전자가 브레이크에 발을 올려 작동을 시작하는 순간부터 자동차가 완전히 정지할 때까지 진행한 거리를 무엇이라고 하는가?

① 제동거리 ② 정지거리
③ 이동거리 ④ 공주거리

98 운전자가 브레이크에 발을 올려 브레이크가 막 작동을 시작하는 순간부터 자동차가 완전히 정지할 때까지의 시간을 제동시간이라고 하며, 이때까지 진행한 거리를 제동거리라고 한다.

99 자동차의 정지거리를 의미하는 것은?

① 공주거리 + 제동거리
② 제동거리 + 주행거리
③ 공주거리 + 주행거리
④ 공주거리 + 감속거리

99 정지거리와 정지시간 : 위험을 인지하고 자동차를 정지시키려고 시작하는 순간부터 자동차가 완전히 정지할 때까지 자동차가 진행한 거리를 정지거리라 하고, 이때까지의 시간을 정지시간이라고 한다. 정지거리는 공주거리와 제동거리를 합한 거리를 말하며, 정지시간은 공주시간과 제동시간을 합한 시간을 말한다.

100 운전자가 위험을 인지하고 자동차를 정지하려고 시작하는 순간부터 자동차가 완전히 정지할 때까지 진행한 거리를 무엇이라 하는가?

① 공주거리 ② 정지거리
③ 작동거리 ④ 제동거리

100 운전자가 위험을 인지하고 자동차를 정지시키려고 시작하는 순간부터 자동차가 완전히 정지할 때까지 자동차가 진행한 거리를 정지거리라고 한다. 정지거리는 공주거리와 제동거리를 합한 거리를 말한다.

101 차량점검 시 배기가스 색이 탁하고 유독가스 및 매연이 있는 경우 우선 점검해야 하는 장치는?

① 원동기 ② 동력전달장치
③ 조향장치 ④ 주행장치

101 자동차 원동기의 일상점검
- 시동이 쉽고 잡음이 없는가.
- 배기가스의 색이 깨끗하고 유독가스 및 매연이 없는가.
- 엔진오일의 양이 충분하고 오염되지 않으며 누출이 없는가.
- 연료 및 냉각수가 충분하고 새는 곳이 없는가.
- 배기관 및 소음기의 상태가 양호한가.

102 자동차 원동기의 일상점검 내용에 대한 설명으로 옳지 않은 것은?

① 시동이 쉽고 잡음이 없는지 확인
② 배기가스의 색깔이 깨끗한지 확인
③ 클러치의 유격은 적당한지 확인
④ 엔진오일의 양이 충분하고 누출이 없는지 확인

102 클러치의 유격이 적당한지 확인하는 것은 동력전달장치의 점검사항이다. 자동차 원동기의 일상점검 사항은 '시동이 쉽고 잡음이 없는가, 배기가스의 색이 깨끗하고 유독가스·매연이 없는가, 엔진오일의 양이 충분하고 오염되지 않으며 누출이 없는가, 연료·냉각수가 충분하고 새는 곳이 없는가, 배기관 및 소음기의 상태가 양호한가'이다.

정답 **98** ① **99** ① **100** ② **101** ① **102** ③

103 동력전달장치의 일상점검에 해당하지 않는 것은?

① 클러치 페달의 유동이 없고 클러치의 유격의 적절 여부
② 조향축의 흔들림이나 손상 여부
③ 변속기의 조작이 쉽고 변속기 오일의 누출 여부
④ 추진축 연결부의 헐거움이나 이음 여부

103 동력전달장치의 일상점검
- 클러치 페달의 유동이 없고 클러치의 유격은 적당한가.
- 변속기의 조작이 쉽고 변속기 오일의 누출은 없는가.
- 추진축 연결부의 헐거움이나 이음은 없는가.

104 현가장치의 일상점검사항에 해당하지 않는 것은?

① 새시스프링 및 쇽 업소버 이음부의 느슨함이나 손상여부
② 새시스프링이 절손된 곳은 없는지 여부
③ 스티어링 휠의 유동·느슨함·흔들림 여부
④ 쇽 업소버의 오일 누출여부

104 완충장치(현가장치)의 일상점검
- 새시스프링 및 쇽 업소버 이음부의 느슨함이나 손상은 없는가.
- 새시스프링이 절손된 곳은 없는가.
- 쇽 업소버의 오일 누출은 없는가.

105 차량점검 시 주의사항으로 옳지 않은 것은?

① 운행 전 점검을 실시한다.
② 적색 경고등이 들어온 상태에서는 조심해 운행한다.
③ 운행 중에는 조향핸들의 높이와 각도를 조정하지 않는다.
④ 주차 시에는 항상 주차브레이크를 사용한다.

105 차량점검 및 주의사항: 운행 전 점검을 실시하며, 적색 경고등이 들어온 상태에서는 절대로 운행하지 않는다. 운행 전에 조향핸들의 높이와 각도가 맞게 조정되어 있는지 점검하며, 운행 중에는 조정하지 않는다. 주차 시에는 항상 주차브레이크를 사용한다.

106 차량점검 시 주의사항으로 옳지 않은 것은?

① 운행 중 조향핸들의 높이와 각도를 조정한다.
② 적색 경고등이 들어온 상태에서는 절대로 운행하지 않는다.
③ 컨테이너 차량은 고정 장치가 작동되는지를 확인한다.
④ 주차 시에는 항상 주차 브레이크를 사용한다.

106 운행 전에 조향핸들의 높이와 각도가 맞게 조정되어 있는지 점검하며, 운행 중에는 조정하지 않는다.

107 차량점검 시 주의사항에 대한 설명으로 옳지 않은 것은?

① 차량점검을 위해 주차 시 항상 주차브레이크를 사용한다.
② 운행 중 조향핸들의 높이와 각도를 적절히 조정한다.
③ 라디에이터 캡은 주의해서 연다.
④ 컨테이너 차량의 경우 고정장치가 작동되는지를 확인한다.

107 차량점검 및 주의사항
- 운행 전 점검을 실시하며, 적색 경고등이 들어온 상태에서는 운행하지 않음
- 운행 전 조향핸들의 높이와 각도를 맞게 조정하며, 운행 중에는 조정하지 않음
- 주차 시에는 항상 주차브레이크를 사용하며, 주차브레이크를 작동하지 않은 상태에서 운전석을 떠나지 않음
- 라디에이터 캡은 주의해서 열며, 컨테이너 차량은 고정장치가 작동되는지를 확인함

정답 103 ② 104 ③ 105 ② 106 ① 107 ②

108 가속 페달을 힘껏 밟는 순간 '끼익'하는 소리가 나는 경우에 고장이 의심되는 것은?

① 엔진의 이음
② 클러치 부분
③ 브레이크 부분
④ 팬벨트 또는 기타 V벨트

109 자동차의 클러치를 밟고 있을 때 '달달달' 소리와 함께 차체가 떨리는 경우 추정되는 고장은?

① 클러치 디스크 마모
② 클러치 릴리스 베어링 이상
③ 점화 플러그 이상
④ 타이밍 벨트 손상

110 자동차 고장의 현상 중 현가장치인 쇽 업소버의 고장으로 발생하는 것은?

① 주행 전 차체에 이상한 진동이 느껴진다.
② 바퀴에서 '끼익'하는 소리가 난다.
③ 핸들이 극단적으로 흔들린다.
④ 울퉁불퉁한 노면을 달릴 때 '딱각' 거리는 소리가 난다.

111 고무 타는 냄새가 나는 경우 의심되는 부분은?

① 전기장치 부분
② 조향장치 부분
③ 제동장치 부분
④ 바퀴 부분

112 자동차 고장의 전조현상 중 고무 같은 것이 타는 냄새가 날 때 의심되는 부분은?

① 조향장치
② 현가장치
③ 변속장치
④ 전기장치

---

108 고장이 잘 일어나는 부분(진동과 소리가 날 때)
- 엔진의 이음 : 엔진의 회전수에 비례하여 쇠가 마주치는 소리가 날 때가 있다. 이런 이음은 밸브 장치에서 나는 소리로, 밸브 간극 조정으로 고쳐질 수 있다.
- 팬벨트 : 가속 페달을 힘껏 밟는 순간 '끼익'하는 소리가 나는 경우가 많은데, 팬벨트 또는 기타의 V벨트가 이완되어 걸려 있는 풀리(pulley)와의 미끄러짐에 의해 일어난다.
- 클러치 부분 : 클러치를 밟고 있을 때 '달달달' 떨리는 소리와 함께 차체가 떨리고 있다면 클러치 릴리스 베어링의 고장이다.
- 브레이크 부분 : 브레이크 페달을 밟을 때 바퀴에서 '끼익'하는 소리가 나는 경우 브레이크 라이닝의 마모가 심하거나 라이닝에 결함이 있을 때 발생한다.

109 클러치 부분의 고장 : 클러치를 밟고 있을 때 "달달달" 소리와 함께 차체가 떨린다면 클러치 릴리스 베어링의 고장으로, 정비공장에 가서 교환하여야 한다.

110 고장이 잘 일어나는 부분(진동과 소리가 날 때)
- 엔진의 점화장치 부분 : 주행 전 차체에 이상한 진동이 느껴질 때는 엔진 고장이 주원인이다. 플러그 배선이 빠져있거나 플러그 자체가 나쁠 때 발생한다.
- 브레이크 부분 : 페달을 밟을 때 바퀴에서 '끼익'하는 소리가 나는 경우 브레이크 라이닝의 마모가 심하거나 라이닝에 결함이 있을 때 발생한다.
- 조향장치 부분 : 핸들이 속도에 따라 극단적으로 흔들리기도 하는데, 핸들 자체에 진동이 일어나면 앞바퀴 불량이 원인인 경우가 많다.
- 현가장치 부분 : 울퉁불퉁한 노면 위를 달릴 때 '딱각딱각'하는 소리나 '쿵쿵'하는 소리가 날 때에는 현가장치인 쇽 업소버의 고장으로 발생한다.

111 고무 같은 것이 타는 냄새가 날 때 의심되는 부분은 전기장치 부분이다. 대개 엔진실 내의 전기 배선 등의 피복이 녹아 벗겨져 합선에 의해 전선이 타는 냄새가 대부분이다. 브레이크(제동장치) 부분이 고장 났을 때는 단내가 심하게 난다.

112 전기장치 고장현상 : 고무 같은 것이 타는 냄새가 날 때 의심되는 부분이다. 엔진실 내의 전기 배선의 피복이 녹아 합선에 의해 전선이 타면서 나는 냄새가 대부분이다.

정답 **108** ④ **109** ② **110** ④ **111** ① **112** ④

113 자동차 점검 시 바퀴마다 드럼에 손을 대어 어느 한쪽만 뜨거울 경우 의심되는 원인은?

① 클러치 릴리스 베어링이 고장남
② 바퀴 자체의 휠 밸런스가 맞지 않음
③ 쇽 업소버가 고장남
④ 브레이크 라이닝 간격이 좁아 브레이크가 끌림

113 바퀴마다 드럼에 손을 대보면 어느 한쪽만 뜨거울 경우가 있는데, 이때는 브레이크 라이닝 간격이 좁아 브레이크가 끌리기 때문이다.

114 자동차 연료의 완전연소 시 정상상태에서 배출가스 색은?

① 흰색
② 황색
③ 검은색
④ 무색

114 완전연소 시 정상상태에서 배출가스의 색은 무색 또는 엷은 청색을 띤다.

115 엔진 안에서 다량의 엔진오일이 실린더 위로 올라와 연소되는 경우 자동차 배기가스의 색깔은?

① 무색
② 흰색
③ 황색
④ 검은색

115 배출가스의 색
- 무색 : 완전연소 때 배출되는 가스의 색은 정상상태에서 무색 또는 약간 엷은 청색을 띰
- 검은색 : 농후한 혼합가스가 들어가 불완전 연소되는 경우
- 백색(흰색) : 엔진 안에서 다량의 엔진오일이 실린더 위로 올라와 연소되는 경우

116 엔진오일이 과다 소모되는 경우 점검방법으로 옳지 않은 것은?

① 냉각팬 및 워터펌프의 작동 확인
② 배기 배출가스 육안 확인
③ 블로바이가스(blow-by gas) 과다 배출 확인
④ 에어 클리너 오염도 확인(과다 오염)

116 엔진오일 과다 소모 시 점검사항 : 배기 배출가스 육안 확인, 에어 클리너 오염도 확인(과다 오염), 블로바이가스(blow-by gas) 과다배출 확인, 에어 클리너 청소 및 교환주기 미준수, 엔진과 콤프레서 피스톤 링 과다 마모

117 엔진오일이 과다 소모되는 경우의 조치방법으로 옳지 않은 것은?

① 엔진 피스톤 링 교환
② 휠밸런스 조정
③ 오일팬이나 개스킷 교환
④ 에어클리너 청소 및 장착방법 준수

117 엔진오일 과다 소모 시 조치방법
- 엔진 피스톤 링 교환, 실린더라이너 교환, 실린더 교환이나 보링작업
- 오일팬이나 개스킷 교환
- 에어 클리너 청소 및 장착방법 준수 철저

정답 113 ④ 114 ④ 115 ② 116 ① 117 ②

118 엔진온도 과열 현상에 대한 점검사항으로 가장 거리가 먼 것은?

① 냉각수 및 엔진오일의 양 확인과 누출여부 확인
② 냉각팬 및 워터펌프의 작동 확인
③ 팬 및 워터펌프의 벨트 확인
④ 배기 배출가스 육안 확인

119 자동차 운행 중 엔진과열 현상 발생 시의 점검사항 및 조치방법으로 옳지 않은 것은?

① 연료게이지의 손상 확인
② 냉각수 및 엔진오일의 양 확인
③ 냉각 팬벨트의 손상 확인
④ 라디에이터의 손상 상태 확인

120 엔진온도 과열 현상에 대한 조치방법이 아닌 것은?

① 냉각수 보충
② 팬벨트의 장력조정
③ 실린더라이너 교환
④ 팬벨트 교환

121 엔진 과회전(over revolution) 현상에 대한 예방 및 조치방법이 아닌 것은?

① 에어 클리너 오염 확인 후 청소
② 과도한 엔진 브레이크 사용 지양(내리막길 주행 시)
③ 최대 회전속도를 초과한 운전 금지
④ 고단에서 저단으로 급격한 기어변속 금지(내리막길 주행 시)

122 엔진 시동 꺼짐 현상에 대한 조치방법으로 틀린 것은?

① 연료공급 계통의 공기빼기 작업
② 워터 세퍼레이터 공기 유입 부분 확인 후 현장조치 가능 시 작업에 착수
③ 에어 클리너 덕트 내부 및 오염 확인 후 청소
④ 작업 불가시 응급조치하여 공장으로 입고

---

118 엔진온도 과열 시 점검사항 : 냉각수·엔진오일의 양 확인과 누출여부 확인, 냉각팬·워터펌프의 작동 확인, 팬 및 워터펌프의 벨트 확인, 수온조절기의 열림 확인, 라디에이터 손상 및 써머스태트 작동상태 확인

119 • 엔진온도 과열 시 점검사항 : 냉각수·엔진오일의 양 확인 및 누출여부 확인, 냉각팬 및 워터펌프의 작동 확인, 팬 및 워터펌프의 벨트 확인, 수온조절기의 열림 확인, 라디에이터 손상상태 및 써머스태트 작동상태 확인
• 엔진온도 과열 시 조치방법 : 냉각수 보충, 팬벨트의 장력조정, 냉각팬 휴즈 및 배선상태 확인, 팬벨트 교환, 수온조절기 교환, 냉각수 온도 감지센서 교환 등

120 엔진온도 과열 시 조치방법 : 냉각수 보충, 팬벨트 장력조정, 냉각팬 휴즈 및 배선상태 확인, 팬벨트 교환, 수온조절기 교환, 냉각수 온도 감지센서 교환, 실린더헤드 볼트조임 불량·손상으로 고장입고 조치

121 엔진 과회전(over revolution) 현상 예방 및 조치방법
- 과도한 엔진 브레이크 사용 지양(내리막길 주행 시)
- 최대 회전속도를 초과한 운전 금지
- 고단에서 저단으로 급격한 기어변속 금지(특히 내리막길)

122 엔진 시동 꺼짐 현상 발생 시 조치방법 : 연료공급 계통의 공기빼기 작업, 워터 세퍼레이터 공기 유입 부분 확인 후 현장에서 조치 가능하면 작업에 착수(단품교환), 작업 불가시 응급조치하여 공장으로 입고

정답 118 ④ 119 ① 120 ③ 121 ① 122 ③

123 혹한기 오르막 경사로에서 급가속 시 자동차의 시동이 꺼진 경우 적절한 점검사항이 아닌 것은?

① 오일팬 또는 개스킷 교환
② 연료 파이프 에어 유입 확인
③ 워터 세퍼레이터 내 결빙 확인
④ 연료 차단 솔레노이드 밸브 점검

124 섀시 계통의 덤프 작동 불량 발생 시 점검사항으로 틀린 것은?

① 휠 스피드 센서 배선 단선 및 단락
② P.T.O(동력인출장치) 작동상태 점검
③ 호이스트 오일 누출상태 점검
④ 클러치 스위치 점검

125 주행 제동 시 차량 쏠림현상이 발생하는 경우 조치방법이 아닌 것은?

① 타이어의 공기압을 좌·우 동일하게 주입한다.
② P.T.O 스위치를 교환한다.
③ 좌·우 브레이크 라이닝 간극을 재조정한다.
④ 브레이크 드럼을 교환한다.

126 제동 시 차량 쏠림현상이 발생하는 경우 점검사항으로 적절하지 않은 것은?

① 클러치 압력 스위치 점검
② 좌·우 타이어의 공기압 점검
③ 좌·우 브레이크 라이닝 간극 및 드럼손상 점검
④ 브레이크 에어 및 오일 파이프 점검

127 주행 중 급제동할 때 차체의 진동이 심하고 브레이크 페달이 떨리는 경우의 점검사항이 아닌 것은?

① 인젝션 펌프 에어빼기
② 앞바퀴 정렬상태 점검
③ 브레이크 드럼 점검
④ 브레이크 라이닝 점검

---

123 혹한기 주행 중 시동 꺼짐
- 현상 : 혹한기 주행 중 오르막 경사로에서 급가속 시 시동 꺼짐, 일정 시간 경과 후 재시동 가능함
- 점검사항 : 연료 파이프 및 호스 연결부분 에어 유입 확인, 연료 차단 솔레노이드 밸브 작동 상태 확인, 워터 세퍼레이터 내 결빙 확인

124 섀시 계통의 덤프 작동 불량
- 점검사항 : P.T.O(동력인출장치) 작동상태 점검, 호이스트 오일 누출상태 점검, 클러치 스위치 점검, P.T.O 스위치 작동 불량 발견 등
- 조치방법 : P.T.O 스위치 교환, 현상에서 작업 조치하고 불가능시 공장 입고

125 주행 제동 시 차량 쏠림현상 조치방법에는 타이어의 공기압을 좌·우 동일하게 주입, 좌·우 브레이크 라이닝 간극 재조정, 브레이크 드럼 교환 등이 있다. P.T.O(동력인출장치) 스위치 교환은 덤프 작동이 불량할 때 조치방법에 해당한다.

126 클러치는 시동을 걸 때나 기어 변속 시 동력을 차단하는 역할을 하며, 제동시스템과는 직접적인 관련이 없다.
주행 제동 시 차량 쏠림현상 점검사항
- 좌·우 타이어의 공기압 점검, 좌·우 브레이크 라이닝 간극 및 드럼손상 점검
- 브레이크 에어 및 오일 파이프 점검
- 듀얼 서킷 브레이크 점검, 공기 빼기 작업 등

127 급제동 시 차체 진동이 심하고 브레이크 페달이 떨리는 현상이 발생할 경우 점검사항으로는 전(前)차륜 정렬상태 점검(휠 얼라이먼트), 제동력 점검, 브레이크 드럼 및 라이닝 점검, 브레이크 드럼의 진원도 불량 등이 있다.

정답 123 ① 124 ① 125 ② 126 ① 127 ①

128 브레이크 페달을 밟지 않았는데도 제동등이 계속 점등될 경우 점검사항으로 적절한 것은?

① 전구 필라멘트 손상 점검
② 휴즈 박스 점검
③ 브레이크 오일파이프 점검
④ 전원 연결배선 점검

128 브레이크 페달 미작동 시에도 제동등이 계속 점등될 경우 점검사항으로는 제동등 스위치 접점 고착 점검, 전원 연결배선 점검, 배선의 차체 접촉여부 점검 등이 있다.

129 수온 게이지 작동 불량 시 점검사항이 아닌 것은?

① 수온센서 교환 후 동일현상여부 점검
② 배선 및 커넥터 점검
③ 턴 시그널 릴레이 점검
④ 프레임과 엔진 배선 중간부위 과다 꺾임 점검

129 수온 게이지 작동 불량 시 점검사항
- 온도 메터 게이지 및 수온센서 교환 후 동일현상여부 점검
- 배선 및 커넥터 점검
- 프레임과 엔진 배선 중간부위 과다 꺾임 확인
- 배선 피복 내부 에나멜선의 단선 확인

130 도로선형과 사고율의 관계에 대한 설명으로 틀린 것은?

① 일반도로에서 곡선반경이 100m 이내일 때 사고율이 높다.
② 곡선부의 수가 많다고 사고율이 반드시 높은 것은 아니다.
③ 곡선부는 미끄럼 사고가 발생하기 쉬운 곳이다.
④ 고속도로는 곡선이 급해짐에 따라 사고율이 낮아진다.

130 ④ 고속도로는 곡선이 급해짐에 따라 사고율이 높아짐
① 일반도로는 곡선반경이 100m 이내일 때 사고율이 높음(특히 2차로 도로)
② 곡선부의 수가 많으면 사고율이 높을 것 같으나 반드시 그런 것은 아님
③ 곡선부는 미끄럼 사고가 발생하기 쉬운 곳임

131 길어깨의 역할에 해당되지 않는 것은?

① 고장차가 본선차도로부터 대피할 수 있어 사고 시 교통 혼잡을 방지한다.
② 자동차의 차도 이탈을 방지하여 차량의 안전을 확보한다.
③ 측방 여유폭을 가지므로 교통의 안전성과 쾌적성에 기여한다.
④ 유지관리 작업장이나 지하매설물에 대한 장소로 제공된다.

131 길어깨의 역할
- 고장차가 본선차도로부터 대피할 수 있으며, 사고 시 교통혼잡을 방지하는 역할
- 측방 여유폭을 가지므로 교통의 안전성·쾌적성에 기여
- 유지관리 작업장이나 지하매설물에 대한 장소로 제공
- 도로 미관을 높이며, 보행자의 통행장소로 제공

132 길어깨(갓길)에 대한 설명으로 틀린 것은?

① 고장차가 본선차로로부터 대피할 수 있다.
② 측방 여유폭을 가지므로 교통의 안전성과 쾌적성에 기여한다.
③ 길어깨는 포장된 노면보다 자갈 또는 잔디가 더 안전하다.
④ 절토부 등에서는 곡선부의 시거가 증대되기 때문에 교통의 안전성이 높다.

132 길어깨의 역할
- 고장차가 본선차도로부터 대피할 수 있음
- 측방 여유폭을 가지므로 안전성·쾌적성에 기여
- 유지관리 작업장이나 지하매설물에 대한 장소로 제공
- 절토부 등에서는 곡선부의 시거가 증대되기 때문에 교통의 안전성이 높음
- 도로 미관을 높이며, 보행자의 통행장소로 제공

정답 **128** ④ **129** ③ **130** ④ **131** ② **132** ③

133 중앙분리대의 종류에 해당되지 않는 것은?

① 교량형 중앙분리대
② 광폭 중앙분리대
③ 방호울타리형 중앙분리대
④ 연석형 중앙분리대

134 양방향 차로가 완전히 분리될 수 있는 충분한 공간 확보로 대향차량의 영향을 받지 않을 정도의 넓이를 제공하는 중앙분리대는?

① 교량형 중앙분리대
② 광폭 중앙분리대
③ 방호울타리형 중앙분리대
④ 연석형 중앙분리대

135 차량을 본래의 주행방향으로 복원해주는 기능이 미약한 중앙분리대는?

① 광폭 중앙분리대
② 방호울타리형 중앙분리대
③ 연석형 중앙분리대
④ 교량형 중앙분리대

136 서로 반대방향으로 주행 중인 자동차간의 정면충돌사고를 예방하기 위한 방법으로 가장 효과적인 것은?

① 길어깨 확장
② 중앙분리대 설치
③ 차로폭 확대
④ 감속표지판 설치

137 폭이 좁은 도로에 중앙분리대 설치 시 중앙선 침범사고가 감소한다. 이 경우 반대로 증가할 수 있는 사고 유형은 무엇인가?

① 중앙분리대 접촉사고
② 후방추돌사고
③ 직각충돌사고
④ 보행자교통사고

---

133 중앙분리대의 종류 : 광폭 중앙분리대, 방호울타리형 중앙분리대, 연석형 중앙분리대

134
- 광폭 중앙분리대 : 도로선형의 양방향 차로가 완전히 분리될 수 있는 충분한 공간 확보로 대향차량의 영향을 받지 않을 정도의 넓이를 제공
- 방호울타리형 중앙분리대 : 중앙분리대 내에 충분한 설치 폭의 확보가 어려운 곳에서 차량의 대향차로로의 이탈을 방지하는 곳에 비중을 두고 설치하는 유형
- 연석형 중앙분리대 : 좌회전 차로나 차로 확장에 쓰일 공간 확보, 녹지공간 제공 등에 기여하지만, 충돌 시 복원해주는 기능은 미약

135 연석형 중앙분리대 : 좌회전 차로의 제공이나 향후 차로 확장에 쓰일 공간 확보와 연석의 중앙에 잔디나 수목을 심어 녹지공간 제공, 운전자의 심리적 안정감 등에 기여하지만, 차량과 충돌 시 차량을 본래의 주행방향으로 복원해주는 기능이 미약

136 전체 사고건수 대비 중앙분리대를 넘어가 정면충돌한 사고의 비율과 분리대 폭과의 관계도 밀접해, 분리대 폭이 넓을수록 횡단사고가 적고 정면충돌사고의 비율도 낮다. 중앙분리대의 설치는 정면충돌사고를 차량단독사고로 변환시킴으로써 사고의 유형을 효과적으로 변환시켜준다.

137 좁은 도로에 중앙분리대를 설치하면 중앙선 침범은 물리적으로 차단되어 사고가 줄어들지만, 좁아진 차로 폭으로 인해 공간 부족과 회피 여유 감소 등이 발생하여 중앙분리대에 부딪히는 접촉사고가 증가할 수 있다. 중앙분리대의 설치는 정면충돌사고를 차량단독사고로 변환시킴으로써 사고의 유형을 효과적으로 변환시켜준다.

정답 133 ① 134 ② 135 ③ 136 ② 137 ①

138 중앙분리대의 주된 기능이 아닌 것은?

① 상하 차도의 교통 분리
② 평면교차로가 있는 도로에서는 좌회전 차로로 활용할 수 있어 교통처리가 유연
③ 광폭 분리대의 경우 사고 및 고장 차량이 정지할 수 있는 여유 공간을 제공
④ 횡단방지

139 중앙분리대의 주된 기능으로 옳지 않은 것은?

① 상하 차도의 교통 분리 ② 필요에 따라 유턴 방지
③ 추돌사고의 방지 ④ 대향차의 현광 방지

140 중앙분리대에 설치된 방호책이 가져야 할 성질에 대한 설명 중 옳지 않은 것은?

① 차량에 손상이 많아야 한다.
② 횡단을 방지할 수 있어야 한다.
③ 차량의 속도를 감속시킬 수 있어야 한다.
④ 차량이 튕겨나가지 않아야 한다.

141 교량과 교통사고의 관계에 대한 설명으로 옳지 않은 것은?

① 교량 접근로 폭에 비하여 교량 폭이 좁을수록 교통사고 위험이 더 높다.
② 교량 접근로 폭과 교량 폭이 같을 때 교통사고율이 가장 낮다.
③ 교량 접근로 폭과 교량 폭 간의 차이는 교통사고 위험에 영향을 미치지 않는다.
④ 교량 접근로 폭과 교량 폭이 달라도 효과적인 교통통제시설 설치로 사고를 줄일 수 있다.

142 교량과 교통사고에 대한 설명 중 옳지 않은 것은?

① 교량의 접근로 폭에 비하여 교량의 폭이 좁을수록 사고가 많이 발생한다.
② 교량의 접근로 폭과 교량의 폭이 같을 때 사고율이 가장 낮다.
③ 교량의 접근로 폭과 교량의 폭이 서로 다른 경우에 안전표지를 설치하면 사고율을 낮출 수 있다.
④ 교량의 접근로 폭에 비하여 교량의 폭이 넓은 경우에는 안전표지를 설치할 필요가 없다.

---

138 중앙분리대의 주된 기능
- 상하 차도의 교통 분리
- 평면교차로가 있는 도로에서 좌회전 차로로 활용 가능해 교통처리가 유연
- 광폭 분리대의 경우 사고·고장 차량이 정지할 수 있는 여유공간을 제공
- 보행자에 대한 안전섬이 됨으로써 횡단 시 안전보장, 필요에 따라 유턴 방지 및 대향차의 현광방지

139 중앙분리대의 주된 기능 : 상하 차도의 교통 분리, 좌회전 차로로 활용 가능해 교통처리가 유연, 사고·고장 차량이 정지할 수 있는 여유공간 제공, 보행자에 대한 안전섬이 됨으로써 횡단 시 안전보장, 필요에 따라 유턴 방지 및 대향차의 현광 방지, 도로표지, 기타 교통관제시설 설치 장소 제공

140 중앙분리대 방호울타리(방호책)의 기능 : 횡단을 방지할 수 있어야 하고, 차량을 감속시킬 수 있어야 하며, 차량이 대향차로로 튕겨나가지 않아야 하고, 차량의 손상이 적도록 해야 한다.

141 교량과 교통사고
- 교량 접근로의 폭에 비하여 교량의 폭이 좁을수록 사고가 더 많이 발생함
- 접근로 폭과 교량의 폭이 같을 때 사고율이 가장 낮음
- 접근로 폭과 교량의 폭이 다른 경우에도 효과적인 교통통제시설 설치로 사고율을 감소시킬 수 있음

142 교량과 교통사고
- 교량 접근로의 폭에 비하여 교량의 폭이 좁을수록 사고가 더 많이 발생함
- 교량의 접근로 폭과 교량의 폭이 같을 때 사고율이 가장 낮음
- 교량의 접근로 폭과 교량의 폭이 서로 다른 경우에도 교통통제시설(안전표지, 시선유도표지 등)을 설치함으로써 사고율을 감소시킬 수 있음

정답 138 ④ 139 ③ 140 ① 141 ③ 142 ④

143 양방향 차로의 수를 합한 것을 의미하는 용어는?

① 차로수
② 오르막차로
③ 회전차로
④ 변속차로

144 자동차가 우회전, 좌회전, 유턴을 할 수 있도록 직진하는 차로와 분리하여 설치하는 차로를 무엇이라 하는가?

① 차로수
② 회전차로
③ 오르막차로
④ 변속차로

145 차도를 통행의 방향에 따라 분리하거나 성질이 다른 같은 방향의 교통을 분리하기 위하여 설치하는 도로의 부분이나 시설물을 무엇이라 하는가?

① 측대
② 길어깨
③ 분리대
④ 횡단보도

146 자동차의 주차 또는 정차에 이용하기 위하여 도로에 접속하여 설치하는 부분을 무엇이라 하는가?

① 주·정차대
② 노상시설
③ 측대
④ 보도

147 편경사는 평면곡선부에서 자동차가 어떠한 물리적 힘에 저항하기 위해 설치하는가?

① 가속력
② 심시력
③ 원심력
④ 마찰력

---

143 차로수: 양방향 차로(오르막차로·회전차로·변속차로·양보차로 제외)의 수를 합한 것

144 ② 회전차로: 우회전·좌회전·유턴을 할 수 있도록 직진하는 차로와 분리하여 설치하는 차로
① 차로수: 양방향 차로(오르막차로·회전차로·변속차로·양보차로 제외)의 수를 합한 것
③ 오르막차로: 오르막 구간에서 저속 자동차를 다른 자동차와 분리하여 통행시키기 위하여 설치하는 차로
④ 변속차로: 자동차를 가속시키거나 감속시키기 위하여 설치하는 차로

145 ③ 분리대: 차도를 통행의 방향에 따라 분리하거나 성질이 다른 같은 방향의 교통을 분리하기 위해 설치하는 도로의 부분이나 시설물
① 측대: 운전자의 시선을 유도하고 옆부분의 여유를 확보하고자 중앙분리대 또는 길어깨에 차도와 동일한 횡단경사와 구조로 설치하는 부분
② 길어깨: 도로를 보호하고 비상시에 이용하기 위해 차도에 접속하여 설치하는 도로의 부분
④ 횡단보도: 보행자가 도로를 바로 건널 수 있게 만든 보행시설이자 도로노면표시

146 자동차의 주차·정차에 이용하기 위하여 도로에 접속하여 설치하는 부분을 '주·정차대'라 한다.

147 편경사는 평면곡선부에서 자동차가 원심력에 저항할 수 있도록 설치하는 횡단경사를 말한다. 횡단경사는 도로의 진행방향에 직각으로 설치하는 경사로서, 도로의 배수를 원활하게 하기 위하여 설치하는 경사와 평면곡선부에 설치하는 편경사가 있다.

정답 **143** ① **144** ② **145** ③ **146** ① **147** ③

148 평면곡선부에서 자동차가 원심력에 저항할 수 있도록 하기 위해 설치하는 것은?

① 편경사
② 주·정차대
③ 종단경사
④ 시설한계

149 도로의 진행방향 중심선의 길이에 대한 높이의 변화 비율을 의미하는 것은?

① 횡단경사
② 편경사
③ 정지시거
④ 종단경사

150 2차로 도로에서 저속 자동차를 안전하게 앞지를 수 있는 거리를 뜻하는 것은?

① 제한시거
② 정지시거
③ 곡선시거
④ 앞지르기시거

151 안전운전과 방어운전에 대한 설명으로 틀린 것은?

① 안전운전과 방어운전의 별도의 개념으로, 두 가지 중 어느 하나라도 소홀히 할 수 없다.
② 안전운전은 자신이 위험한 운전을 하거나 교통사고를 유발하지 않도록 주의하여 운전하는 것을 말한다.
③ 방어운전은 자기 자신이 사고에 말려 들어가지 않게 하는 운전이다.
④ 방어운전은 타인의 사고를 유발시키지 않는 운전이다.

152 방어운전을 위하여 운전자가 갖추어야 할 기본사항이 아닌 것은?

① 자기중심 운전태도
② 능숙한 운전기술
③ 세심한 관찰력
④ 무리한 운행 배제

---

148 ① 편경사 : 평면곡선부에서 자동차가 원심력에 저항할 수 있도록 하기 위하여 설치하는 횡단경사
② 주·정차대 : 자동차의 주차 또는 정차에 이용하기 위하여 도로에 접속하여 설치하는 부분
③ 종단경사 : 도로의 진행방향 중심선의 길이에 대한 높이의 변화 비율
④ 시설한계 : 자동차나 보행자 등의 교통안전을 확보하기 위하여 일정한 폭과 높이 안쪽에는 시설물을 설치하지 못하게 하는 공간 확보의 한계

149 ④ 종단경사 : 도로의 진행방향 중심선의 길이에 대한 높이의 변화 비율
① 횡단경사 : 도로의 진행방향에 직각으로 설치하는 경사로서, 도로의 배수를 원활하게 하기 위하여 설치하는 경사와 평면곡선부에 설치하는 편경사가 있음
② 편경사 : 평면곡선부에서 자동차가 원심력에 저항할 수 있도록 하기 위하여 설치하는 횡단경사
③ 정지시거 : 운전자가 같은 차로상에 고장차 등의 장애물을 인지하고 안전하게 정지하기 위하여 필요한 거리

150 • 정지시거 : 같은 차로상에 고장차 등의 장애물을 인지하고 안전하게 정지하기 위하여 필요한 거리
• 앞지르기시거 : 2차로 도로에서 저속 자동차를 안전하게 앞지를 수 있는 거리

151 ① 안전운전과 방어운전 중 하나라도 소홀히 하면 생명과 재산상의 손실을 초래할 수 있기 때문에, 별도의 개념으로 양립시켜 운전할 수 없음
② 안전운전이란 자신이 위험한 운전이나 교통사고를 유발하지 않도록 주의하여 운전하는 것을 말함
③·④ 방어운전이란 자신이 사고의 원인을 만들지 않고 사고에 말려 들어가지 않게 하는 운전이며, 타인의 사고를 유발시키지 않는 운전을 말함

152 방어운전의 기본사항 : 능숙한 운전기술, 정확한 운전 지식, 세심한 관찰력, 예측능력과 판단력, 양보와 배려의 실천, 교통상황 정보수집, 반성의 자세, 무리한 운행 배제

정답 148 ① 149 ④ 150 ④ 151 ① 152 ①

153 방어운전에 필요한 기본자세에 해당하지 않는 것은?
① 교통상황 정보수집
② 양보와 배려
③ 정확한 운전 지식
④ 장시간 운행 실시

154 앞으로 일어날 위험 및 운전상황을 미리 파악하는 것은?
① 예측력
② 관찰력
③ 판단력
④ 주시력

155 뒤차가 접근해 올 때 적절한 방어운전 방법은?
① 상향 전조등을 켠다.
② 앞지르기를 하려고 하면 양보해 준다.
③ 속도를 서서히 증가시킨다.
④ 급제동을 실시한다.

156 방어운전의 요령으로 옳은 것은?
① 대형차를 뒤따를 때는 신속히 앞지르기를 하여 대형차 앞에서 주행한다.
② 뒤차가 바짝 따라올 때는 가볍게 브레이크를 밟아 제동등을 켜서 주의를 환기시킨다.
③ 다른 차량이 끼어들 우려가 있는 경우에는 다른 차량과 나란히 주행하도록 한다.
④ 차량이 많을 때는 속도를 가속하여 다른 차들을 앞서야 한다.

157 올바른 안전운전 요령에 해당하지 않는 것은?
① 눈·비가 올 때 가시거리 단축이나 수막현상 등 위험요인에 대비해 운전한다.
② 혼잡한 도로에서는 조심스럽게 교통의 흐름에 따르고 가급적 끼어들기를 삼간다.
③ 과로로 피로하거나 심리적으로 흥분된 상태에서는 가능한 운전을 자제한다.
④ 대형차 뒤를 따르면 시야장애가 우려되므로 항상 앞지르기를 하여 주행한다.

---

153 방어운전의 기본사항 : 능숙한 운전기술, 정확한 운전 지식, 세심한 관찰력, 예측능력과 판단력, 양보와 배려의 실천, 교통상황 정보수집, 반성의 자세, 무리한 운행 배제

154
- 예측력 : 앞으로 일어날 위험 및 운전 상황을 미리 파악하고 안전을 위협하는 운전 상황의 변화요소를 재빠르게 파악하는 능력
- 판단력 : 교통 상황에 적절하게 대응하고 이에 맞게 자신의 행동을 통제하고 조절하면서 운행하는 능력

155 뒤차가 접근해 올 때는 속도를 낮추며, 앞지르기를 하려고 하면 양보해 준다. 뒤차가 바싹 뒤따라올 때는 가볍게 브레이크 페달을 밟아 제동등을 켜서 주의를 환기시킨다.

156 ② 뒤차가 앞지르기를 하려고 하면 양보해 주며, 바싹 따라올 때는 브레이크 페달을 밟아 제동등을 켜 주의를 환기시킨다.
① 대형차를 뒤따라갈 때는 가능한 앞지르기를 하지 않는다.
③ 다른 차량이 끼어들거나 차로변경의 필요가 있을 때는 뒤로 물러서거나 앞으로 나아가 나란히 주행하지 않는다.
④ 차량이 많을 때는 같은 속도로 운전하고 안전한 차간거리를 유지한다.

157 앞차를 뒤따라 갈 때는 급제동 시에도 추돌하지 않도록 차간거리를 유지하며, 대형차를 뒤따라갈 때는 가능한 앞지르기를 하지 않도록 한다. 눈·비가 올 때는 가시거리 단축, 수막현상 등 위험요소를 염두에 두고 운전하며, 교통이 혼잡할 때는 교통의 흐름을 따르고 가급적 끼어들기를 삼간다.

정답 **153** ④ **154** ① **155** ② **156** ② **157** ④

158 출발 시 방어운전 방법으로 적절하지 않은 것은?

① 차량의 전·후, 좌·우를 살피고 안전을 확인한다.
② 교통량이 많은 곳에서는 속도를 증가시켜 주행한다.
③ 도로 가장자리에서 도로에 진입하는 경우 반드시 신호를 한다.
④ 교통류에 합류할 때 진행하는 차의 간격을 확인하고 합류한다.

158 교통량이 많은 곳에서는 속도를 줄여서 주행한다.
출발 시 방어운전 방법 : 차의 전·후·좌·우와 차의 밑과 위까지 안전을 확인, 도로 가장자리에서 도로에 진입하는 경우 반드시 신호를 함, 교통류에 합류할 때 진행하는 차의 간격상태를 확인하고 합류

159 신호교차로의 장점으로 볼 수 없는 것은?

① 교통류의 흐름을 질서 있게 한다.
② 교통처리 용량을 증대시킬 수 있다.
③ 교차로에서 직각충돌사고를 줄일 수 있다.
④ 교차로를 입체적으로 분리할 수 있다.

159 신호교차로(신호기)의 장점
- 교통류의 흐름을 질서 있게 함
- 교통처리 용량을 증대시킬 수 있음
- 교차로에서의 직각충돌사고를 줄일 수 있음
- 교통흐름을 차단하는 것과 같은 통제에 이용할 수 있음

160 시가지 외 도로주행 시 안전운전 방법이 아닌 것은?

① 커브길에서는 속도를 높여 진행한다.
② 자기능력에 부합된 속도로 주행한다.
③ 철길건널목을 주의한다.
④ 원심력을 가볍게 생각해서는 안된다.

160 시가지 외 도로운행 시 안전운전 방법
- 자기능력에 부합된 속도로 주행하며, 맹속력으로 주행하는 차에게는 진로를 양보
- 좁은 길에서 마주 오는 차가 있을 때에는 서행하면서 교행
- 철길 건널목에 주의
- 커브에서는 특히 주의하여 주행하며, 원심력을 가볍게 생각하지 않음

161 황색신호 시 사고유형에 해당하지 않는 것은?

① 교차로 상에서 전신호 차량과 후신호 차량의 충돌
② 원심력에 의한 과속에 따른 추돌
③ 횡단보도 전 앞차 정지 시 앞차 추돌
④ 유턴 차량과의 충돌

161 황색신호 시 사고유형(교차로 황색신호시간에 일어날 수 있는 교통사고)
- 교차로 상에서 전신호 차량과 후신호 차량의 충돌
- 횡단보도 전 앞차 정지 시 앞차 추돌
- 횡단보도 통과 시 보행자, 자전거 또는 이륜차 충돌
- 유턴 차량과의 충돌

162 커브길의 안전한 진입, 진행, 진출 방법으로 옳지 않은 것은?

① 도로의 중앙선을 침범하지 않도록 주의한다.
② 빠르게 진입하여 서서히 진출한다.
③ 커브의 경사도나 도로폭 등을 미리 확인한다.
④ 진입하기 전에 감속한다.

162 커브길 안전운전 및 방어운전
- '슬로우 인, 패스트 아웃(Slow-in, Fast-out)' 원리에 따라 진입직전에 감속하고, 커브가 끝나기 전에 가속해 신속하게 통과
- 부득이한 경우가 아니면 급핸들조작·급제동을 금함
- 중앙선을 침범하거나 중앙으로 치우친 운전 금지
- 앞지르기 금지, 커브 경사도나 도로폭을 확인·감속

정답 158 ② 159 ④ 160 ① 161 ② 162 ②

163 주행 중 좌·우회전에 대한 설명으로 옳지 않은 것은?
① 신호를 준수하여 회전한다.
② 우회전 할 때에는 보도를 침범하지 않도록 주의한다.
③ 방향지시등을 켜고 회전한다.
④ 직전차량에 피해를 주지 않도록 급핸들 조작으로 빠르게 회전한다.

164 도로교통의 안전 및 소통을 고려할 때 일반적으로 1개 차로 폭은 몇 m로 설치하는가?
① 2.5m ~ 3.0m
② 3.0m ~ 3.5m
③ 3.25m ~ 3.75m
④ 3.5m ~ 4.0m

165 오르막길 안전운전 방법이 아닌 것은?
① 오르막길에서는 시야가 좋으므로 속도를 증가해도 무방하다.
② 오르막길에서는 안전거리를 충분히 확보한다.
③ 정차 시에는 풋브레이크와 핸드 브레이크를 같이 사용한다.
④ 오르막길에서 앞지르기 할 때는 힘과 가속력이 좋은 저단기어로 한다.

166 오르막길 안전운전 방법이 아닌 것은?
① 정차할 때는 안전거리를 충분히 확보한다.
② 정차 시에는 풋 브레이크와 핸드 브레이크를 같이 사용한다.
③ 오르막길에서 앞지르기 할 때는 가속력이 좋은 저단기어로 한다.
④ 오르막길에서는 시야가 좋으므로 속도를 증가해도 무방하다.

167 오르막길에서의 안전 및 방어운전 방법이 아닌 것은?
① 앞차와는 충분한 차간거리를 유지한다.
② 정상부근은 사각지대이므로 더욱 주의하여야 한다.
③ 정차 시에는 풋 브레이크와 주차 브레이크를 같이 사용한다.
④ 앞지르기 할 때에는 고단기어를 사용하는 것이 안전하다.

---

163 ④ 주행 중 좌·우회전 시 급핸들 조작을 하지 않음
① 좌·우회전 시 신호를 준수하며, 자기의 눈으로 확인한 후 회전함
② 우회전 시 저속으로 회전하며, 보도나 노견을 침범하지 않도록 주의함
③ 방향지시등을 켜고 회전·변경하여야 함

164 차로폭 : 어느 도로의 차선과 차선 사이의 최단거리를 말한다. 차로폭은 관련 기준에 따라 도로의 설계속도·지형조건 등을 고려하여 달리할 수 있으나, 일반적으로 3.0m~3.5m를 기준으로 한다. 다만, 교량위, 터널내, 유턴차로 등에서 부득이한 경우 2.75m로 할 수 있다.

165 오르막길 안전운전 및 방어운전
- 오르막길의 사각 지대는 정상 부근이므로, 차가 다가올 때까지 보이지 않으므로 서행하여 위험에 대비
- 정차할 때 앞차가 뒤로 밀려 충돌할 가능성이 있으므로 충분한 차간거리 유지
- 정차 시 풋 브레이크와 핸드 브레이크를 같이 사용
- 출발 시 핸드 브레이크를 사용하는 것이 안전
- 앞지르기 시 힘과 가속력이 좋은 저단기어를 사용

166 오르막길의 사각 지대는 정상 부근이므로, 마주 오는 차가 바로 앞에 다가올 때까지 보이지 않으므로 서행하여 위험에 대비해야 한다.

167 오르막길 안전운전 및 방어운전으로, 앞지르기 할 때는 힘과 가속력이 좋은 저단 기어를 사용하는 것이 안전하다.

정답 163 ④ 164 ② 165 ① 166 ④ 167 ④

168 오르막길에서 올바른 앞지르기 방법은?

① 탄력을 이용한다.
② 저단기어를 사용한다.
③ 후진기어를 사용한다.
④ 고단기어를 사용한다.

168 오르막길에서 앞지르기 할 때는 힘과 가속력이 좋은 저단 기어를 사용하는 것이 안전하다.

169 앞지르기에 대한 설명으로 옳은 것은?

① 우측으로 한다.
② 중앙으로 한다.
③ 후미로 한다.
④ 좌측으로 한다.

169 앞지르기의 개념 : 앞지르기란 뒤차가 앞차의 좌측면을 지나 앞차의 앞으로 진행하는 것

170 앞지르기를 할 때 발생할 수 있는 사고유형에 대한 설명으로 틀린 것은?

① 앞지르기를 위한 최초 진로변경 시 동일방향 좌측 후속차와 충돌
② 중앙선을 넘는 경우 마주오는 대향차와 충돌
③ 동일방향 좌측 차량과의 직각 충돌
④ 경쟁 앞지르기에 따른 충돌

170 앞지르기 사고의 유형으로는 ①·②·④와 좌측 도로상의 보행자 및 우회전 차량과의 충돌, 앞·뒤 차량과의 충돌, 앞 차량과의 근접주행에 따른 측면 충격이 있다.

171 실선 또는 점선으로 된 중앙선을 넘어 앞지르기 시 대향차와 충돌한 경우의 사고처리는?

① 안전운전 불이행 사고
② 근접주행에 따른 사고
③ 중앙선침범 사고
④ 안전거리 미확보 사고

171 중앙선을 넘어 앞지르기 시도하다 대향차와 충돌한 경우는 중앙선이 실선 또는 점선 구분없이 중앙선침범으로 적용된다.

172 철길 건널목 중 제2종 건널목에 대한 설명으로 올바른 것은?

① 경보기와 건널목 교통안전 표지만 설치하는 건널목
② 건널목 교통안전 표지만 설치하는 건널목
③ 차단기, 경보기, 건널목 교통안전 표지를 설치한 건널목
④ 건널목 안내원이 근무하는 건널목

172 건널목의 종류
- 1종 건널목 : 차단기, 경보기·건널목 교통안전 표지를 설치하고 차단기를 주·야간 계속하여 작동시키거나, 건널목 안내원이 근무하는 건널목
- 2종 건널목 : 경보기와 건널목 교통안전 표지만 설치하는 건널목
- 3종 건널목 : 건널목 교통안전 표지만 설치하는 건널목

정답 168 ② 169 ④ 170 ③ 171 ③ 172 ①

173 철길 건널목에서의 방어운전으로 옳은 것은?

① 일시정지를 하지 않고 통과한다.
② 건너편에 여유 공간이 없을 때 운행한다.
③ 진입하는 주행속도로 통과한다.
④ 건널목 통과 시 가급적 기어는 변속하지 않는다.

174 고속도로 운행방법으로 옳지 않은 것은?

① 차로변경 시는 최소한 100m 전방으로부터 방향지시등을 켠다.
② 주행차에 방해를 주지 않으며 주행차로 운행을 준수한다.
③ 고속도로 운행 시에는 휴식을 삼간다.
④ 뒤차가 자기차를 추월하고 있는 상황에서 경쟁하는 것은 위험하다.

175 야간 안전운전 방법으로 옳지 않은 것은?

① 차의 실내를 가급적 밝게 유지한다.
② 해가 저물면 곧바로 전조등을 점등한다.
③ 주간보다 속도를 낮추어 주행한다.
④ 자동차가 교행할 때에는 전조등을 하향 조정한다.

176 야간운전 요령으로 옳지 않은 것은?

① 해가 저물면 곧바로 전조등을 점등한다.
② 주간보다 속도를 낮추어 운행한다.
③ 마주보고 진행할 때는 전조등을 상향으로 켠다.
④ 차 실내를 불필요하게 밝게 하지 않는다.

177 겨울철 노면의 결빙을 막기 위해 도로상에 뿌리는 것으로, 주행하는 자동차의 바닥부분에 부착되어 차체의 부식을 촉진시키는 물질은 무엇인가?

① 염화나트륨
② 염화칼슘
③ 염화질소
④ 탄산나트륨

---

173 철길 건널목의 안전운전 및 방어운전
- 건널목 직전 일시정지 후 확인하고 진입 여부를 결정하며, 좌·우의 안전을 확인한다.
- 건널목 건너편 여유 공간 확인 후 통과한다.
- 건널목 통과 시 엔진이 정지되지 않도록 가속페달을 조금 힘주어 밟고, 기어는 변속하지 않는다.

174 고속도로의 운행방법
- 주행 중 법정속도를 준수
- 차로 변경 시는 최소한 100m 전방부터 방향지시등을 켬
- 앞차의 움직임 뿐 아니라 그 앞 3~4대 차량의 움직임도 살핌
- 고속도로 진입 시 충분한 가속으로 속도를 높인 후 주행차로로 진입하여 주행차에 방해를 주지 않도록 함
- 주행차로 운행을 준수하고 두 시간마다 휴식
- 뒤차가 자기 차를 추월하고 있는 상황에서 경쟁하는 것은 위험

175 야간 안전운전방법
- 해가 저물면 곧바로 전조등을 점등할 것
- 주간보다 속도를 낮추어 주행할 것
- 실내를 불필요하게 밝게 하지 말 것
- 가급적 전조등이 비치는 곳 끝까지 살필 것
- 대향차의 전조등을 바로 보지 말 것
- 자동차가 교행할 때에는 조명장치를 하향 조정할 것
- 노상에 주·정차를 하지 말 것

176 야간운전의 경우 자동차가 교행할 때에는 조명장치를 하향 조정하여야 한다.

177 노면의 결빙을 막기 위해 뿌려진 염화칼슘은 운행 중 자동차의 바닥부분에 부착되어 차체의 부식을 촉진시킨다.

정답 173 ④ 174 ③ 175 ① 176 ③ 177 ②

178 봄철 교통환경의 특징으로 옳은 것은?

① 심한 일교차로 안개가 많이 발생한다.
② 기온과 습도 상승으로 불쾌지수가 높아져 난폭운전을 할 수 있다.
③ 지반 붕괴로 인해 도로의 균열이나 낙석의 위험이 크다.
④ 방한복 등 두꺼운 옷을 착용함에 따라 민첩한 대처능력이 떨어지기 쉽다.

179 여름철 교통환경의 특징에 대한 설명으로 옳은 것은?

① 무더위와 습도 상승으로 불쾌지수가 높고 이성적 통제가 어려워진다.
② 심한 일교차에 의한 안개발생으로 교통사고 위험이 높다.
③ 해빙기에는 낙석 등에 의한 사고가 많이 발생한다.
④ 기상 특성에 따른 교통환경은 다른 계절에 비하여 가장 좋다.

180 와이퍼 작동상태를 확인하기 위한 점검사항으로 가장 관련이 없는 것은?

① 유리면과 접촉하는 부위인 블레이드의 마모도
② 엔진오일의 청결 정도
③ 노즐의 분출구 개폐 여부
④ 노즐의 분사각도

181 여름철 자동차 운행에 대한 설명으로 옳지 않은 것은?

① 습도 상승으로 불쾌지수가 높아져 난폭운전이 발생할 수 있다.
② 빗길 미끄럼 방지를 위해 타이어 트레드 홈 깊이는 최저 1.0mm 이상이 되는지 확인한다.
③ 갑작스런 소나기로 노면은 빙판 못지않게 미끄럽다.
④ 빗길 고속운전 시 수막현상에 의한 교통사고 위험을 유발한다.

182 과마모된 타이어는 빗길에서 잘 미끄러지고 제동거리가 길어지므로 이를 예방하기 위해 노면에 맞닿는 트레드 홈 깊이(요철형 무늬의 깊이)는 얼마 이상으로 유지하여야 하는가?

① 1.0mm
② 1.2mm
③ 1.4mm
④ 1.6mm

---

178 봄철에는 얼어있던 땅이 녹아 지반 붕괴로 도로의 균열이나 낙석의 위험이 크다. 그밖에도 대륙성 고기압의 활동이 약화되고 낮과 밤의 일교차가 커지며(환절기), 강수량이 증가하고 바람과 황사 현상에 의한 시야 장애가 발생할 수 있다.
①은 가을철, ②는 여름철, ④는 겨울철 교통환경 특징에 해당한다.

179 ① 여름철 운전자는 기온과 습도 상승으로 불쾌지수가 높아져 이성적 통제가 어려워짐으로써 난폭운전, 불필요한 경음기 사용 등의 행동이 나타난다. 또한 도로조건상 장마와 갑작스런 소나기로 인해 노면이 미끄러지고 고속운전 시 수막현상에 의한 교통사고 위험을 유발한다.
② 가을철 교통환경의 특징에 해당한다.
③·④ 봄철의 특징에 해당한다.

180 와이퍼 작동상태 점검 : 장마철 운전에 필요한 와이퍼의 작동이 정상적인가 확인해야 하는데, 유리면과 접촉하는 부위인 블레이드가 마모되었는지, 모터의 작동은 정상적인지, 노즐의 분출구가 막히지 않았는지, 노즐의 분사각도는 양호한지, 워셔액은 깨끗하고 충분한지를 점검한다.

181 ② 과마모 타이어는 빗길에서 잘 미끄러져 교통사고의 위험이 높으므로, 노면과 맞닿는 부분인 요철형 무늬의 깊이(트레드 홈 깊이)가 최저 1.6mm 이상이 되는지를 확인하고 적정 공기압을 유지하고 있는지 점검한다.
① 기온과 습도 상승으로 불쾌지수가 높아져 적절히 대응하지 못하면 이성적 통제가 어려워져 난폭운전, 불필요한 경음기 사용 등의 행동이 나타난다.
③·④ 장마와 더불어 갑작스런 소나기로 도로 노면의 물은 빙판 못지않게 미끄러지고, 고속운전 시 수막현상에 의한 교통사고 위험을 유발시킨다.

182 과마모 타이어는 빗길에서 잘 미끄러질뿐더러 제동거리가 길어지므로 교통사고의 위험이 높다. 노면과 맞닿는 부분인 요철형 무늬의 깊이(트레드 홈 깊이)가 최저 1.6mm 이상이 되는지를 확인하고 적정 공기압을 유지하는지 점검한다.

정답 **178** ③ **179** ① **180** ② **181** ② **182** ④

183 팬벨트의 장력을 확인하기 위해 손이나 손가락으로 눌러볼 때 활용되는 감각은?

① 후각
② 시각
③ 청각
④ 촉각

183 팬벨트의 장력 측정 : 장력을 확인하는 방법은 엄지손가락을 이용해 벨트를 10kg의 힘으로 눌러 8~10mm 정도의 휘거나, 힘껏 눌렀을 때 12~20mm 정도가 들어가면 적당한 장력이다. 따라서 손으로 누를 때 활용되는 감각은 촉각이다.

184 사계절 중 심한 일교차로 인하여 사고가 가장 많이 발생하는 계절은?

① 겨울
② 가을
③ 여름
④ 봄

184 가을철에는 잦은 기상변화와 낮과 밤의 심한 일교차로 안개가 많이 발생하므로 연중 교통사고가 가장 많이 발생하는 시기이다. 일교차가 커지면 강·하천을 끼고 있는 국도와 지방도에서는 안개가 짙게 깔리면서 운전자의 시야를 가리기 때문에 사고위험이 더욱 높아진다.

185 안개가 자주 발생하는 장소와 가장 거리가 먼 것은?

① 하천을 끼고 있는 도로
② 강을 따라 건설된 도로
③ 발전용 댐 주변 도로
④ 빌딩으로 밀집된 도심지 도로

185 하천이나 강, 댐 주변 도로에는 안개가 자주 발생한다. 특히 하천·강을 끼고 있는 곳에서는 종종 짙은 안개가 낀다.

186 가을철 안전운전요령에 대한 설명으로 가장 관련이 없는 것은?

① 경운기 운전자가 놀라지 않도록 가급적 경적을 울리지 않고 추월하는 것이 좋다.
② 농촌지역 운행 시에는 농기계의 출현에 대비하여야 한다.
③ 농촌 마을 인접도로에서는 농지로부터 도로로 나오는 농기계에 주의한다.
④ 나무 등에 가려 간선도로로 진입하는 경운기를 보지 못하는 경우가 있으므로 주의한다.

186
① 경운기에는 후사경이 없고 소음이 매우 크므로 경적을 울려 자동차가 있다는 사실을 알려주어야 함
② 가을 추수시기를 맞아 농촌지역 운행 시 농기계의 출현에 대비하여야 함
③ 농촌 마을 인접 도로에서는 농지로부터 도로로 나오는 농기계에 주의하여 서행
④ 나무 등에 가려 간선도로로 진입하는 경운기를 보지 못하는 경우가 있으므로 주의함

187 겨울철 동결로 인한 교통사고 위험이 가장 낮은 장소는?

① 그늘진 곳
② 교량 위
③ 평지의 직선도로
④ 터널 근처

187 겨울철 동결되기 쉬운 장소 : 그늘진 장소, 북쪽 도로, 교량 위, 터널 근처 등

정답 183 ④ 184 ② 185 ④ 186 ① 187 ③

188 위험물을 수송하는 방법에 대한 설명으로 옳지 않은 것은?

① 적재물의 마찰은 무시해도 좋으나 흔들림이 일어나지 않도록 한다.
② 정차하는 때에는 안전한 장소를 택하여 안전에 주의한다.
③ 인화성 물질을 수송하는 때에는 그 위험물에 적합한 소화설비를 갖춘다.
④ 독성 물질을 수송하는 때에는 재해발생에 대비한 장구 등을 갖춘다.

189 가스 등 위험물 수송차량의 운전자가 주의할 사항으로 옳지 않은 것은?

① 지정된 장소가 아닌 곳에서는 탱크로리 상호간에 취급물질을 입·출하시키지 말아야 한다.
② 차량내부 및 차량 주위에서는 화기를 사용하지 말아야 한다.
③ 가스탱크 등의 수리는 밀폐된 공간에서 한다.
④ 운행 및 주차 시 안전조치를 숙지한다.

190 위험물을 운송할 때 숙지해야 할 사항이 아닌 것은?

① 운송할 목적지의 우편번호
② 운송할 물질의 특성
③ 탱크 및 부속품의 종류와 성능
④ 주차 시의 안전조치사항 및 재해발생 시 취해야 할 조치사항

191 위험물을 운송할 때에 직접 관련되는 법이 아닌 것은?

① 교통안전법
② 고압가스 안전관리법
③ 도로교통법
④ 액화석유가스의 안전관리 및 사업법

192 위험물의 특성에 해당하지 않는 것은?

① 액화성　② 발화성
③ 인화성　④ 폭발성

---

188 ① 마찰 및 흔들림 일으키지 않도록 운반할 것
② 정차시는 안전한 장소를 택하여 안전에 주의할 것
③ 위험물에 적응하는 소화설비를 설치할 것
④ 독성가스를 운반하는 때에는 재해발생 방지를 위한 자재, 제독제 등을 휴대할 것

189 운송 시 주의사항(숙지사항)
- 지정된 장소가 아닌 곳에서는 탱크로리 상호간에 취급물질을 입·출하시키지 말 것
- 운송 전에는 운행계획 수립 및 확인 필요
- 운송 중은 물론 정차 시에도 허용된 장소 이외에서는 흡연이나 화기를 사용하지 말 것
- 수리를 할 때에는 통풍이 양호한 장소에서 실시할 것
- 차량의 구조, 탱크 및 부속품의 종류와 성능, 정비점검방법, 운행 및 주차 시의 안전조치를 숙지할 것

190 운송 시 주의사항 : 운송할 물질의 특성, 차량의 구조, 탱크 및 부속품의 종류와 성능, 정비점검방법, 운행·주차 시의 안전조치와 재해발생 시에 취해야 할 조치를 숙지

191 위험물의 종류에는 고압가스, 화약, 석유류, 방사성물질 등이 있으며, 이러한 물질을 안전하게 운송하기 위해서는 도로교통법, 고압가스 안전관리법, 액화석유가스의 안전관리 및 사업법 등을 잘 준수하여야 한다.

192 위험물의 특성 : 발화성, 인화성, 폭발성 등

정답　188 ①　189 ③　190 ①　191 ①　192 ①

193 위험물 운송차량을 노상에 주차시킬 때의 주의사항이 아닌 것은?

① 운전자 자택 부근의 주택가에 주차시킨다.
② 교통량이 적고 지반이 좋은 장소를 선택한다.
③ 부근에 화기가 있는 지역은 피한다.
④ 차바퀴 밑에 고임목을 사용하여 주차시킨다.

193 ① 노상에 주차할 필요가 있는 경우에는 주택·상가 등이 밀집한 지역을 피함
② · ③ 교통량이 적고 부근에 화기가 없는 안전하고 지반이 평탄한 장소에 주차
④ 비탈길에 주차하는 경우 사이드브레이크를 확실히 걸고 차바퀴를 고임목으로 고정

194 저장시설로부터 차량의 고정된 탱크에 가스를 주입하는 이입작업 시의 주의사항으로 옳지 않은 것은?

① 엔진을 끄고 전기장치를 완전히 차단하여 스파크가 발생하지 않도록 한다.
② 운전자는 이입작업 중 운전석에 앉아 있어야 한다.
③ 차량이 움직이지 않도록 차바퀴 고정목을 사용하여 고정시킨다.
④ 만일의 화재에 대비하여 소화기를 즉시 사용할 수 있도록 준비한다.

194 이입작업 시의 기준(주의사항)
- 차를 정차시키고 사이드브레이크를 건 다음, 엔진을 끄고 전기장치를 차단해 스파크가 발생하지 않도록 할 것
- 차량이 앞·뒤로 움직이지 않도록 차바퀴를 고정목 등으로 확실하게 고정시킬 것
- 화재에 대비해 소화기를 즉시 사용가능하도록 할 것
- 탱크의 운전자는 이입작업 종료될 때까지 탱크로리차량의 긴급차단장치 부근에 위치시킬 것

195 위험물의 이입작업 시 조치사항으로 옳지 않은 것은?

① 정전기 제거용 접지코드를 기지의 접지텍에 접속한다.
② 차량이 앞뒤로 움직일 수 있도록 사이드브레이크를 푼다.
③ 화재에 대비하여 소화기를 즉시 사용가능하도록 한다.
④ 저온 및 초저온가스의 경우 가죽장갑을 끼고 작업한다.

195 이입작업 시의 기준(주의사항)
- 차를 정차시키고 사이드브레이크를 확실히 건 다음, 전기장치를 완전히 차단하여 스파크가 발생하지 않도록 할 것
- 차량이 앞·뒤로 움직이지 않도록 차바퀴를 고정목 등으로 확실하게 고정시킬 것
- 정전기 제거용 접지코드를 기지(基地)의 접지텍에 접속할 것
- 부근의 화기가 없는가를 확인할 것
- 화재에 대비하여 소화기를 즉시 사용가능하도록 할 것
- 저온 및 초저온가스의 경우에는 가죽장갑 등을 끼고 작업을 할 것
- 가스누설을 발견할 경우 긴급차단장치를 작동시키는 등 신속한 누출방지조치를 할 것

196 위험물 운송차량에 고정된 탱크의 운전자는 이입작업이 종료될 때까지 어느 장소에 위치하여 대기하여야 하는가?

① 이출시설 쪽 밸브가 있는 부근
② 이출시설로부터 가장 가까운 소화기가 있는 곳
③ 탱크로리 차량의 긴급차단장치 부근
④ 탱크로리 차량으로부터 가능한 한 멀리 떨어진 곳

196 차량에 고정된 탱크의 운전자는 이입작업이 종료될 때까지 탱크로리 차량의 긴급차단장치 부근에 위치하여야 하며, 가스누출 등 긴급사태 발생 시 안전관리자의 지시에 따라 신속하게 긴급차단장치를 작동하거나 차량이동 조치를 하여야 한다.

정답 193 ① 194 ② 195 ② 196 ③

197 고압가스 충전용기를 적재한 차량의 주·정차 시 준수할 사항으로 잘못된 것은?

① 가능한 한 평탄한 곳에 주차시킬 것
② 교통량이 적은 안전한 장소에 주차시킬 것
③ 주택 및 상가 등이 밀집된 지역에 주차할 것
④ 주차 시는 주차 브레이크를 걸고 차바퀴를 고정목으로 고정시킬 것

198 고압가스 충전용기 등을 적재한 차량의 주·정차에 관한 설명으로 옳지 않은 것은?

① 시장 등 차량 통행이 현저히 곤란한 곳에 주·정차하지 않는다.
② 언덕길 등 경사진 곳에 주·정차 시는 주차브레이크만 사용한다.
③ 운행 중 잠시 주·정차할 때에도 가능한 운전자가 잘 볼 수 있는 곳에 주·정차한다.
④ 고장으로 주·정차하는 경우에는 고장차량표지판을 설치하여 다른 차량과의 충돌·추돌을 예방한다.

199 고압가스 충전용기를 적재한 차량을 주차 또는 정차시킬 때 유의사항으로 옳지 않은 것은?

① 주·정차 장소는 가급적 평탄하고 교통량이 적은 안전한 장소를 택한다.
② 주차할 때에는 엔진을 정지시킨 후 사이드브레이크를 걸어 놓고 바퀴를 고정목 등으로 고정시킨다.
③ 고장으로 정차하는 경우에는 삼각표지판을 설치하는 등 안전조치를 취한다.
④ 휴식을 위해 주차할 경우 운전자는 위험물 차량에서 가능한 한 멀리 벗어나 휴식을 취한다.

---

197 충전용기 등의 적재할 차량의 주·정차장소 선정은 가능한 한 평탄하고 교통량이 적은 안전한 장소를 택해야 하며, 노상에 주차할 필요가 있는 경우에는 주택 및 상가 등이 밀집한 지역을 피한다.

198 ② 주·정차 시 가능한 한 언덕길 등 경사진 곳을 피하여야 하며, 엔진 정지 후 사이드브레이크를 걸어 놓고 반드시 차바퀴를 고정목으로 고정시켜야 한다.
① 혼잡한 시장 등 차량 통행이 현저히 곤란한 장소 등에는 주·정차하지 않으며, 주·정차 시 가능한 한 평탄하고 교통량이 적은 안전한 장소를 택한다.
③ 잠시 주·정차할 경우도 가능한 운전자가 잘 볼 수 있는 곳에 주·정차한다. 차량의 고장, 교통사정, 운전자의 휴식 등의 경우를 제외하고는 당해 차량에서 동시에 이탈하지 않으며, 이탈할 경우에는 차량이 쉽게 보이는 장소에 주·정차하여야 한다.
④ 차량의 고장 등으로 인하여 주·정차하는 경우는 고장자동차의 표지 등을 설치하여 다른 차와의 충돌·추돌을 피하기 위한 조치를 한다.

199 충전용기의 주·정차 시 유의사항
- 주·정차장소 선정은 가능한 한 평탄하고 교통량이 적은 안전한 장소를 택할 것
- 가급적 언덕길 등 경사진 곳을 피하며, 엔진을 정지시킨 후 사이드브레이크를 걸어 놓고 차바퀴를 고정목으로 고정시킬 것
- 차량 고장으로 정차하는 경우는 고장자동차의 표지 등을 설치하여 다른 차와 충돌을 피하기 위한 조치를 할 것
- 차량의 고장, 교통사정, 휴식 등 부득이한 경우를 제외하고는 차량에서 동시에 이탈하지 않으며, 이탈할 경우 차량이 쉽게 보이는 장소에 주차할 것

정답 **197** ③ **198** ② **199** ④

200 고압가스 충전용기를 적재한 차량을 주차 또는 정차시킬 때의 주의사항으로 옳지 않은 것은?

① 휴식을 위해 주차할 경우 운전자는 위험물 차량에서 가능한 한 멀리 벗어나 휴식을 취한다.
② 주·정차 장소는 가급적 평탄하고 교통량이 적은 안전한 장소를 택한다.
③ 주차할 때에는 엔진을 정지시킨 후 사이드브레이크를 걸어 놓고 바퀴를 고정목 등으로 고정시킨다.
④ 고장으로 정차하는 경우에는 삼각표지판을 설치하는 등 안전조치를 취한다.

201 운반중의 고압가스 충전용기는 몇 ℃ 이하로 유지하여야 하는가?

① 40℃ 이하
② 60℃ 이하
③ 80℃ 이하
④ 100℃ 이하

202 고압가스 충전용기 등을 차량에 적재 시 준수해야 할 사항이 아닌 것은?

① 차량의 최대 적재량을 초과하여 적재하지 않는다.
② 충전용기는 세우기보다 가능한 한 눕혀서 운반한다.
③ 충전용기가 충돌하지 않도록 고무링을 씌우거나 적재함에 넣어 운반한다.
④ 차량에 싣고 내릴 때에는 충격완화 물품을 사용한다.

203 고압가스 충전용기 취급요령에 대한 설명으로 틀린 것은?

① 용량 10kg 이상의 액화석유가스 충전용기는 2단으로 적재한다.
② 차량에 싣고 내릴 때에는 충격완화 물품을 사용한다.
③ 고정 프로텍터가 없는 용기에는 보호캡을 부착하여 싣는다.
④ 차량으로 운반할 때에는 전용 로프 등을 사용하여 떨어지지 않도록 한다.

---

200 ① 운전자의 휴식·식사 등 부득이한 경우를 제외하고는 차량에서 동시에 이탈하지 않으며, 이탈할 경우에는 차량이 쉽게 보이는 장소에 주차할 것
② 주·정차장소 선정은 지형을 고려하여 가능한 한 평탄하고 교통량이 적은 안전한 장소를 택할 것
③ 주·정차 시 가능한 언덕길 등 경사진 곳을 피하며, 엔진을 정지시킨 후 사이드브레이크를 걸어 놓고 차바퀴를 고정목으로 고정할 것
④ 고장으로 정차하는 경우는 고장자동차의 표지 등을 설치하여 다른 차와의 충돌을 피하기 위한 조치를 할 것

201 운반중인 충전용기는 항상 40℃ 이하를 유지하여야 한다.

202 충전용기 등을 적재 시 준수해야 할 기준
- 차량의 최대 적재량을 초과하여 적재하지 않으며, 적재함을 초과하여 적재하지 않을 것
- 충전용기는 항상 40℃ 이하를 유지하며, 자전거나 오토바이에 적재하여 운반하지 않을 것
- 용기가 충돌하지 않도록 고무링을 씌우거나 적재함에 넣어 가능한 세워서 운반할 것
- 목재·플라스틱·강철재로 만든 팔레트에 넣어 적재하는 경우와 용량 10kg 미만의 액화석유가스 충전용기를 적재할 경우를 제외하고 모든 충전용기는 1단으로 적재할 것

203 목재·플라스틱·강철재로 만든 팔레트에 넣어 적재하는 경우와 용량 10kg 미만의 액화석유가스 충전용기를 적재할 경우를 제외한 모든 충전용기는 1단으로 적재한다. 따라서 용량 10kg 이상의 충전용기는 1단으로 적재한다.

정답 **200** ① **201** ① **202** ② **203** ①

204 고속도로에서 교통사고가 발생한 경우 조치사항으로 옳지 않은 것은?

① 운전자 및 탑승자는 안전조치를 하고 신속하게 가드레일 밖 등 안전한 장소로 대피한다.
② 야간에 차량 후방에 적색 섬광신호·전기제등 또는 불꽃신호를 설치하는 경우에는 고장자동차표지(안전삼각대)를 설치하지 않아도 된다.
③ 구호차량이 도착할 때까지 부상자에 대해 가능한 응급조치를 하고, 2차사고의 우려가 있는 경우에는 안전한 장소로 이동시킨다.
④ 사고를 낸 운전자는 사고 발생 장소, 사상자 수, 부상정도 등을 현장에 있는 경찰공무원이나 가까운 경찰관서에 신고한다.

205 고속도로 교통사고 및 고장 발생 시 대처요령으로 옳지 않은 것은?

① 비상등을 켜고 다른 차의 소통에 방해가 되지 않도록 갓길로 차량을 이동시킨다.
② 후방에서 접근하는 운전자가 쉽게 확인할 수 있도록 안전삼각대를 설치하고, 야간에는 적색의 불꽃 신호를 추가로 설치한다.
③ 경찰관서(112), 소방관서(119) 또는 한국도로공사 콜센터로 연락하여 도움을 요청한다.
④ 차량 밖은 매우 위험하므로 운전자와 탑승자는 차량 내에서 도움을 기다린다.

---

204 ② 후방 차량이 확인할 수 있도록 고장자동차표지(안전삼각대)를 하며, 야간에는 적색 섬광신호·전기제등 또는 불꽃신호를 추가 설치
① 운전자와 탑승자는 안전조치 후 신속하게 가드레일 밖 등 안전한 장소로 대피
③ 구호차량이 도착할 때까지 부상자에게는 가능한 응급조치를 하며, 2차사고의 우려가 있을 경우 안전한 장소로 이동시킴
④ 사고를 낸 운전자는 사고발생장소, 사상자 수, 부상정도 등을 경찰공무원 또는 경찰관서에 신고

205 교통사고 및 고장 발생 시 대처요령(2차사고의 방지)
- 신속히 비상등을 켜고 다른 차의 소통에 방해가 되지 않도록 갓길로 차량을 이동시킴. 차량 이동이 어려운 경우 안전조치 후 신속하게 가드레일 바깥 등의 안전한 장소로 대피
- 후방에서 접근하는 차량의 운전자가 쉽게 확인할 수 있도록 고장자동차의 표지(안전삼각대)를 함. 야간에는 적색 섬광신호·전기제등 또는 불꽃 신호를 추가로 설치
- 운전자와 탑승자가 차량 내 또는 주변에 있는 것은 매우 위험하므로 가드레일 밖 등 안전한 장소로 대피
- 경찰관서, 소방관서 또는 한국도로공사 콜센터로 연락하여 도움을 요청

정답 **204** ② **205** ④

PART 04

운송서비스

CHAPTER 01 ▶ 운송서비스 기출핵심정리

□ **물류의 의의** : 오늘날 물류는 과거와 같이 단순히 장소적 이동을 의미하는 운송이 아니라 생산과 마케팅기능 중에 물류관련 영역까지도 포함하며, 이를 로지스틱스라고 한다. 종전의 운송이 수요충족기능에 치우쳤다면 로지스틱스는 수요창조기능에 중점을 두는 것으로, 물류의 최일선에 있는 운전자는 고객만족을 통한 수요창출에 누구보다 중요한 위치를 점하고 있다. 즉, 대고객서비스의 수준을 높이는 일선 근무자가 바로 운전자인 것이다.

□ **고객의 욕구**
- 기억되기를 바란다, 환영받고 싶어 한다.
- 관심을 가져주기를 바란다, 중요한 사람으로 인식되기를 바란다.
- 편안해 지고 싶어 한다.
- 칭찬받고 싶어 한다, 기대와 욕구를 수용하여 주기를 바란다.

□ **고객서비스의 특성**
- **무형성** : 보이지 않는다. 형태가 없는 무형의 상품으로서, 제품처럼 누구나 볼 수 있는 형태로 제시되지도 않고 측정하기도 어렵지만 누구나 느낄 수는 있다.
- **동시성** : 생산과 소비가 동시에 발생한다. 따라서 서비스는 재고가 없고 불량 서비스가 나와도 반품할 수도 없으며, 고치거나 수리할 수도 없다. 불량 서비스를 팔게 되면 제품판매의 경우보다 훨씬 나쁜 결과를 초래한다.
- **인간주체(이질성)** : 사람에 의존한다. 사람에 의하여 생산되어 고객에게 제공되기 때문에 똑같은 서비스라 하더라도 행하는 사람에 따라 품질의 차이가 발생하기 쉽다.
- **소멸성** : 즉시 사라진다. 오래도록 남아있는 것이 아니고 제공한 즉시 사라져 남아있지 않는다.
- **무소유권** : 가질 수 없다. 서비스는 누릴 수는 있으나 소유할 수는 없다

□ **고객만족을 위한 서비스 품질의 분류**
- **상품품질** : 성능 및 사용방법을 구현한 하드웨어 품질. 고객의 필요와 욕구 등을 각종 시장조사나 정보를 통해 정확하게 파악하여 상품에 반영시킴으로써 고객만족도를 향상
- **영업품질** : 환경과 분위기를 고객만족으로 실현하기 위한 소프트웨어 품질. 모든 영업활동을 고객 지향적으로 전개하여 고객만족도 향상에 기여
- **서비스품질** : 고객으로부터 신뢰를 획득하기 위한 휴먼웨어(Human-ware) 품질

□ **서비스 품질을 평가하는 고객의 기준**
- **신뢰성** : 정확하고 틀림없음, 약속기일을 확실히 지킴
- **신속한 대응** : 기다리게 하지 않음, 재빠른 처리 및 적절한 시간 맞추기
- **정확성** : 서비스를 행하기 위한 상품 및 서비스에 대한 지식이 충분하고 정확
- **편의성** : 의뢰하기가 쉬움, 언제라도 곧 연락이 됨, 곧 전화를 받음
- **태도** : 예의 바름, 배려·느낌이 좋음, 복장이 단정함
- **커뮤니케이션** : 고객의 이야기를 잘 들음, 알기 쉽게 설명함

- 신용도 : 회사를 신뢰할 수 있음, 담당자가 신용이 있음
- 안전성 : 신체적 안전, 재산적 안전, 비밀유지
- 고객의 이해도 : 고객이 진정 요구하는 것을 앎, 사정을 잘 이해하여 만족시킴
- 환경 : 쾌적한 환경, 좋은 분위기, 깨끗한 시설 등의 완비

악수 방법
- 상대와 적당한 거리에서 손을 잡는다.
- 손은 반드시 오른손을 내민다.
- 손이 더러울 땐 양해를 구한다.
- 상대의 눈을 바라보며 웃는 얼굴로 악수한다.
- 허리는 무례하지 않도록 자연스레 편다.
- 계속 손을 잡은 채로 말하지 않는다.
- 손을 너무 세게 쥐거나 또는 힘없이 잡지 않는다.

언어예절(대화 시 유의사항)
- 불평불만을 함부로 떠들지 않고 독선적·독단적·경솔한 언행을 삼간다.
- 욕설·독설·험담을 삼가고 남을 중상 모략하는 언동을 하지 않는다.
- 매사 침묵으로 일관하지 않는다.
- 불가피한 경우를 제외하고 논쟁을 피하고 쉽게 흥분하거나 감정에 치우치지 않는다.
- 농담은 조심스럽게 하며, 매사 함부로 단정하지 않고 말한다.
- 일부분을 보고 전체를 속단하여 말하지 않는다.
- 도전적 언사는 가급적 자제하며, 상대방의 약점을 지적하는 것을 피한다.
- 남이 이야기하는 도중에 분별없이 차단하지 않는다.

담배꽁초의 처리방법
- 담배꽁초는 반드시 재떨이에 버린다.
- 자동차 밖이나 화장실 변기에 버리지 않는다.
- 꽁초를 길에 버린 후 발로 비비지 않는다.
- 꽁초를 손가락으로 튕겨 버리지 않는다.

음주예절
- 경영방법이나 특정한 인물에 대하여 비판하지 않고, 상사에 대한 험담을 하지 않는다.
- 과음하거나 지식을 장황하게 늘어놓지 않는다.
- 술좌석을 자기자랑이나 평상시 언동의 변명의 자리로 만들지 않는다.
- 상사와 합석한 술좌석은 예의바른 모습을 보여주어 더 큰 신뢰를 얻도록 한다.
- 고객이나 상사 앞에서 취중의 실수는 영원한 오점을 남긴다.

운전자가 가져야 할 기본적 자세
- **교통법규의 이해와 준수** : 실제 운행경로의 교통상황에 따른 적절한 판단과 교통법규를 준수하면서 운행하는 것이 중요
- **여유 있고 양보하는 마음으로 운전** : 조급성과 자기중심적인 생각은 교통사고를 일으키는 요인이 되므로 항상 마음의 여유를 갖고 양보하는 자세로 운전
- **주의력 집중** : 운전은 한 순간의 방심도 허용되지 않는 어려운 과정이므로 방심하지 말고 온 신경을 운전에만 집중하여 위험을 빨리 발견하고 대응할 수 있어야 사고를 예방할 수 있음
- **심신상태의 안정** : 몸과 마음이 안정되어야 운전도 안전하게 할 수 있으므로 심신상태를 조절하여 냉정하고 침착한 자세로 운전함
- **추측 운전의 삼가** : 자기에게 유리한 판단·행동은 삼가야 하며, 조그마한 의심이라도 반드시 안전을 확인한 후 행동
- **운전기술의 과신은 금물** : 운전이란 혼자가 아니라 많은 다른 운전자와 보행자 사이에서 하는 것이므로 아무리 자신 있는 운전자라 하더라고 상대방의 실수로 사고가 일어날 수 있음
- 저공해 등 환경보호, 소음공해 최소화 등

지켜야 할 운전예절
- 운전기술을 과신하지 않고 교통법규의 준수와 예절바른 운전 이행
- 횡단보도에서는 보행자가 먼저 통행하도록 하고, 횡단보도 내에 자동차가 들어가지 않도록 정지선을 반드시 준수
- 교차로나 좁은 길에서 마주 오는 차가 있을 경우 양보해 주고, 전조등은 끄거나 하향으로 조정
- 고장자동차를 발견할 경우 즉시 도로의 가장자리 등 안전한 장소로 유도하거나 안전조치
- 방향지시등을 켜고 차선변경 등을 할 경우는 눈인사를 하면서 양보해 주며, 도움이나 양보를 받았을 때 정중하게 손을 들어 답례
- 적색신호등이 점멸될 경우 일시정지 후 서행해야 하고, 황색신호등 점멸 시에는 서행하면서 통과
- 교차로에 교통량이 많거나 교통정체가 있을 경우 서행하며 안전하게 통과

화물차량 운전자의 직업상 어려움
- 장시간 운행으로 제한된 작업공간부족(차내 운전) 및 피로
- 주·야간의 운행으로 생활리듬의 불규칙한 생활의 연속
- 공로운행에 따른 교통사고에 대한 위기의식 잠재
- 화물의 특수수송에 따른 운임에 대한 불안감(회사부도 등)

운행상 주의사항
- 주·정차 후 운행을 개시할 때에는 자동차주변의 노상취객 등을 확인 후 안전하게 운행
- 내리막길에서는 풋 브레이크 장시간 사용을 삼가하고 엔진 브레이크 등을 적절히 사용
- 보행자, 이륜자동차, 자전거 등과 교행·병진·추월운행 시 서행하며 안전거리를 유지
- 후진 시에는 유도요원을 배치, 신호에 따라 안전하게 후진
- 노면의 적설·빙판 시 즉시 체인을 장착한 후 안전운행
- 후속차량이 추월하고자 할 때에는 감속 등으로 양보운전

❏ 교통사고 발생 시 조치사항
- 현장에서의 인명구호 및 관할경찰서에 신고 등의 의무를 성실히 수행
- 어떠한 사고라도 임의처리는 불가하며 사고발생 경위를 육하원칙에 의거하여 거짓 없이 정확하게 회사에 즉시 보고
- 사고로 인한 행정, 형사처분(처벌) 접수 시 임의처리 불가하며 회사의 지시에 따라 처리
- 운전자 개인의 자격으로 합의 보상 이외 어떠한 경우라도 회사손실과 직결되는 보상업무는 일반적으로 수행불가
- 회사소속 자동차 사고를 유·무선으로 통보받거나 발견 즉시 최인근 지점에 기착 또는 유·무선으로 육하원칙에 의거 즉시 보고

❏ 직업의 4가지 의미
- **경제적 의미** : 일터, 일자리, 경제적 가치를 창출하는 곳
- **정신적 의미** : 직업의 사명감과 소명의식을 갖고 정성과 정열을 쏟을 수 있는 곳
- **사회적 의미** : 자기가 맡은 역할을 수행하는 능력을 인정받는 곳
- **철학적 의미** : 일한다는 인간의 기본적인 리듬을 갖는 곳

❏ 직업에 대한 바람직한 3가지 태도 : 애정, 긍지, 열정

❏ 집하 시 행동방법
- 집하는 서비스의 출발점이라는 자세로 한다.
- 인사와 함께 밝은 표정으로 정중히 두 손으로 화물을 받는다.
- 책임 배달구역을 정확히 인지하고 배달점소의 사정을 고려하여 집하한다.
- 2개 이상의 화물은 반드시 분리 집하한다(결박화물 집하금지).
- 취급제한 물품은 그 취지를 알리고 정중히 집하를 거절한다.
- 택배운임표를 고객에게 제시 후 운임을 수령한다.
- 운송장의 도착지란에 시·구·동·군·면 등을 정확하게 기재하여 터미널 오분류를 방지한다.
- 화물 인수 후 감사의 인사를 한다.

❏ 배달 시 행동방법
- 배달은 서비스의 완성이라는 자세로 한다.
- 긴급배송을 요하는 화물은 우선 처리하고, 모든 화물은 반드시 기일 내 배송한다.
- 수하인 주소가 불명확할 경우 정확한 위치확인 후 출발한다.
- 무거운 물건일 경우 손수레를 이용하여 배달한다.
- 고객이 부재 시에는 "부재중 방문표"를 반드시 이용한다.
- 방문 시 밝고 명랑한 목소리로 인사하고, 화물을 정중하게 원하는 장소에 가져다 놓는다.
- 인수증 서명은 반드시 정자로 실명기재 후 받는다.
- 돌아갈 때에는 이용해 주셔서 고맙다고 하고 밝게 인사한다.

❏ 고객 불만 발생 시 행동방법
- 고객이 감정을 상하게 하지 않도록 불만 내용을 끝까지 참고 듣는다.
- 불만사항에 대하여 정중히 사과한다.
- 고객의 불만·불편사항이 더 이상 확대되지 않도록 한다.
- 고객불만을 해결하기 어려운 경우 적당히 답변하지 말고 관련부서와 협의 후 답변하도록 한다.
- 책임감을 갖고 전화 받는 사람의 이름을 밝혀 고객을 안심시킨 후 확인 연락을 할 것을 전해준다.
- 불만전화 접수 후 빠른 시간 내에 확인하여 고객에게 알린다.

❏ 물류의 개념과 기능
- 물류(로지스틱스)란 공급자로부터 생산자, 유통업자를 거쳐 최종 소비자에게 이르는 재화의 흐름을 의미한다.
- 물류체계가 개선되면 재화의 부가가치(장소적 가치)를 향상시키게 되고 소비의 증가를 통한 부의 증가를 가져오게 된다(물류시스템의 개선은 부가가치의 증대를 통해 부를 증가).
- 물류란 소비자의 요구에 부응할 목적으로 생산지에서 소비지까지 원자재·완성품, 정보의 이동·보관 비용을 최소화하고 효율적으로 수행하기 위해 계획·통제하는 과정이다.
- 물류의 기능에는 운송(수송)기능, 포장기능, 보관기능, 하역기능, 정보기능 등이 있다.
- 최근 물류는 단순히 장소적 이동을 의미하는 운송의 개념에서 발전하여 자재조달이나 폐기, 회수 등까지 총괄하는 경향이다.

❏ 물류 개념의 국내 도입
: 우리나라에 물류(로지스틱스)가 소개된 것은 1962년 제2차 경제개발 5개년 계획이 시작된 이후, 즉 교역규모의 신장에 따른 물동량 증대, 도시교통의 체증 심화, 소비의 다양화·고급화가 시작되면서이다.

❏ 경영정보시스템(MIS)
- 1970년대의 시기로서 창고보관·수송을 신속히 하여 주문처리시간을 줄이는데 초점을 둠
- 기업경영에서 의사결정의 유효성을 높이기 위해 관련 정보를 필요에 따라 즉각적으로·대량으로 수집·처리·저장·이용할 수 있도록 편성한 인간과 컴퓨터의 결합시스템

❏ 전사적자원관리(ERP)
- 물류단계로서 정보기술을 이용하여 수송·제조·구매·주문관리기능을 포함하여 합리화하는 로지스틱스 활동이 이루어졌던 단계
- 기업 내의 모든 인적·물적 자원을 효율적으로 관리하여 기업의 경쟁력을 강화시켜 주는 역할을 하는 통합정보시스템

❏ 공급망관리의 정의
- 1990년대 중반이후 단계로서, 최종고객까지 포함하여 공급망 상의 업체들이 수요·구매정보 등을 상호 공유하는 통합하는 단계
- 고객 및 투자자에게 부가가치를 창출할 수 있도록 최초의 공급업체로부터 최종 소비자에게 이르기까지의 상품·서비스·정보의 흐름을 통합적으로 운영하는 경영전략

물류서비스 기법의 발전 : 물류 → 로지스틱스(Logistics) → 공급망관리(SCM)

구분	물류	로지스틱스(Logistics)	공급망관리(SCM)
시기	1970~1985년	1986~1997년	1998년
목적 및 표방	• 물류부문 내 효율화 • 무인도전	• 기업 내 물류효율화 • 토탈물류	• 공급망 전체 효율화 • 종합물류
대상	수송, 보관, 하역, 포장	생산, 물류, 판매	공급자, 메이커, 도소매, 고객
수단	물류부문 내 시스템, 기계화, 자동화	기업 내 정보시스템, POS, VAN, EDI	기업 간 정보시스템, 파트너관계, ERP, SCM

개념적 관점에서의 물류의 역할

- **국민경제적 관점** : 물류비를 절감하여 물가상승을 억제하고, 정시배송 실현을 통한 수요자 서비스 향상에 이바지하며, 자재·자원의 낭비를 방지하고, 사회간접자본의 증강과 설비투자의 필요성을 증대시켜 국민경제개발을 위한 투자기회를 부여
- **사회경제적 관점** : 생산·소비·금융·정보 등 인간이 주체가 되어 수행하는 경제활동의 일부분으로, 운송·통신·상업활동을 주체로 하고 이를 지원하는 제반활동을 포함
- **개별기업적 관점** : 최소의 비용으로 소비자를 만족시켜서 서비스 질의 향상을 촉진시켜 매출신장을 도모하고, 제품의 제조·판매를 위한 원재료의 구입·판매 업무를 총괄관리

기업경영에 있어서 물류의 역할

- 마케팅의 절반을 차지
- **판매기능 촉진** : 고객서비스를 향상시키고 물류코스트를 절감하여 기업이익을 최대화하는 것이 목표이며, 판매기능은 물류의 7R 기준을 충족할 때 달성됨
- **적정재고의 유지로 재고비용절감에 기여** : 물류합리화로 불필요한 재고의 미보유에 따른 재고비용 절감
- 물류(物流)와 상류(商流) 분리를 통한 유통합리화에 기여 등

7R 원칙
Right Quality(적절한 품질), Right Quantity(적절한 양), Right Time(적절한 시간), Right Place(적절한 장소), Right Impression(좋은 인상), Right Price(적절한 가격), Right Commodity(적절한 상품)

물류의 기능(물류시스템의 구성)

- **운송기능** : 물품을 공간적으로 이동시키는 것(수송)
- **포장기능** : 물품의 가치·상태를 유지하기 위해 적절한 재료·용기를 이용해 포장·보호
- **보관기능** : 물품을 창고 등의 보관시설에 보관하는 활동
- **하역기능** : 수송과 보관에 걸친 물품의 취급으로 물품을 상하좌우로 이동시키는 활동
- **정보기능** : 물류정보를 전자적 수단으로 연결함으로써 종합적인 효율화를 도모
- **유통가공기능** : 물품의 유통과정에서 물류효율을 향상시키기 위하여 가공하는 활동

❑ **유통가공** : 유통단계에서 상품에 가공이 더해지는 것을 의미한다. 여기에는 절단·천공·굴절·조립 등의 경미한 생산 활동이 포함되며, 유닛화, 가격표·상표 부착, 검품 등 유통의 원활화를 도모하는 보조작업이 있다. 최근에는 상품의 부가 가치를 높여 상품차별화를 목적으로 하는 유통가공의 중요성이 강조되고 있다.

❑ **물류관리의 정의**
- 재화의 효율적인 '흐름'을 계획·실행·통제할 목적으로 행해지는 제반활동을 의미한다.
- 재화의 흐름에 있어서 운송·보관·하역·포장·정보 등의 모든 활동을 유기적으로 조정하여 하나의 독립된 시스템으로 관리하는 것이다.
- 경영관리의 다른 기능과 밀접한 상호관계를 가지므로, 물류관리의 고유한 기능 및 연결기능을 원활하게 수행하기 위해서는 통합된 총괄시스템적 접근이 이루어져야 한다.
- 물류관리는 기능의 일부가 생산·마케팅 영역과 밀접하게 연관되어 있다. 입지관리결정·제품설계관리·구매계획 등은 생산관리 분야와 연결되며, 대고객서비스·정보관리·제품포장관리 등은 마케팅관리 분야와 연결된다.
- 현대와 같이 공급이 수요를 초과하고 소비자의 기호가 다양하게 변화하는 시대(로지스틱스 시대)에 있어서는 종합적인 로지스틱스 개념하의 물류관리가 중요하다.

❑ **기업물류** : 기업에 있어서의 물류관리는 소비자의 요구와 필요에 따라 효율적인 방법으로 재화와 서비스를 공급하는 것을 말한다.

❑ **기업물류의 활동** : 크게 주활동과 지원활동으로 구분되는데, 주활동에는 대고객서비스수준, 수송, 재고관리, 주문처리가 포함되며, 지원활동에는 보관, 자재관리, 구매, 포장, 생산량과 생산일정 조정, 정보관리가 포함된다.

❑ **물류의 발전방향** : 비용절감, 요구되는 수준의 서비스 제공, 기업의 성장을 위한 물류전략의 개발 등이 물류의 주된 문제로 등장

❑ **물류전략과 계획** : 물류부문에 있어 의사결정사항은 창고의 입지선정, 재고정책의 설정, 주문접수, 주문접수 시스템의 설계, 수송수단의 선택 등이 있음

❑ **물류전략의 목표** : 물류전략은 비용절감, 자본절감, 서비스 개선을 목표로 한다.
- 비용절감 : 운반 및 보관과 관련된 가변비용을 최소화하는 전략
- 자본절감 : 물류시스템에 대한 투자를 최소화하는 전략
- 서비스개선전략 : 제공되는 서비스수준에 비례한 수익의 증가

❑ **물류계획 수립의 단계** : 무엇을, 언제, 어떻게
- 전략, 전술, 운영의 3단계(단계의 주요 차이점은 계획기간에 있음)
- 전략적 계획은 불완전하고 정확도가 낮은 자료를 이용해서 수행
- 운영계획은 정확하고 세부자료를 이용해서 수행

❑ **물류전략수립 지침**
- 총비용 개념의 관점에서 물류전략을 수립한다. 재고수준에 영향을 미치는 간접비용과 수송서비스의 직접비용이 상충되며, 최선의 선택은 총비용이 최소가 되도록 하는 것이다.
- 가장 좋은 트레이드오프는 100% 서비스 수준보다 낮은 서비스 수준에서 발생한다.
- 제공되는 서비스 수준으로부터 얻는 수익에 대해 재고·수송비용(총비용)이 균형을 이루는 점에서 보관지점의 수를 결정한다.

- 평균재고수준은 재고유지비와 판매손실비 두 비용이 균형을 이루는 점에서 결정한다(안전재고 수준 결정).
- 제품을 생산하는 가장 좋은 생산순서와 생산시간은 생산비용과 재고비용의 합이 최소가 되는 곳에서 결정한다(다품종 생산일정).

❏ **물류전략의 실행구조(과정순환)** : 전략수립(Strategic) → 구조설계(Structural) → 기능정립(Functional) → 실행(Operational)

❏ **물류전략의 8가지 핵심영역**
- 전략수립 : 고객서비스수준 결정
- 구조설계 : 공급망설계, 로지스틱스 네트워크전략 구축
- 기능정립 : 창고설계·운영, 수송관리, 자재관리
- 실행 : 정보·기술관리, 조직·변화관리

❏ **물류의 이해**
- 제1자 물류 : 화주기업이 직접 물류활동을 처리하는 자사물류, 즉 기업이 사내에 물류조직을 두고 물류업무를 직접 수행하는 경우를 말함
- 제2자 물류 : 물류자회사에 의해 처리하는 경우를 말함
- 제3자 물류 : 화주기업이 자기의 모든 물류활동을 외부에 위탁하는 경우(아웃소싱)

❏ **제3자 물류의 발전과정**
- 서비스의 깊이 측면 : 물류활동의 운영 및 실행 → 관리 및 통제 → 계획 및 전략
- 서비스의 폭 측면 : 기능별 서비스 → 기능간 연계 및 통합서비스(공급망 관리기법이 필수적)

❏ **물류아웃소싱과 제3자 물류**
- 차이점 : 물류아웃소싱은 화주로부터 일부 개별서비스를 발주받아 운송서비스를 제공하는데 반해, 제3자 물류는 1년의 장기계약을 통해 회사전체의 통합물류서비스를 제공(국내의 제3자 물류수준은 물류아웃소싱 단계에 있음)
- 비교

기준	물류아웃소싱	제3자 물류
화주와의 관계	거래기반, 수발주관계	계약기반, 전략적 제휴
관계 내용	일시, 수시	장기(1년 이상), 협력
서비스 범위	기능별 개별서비스	통합물류서비스
정보공유 여부	불필요	반드시 필요
도입 결정권한	중간관리자	최고경영층
도입 방법	수의계약	경쟁계약

❏ **제3자 물류의 도입이유**
- 자가물류활동에 의한 물류효율화의 한계
- 물류자회사에 의한 물류효율화의 한계
- 물류산업 고도화를 위한 돌파구
- 세계적인 조류로서 제3자 물류의 비중 확대

▢ 물류자회사
- 모기업의 물류관련업무를 수행·처리하기 위하여 모기업의 출자에 의하여 별도로 설립된 자회사(물류관리 전반을 담당하는 회사를 지칭)
- 물류비의 정확한 집계와 물류비 절감요소의 파악, 전문인력의 양성, 경제적인 투자결정 등 이점이 있는 반면에, 태생적 제약으로 인한 구조적 문제점도 다수 존재
- 모기업의 물류효율화를 추진할수록 자사의 수입이 감소하는 이율배반적 상황에 직면하므로 궁극적으로 모기업의 물류효율화에 소극적인 자세를 보이게 됨
- 모기업으로부터의 인력퇴출 장소로 활용되어 인건비 상승에 대한 부담이 가중되기도 함
- 모기업의 지나친 간섭과 개입으로 자율경영의 추진에 한계가 있음

▢ 제3자 물류의 발전 및 확산을 저해하는 제반 문제점
: 물류산업 구조의 취약성, 물류기업의 내부역량 미흡, 소프트 측면의 물류기반요소 미확충, 물류환경의 변화에 부합하지 못하는 물류정책 등

▢ 제3자 물류의 화주기업 측면 기대효과
- 고도화된 물류체계를 활용함으로써 부문별로 최고의 경쟁력을 보유하고 있는 기업 등과 통합·연계하는 공급망을 형성하여 공급망 대 공급망간 경쟁에서 유리한 위치를 차지
- 조직 내 물류기능 통합화와 공급망상의 기업간 통합·연계화로 경영자원을 효율적으로 활용할 수 있고, 리드타임 단축과 고객서비스의 향상이 가능
- 물류시설에 대한 투자부담을 제3자 물류업체에게 분산시킴으로써 유연성확보와 물류효율화의 한계를 보다 용이하게 해소
- 고정투자비 부담을 없애고 경기변동·수요계절성 등 물동량 변동, 물류경로변화에 효과적으로 대응

▢ 제4자 물류(4PL)의 개념
: 다양한 조직의 효과적 연결을 목적으로 하는 통합체로서, 공급망의 모든 활동과 계획관리를 전담하는 것이다. 본질적으로 제4자 물류 공급자는 광범위한 공급망의 조직을 관리하고 기술·능력·정보기술·자료 등을 관리하는 공급망 통합자이다. 제4자 물류란 제3자 물류의 기능에 컨설팅 업무를 추가 수행하는 것으로, '컨설팅 기능까지 수행할 수 있는 제3자 물류'로 정의할 수도 있다. 제4자 물류의 핵심은 고객에게 제공되는 서비스를 극대화하는 것이다. 제4자 물류의 발전은 제3자 물류(3PL)의 능력, 전문적인 서비스 제공, 비즈니스 프로세스관리, 고객에게 서비스기능의 통합과 운영의 자율성을 배가시키고 있다.

▢ 제4자 물류의 중요한 특징
: 제3자 물류보다 범위가 넓은 공급망의 역할을 담당, 전체적인 공급망에 영향을 주는 능력을 통하여 가치를 증식

▢ 공급망관리에 있어서의 4단계
- 1단계(재창조) : 참여자의 공급망을 통합하기 위해서 비즈니스 전략을 공급망 전략과 제휴하면서 전통적인 공급망 컨설팅 기술을 강화
- 2단계(전환) : 전략적 사고, 조직변화관리, 고객의 공급망 활동과 프로세스를 통합하기 위한 기술을 강화
- 3단계(이행) : 비즈니스 프로세스 제휴, 조직과 서비스의 경계를 넘은 기술의 통합과 배송운영까지를 포함하여 실행하며, 인적자원관리가 성공의 중요한 요소로 인식
- 4단계(실행) : 제4자 물류 제공자는 다양한 공급망 기능과 프로세스를 위한 운영상의 책임을 지며, 조직은 공급망 활동에 대한 전체적인 범위를 제4자 물류 공급자에게 아웃소싱

- **물류업의 범위** : 화물운송업(육상·해운·항공·파이프라인운송업), 택배·배송업, 창고·보관업, 물류터미널운영업, 화물취급업, 화물주선업, 물류장비임대업, 물류정보처리업, 물류컨설팅업, 종합물류서비스업 등이 있다.

- **운송** : 물품을 장소적·공간적으로 이동시키는 것을 말한다. 장소적 효용을 창출하는 물리적인 행위인 운송은 흔히 수송이라는 용어로 사용되기도 한다.

- **화물자동차 운송의 효율성 지표**
  - 가동률 : 화물자동차가 일정기간에 걸쳐 실제로 가동한 일수
  - 실차율 : 주행거리에 대해 실제로 화물을 싣고 운행한 거리의 비율
  - 적재율 : 최대적재량 대비 적재된 화물의 비율
  - 공차거리율 : 주행거리에 대해 화물을 싣지 않고 운행한 거리의 비율

- **공동배송의 장단점**

장점	단점
• 수송효율 향상(적재효율, 회전율 향상)	• 외부 운송업체의 운임덤핑에 대처 곤란
• 소량화물 혼적으로 규모의 경제효과	• 배송순서의 조절이 어려움
• 자동차, 기사의 효율적 활용	• 출하시간 집중
• 안정된 수송시장 확보	• 물량파악이 어려움
• 네트워크의 경제효과	• 제조업체의 산재에 따른 문제
• 교통혼잡 완화, 환경오염 방지	• 종업원 교육, 훈련에 시간 및 경비 소요

- **화물운송정보시스템의 이해** : 수·배송관리시스템은 주문상황에 대해 적기 수·배송체제의 확립과 최적의 수·배송계획을 수립함으로써 수송비용을 절감하려는 체제이다. 수·배송관리시스템의 대표적인 것으로는 터미널화물정보시스템이 있다. 터미널화물정보시스템은 한 터미널에서 다른 터미널까지 수송되어 수하인에게 이송될 때까지의 전 과정에서 발생하는 각종 정보를 전산시스템으로 수집·관리·처리하는 종합정보관리체제이다. 화물정보시스템이란 화물이 수송될 때 수반되는 자료·정보를 신속하게 수집하여 이를 효율적으로 관리하는 동시에 화주에게 적기에 정보를 제공해주는 시스템을 의미한다.

- **수·배송활동의 3단계(계획-실시-통제)에서의 물류정보처리 기능**
  - 계획 : 수송수단 선정, 수송경로 선정, 수송로트(lot) 결정, 다이어그램 시스템 설계, 배송센터의 수 및 위치 선정, 배송지역 결정 등
  - 실시 : 배차 수배, 화물적재 지시, 배송지시, 발송정보 착하지에의 연락, 반송화물 정보관리, 화물의 추적 파악 등
  - 통제 : 운임계산, 자동차적재효율 분석, 자동차가동률 분석, 반품운임 분석, 빈 용기운임 분석, 오송 분석, 교착 수송 분석, 사고분석 등

- **물류의 트렌드 변화(경쟁력의 무기로서의 물류)** : 물류는 합리화 시대를 거쳐 혁신이 요구되고 있다. 개선이나 합리화는 현재의 상태를 한층 긍정하여 새로운 생각을 추가하거나 궤도를 수정하여 목적을 달성하려고 하는 방법이지만, 혁신은 단지 말의 치장이 아니라 현상의 부정을 기반으로 하는 개념이다. 물류는 경영합리화에 필요한 코스트를 절감하는 영역 뿐 아니라 경쟁자와의 격차를 벌이려고 하는 중요한 경쟁수단이 되고 있다.

물류의 신시대 트렌드

- 물류 없이는 생활할 수 없다.
- 물류를 경쟁력의 무기로 삼아야 한다.
- 총 물류비(물류코스트)의 절감을 이루어야 한다.
- 적정요금을 품질·서비스로 환원시켜야 한다.

물류혁신시대의 새로운 파트너쉽
신고 또는 표준운임제도의 시행유무에 관계없이, 물류업무의 적정한 대가를 받고 정당한 이익을 계상함과 동시에 노동조건의 개선에 힘쓰면서, 서비스의 향상, 운송기술의 개발, 원가절감 등의 성과를 일을 통해 화주에게 환원한다고 하는 트럭운송산업계의 자세야말로 물류혁신시대의 화주기업과 물류전문업계 및 종사자의 새로운 파트너쉽이라고 할 것이다.

기업존속 결정의 조건
사업의 존속을 결정하는 조건은 매상증대와 비용감소라는 2가지이다. 이 중 어느 한 가지라도 실현시킬 수 있다면 사업의 존속이 가능하지만, 어느 쪽도 달성할 수 없다면 살아남기 힘들다.

수입확대
수입의 확대는 마케팅과 같은 의미로 이해할 수 있으며, '사업을 번창하게 하는 방법을 찾는 것'이라고 말할 수 있다. 마케팅의 출발점은 상품을 손님에게 팔려고 노력하기보다는, 팔리는 것, 손님이 찾고 있는 것, 찾고는 있지만 느끼지 못하고 있는 것을 손님에게 제공하는 것이다. 이것이 소위 '생산자지향에서 소비자지향으로'라는 것이다.

운송사업의 존속과 번영을 위한 변혁의 요인

- 경쟁에 이겨 살아남지 않으면 안 된다.
- 살아남기 위해서는 조직은 물론 자신의 문제점을 정확히 파악할 필요가 있다.
- 문제를 알았으면 그 해결방법을 발견해야만 한다.
- 문제를 해결한다고 하는 것은 현상을 타파하고 변화를 불러일으키는 것이다.
- 모든 방책 중에 최선의 방법을 선택하여 결정해야 한다.
- 새로운 과제, 변화, 위험, 선택과 결정을 맞이하여 끊임없이 전진해 나간다.

효율적 고객대응(ECR) 전략
소비자 만족에 초점을 둔 공급망 관리의 효율성을 극대화하기 위한 모델로서, 제품의 생산단계에서부터 도매·소매에 이르기까지 전 과정을 하나의 프로세스로 보아 전체로서의 효율 극대화를 추구하는 고객대응기법이다.

주파수 공용통신(TRS; Trunked Radio System)

- 개념 : 여러 개의 채널을 공동으로 사용하는 무전기시스템으로서, 이동자동차 등 운송수단에 탑재하여 정보를 리얼타임으로 송수신할 수 있는 통신서비스. 물류관리에 많이 이용
- 서비스 : 음성통화, 공중망접속통화, TRS데이터통신, 첨단차량군 관리 등

범지구측위시스템(GPS)
관성항법과 더불어 어두운 밤에도 목적지에 유도하는 측위(測衛)통신망으로서(범지구측위시스템), 주로 자동차위치추적을 통한 물류관리에 이용되는 통신망이다.

- **통합판매·물류·생산시스템(CALS)의 개념** : 산업정보화의 마지막 무기이자 제조·유통·물류산업의 인터넷이라고 평가받고 있다. 제품의 생산에서 유통, 로지스틱스의 마지막 단계인 폐기까지 전 과정에 대한 정보를 한 곳에 모은다는 의미에서 통합유통·물류·생산시스템이라고 부르며, 산업전반의 생산성과 경쟁력을 향상시킬 수 있다는 기대 속에서 기업들이 앞 다투어 도입하고 있다.
- **통합판매·물류·생산시스템의 도입 효과**
  - 새로운 생산·유통·물류의 패러다임으로 등장
  - 추진전략은 정보화시대를 맞이하여 기업경영에 필수적인 산업정보화전략
  - 특이한 도입효과로는 기업통합과 가상기업을 실현할 수 있을 것이란 점
  - 가상기업이란 급변하는 상황에 민첩하게 대응키 위한 전략적 기업제휴를 의미
- **물류서비스 수준 제고를 통한 고객만족도 향상** : 제품의 이용가능성을 향상시키고 제품의 품절이나 결품율을 최소화한다든지, 배송이나 납품 시의 신뢰성을 높이고 스피드를 향상시키는 것 등을 통하여 물류서비스의 수준을 높여 고객만족도의 향상을 도모한다.
- **물류고객서비스의 개념** : 물류부문의 고객서비스란 물류시스템의 산출이라고 할 수 있다. 물류고객서비스의 정의는 주문처리, 송장작성 내지는 고객의 고충처리와 같은 것을 관리해야 하는 활동, 수취한 주문을 정해진 일정 시간 이내에 배송할 수 있는 능력과 같은 성과척도를 말하며, 하나의 활동 내지는 일련의 성과척도라기보다는 전체적인 기업철학의 한 요소 등을 말한다. 즉, 물류고객서비스는 장기적으로 고객수요를 만족시킬 것을 목적으로 주문이 제시된 시점과 재화를 수취한 시점 간의 계속적 연계성을 제공하려고 조직된 시스템이라고 말할 수 있다.
- **물류고객서비스의 요소**
  - 주문처리시간 : 고객주문의 수취에서 상품구색의 준비를 마칠 때까지의 경과시간, 즉 주문을 받아서 출하까지 소요되는 시간
  - 주문품의 상품구색시간 : 출하에 대비해서 주문품 준비에 걸리는 시간, 즉 모든 주문품을 준비하여 포장하는데 소요되는 시간
  - 납기 : 고객에게로의 배송시간, 즉 상품구색을 갖춘 시점에서 고객에게 주문품을 배송하는데 소요되는 시간
  - 재고신뢰성 : 품절, 백오더, 주문충족률, 납품률 등, 즉 재고품으로 주문품을 공급할 수 있는 정도
  - 주문량의 제약 : 허용된 최소주문량과 최소주문금액, 즉 주문량과 주문금액의 하한선
  - 혼재 : 수 개소로부터 납품되는 상품을 단일의 발송화물인 혼재화물로 종합하는 능력, 즉 다품종 주문품의 배달방법
  - 일관성 : 전술한 요소들의 각각의 변화 폭, 즉 각각의 서비스 표준이 허용하는 변동 폭
- **고객서비스전략 수립 시 물류서비스의 내용** : 서비스 수준의 향상은 수주부터 도착까지의 리드타임 단축, 소량출하체제, 긴급출하 대응실시, 수주마감시간 연장 등을 목표로 정하고 있다.
- **거래 전·거래 시·거래 후 요소**
  - 거래 전 요소 : 문서화된 고객서비스 정책 및 고객에 대한 제공, 접근가능성, 조직구조, 시스템의 유연성, 매니지먼트 서비스
  - 거래 시 요소 : 재고품절 수준, 발주 정보, 주문사이클, 배송촉진, 환적(transship), 시스템의 정확성, 발주의

편리성, 대체 제품, 주문 상황 정보
- **거래 후 요소** : 설치, 보증, 변경, 수리, 부품, 제품의 추적, 고객의 클레임, 고충·반품처리, 제품의 일시적 교체, 예비품의 이용가능성

고객의 물류클레임으로 품절만큼 중요한 것 : 오손, 파손, 오품, 수량오류, 오량, 오출하, 전표오류, 지연 등이 있다.

택배운송서비스에서 나타나는 고객의 불만사항
- 약속시간을 지키지 않고, 전화도 없이 불쑥 나타난다.
- 임의로 다른 사람이나 경비실에 맡기고 간다.
- 너무 바빠서 질문해도 도망치듯 가버린다.
- 불친절하고 인사를 잘 하지 않으며, 용모가 단정치 못하다.
- 빨리 사인(배달확인) 해달라고 재촉한다.
- 화물을 함부로 다룬다(화물을 발로 밟거나 참, 파손된 채 배달 등).
- 화물을 무단으로 방치해 놓고 간다.
- 전화로 불러내거나, 전화 응대가 불친절하다.
- 길거리에서 화물을 건네준다.
- 배달이 지연되거나 사고배상이 지연된다.
- 포장이 되지 않았다고 그냥 간다.
- 운송장을 고객에게 작성하라고 한다.

택배종사자의 서비스 자세
- 애로사항이 있더라도 극복하고 고객만족을 위하여 최선을 다한다.
- 단정한 용모, 반듯한 언행, 대고객 약속 준수 등 진정한 택배종사자로서 대접받을 수 있도록 행동한다.
- 상품을 판매하고 있다고 생각한다.

택배화물의 배달방법
- 관내 상세지도를 보유한다(비닐코팅).
- 배달표에 나타난 주소대로 배달할 것을 표시한다.
- 우선적으로 배달해야 할 고객의 위치를 표시한다.
- 배달과 집하 순서를 표시한다(루트 표시).
- 순서에 입각하여 배달표를 정리한다.
- 전화는 하거나 하지 않아도 불만을 초래할 수 있으나 전화를 하는 것이 더 좋다.
- 방문예정시간은 2시간 정도의 여유를 갖고 약속한다.
- 전화를 안 받는다고 화물을 안 가지고가면 안 된다.
- 방문예정시간에 수하인 부재중일 경우 반드시 대리 인수자를 지명받아 인계해야 한다.
- 초인종을 누른 후 인사한다. 사람이 안 나온다거나 응답이 없다고 문을 쾅쾅 두드리거나 발로 차지 않는다.
- 배달과 관계없는 말은 하지 않는다.

- 완전히 파손, 변질 시에는 진심으로 사과하고 회수 후 변상하고, 내품에 이상이 있을 때는 전화할 곳과 절차를 알려준다.
- 배달완료 후 파손, 기타 이상이 있다는 배상 요청 시 반드시 현장 확인을 해야 한다.

❑ 고객부재시 화물인계방법
- 부재안내표의 작성 및 투입 : 반드시 방문시간·송하인·화물명·연락처 등을 기록하여 문안에 투입(문밖 부착은 절대 금지)한다. 대리인 인수 시는 인수처 명기하여 찾도록 해야 한다.
- 대리인 인계가 되었을 때는 귀점 중 다시 전화로 확인하고 귀점 후 재확인한다.
- 밖으로 불러냈을 때의 방법 : 반드시 죄송하다는 인사를 한다. 소형화물 외에는 집까지 배달한다(길거리 인계는 안됨).

❑ 배달 시 주의사항
- 화물에 부착된 운송장의 기록을 잘 보아야 함(특기사항)
- 중량초과화물 배달시 정중한 조력 요청
- 손전등 준비(초기 야간 배달)
- 미배달 화물에 대해서는 미배달 사유를 기록·제출하고 화물은 재입고

❑ 택배 집하의 중요성 : 집하는 택배사업의 기본, 집하가 배달보다 우선되어야 함, 배달 있는 곳에 집하가 있음, 집하를 잘 해야 고객불만이 감소함

❑ 방문 집하 방법
- 방문 약속시간의 준수 : 고객 부재상태에서는 집하 곤란, 약속시간이 늦으면 불만 가중(사전 전화)
- 기업화물 집하 시 행동 : 화물이 준비되지 않았다고 빈둥거리지 말고 작업을 도와주어야 함, 출하담당자와 친구가 되도록 할 것
- 운송장 기록의 중요성 : 운송장 기록을 정확하게 기재하지 않으면 오도착, 배달불가, 배상금액 확대, 화물파손 등의 문제점 발생
- 포장의 확인 : 화물종류에 따른 포장의 안전성 판단(안전하지 못할 경우 보완 요구 또는 귀점 후 보완하여 발송)

❑ 운송장에 정확히 기재해야 할 사항
- 수하인 전화번호 : 주소는 정확해도 전화번호가 부정확하면 배달 곤란
- 화물명 : 포장의 안전성 판단기준, 사고 시 배상기준, 화물수탁여부 판단기준, 화물취급요령
- 화물가격 : 사고 시 배상기준, 화물수탁 여부 판단기준, 할증여부 판단기준

❑ 철도·선박과 비교한 트럭(화물자동차) 수송의 장·단점

장점	단점
• 문전에서 문전으로 배송서비스를 탄력적으로 행할 수 있음 • 원활한 기동성, 중간 하역이 불필요 • 포장의 간소화·간략화·소량화가 가능 • 다른 수송기관과 연동하지 않고 일관된 서비스가 가능해 싣고 부리는 횟수가 적어도 됨	• 수송 단위가 작음 • 연료비나 인건비 등 수송단가가 높음 • 진동·소음·광화학 스모그 등의 공해 문제 • 유류의 다량소비에서 오는 자원 및 에너지절약 문제 등

영업용(사업용) 트럭 운송의 장·단점

장점	단점
• 수송비가 저렴하다. • 물동량 변동에 따른 안정수송이 가능하다. • 수송 능력이 높다. • 융통성이 높다. • 설비투자 및 인적투자가 필요 없다. • 변동비 처리가 가능하다.	• 운임의 안정화가 곤란하다. • 관리기능이 저해된다. • 기동성이 부족하다. • 시스템의 일관성이 없다. • 인터페이스가 약하다. • 마케팅 사고가 희박하다.

자가용 화물차(트럭운송)의 장·단점

장점	단점
• 높은 신뢰성이 확보된다. • 상거래에 기여한다. • 작업의 기동성이 높다. • 안정적 공급이 가능하다. • 시스템의 일관성이 유지된다. • 리스크가 낮다(위험부담도가 낮다) • 인적 교육이 가능하다.	• 수송량의 변동에 대응하기가 어렵다. • 비용의 고정비화 • 설비투자가 필요하다. • 인적 투자가 필요하다. • 수송능력에 한계가 있다. • 사용하는 차종, 차량에 한계가 있다.

트럭운송의 전망
- 고효율화(에너지 효율을 높이고 하역·주행의 최적화를 도모하며, 낭비를 배제)
- 왕복실차율을 높임(공차로 운행하지 않도록 수송을 조정하고 효율적인 운송시스템을 확립)
- 컨테이너 및 파렛트 수송의 강화, 트레일러 수송과 도킹시스템화, 바꿔 태우기 수송과 이어타기 수송 촉진
- 집배 수송용자동차의 개발과 이용, 트럭터미널의 복합화·시스템화

바꿔 태우기 수송과 이어타기 수송
바꿔 태우기 수송은 트럭의 보디를 바꿔 실음으로서 합리화를 추진하는 방법이며, 이어타기 수송은 중간지점에서 운전자만 교체하는 수송방법을 말함(도킹 수송과 유사)

파렛트 수송의 강화
파렛트를 측면으로부터 상·하역할 수 있는 측면개폐유개차, 후방으로부터 화물을 상·하역할 때에 가드레일이나 롤러를 장치한 파렛트 로더용 가드레일차나 롤러 장착차, 짐이 무너지는 것을 방지하는 스태빌라이저 장치차 등 용도에 맞는 자동차를 활용할 필요가 있다.

CHAPTER 02 운송서비스 기출문제(2025~2021년)

01 종전의 운송이 수요충족기능에 치우쳤다면, 로지스틱스는 어떤 기능에 중점을 두었는가?

① 운송
② 상품포장
③ 수요창조
④ 고객확보

> 01 종전의 운송이 수요충족기능에 치우쳤다면 로지스틱스는 수요창조기능에 중점을 두는 것으로, 물류의 최일선에 있는 운전자는 고객만족을 통한 수요창출에 누구보다 중요한 위치를 점하고 있다. 대고객서비스의 수준을 높이는 일선 근무자가 바로 운전자인 것이다.

02 고객의 욕구로 옳지 않은 것은?

① 기억되기를 바란다.
② 환영받고 싶어 한다.
③ 관심을 가지는 것을 싫어한다.
④ 칭찬받고 싶어 하고 기대를 수용해 주기를 바란다.

> 02 고객의 욕구는 관심을 가져주기를 바란다는 것이다.

03 다음 중 고객의 욕구로 적절하지 않은 것은?

① 환영받고 싶어 한다.
② 기대와 욕구를 수용하여 주기를 바란다.
③ 하루빨리 잊혀지기를 원한다.
④ 관심을 가져주기를 원한다.

> 03 고객의 욕구는 빨리 잊혀지기보다는 기억되기를 바란다는 것이다. ①·②·④는 고객의 기본적 욕구에 해당한다.

04 일반적인 고객의 욕구에 대한 설명으로 적합하지 않은 것은?

① 기억되기를 바란다.
② 환영받고 싶어 한다.
③ 관심을 가져주길 바란다.
④ 평범한 사람으로 인식되기를 바란다.

> 04 고객의 욕구
> - 기억되기를 바라고, 환영받고 싶어 함
> - 관심을 가져주기를 바람
> - 중요한 사람으로 인식되기를 바람
> - 편안해지고 싶어 함
> - 칭찬받고 싶어 하고, 기대·욕구를 수용해 주기를 바람

05 고객서비스의 특성에 대한 설명으로 틀린 것은?

① 무형성 : 보이지 않음
② 동시성 : 생산과 소비가 동시에 발생함
③ 영구성 : 서비스 기억은 오래 기억됨
④ 무소유권 : 가질 수 없음

> 05 고객서비스의 특성
> - 무형성 : 보이지 않는다.
> - 동시성 : 생산과 소비가 동시에 발생한다.
> - 이질성(인간이 주체) : 사람에 의존한다.
> - 소멸성 : 즉시 사라진다.
> - 무소유권 : 가질 수 없다.

정답 01 ③ 02 ③ 03 ③ 04 ④ 05 ③

06 '서비스는 사람에 의하여 생산되어 고객에게 제공되므로 똑같은 서비스라 하더라도 행하는 사람에 따라 품질의 차이가 발생하기 쉽다'는 것은 고객서비스 특성 중 어디에 해당되는가?

① 인간주체(이질성) ② 무형성
③ 동시성 ④ 무소유권

06 고객서비스의 특성
- 무형성 : 형태가 없는 무형의 상품으로서, 볼 수 있는 형태로 제시되지도 않고 측정하기도 어렵지만 누구나 느낄 수는 있다.
- 동시성 : 생산과 소비가 동시에 발생한다. 서비스는 재고가 없고 불량 서비스가 나와도 반품할 수도 없으며, 고치거나 수리할 수도 없다.
- 인간주체(이질성) : 사람에 의존한다. 사람에 의하여 생산되어 고객에게 제공되기 때문에 똑같은 서비스라 하더라도 행하는 사람에 따라 품질의 차이가 발생하기 쉽다.
- 소멸성 : 제공한 즉시 사라져 남아있지 않는다.
- 무소유권 : 누릴 수는 있으나 소유할 수는 없다.

07 고객만족을 위한 서비스 품질로 볼 수 없는 것은?

① 상품품질
② 영업품질
③ 기대품질
④ 서비스품질(휴먼웨어 품질)

07 고객만족을 위한 서비스 품질의 분류 : 상품품질(성능 및 사용방법을 구현한 하드웨어 품질), 영업품질(고객만족을 실현하기 위한 소프트웨어 품질), 서비스품질(고객의 신뢰를 획득하기 위한 휴먼웨어 품질)

08 고객의 필요와 욕구 등을 정확하게 파악하여 상품에 반영시킴으로써 고객만족도를 향상시킬 수 있는 서비스 품질은?

① 상품품질
② 영업품질
③ 서비스품질(휴먼웨어 품질)
④ 기대품질

08 고객만족을 위한 서비스 품질의 분류
- 상품품질 : 성능 및 사용방법을 구현한 하드웨어 품질. 고객의 필요와 욕구 등을 각종 시장조사나 정보를 통해 정확하게 파악하여 상품에 반영시킴으로써 고객만족도를 향상
- 영업품질 : 환경과 분위기를 고객만족으로 실현하기 위한 소프트웨어 품질. 모든 영업활동을 고객 지향적으로 전개하여 고객만족도 향상에 기여
- 서비스품질 : 고객으로부터 신뢰를 획득하기 위한 휴먼웨어(Human-ware) 품질

09 고객이 서비스 품질을 평가하는 기준과 가장 거리가 먼 것은?

① 신뢰성 ② 조급성
③ 편의성 ④ 안전성

09 서비스 품질을 평가하는 고객의 기준 : 신뢰성, 신속한 대응, 정확성, 편의성, 태도, 커뮤니케이션, 신용도, 안전성, 고객의 이해도, 환경

10 고객이 운송서비스 품질을 평가하는 기준 중 편의성에 대한 설명으로 틀린 것은?

① 의뢰하기 쉽다.
② 고객의 사정을 잘 이해하여 만족시킨다.
③ 언제라도 곧 연락이 된다.
④ 전화벨이 울리면 곧바로 전화를 받는다.

10 서비스 품질을 평가하는 고객의 기준 중 '편의성'에 해당하는 것으로는 '의뢰하기가 쉽다', '언제라도 곧 연락이 된다', '곧바로 전화를 받는다' 등이 있다. ②는 '고객의 이해도'에 대한 설명이다.

정답 06 ① 07 ③ 08 ① 09 ② 10 ②

11 고객에 대한 서비스 품질을 향상시키기 위한 행동으로 틀린 것은?

① 약속을 잘 지킨다.
② 고객의 이야기를 잘 들어야 한다.
③ 어려운 전문용어로 설명한다.
④ 사정을 잘 이해하여 만족시킨다.

11 고객에 대한 서비스 품질향상을 위해서는 어려운 전문용어가 아니라 알기 쉽게 설명하여야 하고, 고객의 이야기를 잘 들어야 한다(커뮤니케이션). ①은 신뢰성, ④는 고객 이해도에 해당한다.

12 고객만족의 입장에서 서비스 품질평가에 관한 설명이다. 맞지 않는 것은?

① 정확하고 틀림이 없다.
② 신속하게 처리한다.
③ 고객의 의사와 무관하다.
④ 약속기일을 확실히 지킨다.

12 서비스 품질을 평가하는 고객의 기준
- 신뢰성 : 정확하고 틀림없음, 약속기일을 지킴
- 신속한 대응 : 신속한 처리, 적절한 시간 맞추기
- 정확성 : 상품에 대한 지식이 충분하고 정확
- 편의성 : 의뢰하기 쉬움, 곧 전화를 받음
- 태도 : 예의 바름, 배려·느낌이 좋음, 복장이 단정
- 고객의 이해도 : 고객이 진정 요구하는 것을 앎, 잘 이해하여 만족시킴
- 기타 커뮤니케이션, 신용도, 안전성, 환경 등

13 고객이 서비스 품질을 평가하는 기준 중 '태도'와 관련 없는 것은?

① 예의 바르다.
② 배려, 느낌이 좋다.
③ 환경이 쾌적하다.
④ 복장이 단정하다.

13 태도에 해당되는 것으로는 '예의 바름, 배려·느낌이 좋음, 복장이 단정함' 등이 있다. 서비스 품질을 평가하는 고객의 기준으로는 신뢰성과 신속한 대응, 정확성, 편의성, 태도, 커뮤니케이션, 신용도, 안전성, 고객의 이해도, 환경이 있으며, ③은 이 중 환경에 해당한다.

14 올바른 악수 방법으로 틀린 것은?

① 상대와 적당한 거리에서 손을 잡는다.
② 상대의 눈을 바라보며 웃는 얼굴로 악수한다.
③ 허리는 건방지지 않을 만큼 자연스레 편다.
④ 상대의 손을 계속 잡으면서 대화를 한다.

14 악수 방법
- 상대와 적당한 거리에서 손을 잡는다.
- 손은 오른손을 내밀며, 손이 더러울 땐 양해를 구한다.
- 상대의 눈을 바라보며 웃는 얼굴로 악수한다.
- 허리는 무례하지 않도록 자연스레 편다.
- 계속 손을 잡은 채로 말하지 않는다.
- 손을 너무 세게 쥐거나 힘없이 잡지 않는다.

15 고객 상대 시 올바른 언어예절로 옳지 않은 것은?

① 중상모략을 삼가고 농담은 조심스럽게 한다.
② 쉽게 흥분하거나 감정에 치우치지 않는다.
③ 일부분을 보고 전체를 속단하여 말한다.
④ 매사 함부로 단정하지 않고 말한다.

15 ③ 일부분을 보고 전체를 속단하여 말하지 않는다.
① 욕설·독설·험담을 삼가고 중상모략하지 않으며, 농담은 조심스럽게 한다.
② 쉽게 흥분하거나 감정에 치우치지 않는다.
④ 함부로 단정하지 않고 말한다.

정답 **11** ③ **12** ③ **13** ③ **14** ④ **15** ③

16 고객만족 행동예절 중 언어예절로 적합한 것은?

① 대화 중 욕설·험담을 삼간다.
② 매사 침묵으로 일관한다.
③ 논쟁이나 도전적 언사를 피하지 않는다.
④ 상대방의 약점을 지적하는 것을 피하지 않는다.

17 담배꽁초의 처리방법으로 가장 적절한 것은?

① 화장실 변기에 버린다.
② 바닥에다 발로 밟아 버린다.
③ 차장 밖으로 버리지 않는다.
④ 손가락으로 튕겨 버린다.

18 음주예절에 대한 설명으로 가장 적절하지 않은 것은?

① 스트레스 해소를 위해 상사에 대한 험담을 한다.
② 경영방법이나 특정한 인물에 대하여 비판하지 않는다.
③ 과음하거나 지식을 장황하게 늘어놓지 않는다.
④ 술자리를 자기자랑이나 평상시 언동의 변명의 자리로 만들지 않는다.

19 운전자의 기본자세 중 '운전은 한 순간의 방심도 허용되지 않는 어려운 과정이므로 운전 중에는 방심하지 말고 온 신경을 운전에만 집중하여 위험을 빨리 발견하고 대응할 수 있어야 사고를 예방할 수 있다'는 것은 어느 항목에 해당되는가?

① 심신상태의 안정 ② 추측운전의 삼가
③ 주의력 집중 ④ 운전기술의 과신 금물

20 "운전자는 자기에게 유리한 판단이나 행동은 삼가야 하며, 반드시 안전을 확인한 후 행동으로 옮겨야 한다."는 설명은 운전자의 기본자세 중 어느 항목에 해당되나?

① 양보운전 ② 추측운전의 삼가
③ 주의력 집중 ④ 운전기술 과신 금물

---

16 언어예절(대화 시 유의사항)
- 독선적·독단적·경솔한 언행을 삼감
- 욕설·험담을 삼가고 중상모략하는 언동을 하지 않음
- 매사 침묵으로 일관하지 않음
- 되도록 논쟁을 피하고, 쉽게 흥분하거나 감정에 치우치지 않음
- 농담은 조심스럽게 하며, 함부로 단정하지 않음
- 일부분을 보고 전체를 속단하여 말하지 않음
- 도전적 언사는 가급적 자제하며, 상대방의 약점을 지적하는 것을 피함

17 담배꽁초의 처리방법
- 담배꽁초는 반드시 재떨이에 버린다.
- 자동차 밖이나 화장실 변기에 버리지 않는다.
- 꽁초를 길에 버린 후 발로 비비지 않는다.
- 꽁초를 손가락으로 튕겨 버리지 않는다.

18 음주예절
- 경영방법이나 특정 인물에 대하여 비판하지 않고, 상사에 대한 험담을 하지 않음
- 과음하거나 지식을 장황하게 늘어놓지 않음
- 술좌석을 자기자랑이나 평상시 언동의 변명의 자리로 만들지 않음

19 ③ 주의력 집중 : 운전은 한 순간의 방심도 허용되지 않는 어려운 과정이므로 방심하지 말고 온 신경을 운전에만 집중하여 위험을 빨리 발견하고 대응할 수 있어야 사고를 예방할 수 있음
① 심신상태의 안정 : 몸과 마음이 안정되어야 운전도 안전하게 할 수 있으므로 심신상태를 냉정하고 침착한 자세로 운전
② 추측 운전의 삼가 : 자기에게 유리한 판단·행동은 삼가야 하며, 작은 의심이라도 반드시 안전을 확인한 후 행동
④ 운전기술의 과신 금물 : 운전이란 많은 다른 운전자와 보행자 사이에서 하는 것이므로 자신 있는 운전자라 하더라고 상대방의 실수로 사고가 일어날 수 있음

20 추측운전의 삼가는 '운전자는 자기에게 유리한 판단·행동은 삼가야 하며, 조그마한 의심이라도 반드시 안전을 확인한 후 행동으로 옮겨야 한다'는 것을 의미한다. 운전자의 기본적 자세에는 교통법규의 이해와 준수, 여유 있고 양보하는 운전, 주의력 집중, 심신상태의 안정, 추측운전의 삼가, 운전기술 과신 금물 등이 있다.

정답 16 ① 17 ③ 18 ① 19 ③ 20 ②

21 운전자가 지켜야 할 바람직한 운전예절이라고 볼 수 없는 것은?

① 횡단보도 정지선 준수
② 신호등이 바뀌기 전에 출발하라고 전조등을 켰다 껐다하는 행위
③ 좁은 길에서 마주오는 차 만나면 전조등 하향으로 조정
④ 차로변경 시 방향지시등 점등

21 신호등이 바뀌기 전에 빨리 출발하라고 전조등을 켰다 껐다 하거나 경음기로 재촉하는 행위는 삼가야 한다. 교차로나 좁은 길에서 마주 오는 자동차가 있을 경우 양보해 주고, 전조등은 끄거나 하향으로 하여 상대 운전자의 눈이 부시지 않도록 한다.

22 운행할 때 지켜야 하는 운전행동으로 적절하지 않은 것은?

① 방향지시등을 켜고 차로를 변경한다.
② 적색신호등의 점멸 신호 시 서행한다.
③ 횡단보도에서는 보행자 보호에 앞장선다.
④ 야간에 대향차와 마주보고 동행할 때에는 전조등을 하향으로 조정한다.

22 적색신호등이 점멸될 경우에는 일시정지 후 서행해야 하고, 황색신호등 점멸 시에는 서행하면서 통과한다.

23 올바른 운전태도라 볼 수 있는 것은?

① 여성 운전자를 무시하는 행위
② 앞서 가는 차를 따라 잡아 일정 거리를 유지하는 행위
③ 신호등이 바뀌었는데 머뭇거리는 차량에 대해 경음기를 울리는 행위
④ 가벼운 접촉사고 시 충돌위치 확인 후 도로 가장자리로 차량을 이동하는 행위

23 가벼운 접촉사고가 발생한 경우 차량을 사고현장에 방치하고 장시간 시비를 가리면 일정한 범칙금과 벌점을 부과한다. 이 경우는 사고 위치를 표시하거나 확인한 후 신속하게 차량을 도로변으로 이동시키는 것이 올바른 운전태도이다. ①·②·③은 모두 올바른 운전태도로 볼 수 없다.

24 화물차량 운전자의 직업상 예상되는 어려움이 아닌 것은?

① 차량의 장시간 운전으로 인한 피로 누적
② 물품의 수송에 의해서 생산지와 수요지와의 공간적 거리 극복
③ 주야간의 운전으로 불규칙한 생활의 연속
④ 공로운행에 따른 교통사고에 대한 위기의식 잠재

24 화물차량 운전자의 직업상 어려움
 - 장시간 운행으로 제한된 작업공간부족 및 피로
 - 주·야간의 운행으로 생활리듬의 불규칙한 생활의 연속
 - 공로운행에 따른 교통사고에 대한 위기의식 잠재
 - 화물의 특수수송에 따른 운임에 대한 불안감

25 운행상 주의사항에 해당되지 않는 것은?

① 후진 시에는 유도요원을 배치하고 신호에 따라 안전하게 후진
② 노면의 적설, 빙판 시에는 체인을 장착한 후 안전운행
③ 운전석 내부를 항상 청결하게 유지
④ 후속차량이 추월하고자 할 때에는 감속 등으로 양보운전

25 운행상 주의사항
 - 운행을 개시할 때에는 노상취객 등을 확인 후 운행
 - 내리막길에서는 풋브레이크의 장시간 사용을 삼가고 엔진브레이크 등을 사용
 - 후진 시에는 유도요원을 배치, 신호에 따라 안전하게 후진
 - 노면의 적설·빙판 시 즉시 체인을 장착한 후 안전운행
 - 후속차량이 추월하고자 할 때는 감속 등으로 양보운전

정답　21 ②　22 ②　23 ④　24 ②　25 ③

26. 교통사고 발생 시 조치사항으로 옳지 않은 것은?

① 교통사고 발생 시 현장에서의 관할경찰서에 신고의무만 성실히 수행
② 어떤 사고라도 임의처리는 불가하며 사고발생 경위를 육하원칙에 의거하여 회사에 거짓 없이 즉시 보고
③ 사고로 인한 행정 또는 형사처분(처벌) 접수 시 임의처리 불가하며 회사의 지시에 따라 처리
④ 회사소속 자동차 사고를 유·무선으로 통보받거나 발견 즉시 최인근 지점에 기착 또는 유·무선으로 즉시 보고

26 교통사고 발생 시 조치사항
- 현장에서의 인명구호 및 관할경찰서에 신고 등의 의무를 성실히 수행
- 어떠한 사고라도 임의처리는 불가하며 사고발생 경위를 육하원칙에 의거하여 거짓 없이 정확하게 회사에 즉시 보고
- 사고로 인한 행정, 형사처분(처벌) 접수 시 임의처리 불가하며 회사의 지시에 따라 처리
- 운전자 개인 자격으로 합의 보상 이외 어떠한 경우라도 회사손실과 직결되는 보상업무는 수행불가
- 회사소속 자동차 사고를 유·무선으로 통보받거나 발견 즉시 최인근 지점에 기착 또는 유·무선으로 육하원칙에 의거 즉시 보고

27. 직업의 4가지 의미에 해당되지 않는 것은?

① 경제적 의미 ② 정신적 의미
③ 사회적 의미 ④ 국가적 의미

27 직업의 4가지 의미 : 경제적 의미, 정신적 의미, 사회적 의미, 철학적 의미

28. '직업의 사명감과 소명의식을 갖고 정성과 정열을 쏟을 수 있는 곳'이란 의미는 직업의 4가지 의미에서 어디에 해당되나?

① 경제적 의미 ② 사회적 의미
③ 정신적 의미 ④ 철학적 의미

28 직업의 4가지 의미
- 경제적 의미 : 일자리·경제적 가치를 창출하는 곳
- 정신적 의미 : 사명감과 소명의식을 갖고 정성과 정열을 쏟을 수 있는 곳
- 사회적 의미 : 맡은 역할을 수행하는 능력을 인정받는 곳
- 철학적 의미 : 일한다는 기본적 리듬을 갖는 곳

29. 직업에 대한 3가지 태도에 해당하지 않는 것은?

① 애정 ② 항명
③ 긍지 ④ 열정

29 직업에 대한 바람직한 3가지 태도 : 애정, 긍지, 열정

30. 집하시 행동방법으로 적절하지 않은 것은?

① 2개 이상의 화물은 묶어서 집하한다.
② 집하는 서비스의 출발점이라는 자세로 임한다.
③ 인사와 함께 밝은 표정으로 정중히 두 손으로 화물을 받는다.
④ 택배운임표를 고객에게 제시 후 운임을 수령한다.

30 집하 시 행동방법
- 집하는 서비스의 출발점이라는 자세로 임함
- 인사와 함께 밝은 표정으로 두 손으로 화물을 받음
- 24시간·48시간·배달 불가지역을 고려하여 집하
- 2개 이상의 화물은 반드시 분리 집하
- 취급제한 물품은 취지를 알리고 정중히 집하를 거절
- 택배운임표를 고객에게 제시 후 운임을 수령

정답 26 ① 27 ④ 28 ③ 29 ② 30 ①

31 고객의 불만 발생 시 올바른 대처요령이 아닌 것은?

① 고객이 감정을 상하지 않도록 불만 내용을 끝까지 참고 듣는다.
② 고객불만을 해결하기 어려운 경우 적당히 답변한 후 관련부서와 협의한다.
③ 불만사항에 대하여 정중히 사과한다.
④ 불만·불편사항이 더 이상 확대되지 않도록 한다.

32 물류의 개념으로 올바르게 기술된 것은?

① 유통업자로부터 공급자, 생산자를 거쳐 최종 소비자에게 이르는 재화의 흐름
② 소비자로부터 생산자, 유통업자를 거쳐 최종 공급자에게 이르는 재화의 흐름
③ 생산자로부터 공급자, 유통업자를 거쳐 최종 소비자에게 이르는 재화의 흐름
④ 공급자로부터 생산자, 유통업자를 거쳐 최종 소비자에게 이르는 재화의 흐름

33 물류의 개념에 대한 설명으로 틀린 것은?

① 물류는 재화의 흐름을 의미한다.
② 물류를 통해 부가가치가 향상되지 않는다.
③ 물류의 기능에는 운송기능, 포장기능, 보관기능, 하역기능 등이 있다.
④ 물류의 개념은 점차 확대·발전하는 경향이 있다.

34 물류의 일반적 개념과 거리가 먼 것은?

① 공급자로부터 유통업자를 거쳐 소비자에게 전달되는 물품의 흐름
② 단순한 운송 이외에 자재조달, 폐기, 회수까지 총괄하는 제반 활동
③ 물품의 수송, 보관 등에 필요한 정보통신기술을 사용하여 부가가치를 창출하는 경제활동
④ 운송사업자의 요구에 부응할 목적으로 통제하는 과정

35 우리나라에 물류가 소개된 것은 제( )차 경제개발 5개년 계획이 시작된 후인가?

① 1 ② 2
③ 3 ④ 4

---

31 고객 불만 발생 시 행동방법
- 감정을 상하게 하지 않도록 불만 내용을 끝까지 참고 듣는다.
- 불만사항에 대하여 정중히 사과한다.
- 불만·불편사항이 더 이상 확대되지 않도록 한다.
- 고객불만을 해결하기 어려운 경우 적당히 답변하지 말고 관련부서와 협의 후 답변하도록 한다.
- 책임감을 갖고 전화 받는 사람의 이름을 밝히며, 불만전화 접수 후 빠른 시간 내에 고객에게 알린다.

32 물류의 개념 : 물류(로지스틱스)란 공급자로부터 생산자, 유통업자를 거쳐 최종 소비자에게 이르는 재화의 흐름을 의미한다.

33 물류의 개념과 기능
- 물류란 공급자로부터 생산자, 유통업자를 거쳐 최종 소비자에게 이르는 재화의 흐름을 의미한다.
- 물류체계가 개선되면 재화의 부가가치를 향상시키게 되고 소비의 증가를 통한 부의 증가를 가져오게 된다.
- 물류의 기능에는 운송기능, 포장기능, 보관기능, 하역기능, 정보기능 등이 있다.
- 최근 물류는 단순히 장소적 이동을 의미하는 운송의 개념에서 발전하여 자재조달이나 폐기, 회수 등까지 총괄하는 경향이다.

34 ④ 물류란 소비자의 요구에 부응할 목적으로 비용을 최소화하고 효율적 수행을 위해 계획·수행·통제하는 과정
① 공급자로부터 생산자, 유통업자, 최종 소비자에게 이르는 재화의 흐름을 의미
② 최근 물류는 단순히 운송의 개념에서 발전하여 자재조달이나 폐기·회수까지 총괄하는 경향
③ 재화의 수송·보관·하역 등과 이에 부가되어 가치를 창출하는 가공·판매·정보통신 활동

35 물류 개념의 국내 도입 : 우리나라에 물류(로지스틱스)가 소개된 것은 1962년 제2차 경제개발 5개년 계획이 시작된 이후, 즉 교역규모의 신장에 따른 물동량 증대, 도시교통의 체증 심화, 소비의 다양화·고급화가 시작되면서이다.

정답 31 ② 32 ④ 33 ② 34 ④ 35 ②

36
최종고객의 욕구를 충족시키기 위하여 최초의 공급업체로부터 최종소비자에 이르기까지의 상품·서비스 및 정보의 흐름 프로세스를 통합적으로 운영하는 경영전략을 무엇이라고 하는가?

① 판매처관리
② 공급망관리
③ 수요망관리
④ 생산망관리

36 공급망관리의 정의 : 1990년대 중반이후 단계로서, 최종고객까지 포함하여 공급망상의 업체들이 수요·구매정보 등을 상호 공유·통합하는 단계이다. 고객·투자자에게 부가가치를 창출할 수 있도록 최초의 공급업체로부터 최종 소비자에게 이르기까지의 상품·서비스 및 정보의 흐름이 관련된 프로세스를 통합적으로 운영하는 경영전략이라 할 수 있다.

37
최초의 공급업체로부터 최종 소비자에게 이르기까지 서비스 및 정보의 흐름과정을 통합적으로 운영하는 경영전략은?

① 공급망관리
② 경영정보시스템
③ 전사적 자원관리
④ 효율적 고객대응

37
- 공급망관리 : 부가가치를 창출할 수 있도록 최초의 공급업체로부터 최종 소비자까지 상품·서비스·정보의 흐름과정을 통합적으로 운영하는 경영전략
- 경영정보시스템 : 기업경영에서 의사결정의 유효성을 높이기 위해 관련 정보를 필요에 따라 즉각적으로·대량으로 수집·처리·저장·이용할 수 있도록 편성한 인간과 컴퓨터의 결합시스템
- 전사적 자원관리 : 모든 인적·물적 자원을 효율적으로 관리하여 궁극적으로 기업 경쟁력을 강화시켜주는 통합정보시스템

38
새로운 물류서비스 기법 중 공급망관리가 표방하는 것은?

① 종합물류
② 공급물류
③ 무인물류
④ 항공물류

38 물류서비스 기법 중 로지스틱스와 공급망관리

구분	로지스틱스(Logistics)	공급망관리(SCM)
시기	1986~1997년	1998년
목적	기업 내 물류효율화	공급망 전체 효율화
표방	토탈물류	종합물류
대상	생산, 물류, 판매	공급자, 도소매, 고객
수단	기업 내 정보시스템, POS, VAN, EDI	기업 간 정보시스템, 파트너관계, ERP, SCM

39
1986~1997년 사이에 기업 내 정보시스템, POS, EDI 등을 통한 기업 내 물류효율화를 목적으로 하였던 물류서비스 기법은?

① 물류
② 공급망관리
③ 종합물류
④ 로지스틱스

39 로지스틱스(Logistics) : 1986~1997년 사이에 생산·물류·판매를 대상으로 하여 기업 내 정보시스템, POS, EDI 등을 통한 기업 내 물류효율화를 목적으로 한 물류서비스(토탈물류 표방)

40
1998년 이후 기업 간 정보시스템, ERP 등을 통한 공급망 전체의 효율화를 목적으로 하였던 물류서비스 기법을 무엇이라 하는가?

① 로지스틱스(Logistics)
② 공급망관리(SCM)
③ 토탈물류
④ 물류

40 공급망관리란 1990년대 중반이후 공급(협력)업체에서 고객까지 정보·물자·자금 흐름을 통합·관리함으로써 물류 효율성을 극대화하는 전략적 기법이다. 공급체인 및 전체효율화를 목적으로 하며, 기업 간 정보시스템, ERP 등을 수단으로 하는 종합업무 시스템이라 할 수 있다.

정답 36 ② 37 ① 38 ① 39 ④ 40 ②

41 물류비를 절감하여 물가 상승을 억제하고 정시배송의 실현을 통한 수요자 서비스 향상에 이바지하는 물류 관점은?

① 국민개개인 관점
② 국민경제적 관점
③ 사회경제적 관점
④ 개별기업적 관점

41
- 국민경제적 관점 : 물류비를 절감하여 물가상승을 억제하고 정시배송 실현을 통한 서비스 향상에 이바지하며, 국민경제 개발을 위한 투자기회 부여
- 사회경제적 관점 : 인간이 주체가 되어 수행하는 경제활동
- 개별기업적 관점 : 최소의 비용으로 매출신장을 도모하고, 원재료 구입·판매와 관련된 업무를 총괄관리

42 최소의 비용으로 서비스 질의 향상을 촉진시켜 매출신장을 도모하고 원재료의 구입·판매 업무를 관리하는 물류의 관점은?

① 개별기업적 관점
② 사회경제적 관점
③ 국민경제적 관점
④ 국민개개인의 관점

42 개별기업적 관점에서의 물류의 역할 : 최소의 비용으로 소비자를 만족시켜서 서비스 질의 향상을 촉진시켜 매출신장을 도모하고, 제품의 제조·판매를 위한 원재료의 구입·판매 업무를 총괄관리

43 고객서비스를 향상시키고, 물류비용을 절감하여 기업이익을 최대화하는 것과 관련있는 것은?

① 생산
② 물류
③ 제조
④ 조립

43 고객서비스를 향상시키고 물류코스트를 절감하여 기업이익을 최대화하는 역할은 물류의 판매기능 촉진에 해당한다. 물류의 역할에는 마케팅의 절반을 차지한다는 것과 판매기능 촉진, 적정재고의 유지로 재고비용 절감에 기여, 물류와 상류(商流) 분리를 통한 유통합리화에 기여 등이 있다.

44 물류관리의 7R 원칙에 해당되지 않는 것은?

① 적절한 품질(Right Quality)
② 적절한 양(Right Quantity)
③ 적절한 시간(Right Time)
④ 적절한 속도(Right Speed)

44 7R 원칙에는 Right Quality(적절한 품질), Right Quantity(적절한 양), Right Time(적절한 시간), Right Place(적절한 장소), Right Impression(좋은 인상), Right Price(적절한 가격), Right Commodity(적절한 상품)이 있다. 판매기능은 물류의 7R 기준을 충족할 때 달성된다.

45 물품의 가치를 유지하기 위해 적절한 용기 등을 이용하여 보호하는 물류기능은?

① 운송기능
② 보관기능
③ 하역기능
④ 포장기능

45
④ 포장기능 : 물품의 가치·상태 유지를 위해 적절한 재료·용기를 이용해 포장하여 보호
① 운송기능 : 물품을 공간적으로 이동시키는 것
② 보관기능 : 창고 등의 보관시설에 보관하는 활동
③ 하역기능 : 수송·보관에 걸친 물품의 취급으로 상하좌우로 이동시키는 활동

정답 41 ② 42 ① 43 ② 44 ④ 45 ④

46 유통가공에 대한 설명으로 올바른 것은?

① 절단, 천공, 굴절 등의 경미한 생산 활동이 포함됨
② 판매촉진의 기능을 목적으로 함
③ 물품의 가치와 상태를 보호하는 것
④ 수요와 공급의 시간적 간격 조정

47 물류시스템의 구성에 포함되지 않는 것은?

① 운송
② 포장
③ 발주
④ 하역

48 다음 중 물류관리에 대한 설명으로 틀린 것은?

① 경제재의 효용을 극대화시키기 위한 재화의 흐름을 유기적으로 조정하여 하나의 독립된 시스템으로 관리하는 것을 말한다.
② 물류관리는 경영관리의 다른 기능과 밀접한 상호관계를 갖고 있다.
③ 대고객서비스, 제품포장관리, 판매망 분석 등은 생산관리 분야와 연결되며, 입지관리결정, 구매계획 등은 마케팅관리 분야와 연결된다.
④ 현대와 같이 공급이 수요를 초과하고, 소비자의 기호가 다양하게 변화하는 시대에는 종합적인 로지스틱스 개념하의 물류관리가 중요하다.

49 기업물류의 주활동이 아닌 것은?

① 대고객서비스수준
② 정보관리
③ 재고관리
④ 주문처리

50 물류전략과 계획을 수립함에 있어 물류부문의 의사결정사항이 아닌 것은?

① 재고정책의 설정
② 주문접수 시스템의 설계
③ 수송수단의 선택
④ 생산의 품질관리

---

46 유통가공 : 유통단계에서 상품에 가공이 더해지는 것을 의미한다. 여기에는 절단·천공·굴절·조립 등의 경미한 생산 활동이 포함되며, 유닛화, 가격표·상표 부착, 검품 등 유통의 원활화를 도모하는 보조작업이 있다. 최근에는 상품의 부가 가치를 높여 상품차별화를 목적으로 하는 유통가공의 중요성이 강조되고 있다.

47 물류시스템의 구성 : 운송, 보관, 유통가공, 포장, 하역, 정보

48
③ 입지관리결정·구매계획 등은 생산관리 분야와 연결되며, 대고객서비스·제품포장관리·판매망분석 등은 마케팅관리 분야와 연결됨
① 경제재의 효용을 극대화시키기 위한 재화의 흐름에 있어서 운송·보관·하역 등을 유기적으로 조정하여 하나의 독립된 시스템으로 관리
② 경영관리의 다른 기능과 밀접한 상호관계를 갖고 있으므로, 총괄시스템적 접근이 이루어져야 함
④ 현대와 같이 공급이 수요를 초과하고 소비자의 기호가 다변화하는 시대에는 종합적인 로지스틱스 개념의 물류관리가 중요

49 기업물류의 활동 : 크게 주활동과 지원활동으로 구분되는데, 주활동에는 대고객서비스수준, 수송, 재고관리, 주문처리가 포함되며, 지원활동에는 보관, 자재관리, 구매, 포장, 생산량과 생산 일정 조정, 정보관리가 포함된다.

50 물류전략과 계획 : 물류부문에 있어 의사결정사항은 창고의 입지선정, 재고정책의 설정, 주문접수, 주문접수 시스템의 설계, 수송수단의 선택 등이 있다.

정답 46 ① 47 ③ 48 ③ 49 ② 50 ④

51 물류전략의 목표에 해당하지 않는 것은?
① 비용절감 전략
② 자본절감 전략
③ 상품광고 전략
④ 서비스개선 전략

51 물류전략의 목표
- 비용절감 : 운반 및 보관과 관련된 가변비용을 최소화하는 전략
- 자본절감 : 물류시스템에 대한 투자를 최소화하는 전략
- 서비스개선 전략 : 제공되는 서비스수준에 비례한 수익의 증가

52 다음 중 물류계획 수립의 3단계에 포함되지 않는 것은?
① 통제
② 전략
③ 전술
④ 운영

52 물류계획 수립의 단계 : 전략·전술·운영의 3단계가 있으며, 단계별 차이점은 계획기간에 있다. 전략적 계획은 불완전하고 정확도가 낮은 자료를 이용해 수행하며, 운영계획은 정확한 세부자료를 이용해 수행한다.

53 물류전략수립 지침에 대한 설명으로 옳지 않은 것은?
① 제공되는 서비스 수준으로부터 재고·수송비용(총비용)이 균형을 이루는 점에서 보관지점의 수를 결정한다.
② 평균재고수준은 재고유지비와 판매손실비용이 균형을 이루는 점에서 결정한다.
③ 다품종 생산일정은 생산비용과 재고비용의 합이 최소가 되는 곳에서 결정한다.
④ 총비용 개념의 관점에서 물류전략을 수립하는데, 최선의 선택은 총비용이 최대가 되도록 하는 것이다.

53 ④ 물류전략수립 시 총비용 개념의 관점에서 물류전략을 수립하는데, 최선의 선택은 총비용이 최소가 되도록 하는 것이다.
① 제공되는 서비스 수준으로부터 얻는 수익에 대해 재고·수송비용(총비용)이 균형을 이루는 점에서 보관지점의 수를 결정한다.
② 평균재고수준은 재고유지비와 판매손실비용이 균형을 이루는 점에서 결정한다(안전재고 수준 결정).
③ 제품을 생산하는 가장 좋은 생산순서와 생산시간은 생산비용과 재고비용의 합이 최소가 되는 곳에서 결정한다(다품종 생산일정 계획수립).

54 물류전략의 실행구조를 순서대로 바르게 나열한 것은?
① 전략수립 → 구조설계 → 기능정립 → 실행
② 구조설계 → 기능정립 → 전략수립 → 실행
③ 전략수립 → 기능정립 → 구조설계 → 실행
④ 구조설계 → 전략수립 → 기능정립 → 실행

54 물류전략의 실행구조 : 전략수립(Strategic) → 구조설계(Structural) → 기능정립(Functional) → 실행(Operational)

55 화주기업이 직접 물류활동을 처리하는 자사물류를 무엇이라 하는가?
① 제4자 물류
② 제3자 물류
③ 제2자 물류
④ 제1자 물류

55
- 제1자 물류 : 화주기업이 직접 물류활동을 처리하는 자사물류, 즉 기업이 사내에 물류조직을 두고 물류업무를 직접 수행하는 경우
- 제2자 물류 : 별도로 분리된 물류자회사에 의해 처리하는 경우
- 제3자 물류 : 화주기업이 물류활동을 외부에 위탁하는 경우

정답 51 ③ 52 ① 53 ④ 54 ① 55 ④

56 서비스의 깊이 측면에서 제3자 물류의 발전과정으로 옳은 것은?

① 계획 및 전략 → 관리 및 통제 → 물류활동의 운영 및 실행
② 물류활동의 운영 및 실행 → 관리 및 통제 → 계획 및 전략
③ 물류활동의 운영 및 실행 → 계획 및 전략 → 관리 및 통제
④ 관리 및 통제 → 계획 및 전략 → 물류활동의 운영 및 실행

57 물류아웃소싱과 비교할 때 제3자 물류의 내용으로 적절한 것은?

① 관계 내용 : 일시 또는 수시적 관계
② 서비스 범위 : 기능별 개별서비스
③ 도입 결정권한 : 최고경영층
④ 도입 방법 : 수의계약에 따름

58 모기업이 물류효율화를 추진할수록 자사의 수입이 감소하므로 모기업의 물류효율화에 소극적인 자세를 보이게 되는 것은?

① 화주기업
② 물류자회사
③ 제3자 물류
④ 제4자 물류

59 제3자 물류의 발전을 위해서 개선되어야 할 문제점이 아닌 것은?

① 물류산업 구조의 취약성
② 물류기업의 내부역량 미흡
③ 물류환경변화에 부합되는 물류정책
④ 소프트 측면의 물류기반요소 미확충

60 다양한 조직들의 효과적인 연결을 목적으로 하는 통합체로서 공급망의 모든 활동과 계획 관리를 전담하는 물류 개념은?

① 제1자 물류
② 제2자 물류
③ 제3자 물류
④ 제4자 물류

---

56 제3자 물류의 발전과정
- 서비스의 깊이 측면 : 물류활동의 운영 및 실행 → 관리 및 통제 → 계획 및 전략
- 서비스의 폭 측면 : 기능별 서비스 → 기능간 연계 및 통합서비스

57 물류아웃소싱과 제3자 물류의 비교

기준	물류아웃소싱	제3자 물류
화주와의 관계	거래기반, 수발주관계	계약기반, 전략적 제휴
관계 내용	일시, 수시	장기(1년 이상), 협력
서비스 범위	기능별 개별서비스	통합물류서비스
정보공유 여부	불필요	반드시 필요
도입 결정권한	중간관리자	최고경영층
도입 방법	수의계약	경쟁계약

58 물류자회사 : 모기업의 물류관련업무를 수행·처리하기 위하여 모기업의 출자에 의하여 별도로 설립된 자회사를 의미하며, 모기업의 물류효율화를 추진할수록 자사의 수입이 감소하는 이율배반적 상황에 직면하므로 궁극적으로 모기업의 물류효율화에 소극적인 자세를 보이게 된다. 모기업으로부터의 인력퇴출 장소로 활용되어 인건비 상승 부담이 가중되기도 하고 지나친 간섭과 개입으로 자율경영의 추진에 한계가 있다.

59 제3자 물류의 발전을 저해하는 제반 문제점 : 물류산업 구조의 취약성, 물류기업의 내부역량 미흡, 소프트 측면의 물류기반요소 미확충, 물류환경의 변화에 부합하지 못하는 물류정책 등

60 제4자 물류(4PL) : 다양한 조직들의 효과적인 연결을 목적으로 하는 통합체로서, 공급망의 모든 활동과 계획관리를 전담하는 개념이다. 제4자 물류 공급자는 광범위한 공급망의 조직을 관리하고 기술·능력·자료 등을 관리하는 공급망 통합자이다. 제4자 물류란 '컨설팅 기능까지 수행할 수 있는 제3자 물류'로 정의할 수도 있다.

정답 56 ② 57 ③ 58 ② 59 ③ 60 ④

61 제4자 물류에 대한 설명 중 옳지 않은 것은?
① 제4자 물류는 공급망의 일부 활동과 계획관리를 전담한다.
② 제4자 물류 공급자는 광범위한 공급망의 조직을 관리한다.
③ 제4자 물류란 제3자 물류의 기능에 컨설팅 업무를 추가 수행하는 것이다.
④ 제4자 물류의 핵심은 고객에게 제공되는 서비스를 극대화하는 것이다.

62 제4자 물류는 제3자 물류 기능에 어떤 업무를 추가 수행하는가?
① 판매 업무
② 지원 업무
③ 생산 업무
④ 컨설팅 업무

63 공급망관리에 있어 제4자 물류의 4단계 중 전략적 사고, 조직변화 등을 통합하기 위한 기술을 강화하는 단계는?
① 재창조
② 전환
③ 이행
④ 실행

64 물류업에 해당되는 것은?
① 농수산물 가공업
② 택배업
③ 의류 제조업
④ 철강 제조업

65 물류업의 종류에 속하지 않는 것은?
① 도매배송업
② 택배업
③ 가구제조업
④ 종합물류서비스업

---

61 제4자 물류(4PL)의 개념: 조직의 효과적 연결을 목적으로 하는 통합체로서, 공급망의 모든 활동과 계획관리를 전담하는 것이다. 본질적으로 제4자 물류 공급자는 광범위한 공급망의 조직을 관리하고 기술·능력·정보기술·자료 등을 관리하는 공급망 통합자이다. 제4자 물류란 제3자 물류의 기능에 컨설팅 업무를 추가 수행하는 것으로, '컨설팅 기능까지 수행할 수 있는 제3자 물류'로 정의할 수도 있다. 제4자 물류의 핵심은 고객에게 제공되는 서비스를 극대화하는 것이다. 제4자 물류의 발전은 제3자 물류(3PL)의 능력, 전문적인 서비스 제공, 비즈니스 프로세스 관리, 고객에게 서비스기능의 통합과 운영의 자율성을 배가시키고 있다.

62 제4자 물류는 제3자 물류의 기능에 컨설팅 업무를 추가 수행하는 것으로, '컨설팅 기능까지 수행할 수 있는 제3자 물류'로 정의할 수도 있다.

63 공급망관리에 있어서의 4단계
- 1단계(재창조): 공급망 통합을 위해 비즈니스 전략을 공급망 전략과 제휴하면서 전통적 공급망 컨설팅 기술을 강화
- 2단계(전환): 전략적 사고, 조직변화, 고객의 공급망 활동과 프로세스를 통합하기 위한 기술을 강화
- 3단계(이행): 비즈니스 프로세스 제휴, 조직·서비스의 경계를 넘은 기술 통합과 배송운영까지를 포함하여 실행
- 4단계(실행): 제4자 물류 제공자는 다양한 공급망 기능과 프로세스를 위한 운영상의 책임을 짐

64 물류업의 범위에는 화물운송업(육상·해운·항공·파이프라인 운송업), 택배·배송업, 창고·보관업, 화물취급업, 화물주선업, 물류터미널운영업, 물류장비임대업, 물류정보처리업, 물류컨설팅업, 종합물류서비스업 등이 있다.

65 물류업의 범위에는 화물운송업(육상·해운·항공·파이프라인 운송업), 택배·배송업, 창고·보관업, 물류터미널운영업, 화물취급업, 화물주선업, 물류장비임대업, 물류정보처리업, 물류컨설팅업, 종합물류서비스업 등이 있다.

정답 **61** ① **62** ④ **63** ② **64** ② **65** ③

66 '운송'의 뜻을 바르게 나타낸 것은?

① 화물차가 일정기간 실제로 가동한 일수
② 차량 적재중량 대비 적재된 화물중량의 비율
③ 통행차량 중 빈차의 비율
④ 물품을 장소적·공간적으로 이동시키는 것

66 운송은 물품을 장소적·공간적으로 이동시키는 것을 말한다. 장소적 효용을 창출하는 물리적인 행위인 운송은 흔히 수송이라는 용어로 사용되기도 한다.

67 화물자동차운송의 효율적 지표 중 '가동률'에 대해서 바르게 설명한 것은?

① 통행 화물차량 중 빈차의 비율
② 주행거리에 대해 실제로 화물을 싣고 운행한 거리의 비율
③ 화물차가 일정기간에 걸쳐 실제로 가동한 일수
④ 차량적재톤수 대비 적재된 화물의 비율

67 화물자동차 운송의 효율성 지표
- 가동률 : 화물자동차가 일정기간 실제로 가동한 일수
- 실차율 : 주행거리에 대해 실제로 화물을 싣고 운행한 거리의 비율
- 적재율 : 최대적재량 대비 적재된 화물의 비율
- 공차거리율 : 주행거리에 대해 화물을 싣지 않고 운행한 거리의 비율

68 화물자동차 운송의 효율성 지표 중 공차거리율에 대한 설명은?

① 주행거리에 대해 화물을 싣지 않고 운행한 거리의 비율
② 일정기간에 걸쳐 실제로 가동한 일수
③ 주행거리에 대해 실제 화물을 싣고 운행한 거리의 비율
④ 최대적재량 대비 적재된 화물의 비율

68 화물자동차 운송의 효율성 지표 중 '공차거리율'은 주행거리에 대해 화물을 싣지 않고 운행한 거리의 비율을 말한다.

69 공동배송의 장점에 해당하는 것은?

① 외부 운송업체의 운임덤핑에 대처가 쉬움
② 차량과 기사의 효율적 활용
③ 배송순서의 조절이 쉬움
④ 출하시간 집중

69
- 공동배송의 장점 : 수송효율 향상(적재효율, 회전율 향상), 소량화물 흔적으로 규모의 경제효과, 자동차·기사의 효율적 활용, 안정된 수송시장 확보, 네트워크의 경제효과, 교통혼잡 완화, 환경오염 방지
- 공동배송의 단점 : 외부 운송업체의 운임덤핑에 대처 곤란, 배송순서의 조절 곤란, 출하시간 집중, 물량파악 곤란 등

70 적기 수·배송체제의 확립과 최적의 수·배송계획을 수립함으로써 수송비용을 절감하려는 체제를 무엇이라 하는가?

① 정보서브시스템
② 수·배송관리시스템
③ 터미널화물정보시스템
④ 화물정보시스템

70 화물운송정보시스템 중 수·배송관리시스템은 주문상황에 대해 적기 수·배송체제의 확립과 최적의 계획을 수립함으로써 수송비용을 절감하려는 체제이다.

정답 66 ④ 67 ③ 68 ① 69 ② 70 ②

71 화물운송정보시스템과 관계가 없는 것은?

① 수·배송관리시스템
② 터미널화물정보시스템
③ 화물정보시스템
④ 판매관리시스템

71 화물운송정보시스템의 이해 : 수·배송관리시스템은 주문상황에 대해 적기 체제 확립과 수송비용을 절감하려는 체제로, 대표적인 것으로 터미널화물정보시스템이 있다. 터미널화물정보시스템은 한 터미널에서 다른 터미널까지 수송·이송될 때까지 정보를 전산시스템으로 수집·관리·처리하는 종합정보관리체제이다. 화물정보시스템이란 자료·정보를 신속하게 수집하여 효율적으로 관리하고 적기에 제공해주는 시스템을 의미한다.

72 수·배송관리시스템에 대한 설명으로 옳지 않은 것은?

① 주문상황에 대해 적기 수·배송체제를 확립하는 것
② 최적의 수·배송계획을 수립함으로써 수송비용을 절감하는 체제
③ 수·배송관리시스템의 대표적인 것으로는 터미널화물정보시스템이 있음
④ 자료와 정보를 컴퓨터와 통신기기를 이용하여 기계적으로 처리하는 것

72 수·배송관리시스템은 주문상황에 대해 적기 수·배송체제의 확립과 최적의 수·배송계획을 수립함으로써 수송비용을 절감하려는 체제이다. 수·배송관리시스템의 대표적인 것으로는 터미널화물정보시스템이 있는데, 이는 한 터미널에서 다른 터미널까지 이송될 때까지 발생하는 정보를 전산시스템으로 수집·처리하는 종합정보관리체제를 말한다.

73 화물운송에 따른 수·배송 활동의 3단계를 바르게 나열한 것은?

① 계획 – 실시 – 통제
② 계획 – 하역 – 물품
③ 실시 – 저장 – 반송
④ 실시 – 통제 – 보관

73 수·배송활동의 3단계 : 계획 – 실시 – 통제
- 계획 : 수송수단 선정, 수송경로 선정, 수송로트 결정, 배송센터의 수·위치 선정, 배송지역 결정 등
- 실시 : 배차 수배, 화물적재 지시, 배송지시, 반송화물 정보관리, 화물의 추적 파악 등
- 통제 : 운임계산, 자동차적재효율 분석, 반품운임 분석, 오송분석, 사고분석 등

74 활동의 3가지 단계의 물류정보처리 기능에 해당되지 않는 것은?

① 계획
② 실시
③ 통제
④ 판매

74 활동의 3가지 단계에서의 물류정보처리 기능에 해당하는 것으로는 계획, 실시, 통제가 있다.

75 수·배송활동 단계 중 계획 단계에서의 물류정보처리 기능에 해당하지 않는 것은?

① 차량적재효율 분석
② 수송수단 선정
③ 수송로트 결정
④ 배송센터의 수 선정

75 계획 단계에는 수송수단 선정, 수송경로 선정, 수송로트 결정, 다이어그램 시스템 설계, 배송센터의 수·위치 선정, 배송지역 결정 등이 있다. 차량적재효율 분석은 통제 단계에 해당한다. 수·배송활동의 단계는 '계획-실시-통제'의 3단계로 구성된다.

정답 71 ④ 72 ④ 73 ① 74 ④ 75 ①

76 수·배송 활동에서 수송수단의 선정, 수송경로의 선정, 배송지역의 결정 등을 하는 단계는?

① 판매단계 ② 계획단계
③ 실시단계 ④ 통제단계

76 수·배송활동의 3단계에서의 물류정보처리 기능
- 계획 : 수송수단 선정, 수송경로 선정, 수송로트 결정, 배송센터의 수·위치 선정, 배송지역 결정 등
- 실시 : 배차 수배, 화물적재 지시, 배송지시, 반송화물 정보관리, 화물의 추적 파악 등
- 통제 : 운임계산, 자동차적재효율 분석, 반품운임 분석, 오송분석, 사고분석 등

77 수·배송활동 단계 중 계획 단계에서의 물류정보처리 기능에 해당하지 않는 것은?

① 차량적재효율 분석
② 수송수단 선정
③ 수송로트 결정
④ 배송센터의 수 선정

77 수·배송활동의 3단계(계획-실시-통제) 물류정보처리 기능 중 계획 단계에서의 기능으로는, 수송수단 선정, 수송경로 선정, 수송로트 결정, 배송센터 수 및 위치 선정, 배송지역 결정 등이 있다. ①은 통제 단계에서의 기능에 해당한다.

78 물류의 트렌드 변화에 대한 설명으로 옳지 않은 것은?

① 경영합리화에 필요한 코스트를 증가시키고자 한다.
② 물류는 합리화 시대를 거쳐 혁신이 요구되고 있다.
③ 경쟁자와의 중요한 경쟁수단이 되고 있다.
④ 물류를 경쟁력의 무기로 삼고 있다.

78 물류의 트렌드 변화(경쟁력의 무기로서의 물류) : 물류는 합리화 시대를 거쳐 혁신이 요구되고 있으며, 경영합리화에 필요한 코스트를 절감하는 영역 뿐 아니라 경쟁자와의 격차를 벌이려는 중요한 경쟁수단이 되고 있다. 물류가 경쟁수단으로 된 것은, 이제까지는 화주에게만 종속하는 입장에서 화주기업전략의 일환을 담당하는 적극적 자세가 기대되기 때문이다.

79 물류의 신시대 트렌드를 설명한 것으로 옳지 않은 것은?

① 물류 없이는 생활할 수 없다.
② 물류를 경쟁력의 무기로 삼아야 한다.
③ 물류코스트 상승을 이루어야 한다.
④ 적정요금을 품질과 서비스로 환원시켜야 한다.

79 물류의 신시대 트렌드
- 물류 없이는 생활할 수 없다.
- 물류를 경쟁력의 무기로 삼아야 한다.
- 총 물류비(물류코스트)의 절감을 이루어야 한다.
- 적정요금을 품질·서비스로 환원시켜야 한다.

80 물류혁신시대의 화주기업과 물류전문업계 및 종사자의 새로운 파트너쉽을 위한 올바른 자세라고 할 수 없는 것은?

① 물류업무의 적정한 대가 및 정당한 이익 계상
② 반드시 표준운임제도의 시행이 필요
③ 서비스의 향상 및 운송기술의 개발
④ 원가절감 등을 통한 성과를 화주에게 환원

80 신고 또는 표준운임제도의 시행유무에 관계없이, 물류업무의 적정한 대가를 받고 정당한 이익을 계상함과 동시에 노동조건의 개선에 힘쓰면서, 서비스의 향상, 운송기술의 개발, 원가절감 등의 성과를 일을 통해 화주에게 환원한다고 하는 트럭운송산업계의 자세야말로 물류혁신시대의 화주기업과 물류전문업계 및 종사자의 새로운 파트너쉽이라고 할 것이다.

정답 76 ② 77 ① 78 ① 79 ③ 80 ②

81 물류시장의 경쟁 속에서 기업존속 결정의 조건에 대한 설명 중 옳지 않은 것은?

① 사업의 존속을 결정하는 조건 중 하나는 매상증대이다.
② 매상증대와 비용감소를 모두 달성해야 기업의 존속이 가능하다.
③ 매상증대 또는 비용감소 중 어느 쪽도 달성할 수 없다면 기업이 존속하기 어렵다.
④ 사업의 존속을 결정하는 조건 중 하나는 비용감소이다.

82 수입확대에 대한 개념으로 가장 거리가 먼 것은?

① 수입의 확대는 마케팅과 같은 의미로 이해할 수 있다.
② 사업을 번창하게 하는 방법을 찾는 것이다.
③ 마케팅의 출발점은 자신이 가지고 있는 상품을 손님에게 팔려고만 노력하는 것이다.
④ 생산자지향에서 소비자지향으로의 개념이다.

83 운송사업의 존속과 번영을 위한 변혁 요인에 대한 설명으로 틀린 것은?

① 경쟁에 이겨 살아남아야 한다.
② 살아남기 위해서는 조직은 물론 자신의 문제점을 정확히 파악해야 한다.
③ 문제를 알았으면 해결방법을 발견하여야 한다.
④ 모든 방책 중에서 차선의 방법을 선택하여 결정한다.

84 이동차량이나 선박 등 운송수단에 탑재하여 이동간의 정보를 리얼타임(real-time)으로 송수신 할 수 있는 통신서비스를 무엇이라고 하는가?

① TRS(주파수 공용통신 : Trunked Radio System)
② GPS(범지구측위시스템 : Global Position System)
③ CALS(통합판매·물류·생산시스템 : Computer Aided Logistics)
④ SCM(공급망관리 : Supply Chain Management)

85 주파수 공용통신(TRS)의 대표적 서비스에 해당하지 않는 것은?

① 음성통화
② 공중망접속통화
③ TRS데이터통신
④ 무선 인터넷

---

81 기업존속 결정의 조건 : 사업의 존속을 결정하는 조건은 매상증대와 비용감소라는 2가지이다. 이 중 어느 한 가지라도 실현시킬 수 있다면 사업의 존속이 가능하지만, 어느 쪽도 달성할 수 없다면 살아남기 힘들다.

82 수입의 확대는 마케팅과 같은 의미로 이해할 수 있으며, '사업을 번창하게 하는 방법을 찾는 것'이라고 말할 수 있다. 마케팅의 출발점은 자신이 가지고 있는 상품을 손님에게 팔려고 노력하기보다는, 팔리는 것, 손님이 찾고 있는 것, 찾고는 있지만 느끼지 못하는 것을 손님에게 제공하는 것이다. 이것이 소위 '생산자지향에서 소비자지향으로'라는 개념이다.

83 운송사업의 존속과 번영을 위한 변혁의 요인
- 경쟁에 이겨 살아남을 것
- 살아남기 위해서는 조직은 물론 자신의 문제점을 정확히 파악할 것
- 문제를 알았으면 해결방법을 발견할 것
- 모든 방책 중에 최선의 방법을 선택·결정할 것
- 끊임없이 전진해 나갈 것

84
- 주파수 공용통신(TRS) : 여러 개의 채널을 공동으로 사용하는 무전기시스템으로, 이동자동차나 선박 등 운송수단에 탑재하여 이동간의 정보를 리얼타임으로 송수신할 수 있는 통신서비스
- 통합판매·물류·생산시스템(CALS) : 제조·유통·물류산업의 인터넷이라고 평가받으며, 제품의 생산에서 유통, 폐기까지 전 과정에 대한 정보를 한 곳에 모은다는 의미에서 통합유통·물류·생산시스템이라고 불림

85 주파수 공용통신의 대표적 서비스 : 음성통화, 공중망접속통화, TRS데이터통신, 첨단차량군 관리 등이 있다. 주파수 공용통신이란 중계국에 할당된 채널을 공동으로 사용하는 무전기시스템으로서, 운송수단에 탑재하여 정보를 리얼타임으로 송수신할 수 있다.

정답 81 ② 82 ③ 83 ④ 84 ① 85 ④

86 관성항법과 더불어 어두운 밤에도 목적지에 유도하는 측위(測衛)통신망은?

① GPS(범지구측위시스템)
② TRS(주파수 공용통신)
③ CALS(통합판매·물류·생산시스템)
④ SCM(공급망관리)

87 통합판매 물류 생산시스템(CALS)의 도입에 있어, 급변하는 상황에 민첩하게 대응하기 위한 전략적 기업제휴를 의미하는 것은?

① 벤처기업
② 한계기업
③ 가상기업
④ 상장기업

88 물류서비스 내용 중 고객만족도를 높이기 위한 전략에 해당되지 않는 것은?

① 제품의 품절 최소화
② 반품처리의 지연
③ 제품 배송·납품 시 신뢰성을 높임
④ 배송 및 납품 속도의 향상

89 물류고객서비스의 정의에 대한 설명으로 옳지 않은 것은?

① 주문처리, 송장작성 또는 고객의 고충처리와 같은 것을 관리해야 하는 활동을 말한다.
② 재화의 효율적인 '흐름'을 계획·실행·통제할 목적으로 행하여지는 제반활동을 말한다.
③ 수취한 주문을 정해진 일정 시간 내에 배송할 수 있는 능력과 같은 성과척도를 말한다.
④ 주문이 제시된 시점과 재화를 수취한 시점 간의 계속적인 연계성을 제공하려고 조직된 시스템을 말한다.

90 재고품으로 주문품을 공급할 수 있는 정도를 의미하는 용어는?

① 재고신뢰성
② 주문량의 제약
③ 혼재
④ 일관성

---

86 ① 범지구측위시스템(GPS) : 관성항법과 더불어 어두운 밤에도 목적지에 유도하는 측위(測衛)통신망으로, 주로 자동차 위치추적을 통한 물류관리에 이용되는 통신망
② TRS(주파수 공용통신) : 여러 개의 채널을 공동으로 사용하는 무전기시스템으로서, 이동자동차 등 운송수단에 탑재하여 정보를 리얼타임으로 송수신할 수 있는 통신서비스
③ CALS(통합판매·물류·생산시스템) : 제품의 생산에서 유통, 폐기까지 전 과정에 대한 정보를 한 곳에 모으는 통합유통·물류·생산시스템
④ SCM(공급망관리) : 1998년 공급자·도소매·고객을 대상으로 하여 기업 간 정보시스템, 파트너관계, ERP 등을 통한 공급망 전체 효율화를 목적으로 한 물류서비스

87 통합판매·물류·생산시스템(CALS)의 도입 효과 : 새로운 생산·물류의 패러다임으로 등장하였고, 정보화시대를 맞이하여 기업경영에 필수적인 산업정보화전략을 추진전략으로 한다. 도입효과로는 기업통합과 가상기업을 실현할 수 있을 것이란 점이며, 가상기업이란 급변하는 상황에 민첩하게 대응키 위한 전략적 기업제휴를 의미한다.

88 제품의 이용가능성을 향상시키고 품절이나 결품율을 최소화한다든지, 제품의 배송·납품 시의 신뢰성을 높이고 배송·납품의 스피드를 향상시키는 것 등을 통해 고객에 대한 물류서비스의 수준을 높여 고객만족도 향상을 도모한다.

89 물류고객서비스의 정의 : 주문처리, 송장작성 내지는 고객의 고충처리와 같은 것을 관리해야 하는 활동, 수취한 주문을 일정 시간 이내에 배송할 수 있는 능력과 같은 성과척도를 말하며, 하나의 활동 내지는 일련의 성과척도라기보다는 전체적인 기업철학의 한 요소 등을 말한다. 즉, 물류고객서비스는 장기적으로 고객수요를 만족시킬 것을 목적으로 주문이 제시된 시점과 재화를 수취한 시점 간의 계속적 연계성을 제공하려고 조직된 시스템이라고 말할 수 있다. ②는 물류관리에 관한 정의이다.

90 ① 재고신뢰성 : 품절, 주문충족률, 납품률 등, 즉 재고품으로 주문품을 공급할 수 있는 정도
② 주문량의 제약 : 허용된 최소주문량과 최소주문금액
③ 혼재 : 수 개소로부터 납품되는 상품을 단일의 발송화물인 혼재화물로 종합하는 능력
④ 일관성 : 각각의 서비스 표준이 허용하는 변동폭

정답 86 ① 87 ③ 88 ② 89 ② 90 ①

91 여러 장소로부터 납품되는 상품을 단일의 발송화물로 종합하는 능력을 나타내는 용어는?

① 재고신뢰성　　② 주문량의 제약
③ 일관성　　　　④ 혼재

92 고객서비스전략 수립 시 물류서비스의 내용으로 맞지 않은 것은?

① 수주부터 도착까지의 리드타임단축
② 대량출하체제
③ 긴급출하 대응실시
④ 수주마감시한 연장

93 물류고객서비스 요소 중 거래 전 요소에 해당하지 않는 것은?

① 발주 정보 및 편리성　② 접근가능성
③ 조직구조　　　　　　④ 시스템의 유연성

94 고객의 물류클레임 중 제품의 품절만큼 중요하게 여기는 것으로 틀린 것은?

① 오손　　② 전표오류
③ 파손　　④ 고객응대

95 택배 운송서비스에서 나타나는 고객의 불만사항이라고 볼 수 없는 것은?

① 고객의 질문에 차분히 대한다.
② 약속시간을 잘 지키지 않는다.
③ 전화도 없이 불쑥 나타난다.
④ 배달확인을 빨리 해달라고 재촉한다.

---

91 물류고객서비스의 요소
- 재고신뢰성 : 재고품으로 주문품을 공급할 수 있는 정도
- 주문량의 제약 : 허용된 최소주문량과 최소주문금액
- 혼재 : 수 개소로부터 납품되는 상품을 단일의 발송화물인 혼재화물로 종합하는 능력
- 일관성 : 전술한 요소들의 각각의 변화폭(변동폭)

92 고객서비스전략 수립 시 물류서비스의 내용 : 서비스 수준의 향상은 수주부터 도착까지의 리드타임 단축, 소량출하체제, 긴급출하 대응실시, 수주마감시간 연장 등을 목표로 정하고 있다.

93 물류고객서비스의 요소
- 거래 전 요소 : 문서화된 고객서비스 정책 및 고객에 대한 제공, 접근가능성, 조직구조, 시스템의 유연성, 매니지먼트 서비스
- 거래 시 요소 : 재고품절 수준, 발주 정보, 주문사이클, 배송촉진, 환적, 시스템의 정확성, 발주의 편리성, 대체 제품, 주문상황 정보
- 거래 후 요소 : 설치, 보증, 변경, 수리, 부품, 제품의 추적, 고객의 클레임, 고충·반품처리, 제품의 일시적 교체, 예비품의 이용가능성

94 고객의 물류클레임으로 품절만큼 중요한 것으로는 오손, 파손, 오품, 수량오류, 오량, 오출하, 전표오류, 지연 등이 있다.

95 택배운송서비스에서 나타나는 고객의 불만사항
- 약속시간을 지키지 않고, 전화도 없이 불쑥 나타난다.
- 임의로 다른 사람이나 경비실에 맡기고 간다.
- 불친절하고 인사를 잘 하지 않으며, 용모가 단정치 못하다.
- 빨리 사인(배달확인) 해달라고 재촉한다.
- 화물을 함부로 다루거나 무단으로 방치해 놓고 간다.
- 전화로 불러내거나, 전화 응대가 불친절하다.
- 배달이 지연되거나 사고배상이 지연된다.
- 운송장을 고객에게 작성하라고 한다.

정답　91 ④　92 ②　93 ①　94 ④　95 ①

96 택배운송과 관련한 고객의 불만사항으로 볼 수 없는 것은?

① 임의로 다른 사람이나 경비실에 맡기고 간다.
② 길거리에서 화물을 건네준다.
③ 고객에게 운송장을 작성하라고 한다.
④ 신속하게 사고배상을 처리한다.

97 택배종사자의 서비스 자세로 옳지 않은 것은?

① 고객이 부재 시에는 영업소로 찾아오도록 한다.
② 애로사항을 극복하고 고객만족을 위하여 최선을 다한다.
③ 진정한 택배종사자로서 대접받을 수 있도록 행동한다.
④ 상품을 판매하고 있다고 생각한다.

98 택배화물의 배달방법에 대한 설명으로 잘못된 것은?

① 방문할 때 응답이 없다고 문을 두드리거나 발로 차지 않는다.
② 완전히 파손, 변질 시에는 진심으로 사과하고 회수 후 변상 받을 수 있도록 조치한다.
③ 배달완료 후 파손, 기타 이상이 있다는 배상요청 시 반드시 전화로 확인하여 배상한다.
④ 물품에 이상이 있을 때에는 전화할 곳과 절차를 알려준다.

99 고객부재시 화물 인계방법으로 적절하지 않은 것은?

① 대리인 인계가 되었을 때는 귀점 중 다시 전화로 확인 및 귀점 후 재확인한다.
② 부재안내표를 작성하여 문밖에 부착한다.
③ 밖으로 불러냈을 때에는 반드시 죄송하다는 인사를 한다.
④ 밖으로 불러냈을 때에는 소형화물을 제외하고는 집까지 배달해준다.

100 화물배달 시 고객이 없을 때 부재안내표에 반드시 기재해야 할 사항과 거리가 먼 것은?

① 화물취급요령　　② 방문시간
③ 화물명　　　　　④ 배달자 연락처

---

96 빨리 사인(배달확인) 해달라고 재촉하는 것은 고객 불만에 해당하나, 신속하게 사고배상을 처리하는 것은 고객이 요구하는 사항이 해당한다.

97 택배종사자의 서비스 자세
- 애로사항이 있더라도 극복하고 고객만족을 위하여 최선을 다한다.
- 단정한 용모, 반듯한 언행, 대고객 약속 준수 등 진정한 택배종사자로서 대접받을 수 있도록 행동한다.
- 상품을 판매하고 있다고 생각한다.

98 택배화물의 배달방법
- 수하인이 부재중일 경우 반드시 대리 인수자를 지명받아 인계
- 응답이 없다고 문을 쾅쾅 두드리거나 발로 차지 않음
- 완전히 파손·변질 시에는 진심으로 사과하고 회수 후 변상조치를 취함
- 내품에 이상이 있을 시 전화할 곳과 절차를 알려줌
- 배달완료 후 파손, 기타 이상이 있다는 배상요청 시 반드시 현장 확인을 해야함

99 고객부재시 화물인계방법
- 부재안내표의 작성·투입 : 방문시간·송하인·화물명·연락처 등을 기록하여 문안에 투입(문밖 부착은 금지)
- 대리인 인계 시 : 귀점 중 다시 전화로 확인하고 귀점 후 재확인
- 밖으로 불러냈을 때의 방법 : 반드시 죄송하다는 인사를 하고, 소형화물 외에는 집까지 배달함

100 고객부재 시 부재안내표에는 방문시간, 송하인, 화물명, 연락처 등을 반드시 기재하여야 한다. 문안에 투입하며, 문밖 부착은 절대 금지한다. 대리인 인수 시는 인수처 명기하여 찾도록 해야 한다.

정답 96 ④ 97 ① 98 ③ 99 ② 100 ①

101 택배 운송서비스 중 배달 시 주의사항으로 올바르지 않은 것은?

① 화물에 부착된 운송장 기록 확인
② 중량초과화물 배달 시 정중한 조력 요청
③ 당일 미배달 화물은 항시 휴대하여 언제든 배송
④ 초기 야간운전 시 손전등 준비

102 운송장 기록을 정확하게 기재하지 않을 때 발생할 수 있는 문제점이 아닌 것은?

① 오도착
② 배달불가
③ 배상금액 축소
④ 화물파손

103 택배화물의 방문집하 시 운송장에 기재되는 화물명을 정확하게 함으로써 판단할 수 있는 사항과 거리가 먼 것은?

① 포장의 안전성 판단기준
② 사고 시 배상기준
③ 도로상태의 판단기준
④ 화물수탁여부 판단기준

104 철도 수송과 비교한 화물자동차 운송의 장점에 대한 설명으로 틀린 것은?

① 싣고 부리는 횟수가 많아진다.
② 문전에서 문전으로 배송서비스를 탄력적으로 행할 수 있다.
③ 중간하역이 불필요하고 포장의 간소화가 가능하다.
④ 다른 수송기관과 연동하지 않고서도 일관된 서비스를 할 수 있다.

105 철도·선박과 비교한 트럭(화물자동차) 수송의 장점으로 옳은 것은?

① 수송 단위가 작음
② 진동·소음 등의 공해 문제
③ 수송단가가 높음
④ 중간 하역이 불필요

101 배달 시 주의사항
- 화물에 부착된 운송장의 기록을 잘 보아야 함
- 중량초과화물 배달시 정중한 조력 요청
- 초기 야간 배달 시 손전등을 준비
- 미배달 화물에 대해서는 미배달 사유를 기록·제출하고, 화물은 재입고(주소불명, 장기부재, 인수거부 등)

102 운송장 기록을 정확하게 기재하지 않으면 오도착, 배달불가, 배상금액 확대, 화물파손 등의 문제점 발생한다.

103 운송장에 정확히 기재해야 할 사항
- 수하인 전화번호
- 화물명 : 포장의 안전성 판단기준, 사고 시 배상기준, 화물수탁여부 판단기준, 화물취급요령
- 화물가격 : 사고 시 배상기준, 화물수탁여부 판단기준, 할증여부 판단기준

104 철도·선박과 비교한 트럭(화물자동차) 수송의 장점 : 문전에서 문전으로 배송서비스를 탄력적으로 행할 수 있음, 중간 하역이 불필요, 포장의 간소화·간략화가 가능, 다른 수송기관과 연동하지 않고 일관된 서비스가 가능해 싣고 부리는 횟수가 적음

105
- 철도·선박과 비교한 트럭(화물자동차) 수송의 장점 : 문전에서 문전으로 배송서비스를 탄력적으로 행할 수 있음, 원활한 기동성, 중간 하역이 불필요, 포장의 간소화·간략화·소량화 가능, 싣고 부리는 횟수가 적어도 됨
- 철도·선박과 비교한 트럭(화물자동차) 수송의 단점 : 수송 단위가 작음, 연료비나 인건비 등 수송단가가 높음, 진동·소음·광화학 스모그 등의 공해 문제, 자원 및 에너지절약 문제

정답 **101** ③ **102** ③ **103** ③ **104** ① **105** ④

106 철도 및 선박과 비교한 화물자동차 운송의 특징으로 틀린 것은?

① 신속하고 정확하며 탄력적인 문전 운송
② 운송 단위의 소량화
③ 원활한 기동성
④ 에너지 절약형 운송수단

107 화주 입장에서 볼 때 사업용 트럭 운송의 장점으로 볼 수 없는 것은?

① 수송비가 저렴하다.
② 수송 능력이 높다.
③ 마케팅 사고가 희박하다.
④ 인적 투자가 필요 없다.

108 다음 중 자가용 화물차에 비하여 영업용 화물차를 이용할 때 화주에게 해당되는 단점은?

① 수송비가 저렴하다.
② 차량 등 설비투자가 필요 없다.
③ 운임의 안정화가 곤란하다.
④ 인적투자가 필요 없다.

109 영업용 트럭운송과 비교할 때 자가용 트럭운송의 장점에 해당하는 것은?

① 설비투자가 필요하다.
② 인적 투자가 필요하다
③ 시스템의 일관성을 유지한다.
④ 수송능력이 높다.

110 자가용 트럭운송의 장점에 해당하지 않는 것은?

① 높은 신뢰성이 확보된다.
② 수송량 변동에 대응하기 쉽다.
③ 작업의 기동성이 높다.
④ 시스템의 일관성이 유지된다.

---

106 철도·선박과 비교한 트럭(화물자동차) 수송의 장·단점
- 장점 : 문전에서 문전으로 배송서비스를 탄력적으로 행할 수 있음, 원활한 기동성, 중간 하역이 불필요, 포장의 간소화·간략화·소량화가 가능, 다른 수송기관과 연동하지 않고 일관된 서비스가 가능해 싣고 부리는 횟수가 적어도 됨
- 단점 : 수송 단위가 작음, 연료비나 인건비 등 수송단가가 높음, 진동·소음·광화학 스모그 등의 공해 문제, 유류의 다량소비에서 오는 자원 및 에너지 절약 문제

107
- 영업용(사업용) 트럭 운송의 장점 : 수송비가 저렴함, 물동량 변동에 따른 안정수송이 가능, 수송 능력이 높음, 융통성이 높음, 설비투자 및 인적투자가 필요 없음, 변동비 처리가 가능
- 영업용(사업용) 트럭 운송의 단점 : 운임의 안정화가 곤란, 관리기능이 저해됨, 기동성이 부족함, 시스템의 일관성이 없음, 마케팅 사고가 희박

108 영업용(사업용) 트럭운송의 단점에는 운임의 안정화 곤란, 관리기능 저해, 기동성 부족, 시스템의 일관성 부재, 마케팅 사고의 희박 등이 있다. 반면 장점으로는 수송비가 저렴하며 물동량 변동에 따른 안정수송 가능, 수송능력·융통성이 높음, 설비투자·인적투자가 필요하지 않다는 것 등이 있다.

109
- 자가용 화물차(트럭운송)의 장점 : 높은 신뢰성 확보, 상거래에 기여, 작업의 기동성이 높음, 안정적 공급이 가능, 시스템의 일관성 유지, 리스크(위험부담도)가 낮음, 인적 교육 가능
- 자가용 트럭운송(화물차)의 단점 : 수송량의 변동에 대응 곤란, 비용의 고정비화, 설비투자·인적투자 필요, 수송능력에 한계, 사용하는 차종·차량에 한계

110 수송량의 변동에 대응하기 곤란하고 수송능력에 한계가 있다는 점은 자가용 트럭운송의 단점에 해당한다.
자가용 트럭운송(화물차)의 장점 : 높은 신뢰성 확보, 상거래에 기여, 작업의 기동성이 높음, 안정적 공급 가능, 시스템의 일관성 유지, 리스크(위험부담도)가 낮음, 인적 교육 가능

정답 106 ④ 107 ③ 108 ③ 109 ③ 110 ②

111 화주회사 소속차량(자가용 화물차)을 이용할 때의 장점에 속하지 않는 것은?

① 높은 신뢰성이 확보된다.
② 상거래에 적극적으로 기여할 수 있다.
③ 작업의 기동성이 높다.
④ 사용하는 차종, 차량에 한계가 있다.

111 자가용 화물차(화주회사 소속차량)의 장점으로는 ①·②·③외에 안정적 공급 가능, 시스템의 일관성 유지, 낮은 리스크, 인적 교육 가능 등이 있다. ④는 단점에 해당한다.

112 자가용 트럭운송의 단점이 아닌 것은?

① 마케팅 사고가 희박하다.
② 수송량의 변동에 대응하기 어렵다.
③ 수송능력에 한계가 있다.
④ 사용하는 차종·차량에 한계가 있다.

112 자가용 트럭운송(화물차)의 단점 : 수송량의 변동에 대응하기가 어려움, 비용의 고정비화, 설비투자가 필요, 인적 투자가 필요, 수송능력에 한계가 있음, 사용하는 차종·차량에 한계가 있음

113 화물운송의 효율을 높이기 위한 트럭운송의 전망으로 틀린 것은?

① 에너지 효율을 높이고 하역 및 주행의 최적화를 도모한다.
② 컨테이너 및 파렛트 수송을 강화한다.
③ 왕복실차율을 점차적으로 낮춘다.
④ 공차로 운행하지 않도록 효율적 운송시스템을 확립한다.

113 트럭운송의 전망
- 고효율화(에너지 효율을 높이고 하역·주행의 최적화를 도모하며, 낭비를 배제)
- 왕복실차율을 높임(공차로 운행하지 않도록 수송을 조정하고 효율적 운송시스템을 확립)
- 컨테이너 및 파렛트 수송의 강화, 트레일러 수송과 도킹시스템화, 바꿔 태우기 수송과 이어타기 수송 촉진
- 집배 수송용자동차의 개발과 이용, 트럭터미널의 복합화·시스템화

114 중간지점에서 운전자만 교체하는 수송방법을 무엇이라 하는가?

① 바꿔 태우기 수송   ② 이어타기 수송
③ 파렛트 수송   ④ 트레일러 수송

114 바꿔 태우기 수송은 트럭의 보디를 바꿔 실음으로서 합리화를 추진하는 방법이며, 이어타기 수송은 중간지점에서 운전자만 교체하는 수송방법을 말한다(도킹 수송과 유사).

115 파렛트 화물 취급 시 파렛트를 측면으로부터 상·하 하역할 수 있는 차량을 무엇이라고 하는가?

① 파렛트 로더용 가드레일차
② 롤러 장착차
③ 측면개폐유개차
④ 스태빌라이저 장치차

115 파렛트 수송의 강화 : 파렛트를 측면으로부터 상·하역할 수 있는 측면개폐유개차, 후방으로부터 상·하역할 때 가드레일이나 롤러를 장치한 파렛트 로더용 가드레일차나 롤러 장착차, 짐이 무너지는 것을 방지하는 스태빌라이저 장치차 등 용도에 맞는 자동차를 활용할 필요가 있다.

정답 111 ④ 112 ① 113 ③ 114 ② 115 ③

PART 05

적중모의고사

CHAPTER 01 적중모의고사

제1회 적중모의고사

01 도로교통법상 도로에 해당하지 않는 곳은?
① 군사기지 및 군사시설 보호법에 따른 군부대 내의 도로
② 농어촌도로 정비법에 따른 농어촌도로
③ 유료도로법에 따른 유료도로
④ 도로법에 따른 도로

02 다음 중 자동차관리법에 따른 자동차의 종류에 해당하는 것은?
① 여객자동차
② 건설기계
③ 궤도 또는 공중선에 따른 차량
④ 특수자동차

03 안전표지의 종류 중 규제표지에 해당하지 않는 것은?
① 유턴금지
② 차중량제한표지
③ 비보호좌회전
④ 양보표지

04 도로에서 다른 차를 앞지르려는 경우, 도로 우측 부분의 폭이 충분하지 않아 도로의 중앙이나 좌측 부분을 통행할 수 있는 도로의 폭은?
① 4미터
② 5미터
③ 6미터
④ 8미터

05 적재중량 1.5톤 초과 화물자동차의 고속도로 제한속도 기준으로 틀린 것은? (단, 지정·고시한 노선 또는 구간의 고속도로는 제외)
① 편도 1차로 고속도로 최고속도 : 80km/h
② 편도 2차로 이상 고속도로 최고속도 : 100km/h
③ 편도 1차로 고속도로 최저속도 : 50km/h
④ 편도 2차로 이상 고속도로 최저속도 : 50km/h

06 교차로에 동시 진입 시 양보운전 방법으로 틀린 것은?
① 좌회전 시 우회전하려는 차에 진로를 양보한다.
② 동시에 교차로 진입 시 우측 도로에서 진입하는 차에 진로를 양보한다.
③ 좌회전 시 직진하려는 차에 진로를 양보한다.
④ 도로의 폭이 넓은 도로에서 진입하는 경우에는 도로의 폭이 좁은 도로에서 진입하는 차에 진로를 양보한다.

07 제2종 보통운전면허로 운전할 수 있는 사업용 자동차는?
① 적재중량 4.5톤의 화물자동차
② 총중량 3.5톤의 특수자동차(구난차 등은 제외)
③ 승차정원 12인의 승합자동차
④ 콘크리트믹서트럭

08 운전면허 행정처분 기준 중 운행기록계를 설치하지 않은 채 운전한 운전자에 대한 벌점은?
① 15점
② 20점
③ 30점
④ 40점

09 고속도로에서 발생한 사고 중 중앙선 침범에 해당하지 않는 것은?
① 횡단 중 사고
② U턴 중 사고
③ 갓길정차 중 사고
④ 후진 중 사고

10 교통사고처리특례법의 적용이 배제되는 사유의 하나인 철길 건널목 통과방법 위반에 해당되지 않는 것은?
① 철길 건널목 직전 일시정지 불이행
② 신호기 지시에 따라 일시정지하지 않고 통과한 경우
③ 안전미확인 통행 중 사고
④ 고장 시 승객대피, 차량이동조치 불이행

11 화물자동차 운수사업의 종류에 해당되지 않는 것은?

① 화물자동차 운송협력사업
② 화물자동차 운송주선사업
③ 화물자동차 운송가맹사업
④ 화물자동차 운송사업

12 화물차주에 대한 적정한 운임의 보장을 통하여 과로·과속·과적 운행을 방지하는 등 교통안전을 확보하기 위하여 화주, 운송사업자, 운송주선사업자 등이 화물운송의 운임을 산정할 때에 참고할 수 있는 운송원가는 무엇인가?

① 화물자동차 안전운임
② 화물자동차 안전운송운임
③ 화물자동차 안전위탁운임
④ 화물자동차 안전운송원가

13 화물자동차 운송사업의 허가취소를 받을 수 있는 경우는?

① 화물자동차 운송사업 허가 또는 변경허가를 받은 경우
② 자동차관리법에 의한 검사를 받지 않고 화물자동차를 운행한 경우
③ 화물자동차 운전자의 취업현황을 보고하지 않은 경우
④ 중대한 교통사고로 인해 다수의 사상자를 발생하게 한 경우

14 화물운송 종사자격증을 신규로 취득하고자 하는 자가 받아야 하는 운전적성정밀검사는?

① 정기검사
② 유지검사
③ 신규검사
④ 수시검사

15 국토교통부장관은 화물자동차 운수사업법을 위반하여 징역 이상의 실형을 선고받고 집행 중에 있을 때 그 자격에 대해 어떠한 처분을 내리는가?

① 자격을 취소하고 반납하게 한다.
② 자격을 정지하고 반납하게 한다.
③ 자격을 반납하게 한다.
④ 자격을 재발급하게 한다.

16 화물자동차 운전자의 근무기간 등 운전경력증명서 발급을 위하여 필요한 사항을 기록·관리할 의무를 부담하는 자는?

① 국토교통부장관
② 시·도지사
③ 화물자동차 운송사업자
④ 화물자동차 운전자

17 시·도에서 화물운송업과 관련하여 처리하는 업무로 옳은 것은?

① 운송사업의 허가 및 허가사항 변경허가
② 운송사업 허가사항에 대한 경미한 사항 변경신고
③ 과적 운행, 과로 운전, 과속 운전의 예방 등 안전한 수송을 위한 지도·계몽
④ 운전적성에 대한 정밀검사의 시행

18 자가용 화물자동차의 소유자가 자가용 화물자동차에 갖추어 두고 운행하여야 하는 것은 무엇인가?

① 화물운송종사자격증
② 화물운송종사자격증명
③ 신고확인증
④ 운전면허증

19 필요 조치를 하지 않고 화물자동차를 운행하여 인명피해 교통사고를 발생시킨 운전자에 대한 벌칙으로 옳은 것은?

① 5년 이하 징역 또는 3천만 원 이하의 벌금
② 5년 이하 징역 또는 2천만 원 이하의 벌금
③ 3년 이하 징역 또는 3천만 원 이하의 벌금
④ 3년 이하 징역 또는 2백만 원 이하의 벌금

20 자동차의 튜닝승인 신청 서류에 해당하지 않는 것은?

① 말소사실증명서
② 튜닝 전·후의 주요제원대비표
③ 튜닝 전·후의 자동차외관도(외관의 변경이 있는 경우에 한함)
④ 보험가입증명서

21 차령 2년 이하 사업용 대형화물자동차 소유자의 자동차 정기검사 유효기간은?

① 6월 ② 1년
③ 2년 ④ 3년

22 종합검사기간 내에 종합검사를 신청한 경우, 최고속도제한장치의 미설치하거나 자동차 배출가스 검사기준에 위반하여 부적합 판정을 받은 날부터 재검사 신청기간은 며칠 이내인가?

① 30일 ② 20일
③ 10일 ④ 7일

23 도로법령상 도로의 종류에 대한 설명으로 옳지 않은 것은?

① 고속국도 : 도로교통망의 중요한 축을 이루며 주요 도시를 연결하는 도로로서 자동차 전용의 고속교통에 사용되는 도로
② 일반국도 : 주요 도시, 지정항만, 주요 공항, 국가산업단지 등을 연결하여 지방도와 함께 국가간선도로망을 이루는 도로
③ 특별시도·광역시도 : 특별시, 광역시의 관할구역에 있는 도로
④ 시도(市道) : 특별자치시, 시 또는 행정시의 관할구역에 있는 도로

24 도로법상 차량의 운행을 제한할 수 있는 기준은?

① 축하중이 8톤을 초과하는 경우
② 총중량이 35톤을 초과하는 경우
③ 차량의 높이가 3.5미터를 초과하는 경우
④ 차량의 길이가 16.7미터를 초과하는 경우

25 차량의 구조나 적재화물의 특수성으로 인하여 관리청의 운행 허가를 받으려는 자는 신청서를 작성하여 도로 관리청에 제출해야 한다. 신청서 기재 사항에 해당되지 않는 것은?

① 하이패스 및 블랙박스 설치 유무
② 운행하려는 도로의 종류 및 노선명
③ 운행구간 및 그 총 연장
④ 운행목적 및 방법

26 운송장의 기능으로 옳은 것은?

① 빈번히 운송하는 화물의 가격 결정 기능
② 취급한 화물의 크기 분류 기능
③ 물품 유통기한 확인 기능
④ 운송요금 영수증 기능

27 다음 중 운송장의 기재 내용으로 틀린 것은?

① 송하인 성명, 주소 및 전화번호
② 수하인 성명 및 주민등록번호
③ 주문번호, 고객번호
④ 운송요금

28 운송장 기재 시 유의사항에 대한 설명으로 옳지 않은 것은?

① 특약사항에 대하여 고객에게 고지한 후 확인필 서명을 받는다.
② 인수 시 적합성 여부를 확인한 후 인수자가 고객 정보를 기입한다.
③ 수하인의 주소 및 전화번호가 맞는지 재차 확인한다.
④ 도착점 코드가 정확히 기재되었는지 확인한다.

29 포장의 기능에 대한 설명으로 틀린 것은?

① 편리성 : 진열이 쉽고 수송·보관에 편리한 기능이다.
② 보호성 : 내용물의 변형과 파손으로부터 보호하는 기능이다.
③ 표시성 : 포장을 통해 상품화 완성하는 기능이다.
④ 판매촉진성 : 판매의욕을 환기시킴과 동시에 광고 효과가 많은 기능이다.

30 방수포장에 관한 설명으로 틀린 것은?

① 방수 포장재료, 방수 접착제 등을 사용하여 포장한다.
② 물품 내부에 물이 침입하는 것을 방지하는 포장이다.
③ 방수포장에 방습포장을 병용할 때에는 방수포장은 내면에 한다.
④ 방수포장을 한 것은 반드시 방습포장을 겸하고 있는 것은 아니다.

31 화물을 운반할 때 주의사항으로 틀린 것은?

① 원기둥형을 굴릴 때는 뒤로 끌어서 운반한다.
② 운반하는 물건이 시야를 가리지 않도록 한다.
③ 화물을 뒷걸음질로 운반해서는 안 된다.
④ 작업장 주변의 화물상태를 항상 살핀다.

32 화물의 입·출고 작업요령에 대한 설명으로 옳은 것은?

① 화물더미의 상층과 하층에서 동시에 작업한다.
② 원기둥형 화물을 굴릴 때는 뒤로 끌어서 이동한다.
③ 컨베이어 위에서 작업할 때는 두 사람 이상이 서로 안전을 확인해 준다.
④ 발판은 2명 이상이 동시에 통행하여 작업을 신속히 수행한다.

33 길이와 크기가 일정하지 않는 화물의 하역·적재방법 중 옳은 것은?

① 길이에 관계없이 적재한다.
② 작은 화물 위에 큰 화물을 놓는다.
③ 작은 화물과 큰 화물을 섞어서 적재한다.
④ 길이가 고르지 못하면 한쪽 끝이 맞도록 한다.

34 주유취급소의 위험물 취급기준으로 옳은 것은?

① 자동차에 주유할 때는 원동기의 출력을 낮춘다.
② 자동차에 위험물을 주입할 때는 고정 주유설비의 사용을 중지한다.
③ 자동차에 주유할 때는 충분히 넘치도록 하여야 한다.
④ 자동차에 주유할 때는 다른 자동차의 주유취급소 안에 주차시킨다.

35 화물을 상·하차 작업 시 확인해야 하는 사항으로 틀린 것은?

① 물품 배달 시간
② 구름막이 설치 여부
③ 화물의 붕괴 방지 조치
④ 위험물에 소정의 위험표지 여부

36 고속도로 운행제한차량에 대한 설명으로 틀린 것은?

① 차량의 축하중이 10톤을 초과한 차량
② 적재물을 포함한 차량의 길이가 15m 초과한 차량
③ 정상운행속도가 50km/h 미만인 차량
④ 결속상태가 불량하거나 액체 적재물 방류 또는 유출한 차량

37 화물을 인수하는 요령으로 옳지 않은 것은?

① 취급가능 화물의 규격을 확인하고 취급불가 화물품목에 해당하는지 확인한다.
② 운송장을 교부하기 전에 물품을 먼저 인수한다.
③ 도서지역에 운송되는 물품에 대해서는 부대비용의 징수할 수 있음을 미리 알려주고 인수한다.
④ 전화로 예약 접수 시에는 고객의 배송 요구일자를 확인하지 않아도 된다.

38 화물의 인계 시, 인수자 서명이 없을 경우 수하인이 물품 인수를 부인하면 그 책임이 어디에 전가되는가?

① 집하장   ② 운송인
③ 배송지점   ④ 배송 가맹점

39 화물의 파손·오손사고 방지 대책으로 옳지 않은 것은?

① 집하 시 내용물에 관한 정보를 충분히 듣고 포장상태를 확인한다.
② 사고위험이 있는 물품은 안전박스에 적재하거나 별도 관리한다.
③ 충격에 약한 화물은 보강포장을 하지 않는다.
④ 중량물은 하단에, 경량물은 상단에 적재한다.

40 사업자는 운송장에 인도예정일의 기재가 없는 경우 일반지역의 운송물은 운송장에 기재된 수탁일로부터 며칠 이내에 인도해야 하는가?

① 1일   ② 2일
③ 3일   ④ 5일

41 교통사고 요인의 하나인 도로요인에 해당하지 않는 것은?

① 도로의 선형 ② 차로수
③ 노면표시 ④ 바퀴

42 정상적인 시력을 가진 사람의 시야 범위는 얼마인가?

① 대략 130 ~ 150°
② 대략 150 ~ 170°
③ 대략 180 ~ 200°
④ 대략 200 ~ 220°

43 운전 중에 발생할 수 있는 착각에 대한 설명으로 틀린 것은?

① 어두운 곳에서는 가로 폭보다 세로 폭을 보다 넓은 것으로 판단한다.
② 주시점이 가까운 좁은 시야에서는 속도가 느리게 느껴진다.
③ 작은 경사와 내림경사는 실제보다 작게 보인다.
④ 작은 것은 멀리 있는 것 같이 보인다.

44 운전피로의 특징에 대한 설명으로 틀린 것은?

① 피로의 증상은 전신에 걸쳐 나타나고 대뇌의 피로(나른함, 불쾌감 등)를 불러온다.
② 피로는 운전 작업의 생략이나 착오가 발생할 수 있다는 위험신호를 뜻한다.
③ 단순한 운전피로는 일반적으로 휴식으로 회복될 수 있다.
④ 정신적·심리적 피로는 신체적 부담에 의한 일반적 피로보다 회복이 빠르다.

45 다음 중 음주운전 교통사고의 특징으로 옳은 것은?

① 교통사고 발생 시 평균 치사율이 낮아진다.
② 주차 중인 자동차 등 정지물체에 충돌할 가능성이 낮아진다.
③ 대향차에 의한 현혹현상 발생 시 정상운전보다 사고 위험이 증가된다.
④ 차량단독사고의 가능성이 낮아진다.

46 고령자의 시각능력 장애요인 중 움직이는 물체를 정확히 식별하고 인지하는 능력이 약화되는 현상은?

① 대비능력 저하 현상
② 동체시력의 약화 현상
③ 눈부심에 대한 감수성 증가 현상
④ 시야 감소 현상

47 급제동 시 바퀴가 잠기는 현상을 방지하여 제동 안정성을 높이고 핸들 조종이 용이하도록 하는 제동장치는?

① ABS ② 주차 브레이크
③ 풋 브레이크 ④ 엔진 브레이크

48 앞바퀴를 앞에서 보았을 때, 위쪽이 아래보다 약간 바깥쪽으로 기울어져 있는 상태를 말하는 것은?

① 토우인 ② (+)캠버
③ 토아웃 ④ (-)캠버

49 원심력에 의한 곡선로 주행 중 사고예방을 위한 방안으로 옳지 않은 것은?

① 속도가 빠를수록, 커브가 작을수록 원심력은 커진다.
② 커브가 예각을 이룰수록 원심력은 커지므로 커브에서 더 감속하여야 한다.
③ 노면이 젖어있거나 얼어 있으면 안전속도는 보다 저속이 된다.
④ 비포장도로는 노면경사에 관계없이 정상속도로 운행한다.

50 차량점검 시 주의사항으로 옳지 않은 것은?

① 운행 전 점검을 실시한다.
② 적색 경고등이 들어온 상태에서는 조심해 운행한다.
③ 운행 중에는 조향핸들의 높이와 각도를 조정하지 않는다.
④ 주차 시에는 항상 주차브레이크를 사용한다.

51 가속 페달을 힘껏 밟는 순간 '끼익'하는 소리가 나는 경우에 고장이 의심되는 것은?

① 엔진의 이음
② 팬벨트 또는 기타 V벨트
③ 클러치 부분
④ 브레이크 부분

52 엔진 시동 꺼짐 현상에 대한 조치방법으로 틀린 것은?

① 연료공급 계통의 공기빼기 작업
② 워터 세퍼레이터 공기 유입 부분 확인 후 현장조치 가능 시 작업에 착수
③ 에어 클리너 덕트 내부 및 오염 확인 후 청소
④ 작업 불가시 응급조치하여 공장으로 입고

53 섀시 계통의 덤프 작동 불량 발생 시 점검사항으로 틀린 것은?

① P.T.O(동력인출장치) 작동상태 점검
② 휠 스피드 센서 배선 단선 및 단락
③ 호이스트 오일 누출상태 점검
④ 클러치 스위치 점검

54 제동 시 차량 쏠림현상이 발생하는 경우 점검사항으로 적절하지 않은 것은?

① 클러치 압력 스위치 점검
② 좌·우 타이어의 공기압 점검
③ 좌·우 브레이크 라이닝 간극 및 드럼손상 점검
④ 브레이크 에어 및 오일 파이프 점검

55 수온 게이지 작동 불량 시 점검사항이 아닌 것은?

① 온도 메터 게이지 및 수온센서 교환 후 동일현상여부 점검
② 배선 피복 내부 에나멜선 단선 확인
③ 턴 시그널 릴레이 점검
④ 배선 및 커넥터 점검

56 차량을 본래의 주행방향으로 복원해주는 기능이 미약한 중앙분리대는?

① 광폭 중앙분리대
② 방호울타리형 중앙분리대
③ 연석형 중앙분리대
④ 교량형 중앙분리대

57 양방향 차로의 수를 합한 것을 의미하는 용어는?

① 차로수
② 양보차로
③ 오르막차로
④ 변속차로

58 도로의 진행방향 중심선의 길이에 대한 높이의 변화 비율을 의미하는 것은?

① 횡단경사
② 편경사
③ 정지시거
④ 종단경사

59 뒤차가 접근해 올 때 적절한 방어운전 방법은?

① 전조등을 켜고 상향등을 올린다.
② 속도를 서서히 증가시킨다.
③ 앞지르기를 하려고 하면 양보해 준다.
④ 급제동을 실시하여 제동등을 켜 주의를 환기시킨다.

60 출발 시 방어운전 방법으로 적절하지 않은 것은?

① 차량의 전·후, 좌·우를 살피고 안전을 확인한다.
② 교통량이 많은 곳에서는 속도를 증가시켜 주행한다.
③ 도로 가장자리에서 도로에 진입하는 경우 반드시 신호를 한다.
④ 교통류에 합류할 때 진행하는 차의 간격을 확인하고 합류한다.

61 황색신호 시 사고유형에 해당하지 않는 것은?

① 교차로 상에서 전신호 차량과 후신호 차량의 충돌
② 횡단보도 전 앞차 정지 시 앞차 추돌
③ 원심력에 의한 과속에 따른 추돌
④ 유턴 차량과의 충돌

62 도로교통의 안전 및 소통을 고려할 때 일반적으로 1개 차로폭은 몇 m로 설치하는가?

① 2.5m ~ 3.0m
② 2.75m ~ 3.25m
③ 3.0m ~ 3.5m
④ 3.25m ~ 3.75m

63 실선 또는 점선으로 된 중앙선을 넘어 앞지르기 시 대향차와 충돌한 경우의 사고처리는?

① 안전거리 미확보 사고
② 근접주행에 따른 사고
③ 안전운전 불이행 사고
④ 중앙선침범 사고

64 봄철 교통환경의 특징으로 옳은 것은?

① 심한 일교차로 안개가 많이 발생한다.
② 지반 붕괴로 인해 도로의 균열이나 낙석의 위험이 크다.
③ 기온과 습도 상승으로 불쾌지수가 높아져 난폭운전을 할 수 있다.
④ 방한복 등 두꺼운 옷을 착용함에 따라 민첩한 대처능력이 떨어지기 쉽다.

65 고압가스 충전용기 등을 차량에 적재 시 준수해야 할 사항이 아닌 것은?

① 충전용기는 세우기보다 가능한 눕혀서 운반한다.
② 차량의 최대 적재량을 초과하여 적재하지 않는다.
③ 충전용기가 충돌하지 않도록 고무링을 씌우거나 적재함에 넣어 운반한다.
④ 차량에 싣고 내릴 때에는 충격완화 물품을 사용한다.

66 고객만족을 위한 서비스 품질 중 고객으로부터 신뢰를 획득하기 위한 휴먼웨어(Human-ware) 품질은?

① 상품품질
② 영업품질
③ 서비스품질
④ 기대품질

67 교통사고 발생 시 조치사항으로 옳은 않은 것은?

① 교통사고 발생 시 현장에서의 관할경찰서에 신고의무만 성실히 수행
② 어떤 사고라도 임의처리는 불가하며 사고발생 경위를 육하원칙에 의거하여 회사에 거짓 없이 즉시 보고
③ 사고로 인한 행정 또는 형사처분(처벌) 접수 시 임의처리 불가하며 회사의 지시에 따라 처리
④ 회사소속 자동차 사고를 유·무선으로 통보받거나 발견 즉시 최인근 지점에 기착 또는 유·무선으로 즉시 보고

68 물류의 개념에 대한 설명으로 틀린 것은?

① 물류는 생산자, 유통업자를 거쳐 최종 소비자에게 이르는 재화의 흐름을 의미한다.
② 물류의 향상이 부가가치와 소비의 증가를 가져오지는 않는다.
③ 물류의 기능에는 운송기능, 포장기능, 보관기능, 하역기능 등이 있다.
④ 물류의 개념은 점차 확대·발전하는 경향이 있다.

69 최소의 비용으로 서비스 질의 향상을 촉진시켜 매출신장을 도모하고 원재료의 구입·판매 업무를 관리하는 물류의 관점은?

① 개별기업적 관점
② 사회경제적 관점
③ 국민경제적 관점
④ 국민개개인의 관점

70 물류전략의 목표에 해당하지 않는 것은?

① 비용절감 전략
② 자본절감 전략
③ 상품광고 전략
④ 서비스개선 전략

71 물류아웃소싱과 비교할 때 제3자 물류의 내용으로 적절하지 않은 것은?

① 관계 내용 : 장기·협력적 관계
② 서비스 범위 : 기능별 개별서비스
③ 도입 결정권한 : 최고경영층
④ 도입 방법 : 경쟁계약에 따름

72 제4자 물류에 대한 설명 중 옳지 않은 것은?

① 제4자 물류는 공급망의 일부 활동과 계획관리를 전담한다.
② 제4자 물류 공급자는 광범위한 공급망의 조직을 관리한다.
③ 제4자 물류란 제3자 물류의 기능에 컨설팅 업무를 추가 수행하는 것이다.
④ 제4자 물류의 핵심은 고객에게 제공되는 서비스를 극대화하는 것이다.

73 화물자동차 운송의 효율성 지표 중 공차거리율에 대한 설명은?

① 최대적재량 대비 적재된 화물의 비율
② 일정기간에 걸쳐 실제로 가동한 일수
③ 주행거리에 대해 실제 화물을 싣고 운행한 거리의 비율
④ 주행거리에 대해 화물을 싣지 않고 운행한 거리의 비율

74 수·배송관리시스템에 대한 설명으로 옳지 않은 것은?

① 주문상황에 대해 적기 수·배송체제를 확립하는 것
② 최적의 수·배송계획을 수립함으로써 수송비용을 절감하는 체제
③ 수·배송관리시스템의 대표적인 것으로는 터미널화물정보시스템이 있음
④ 자료와 정보를 컴퓨터와 통신기기를 이용하여 기계적으로 처리하는 것

75 물류의 신시대 트렌드를 설명한 것으로 옳지 않은 것은?

① 물류 없이도 생활할 수 있다.
② 물류를 경쟁력의 무기로 삼아야 한다.
③ 물류코스트 절감을 이루어야 한다.
④ 적정요금을 품질과 서비스로 환원시켜야 한다.

76 관성항법과 더불어 어두운 밤에도 목적지에 유도하는 측위(測衛)통신망은?

① TRS(주파수 공용통신)
② GPS(범지구측위시스템)
③ CALS(통합판매·물류·생산시스템)
④ SCM(공급망관리)

77 물류고객서비스 요소 중 거래 전 요소에 해당하지 않는 것은?

① 문서화된 고객서비스 정책 및 고객에 대한 제공
② 접근가능성
③ 조직구조
④ 시스템의 정확성

78 택배종사자의 서비스 자세로 옳지 않은 것은?

① 고객이 부재 시에는 영업소로 찾아오도록 한다.
② 애로사항을 극복하고 고객만족을 위하여 최선을 다한다.
③ 진정한 택배종사자로서 대접받을 수 있도록 행동한다.
④ 상품을 판매하고 있다고 생각한다.

79 운송장 기록을 정확하게 기재하지 않을 때 발생할 수 있는 문제점이 아닌 것은?

① 오도착
② 배상금액 축소
③ 배달불가
④ 화물파손

80 화물운송의 효율을 높이기 위한 트럭운송의 전망으로 틀린 것은?

① 에너지 효율을 높이고 하역 및 주행의 최적화를 도모하며, 낭비를 배제한다.
② 왕복실차율을 높여 효율적 운송시스템을 확립한다.
③ 컨테이너 수송을 강화하고 바꿔 태우기 수송을 배제한다.
④ 트럭터미널의 복합화·시스템화를 추구한다.

제2회 적중모의고사

01 화물운송 종사자격의 취소 사유에 해당하지 않는 것은?
① 과실로 교통사고를 일으켜 사람을 사망하게 하거나 다치게 한 경우
② 화물자동차를 운전할 수 있는 운전면허가 취소된 경우
③ 택시 요금미터기의 장착 등 택시 유사표시행위를 위반하여 적발된 경우
④ 화물운송 종사자격 정지기간 중에 화물자동차 운수사업의 운전 업무에 종사한 경우

02 편도 2차로 이상인 지정·고시한 노선 또는 구간의 고속도로에서의 화물자동차의 최고속도는?
① 120km/h
② 100km/h
③ 90km/h
④ 80km/h

03 화물자동차 운전업무에 종사하는 운수종사자의 교육 시행 주최는 누구인가?
① 국토교통부장관
② 한국교통안전공단 이사장
③ 시·도지사
④ 화물협회

04 연소할 때에 생기는 유리(流離) 탄소가 주가 되는 미세한 입자상물질은?
① 먼지
② 가스
③ 매연
④ 액체상 물질

05 신고한 운송주선약관을 준수하지 않은 경우 화물자동차 운송주선사업자에 대한 과징금은 얼마인가?
① 10만 원
② 15만 원
③ 20만 원
④ 30만 원

06 화물자동차 운수사업법령에 따른 운전적성정밀검사 중 특별검사를 받아야 하는 사람은?
① 교통사고를 일으켜 3주의 치료가 필요한 상해를 입힌 자
② 과거 2년간 운전면허행정처분기준에 따라 산출된 누산점수가 81점 이상인 자
③ 화물운송 종사자격을 취득하고자 하는 자
④ 교통사고를 일으켜 사람을 사망하게 한 자

07 화물자동차의 유형별 구분에 따른 특수자동차의 종류에 해당하지 않는 것은?
① 견인형
② 밴형
③ 특수작업형
④ 구난형

08 자동차관리법에서 정하고 있는 '내부의 특수한 설비로 인하여 승차인원이 10인 이하로 된 자동차'란?
① 승용자동차
② 화물자동차
③ 특수자동차
④ 승합자동차

09 운송가맹사업자에 대한 개선명령으로 옳지 않은 것은?
① 운송약관의 변경
② 화물자동차의 구조변경
③ 화물의 운임 및 요금
④ 화물의 안전운송을 위한 조치

10 자동차종합검사기간 전에 자동차종합검사 부적합 판정을 받은 자동차의 소유자는 부적합 판정을 받은 날부터 며칠 이내에 재검사를 신청하여야 하는가?
① 5일
② 10일
③ 15일
④ 30일

11 시·도지사가 공회전 제한장치의 부착을 명령할 수 있는 택배용 화물자동차의 최대 적재량 기준은?

① 2톤 이하
② 1.5톤 이하
③ 3톤 이하
④ 1톤 이하

12 건설기계관리법에 따른 건설기계에 해당하지 않는 것은?

① 덤프트럭
② 아스팔트살포기
③ 특수자동차
④ 콘크리트믹서트럭

13 도로법령상 도로에서의 금지행위에 해당되지 않는 것은?

① 도로를 파손하는 행위
② 도로에 장애물을 쌓아놓는 행위
③ 도로를 포장하는 행위
④ 도로의 구조나 교통에 지장을 끼치는 행위

14 차로에 따른 통행방법으로 옳지 않은 것은?

① 앞지르기를 할 때는 통행기준에 지정된 차로의 바로 옆 오른쪽 차로로 통행할 수 있다.
② 안전표지로 통행이 허용된 장소를 제외하고는 자전거도로로 통행하여서는 안된다.
③ 도로 외의 곳으로 출입할 때에는 보도를 횡단하여 통행할 수 있다.
④ 안전지대 등 안전표지에 의해 진입이 금지된 장소는 들어가서는 안된다.

15 시·도에서 화물운송업과 관련하여 처리하는 업무에 해당하는 것은?

① 화물자동차 운송주선사업 허가사항에 대한 경미한 변경 신고
② 과적 운행, 과로 운전, 과속 운전의 예방 등 안전한 수송을 위한 지도 계몽
③ 운전적성에 대한 정밀검사의 시행
④ 화물자동차 운송사업의 허가

16 교통사고처리특례법 적용이 배제되는 사유인 철길건널목 통과방법 위반에 해당되지 않는 경우는?

① 철길건널목 직전 일시정지 불이행
② 안전미확인 통행 중 사고
③ 고장 시 승객 대피, 차량이동 조치 불이행
④ 신호기의 지시에 따라 일시정지하지 아니하고 통과한 경우

17 앞지르기의 개념으로 맞는 것은?

① 앞차의 좌측 차로로 바꿔 진행하여 앞차의 앞으로 나아가는 행위
② 중앙선을 걸친 상태로 운행하는 행위
③ 차로를 바꿔 곧바로 진행하는 행위
④ 중앙선을 넘어서 운행하는 행위

18 다음 중 차가 즉시 정지할 수 있는 느린 속도로 진행하는 것을 의미하는 것은?

① 정지
② 일시정지
③ 서행
④ 정차

19 경형·소형의 승합 및 화물자동차의 자동차 정기검사 유효기간은?

① 3년
② 2년
③ 1년
④ 6개월

20 도로교통법상 '도로'에 해당하는 장소가 아닌 곳은?

① 도로법에 따른 도로
② 유료도로법에 따른 유료도로
③ 농어촌도로 정비법에 따른 농어촌도로
④ 군부대 내 도로

21 도로교통법령상 사고결과에 따른 벌점기준 중 피해자가 사고발생 후 몇 시간이내 사망한 때 벌점 90점을 부과되는가?

① 12시간　　　　② 24시간
③ 48시간　　　　④ 72시간

22 고장·사고 등으로 운행이 곤란한 자동차를 구난·견인할 수 있는 구조로 된 특수자동차의 유형은?

① 특수작업형　　② 구난형
③ 덤프형　　　　④ 견인형

23 노면에 표시하는 실선의 기본색상의 의미에 대한 설명으로 틀린 것은?

① 백색 : 반대방향의 교통류 분리 표시
② 황색 : 도로이용의 제한·지시
③ 청색 : 버스전용차로 및 다인승차량 전용차선표시
④ 적색 : 어린이보호구역

24 최대 적재량 10톤인 일반형 화물자동차를 소유한 운송가맹사업자가 적재물배상보험 등에 가입하고자 할 때 가입단위는?

① 각 화물자동차별 및 각 사업자별
② 각 사업자별 및 각 사업장별
③ 각 차종별 및 각 사업자별
④ 각 차종별 및 각 화물자동차별

25 교통정리가 행하여지고 있지 않는 교차로에서 최우선 통행권을 갖는 자동차는?

① 좌회전하려는 차
② 직진하려는 차
③ 이미 진입하여 있는 차
④ 우회전하려는 차

26 운송장 기재요령 중 집하담당자의 기재사항으로 옳지 않은 것은?

① 물품 운송에 필요한 사항 및 운송료
② 특약사항 설명에 대한 확인필 자필 서명
③ 집하자 성명 및 전화번호
④ 접수일자, 발송점, 도착점 및 배달 예정일

27 화물의 적재 및 하역방법으로 옳지 않은 것은?

① 상자로 된 화물은 취급 표지에 따라 다루어야 한다.
② 부피가 큰 것을 쌓을 때는 무거운 것은 밑에, 가벼운 것은 위에 쌓는다.
③ 가벼운 화물이라도 너무 높게 적재하지 않도록 한다.
④ 화물을 한 줄로 높이 쌓고 무너질 우려가 없도록 한다.

28 고객에게 물품 인계 시 물품의 이상 유무를 확인시키고 어떤 서류에 인수자 서명을 받아야 손해배상을 예방할 수 있는가?

① 영수증　　　　② 계약서
③ 인수증　　　　④ 주송장

29 운송장의 기능으로 맞지 않는 것은?

① 계약서 기능
② 화물의 가격표시 기능
③ 화물인수증 기능
④ 운송요금 영수증 기능

30 다음 중 운송장의 기재내용이 아닌 것은?

① 수하인 주소 및 주민등록번호
② 송하인 주소·성명·전화번호
③ 주문번호 또는 고객번호
④ 운임의 지급방법

31 트레일러에 대한 설명으로 옳지 않은 것은?

① 돌리와 조합된 세미 트레일러는 풀 트레일러에 해당한다.
② 세미 트레일러는 트랙터에 연결하여, 총 하중의 일부분이 견인하는 자동차에 의해서 지탱되도록 설계된 트레일러이다.
③ 트레일러에는 풀 트레일러, 세미 트레일러, 폴 트레일러로 구분한다.
④ 트레일러는 물품수송을 목적으로 하는 견인차를 말한다.

32 화물더미에서 작업 시 주의사항으로 옳은 것은?

① 화물더미의 상층과 하층에서 동시에 작업을 한다.
② 화물을 출하할 때에는 위·아래에 순서에 관계없이 헐어낸다.
③ 화물더미의 중간에서 직선으로 깊이 파내며 작업한다.
④ 화물더미 위에서 힘을 주며 작업 시 항상 발 밑을 조심한다.

33 화물의 길이와 크기가 일정하지 않을 경우의 적재방법 중 옳은 것은?

① 작은 화물 위에 큰 화물을 놓는다.
② 길이가 고르지 못하면 한쪽 끝이 맞도록 한다.
③ 길이에 관계없이 쌓는다.
④ 큰 화물과 작은 화물을 섞어서 쌓는다.

34 유연포장에 사용되는 포장 재료로 적합하지 않은 것은?

① 플라스틱 필름
② 알루미늄 포일
③ 면포
④ 골판지상자(박스)

35 이사화물 표준약관상 운송사업자가 인수를 거절할 수 있는 화물로 옳지 않은 것은?

① 현금, 유가증권, 예금통장, 인감 등 고객이 휴대할 수 있는 귀중품
② 동식물, 미술품, 골동품 등 운송에 특수한 관리를 요하는 물건
③ 화물의 종류, 부피, 운송거리 등에 따라 운송에 적합하도록 포장한 물건
④ 위험물, 불결한 물품 등 다른 화물에 손해를 끼칠 염려가 있는 물건

36 운송물의 인도일에 대한 설명 중 옳지 않은 것은?

① 운송장에 인도예정일의 기재가 없는 경우로서 일반지역은 1일
② 운송장에 인도예정일의 기재가 있는 경우에는 기재된 날
③ 수하인이 특정 일시에 사용할 운송물을 수탁한 경우에는 운송장에 기재된 인도예정일의 특정 시간까지
④ 운송장에 인도예정일의 기재가 없는 경우로서 도서 및 산간벽지는 3일

37 화물의 파손사고의 원인에 해당하지 않는 것은?

① 집하할 때 화물의 포장상태를 미확인한 경우
② 화물을 적재할 때 무분별한 적재로 압착되는 경우
③ 상하차 시 컨베이어 벨트에서 떨어지는 경우
④ 화물을 인계할 때 인수자 확인 서명 등이 부실한 경우

38 한국산업표준(KS)에 따른 화물자동차의 종류 중 '화물실의 지붕이 없고 옆판이 운전대와 일체로 되어 있는 소형트럭'을 지칭하는 것은?

① 보닛 트럭
② 픽업
③ 캡 오버 엔진 트럭
④ 밴

39 주유취급소의 위험물 취급기준으로 옳지 않은 것은?

① 유분리 장치에 고인 유류는 넘치지 않도록 한다.
② 자동차에 주유할 때는 자동차 원동기를 정지시키지 않고 출력을 낮추어야 한다.
③ 자동차에 주유할 때에는 고정 주유설비를 사용하여 직접 주유하여야 한다.
④ 주유취급소의 전용탱크에 위험물을 주입할 때는 그 탱크에 연결되는 고정 주유설비의 사용을 중지하여야 한다.

40 컨테이너 취급 시 주의사항으로 옳지 않은 것은?

① 컨테이너 위험물을 수납하기 전에 철저히 점검하며, 특히 개폐문의 방수상태를 점검한다.
② 수납에 있어서 어떠한 경우라도 화물 일부가 컨테이너 밖으로 튀어 나와서는 안된다.
③ 컨테이너를 적재 후에는 반드시 콘(잠금장치)을 해제해야 한다.
④ 수납이 완료되면 즉시 문을 폐쇄해야 한다.

41 고압가스 충전용기 등을 적재한 차량의 주·정차에 관한 설명으로 옳지 않은 것은?

① 혼잡한 시장 등 차량 통행이 현저히 곤란한 곳에 주·정차하지 않는다.
② 고장으로 주·정차하는 경우에는 고장자동차 표지를 설치하여 다른 차량과의 충돌·추돌을 예방한다.
③ 운행 중 잠시 주·정차할 때에도 가능한 운전자가 잘 볼 수 있는 곳에 주·정차한다.
④ 언덕길 등 경사진 곳에 주·정차 시는 주차브레이크만 사용한다.

42 운전자가 위험을 인지하고 자동차를 정지시키려고 시작하는 순간부터 자동차가 완전히 정지할 때까지의 시간을 무엇이라고 하는가?

① 이동시간　　② 정지시간
③ 제동시간　　④ 공주시간

43 뒤에 다른 차가 접근해 올 때 방어운전 방법은?

① 급제동을 실시한다.
② 속도를 증가시킨다.
③ 상향전조등을 켠다.
④ 앞지르기를 하려고 하면 양보해준다.

44 움직이는 물체 또는 움직이면서 다른 자동차·사람 등의 물체를 보는 시력은?

① 운동시력　　② 정지시력
③ 사물시력　　④ 동체시력

45 다음 중 신호교차로의 장점이 아닌 것은?

① 교통류의 흐름을 질서 있게 한다.
② 교통처리 용량을 증대시킬 수 있다.
③ 입체적으로 분리할 수 있다.
④ 교차로에서 직각충돌사고를 줄일 수 있다.

46 고속도로 운행방법으로 옳지 않은 것은?

① 고속도로 운행 시에는 휴식을 삼간다.
② 주행차에 방해를 주지 않으며 주행차로 운행을 준수한다.
③ 차로변경 시는 최소한 100m 전방으로부터 방향지시등을 켠다.
④ 뒤차가 자기차를 추월하고 있는 상황에서 경쟁하는 것은 위험하다.

47 차량점검 시 주의사항에 대한 설명으로 옳지 않은 것은?

① 차량점검을 위해 주차 시 항상 주차브레이크를 사용한다.
② 라디에이터 캡은 주의해서 연다.
③ 컨테이너 차량의 경우 고정장치가 작동되는지를 확인한다.
④ 운행 중에 조향핸들의 높이와 각도를 적절히 조정한다.

48 도로의 진행방향 중심선의 길이에 대한 높이의 변화 비율을 무엇이라 하는가?

① 편경사　　② 횡단경사
③ 종단경사　　④ 정지시거

49 고무 타는 냄새가 나는 경우 의심되는 부분은?

① 바퀴 부분　　② 브레이크 부분
③ 전기장치 부분　　④ 조향장치 부분

50 가스 등 위험물 수송차량의 운전자가 주의할 사항으로 옳지 않은 것은?

① 운행 및 주차 시 안전조치를 숙지한다.
② 가스탱크 등의 수리는 차단된 밀폐된 공간에서 한다.
③ 차량내부 및 차량 주위에서는 화기를 사용하지 말아야 한다.
④ 지정된 장소가 아닌 곳에서는 탱크로리 상호간에 취급물질을 입·출하시키지 말아야 한다.

51 도로교통체계를 구성하는 요소에 포함되지 않는 것은?

① 교통경찰
② 도로 및 교통신호등 등의 환경
③ 운전자 및 보행자를 비롯한 도로사용자
④ 차량

52 운전조작의 잘못, 주의력 집중의 편재 등을 불러와 교통사고의 직접·간접원인이 되는 것은 무엇인가?

① 경사의 착각
② 원근 구별능력의 약화
③ 운전피로
④ 상반의 착각

53 스탠딩 웨이브 현상을 예방하기 위한 방안으로 가장 적합한 것은?

① 속도를 높인다.
② 타이어 공기압을 낮춘다.
③ 타이어 공기압을 높인다.
④ 전방을 주의 깊게 주시한다.

54 철길 건널목에서의 방어운전으로 옳은 것은?

① 일시정지를 하지 않고 통과한다.
② 건너편에 여유 공간이 없을 때 운행한다.
③ 건널목 통과 시 가급적 기어는 변속하지 않는다.
④ 진입하는 주행속도로 통과한다.

55 자동차에 사용하는 현가장치의 유형이 아닌 것은?

① 휠 실린더
② 공기 스프링
③ 코일 스프링
④ 판 스프링

56 자동차의 수막현상(Hydroplaning)을 예방하는 방법으로 옳지 않은 것은?

① 고속으로 주행하지 않는다.
② 마모된 타이어를 사용하지 않는다.
③ 배수효과가 좋은 타이어를 사용한다.
④ 보통의 경우보다 공기압을 조금 낮게 한다.

57 원심력에 의한 곡선로 주행 중 사고예방을 위한 방안으로 적절하지 않은 것은?

① 커브길에 진입하기 전에 속도를 줄인다.
② 커브가 예각을 이룰수록 원심력이 커지므로 속도를 더 줄인다.
③ 노면이 젖어있거나 얼어 있으면 속도를 더 줄인다.
④ 비포장도로는 노면경사와 상관없이 정상속도로 진행해도 된다.

58 교통사고의 주요한 3가지 요인에 해당하지 않는 것은?

① 간접적 요인
② 중간적 요인
③ 표면적 요인
④ 직접적 요인

59 엔진오일이 과다 소모되는 경우 점검방법으로 옳지 않은 것은?

① 배기 배출가스 육안 확인
② 블로바이가스(blow-by gas) 과다 배출 확인
③ 에어 클리너 오염도 확인(과다 오염)
④ 냉각팬 및 워터펌프의 작동 확인

60 길어깨의 역할에 해당되지 않는 것은?

① 고장차가 본선차도로부터 대피할 수 있어 사고 시 교통혼잡을 방지한다.
② 측방 여유폭을 가지므로 교통의 안전성과 쾌적성에 기여한다.
③ 유지관리 작업장이나 지하매설물에 대한 장소로 제공된다.
④ 자동차의 차도 이탈을 방지하여 차량의 안전을 확보한다.

61 주간운전보다 야간운전이 교통사고의 위험이 높은 이유로 옳지 않은 것은?

① 해질 무렵에는 전조등을 비추어도 주변의 밝기와 비슷하기 때문
② 가로등이 설치되고 차량의 전조등이 사용되기 때문
③ 입고 있는 옷이 어두운 색인 경우 구별하기 어렵기 때문
④ 어둠으로 인해 사물이 명확히 보이지 않기 때문

62 운전과 관련되는 시각의 특성에 대한 설명 중 옳지 않은 것은?

① 속도가 빨라질수록 시야의 범위가 좁아진다.
② 속도가 빨라질수록 주변경관은 잘 보인다.
③ 속도가 빨라질수록 시력은 떨어진다.
④ 속도가 빨라질수록 전방주시점은 멀어진다.

63 다음은 여름철 자동차 운행과 관련된 설명이다. 옳지 않은 것은?

① 빗길 미끄럼 예방 등을 위하여 타이어 트레드 홈 깊이는 최저 1.0㎜ 이상을 유지한다.
② 습도상승으로 불쾌지수가 높아져 난폭운전의 우려가 있다.
③ 폭우가 내릴 때의 노면은 빙판길 못지않게 미끄럽다.
④ 빗길 고속운전은 수막현상에 의한 교통사고 위험을 수반한다.

64 엔진 온도 과열 현상에 대한 점검사항으로 옳지 않은 것은?

① 냉각팬 및 워터펌프의 작동 확인
② 배기 배출가스 육안 확인
③ 냉각수 및 엔진오일의 양 확인과 누출여부 확인
④ 팬 및 워터펌프의 벨트 확인

65 보행자 교통사고 특성에 대한 설명으로 옳지 않은 것은?

① 횡단 중에 발생하는 사고 비율이 가장 높다.
② 연령층별 보행자 사고는 어린이와 노약자가 높은 비중을 차지한다.
③ 횡단 중 한쪽 방향에만 주의를 기울이는 것은 교통정보 인지 결함의 원인이다.
④ 보행자 사고 요인 중 교통상황 정보를 제대로 인지하지 못한 경우가 가장 적다.

66 우리나라에 물류가 소개된 것은 제 몇 차 경제개발 5개년 계획이 시작된 후인가?

① 4차　② 3차
③ 2차　④ 1차

67 서비스의 깊이 측면에서 볼 때 물류의 발전과정으로 맞는 것은?

① 관리 및 통제 → 물류활동의 운영 및 실행 → 계획 및 전략
② 물류활동의 운영 및 실행 → 관리 및 통제 → 계획 및 전략
③ 물류활동의 운영 및 실행 → 계획 및 전략 → 관리 및 통제
④ 관리 및 통제 → 계획 및 전략 → 물류활동의 운영 및 실행

68 새로운 물류서비스 기법 중 공급망관리가 표방하는 것은?

① 종합물류　② 항공물류
③ 생산물류　④ 무인물류

69 파렛트 화물 취급 시 파렛트를 측면으로부터 상·하 하역할 수 있는 차량을 무엇이라고 하는가?

① 파렛트 로더용 가드레일차
② 스태빌라이저 장치차
③ 롤러 장착차
④ 측면개폐유개차

70 화물자동차의 효용성 지표 중 '공차거리율'에 해당하는 것은?

① 일정기간 중 실제로 가동한 비율
② 실제 화물을 싣고 운행한 거리의 비율
③ 적재된 화물의 비율
④ 주행거리에 대해 화물을 싣지 않고 운행한 거리의 비율

71 고객이 운송서비스 품질을 평가하는 기준 중 편의성에 대한 설명이 아닌 것은?

① 의뢰하기 쉽다.
② 전화벨이 울리면 곧바로 전화를 받는다.
③ 고객의 사정을 잘 이해하여 만족시킨다.
④ 언제라도 곧 연락이 된다.

72 기업물류의 주활동이 아닌 것은?

① 주문처리　　　② 재고관리
③ 대고객서비스수준　　④ 정보관리

73 물류전략의 목표가 아닌 것은?

① 상품광고　　　② 비용절감
③ 자본절감　　　④ 서비스 개선

74 운전자의 기본자세 중 '운전은 한 순간의 방심도 허용되지 않는 어려운 과정이므로 운전 중에는 방심하지 말고 온 신경을 운전에만 집중하여 위험을 빨리 발견하고 대응할 수 있어야 사고를 예방할 수 있다'는 것은 어느 항목에 해당되는가?

① 운전기술의 과신 금물
② 추측운전의 삼가
③ 주의력 집중
④ 심신상태의 안정

75 올바른 운전태도라고 할 수 있는 것은?

① 신호등이 바뀌었는데도 머뭇거리는 차량에 대해 경음기를 울리는 행위
② 여성 운전자를 쉽게 생각하고 무시하는 행위
③ 앞서 가는 차를 따라 잡아 일정 거리를 유지하는 행위
④ 가벼운 접촉사고 시 충돌위치 확인 후 도로 가장자리로 차량을 이동하는 행위

76 철도와 비교한 화물자동차 운송의 특징으로 틀린 것은?

① 에너지 절약형의 운송수단
② 신속하고 정확하며 탄력적인 문전 운송
③ 원활한 기동성
④ 운송 단위의 소량화

77 제4자 물류에 대한 설명으로 틀린 것은?

① 제4자 물류는 공급망의 일부 활동을 관리하는 것이다.
② 제4자 물류 공급자는 광범위한 공급망의 조직을 관리한다.
③ 제4자 물류는 제3자 물류의 기능에 컨설팅 업무를 추가 수행하는 것이다.
④ 제4자 물류의 핵심은 고객에게 제공되는 서비스를 극대화하는 것이다.

78 고객의 물류클레임 중 제품의 품절만큼 중요하게 여기는 것으로 틀린 것은?

① 고객응대　　　② 전표오류
③ 파손　　　　　④ 오손

79 고객의 욕구로 옳지 않은 것은?

① 칭찬받고 싶어 하고 기대를 수용해 주기를 바란다.
② 환영받고 싶어 한다.
③ 관심을 가지는 것을 싫어한다.
④ 기억되기를 바란다.

80 택배운송과 관련한 고객의 불만사항으로 볼 수 없는 것은?

① 고객에게 운송장을 작성하라고 한다.
② 길거리에서 화물을 건네준다.
③ 임의로 다른 사람이나 경비실에 맡기고 간다.
④ 신속하게 사고배상을 처리한다.

CHAPTER 02 적중모의고사 해설 및 정답

제1회 적중모의고사

01	02	03	04	05	06	07	08	09	10
①	④	③	③	②	④	②	①	③	②
11	12	13	14	15	16	17	18	19	20
①	④	④	③	①	③	①	③	②	④
21	22	23	24	25	26	27	28	29	30
②	③	②	④	①	④	②	③	③	③
31	32	33	34	35	36	37	38	39	40
①	④	④	③	①	②	④	③	③	②
41	42	43	44	45	46	47	48	49	50
④	③	②	④	③	②	①	②	④	②
51	52	53	54	55	56	57	58	59	60
②	③	②	①	③	①	③	①	③	②
61	62	63	64	65	66	67	68	69	70
③	③	④	②	①	③	①	②	①	③
71	72	73	74	75	76	77	78	79	80
②	①	④	④	①	②	④	①	②	③

01 정답 ①

도로교통법상 도로 : 「도로법」에 따른 도로, 「유료도로법」에 따른 유료도로, 「농어촌도로 정비법」에 따른 농어촌도로 등

02 정답 ④

- 자동차관리법령에서 적용이 제외되는 자동차 : 건설기계, 농업기계, 「군수품관리법」에 따른 차량, 궤도 또는 공중선에 의하여 운행되는 차량, 의료기기
- 자동차관리법에 따른 자동차의 종류 : 승용자동차, 승합자동차, 화물자동차, 특수자동차, 이륜자동차

03 정답 ③

- 규제표지 : 통행금지, 진입금지, 우회전(좌회전)금지, 유턴금지, 앞지르기금지, 주차금지, 차중량제한, 차높이제한, 차폭제한, 최고(최저)속도제한, 서행, 일시정지, 양보, 보행자보행금지 등
- 지시표지 : 자동차전용도로, 직진, 우회전(좌회전), 유턴, 자전거 및 보행자통행구분, 주차장, 어린이보호, 일방통행, 비보호좌회전, 버스전용차로 등

04 정답 ③

도로가 일방통행인 경우와 도로의 파손 및 도로공사 등으로 도로의 우측 부분을 통행할 수 없는 경우, 도로 우측 부분의 폭이 6미터가 되지 않는 도로에서 다른 차를 앞지르려는 경우, 도로 우측 부분의 폭이 차마의 통행에 충분하지 않은 경우 등은 도로의 중앙이나 좌측 부분을 통행할 수 있다.

05 정답 ②

- 고속도로 최고속도

편도 2차로 이상	고속도로	• 매시 100km • 매시 80km(적재중량 1.5톤 초과 화물자동차·특수자동차·위험물운반자동차·건설기계)
	지정·고시한 노선 또는 구간의 고속도로	• 매시 120km 이내 • 매시 90km 이내(화물자동차·특수자동차·위험물운반자동차·건설기계)
편도 1차로		매시 80km

- 고속도로 최저속도 : 편도 1차로 고속도로·2차로 이상 고속도로 (매시 50km)

06 정답 ④

교통정리가 없는 교차로에서의 양보운전
- 통행하고 있는 도로의 폭보다 교차하는 도로의 폭이 넓은 경우에는 서행하여야 하며, 폭이 넓은 도로로부터 교차로에 들어가려고 하는 다른 차가 있을 때에는 진로를 양보하여야 한다.
- 교차로에 동시에 들어가려고 하는 차의 운전자는 우측 도로의 차에 진로를 양보하여야 한다.
- 교차로에서 좌회전하려고 하는 차의 운전자는 직진하거나 우회전하려는 차가 있을 때에는 진로를 양보하여야 한다.

07 정답 ②

제2종 보통면허 : 승용자동차, 승차정원 10인 이하의 승합자동차, 적재중량 4톤 이하 화물자동차, 총중량 3.5톤 이하의 특수자동차(구난차 등은 제외), 원동기장치자전거

08 정답 ①

운전면허 행정처분 기준 중 벌점 15점 부과 행위 : 신호·지시위반, 속도위반(20km/h 초과 40km/h 이하), 어린이보호구역 내 20km/h 초과, 앞지르기 금지시기·장소위반, 적재 제한 위반 또는 적재물 추락 방지 위반, 운전 중 휴대용 전화사용, 운전 중 영상표시장치 조작, 운행기록계 미설치 자동차 운전금지 위반 등

09 정답 ③

고속도로·자동차전용도로에서 횡단, U턴, 후진중 발생한 사고는 중앙선침범이 적용된다(예외사항 : 긴급자동차, 도로보수 유지 작업차, 사고응급조치 작업차).

10 정답 ②

- 철길 건널목 통과방법을 위반한 과실 : 철길 건널목 직전 일시정지 불이행, 안전미확인 통행 중 사고, 고장 시 승객대피·차량이동·조치 불이행
- 철길 건널목 통과방법을 위반 예외사항 : 철길 건널목 신호기·경보기 등의 고장으로 일어난 사고(신호에 따르는 때에는 일시정지 하지 않고 통과할 수 있음)

11 정답 ①

화물자동차 운수사업 : 화물자동차 운송사업, 화물자동차 운송주선사업, 화물자동차 운송가맹사업

12 정답 ④

- ④ 제시된 운송원가는 화물자동차 안전운송원가이다. 안전운송원가는 화물자동차 안전운임위원회의 심의·의결을 거쳐 국토교통부장관이 공표한 원가를 말한다.
- ① 화물자동차 안전운임 : 화물차주에 대한 적정한 운임의 보장을 통하여 과로, 과속, 과적 운행을 방지하는 등 교통안전을 확보하기 위하여 필요한 최소한의 운임
- ② 화물자동차 안전운송운임 : 화주가 운송사업자, 운송주선사업자 및 운송가맹사업자 또는 화물차주에게 지급하여야 하는 최소한의 운임
- ③ 화물자동차 안전위탁운임 : 운수사업자가 화물차주에게 지급하여야 하는 최소한의 운임

13 정답 ④

- ④ 중대한 교통사고 또는 빈번한 교통사고로 1명 이상의 사상자를 발생하게 한 경우는 화물자동차 운송사업의 허가취소 사유에 해당한다.
- ① 부정한 방법으로 화물자동차 운송사업 허가 또는 변경허가를 받은 경우가 운송사업 허가취소 사유이다.
- ②·③ 화물자동차 운송사업의 허가취소 사유에 해당하지 않는다.

14 정답 ③

운전적성정밀검사 신규검사 대상 : 화물운송 종사자격증을 취득하려는 사람. 다만, 자격시험 실시일 또는 교통안전체험교육 시작일을 기준으로 최근 3년 이내에 신규검사의 적합판정을 받은 사람은 제외한다.

15 정답 ①

- 화물운송 종사자격 취소(화물자동차 운수사업법 제23조) : 국토교통부장관은 화물자동차 운수사업법을 위반하여 징역 이상의 실형을 선고받고 그 집행이 끝나거나 집행이 면제된 날부터 2년이 지나지 아니한 자와 징역 이상의 형의 집행유예를 선고받고 그 유예기간 중에 있는 자 등의 경우에는 그 자격을 취소하여야 한다.
- 관할관청은 화물운송 종사자격의 취소 또는 효력정지 처분을 하였을 때에는 그 사실을 처분 대상자, 한국교통안전공단 및 협회에 각각 통지하고 처분 대상자에게 화물운송 종사자격증을 반납하게 하여야 한다(동법 시행규칙 제33조의2).

16 정답 ③

화물자동차 운전자 채용기록의 관리 : 운송사업자는 화물자동차의 운전자를 채용할 때에는 근무기간 등 운전경력증명서의 발급을 위하여 필요한 사항을 기록·관리하여야 한다.

17 정답 ①

- ① 시·도에서 처리하는 업무 : 화물자동차 운송사업의 허가 및 허가사항 변경허가, 허가기준에 관한 사항의 신고, 영업소의 허가, 운송약관의 신고 및 변경신고, 휴업 및 폐업 신고, 허가취소, 과징금의 부과·징수, 종사자격의 취소 및 효력의 정지 등
- ② 협회에서 처리하는 업무 : 화물자동차 운송사업 허가사항에 대한 경미한 사항 변경신고, 운송주선사업 허가사항에 대한 변경신고 등
- ③ 연합회에서 처리하는 업무 : 과적 운행, 과로 운전, 과속 운전의 예방 등 안전한 수송을 위한 지도·계몽 등
- ④ 한국교통안전공단에서 처리하는 업무 : 운전적성에 대한 정밀검사의 시행, 종사자격시험의 실시·관리 및 교육, 종사자격증의 발급, 운전자의 교통사고 및 교통법규 위반사항 제공요청 및 기록·관리 등

18 정답 ③

신고확인증의 비치 : 자가용 화물자동차의 소유자는 자가용 화물자동차에 신고확인증을 갖추어 두고 운행하여야 한다.

19 정답 ②

벌칙 : 5년 이하의 징역 또는 2천만원 이하의 벌금(화물자동차 운수사업법 제66조)
- 적재된 화물이 떨어지지 않도록 덮개·포장·고정장치 등 필요한 조치를 하지 않아 사람을 상해 또는 사망에 이르게 한 운송사업자
- 필요한 조치를 하지 않고 화물자동차를 운행하여 사람을 상해 또는 사망에 이르게 한 운수종사자

20 정답 ④

튜닝검사의 신청서류 : 말소사실증명서, 튜닝승인서, 튜닝 전·후의 주요제원대비표, 튜닝 전·후의 자동차외관도(외관의 변경이 있는 경우에 한함), 튜닝하려는 구조·장치의 설계도

21 정답 ②

차종·차령 별 자동차정기검사 유효기간
- 비사업용 승용자동차 및 피견인자동차 : 2년(최초 4년)
- 사업용 승용자동차 : 1년(최초 2년)
- 경형·소형의 승합 및 화물자동차 : 1년
- 사업용 대형화물자동차 : (차령 2년 이하) 1년, (차령 2년 초과) 6월
- 중형 승합자동차 및 사업용 대형승합자동차 : (차령 8년 이하) 1년, (차령 8년 초과) 6월
- 그 밖의 자동차 : (차령 5년 이하) 1년, (차령 5년 이상) 6월

22 정답 ③

종합검사기간 내에 종합검사를 신청한 경우 재검사 신청기간
- 최고속도제한장치의 미설치, 무단 해체·해제 및 미작동, 자동차 배출가스 검사기준 위반 : 부적합 판정을 받은 날부터 10일 이내
- 그 밖의 사유 : 부적합 판정을 받은 날부터 종합검사기간 만료 후 10일 이내

23 정답 ②

도로법에 따른 도로
- 고속국도 : 도로교통망의 중요한 축을 이루며 주요 도시를 연결하는 도로로서 자동차 전용의 고속교통에 사용되는 도로
- 일반국도 : 주요 도시, 지정항만, 주요 공항, 국가산업단지 또는 관광지 등을 연결하여 고속국도와 함께 국가간선도로망을 이루는 도로
- 특별시도·광역시도 : 특별시, 광역시의 관할구역에 있는 주요 도로망을 형성하는 도로
- 지방도 : 도청 소재지에서 시청 또는 군청 소재지에 이르는 도로, 시청 또는 군청 소재지를 서로 연결하는 도로
- 시도(市道) : 특별자치시, 시 또는 행정시의 관할구역에 있는 도로

24 정답 ④

도로관리청이 운행을 제한할 수 있는 차량 : 축하중(軸荷重)이 10톤을 초과하거나 총중량이 40톤을 초과하는 차량, 차량의 폭이 2.5미터, 높이 4.0미터, 길이 16.7미터를 초과하는 차량

25 정답 ①

차량 관리청 허가를 받으려는 자의 신청서 기재사항 : 차량의 구조나 적재화물의 특수성으로 인하여 관리청의 허가를 받으려는 자는 신청서에 '운행하려는 도로의 종류 및 노선명, 운행구간 및 그 총 연장, 차량의 제원, 운행기간, 운행목적, 운행방법'을 기재하여 도로 관리청에 제출하여야 한다.

26 정답 ④

화물 운송장의 기능 : 계약서 기능, 화물인수증 기능, 운송요금 영수증 기능, 정보처리 기본자료, 배달에 대한 증빙(배송의 증거서류 기능), 수입금 관리자료, 행선지 분류정보 제공(작업지시서 기능)

27 정답 ②

운송장의 기록(기재) 내용 : 운송장 번호와 바코드, 송하인 성명·주소 및 전화번호, 수하인 성명·주소 및 전화번호, 주문번호 또는 고객번호, 화물명, 화물의 가격, 화물의 크기(중량, 사이즈), 운임의 지급방법, 운송요금, 발송지(집하점), 도착지(코드), 집하자, 인수자 날인 등

28 정답 ②

운송장 기재 시 유의사항
- 화물 인수 시 적합성 여부를 확인한 후 고객이 직접 정보를 기입하도록 함
- 수하인의 주소·전화번호가 맞는지 재차 확인함
- 도착점 코드가 유사지역과 혼동되지 않도록 정확히 기재되었는지 확인함
- 특약사항에 대하여 고객에게 고지한 후 약관설명 확인필에 서명을 받음
- 문제 소지가 있는 물품의 경우 면책확인서를 받음

29 정답 ③

포장의 기능
- 편리성 : 설명서·증서·팜플릿 등을 넣거나 진열이 쉽고 수송·하역·보관에 편리
- 보호성 : 내용물의 변형과 파손으로부터의 보호, 이물질 혼입과 오염으로부터의 보호
- 표시성 : 인쇄·라벨 붙이기 등을 쉽게 함
- 상품성 : 포장을 통해 상품화 완성
- 효율성 : 생산·판매·하역, 수·배송 등의 작업 효율화
- 판매촉진성 : 판매의욕 환기, 광고 효과가 많음

30 정답 ③

- 방수포장 : 방수 포장재료, 방수 접착제 등을 사용하여 물이 침입하는 것을 방지하는 포장, 방수포장을 한 것은 반드시 방습포장을 겸하고 있는 것은 아니며, 방수포장에 방습포장을 병용할 경우에는 방습포장은 내면에, 방수포장은 외면에 하는 것을 원칙으로 함

- 방습포장 : 흡수성이 없는 제품 또는 흡습 허용량이 적은 제품을 포장할 때 내용물을 습기 피해로부터 보호하기 위하여 건조 상태로 유지하는 포장

31 정답 ①

①·③ 원기둥형 화물을 굴릴 때는 앞으로 밀어 굴리고, 뒤로 끌어서 운반해서는 안 된다. 뒷걸음질로 화물을 운반해서는 안 된다.
②·④ 운반하는 물건이 시야를 가리지 않도록 하고, 작업장 주변의 화물상태나 차량 통행 등을 항상 살핀다.

32 정답 ④

④ 발판을 활용한 작업을 할 때에는 발판의 경사를 완만하게 하여 사용하고, 발판을 오르내릴 때에는 2명 이상이 동시에 통행하지 않으며 화물의 쏠림이 발생하지 않도록 조심한다.
① 화물더미의 상층과 하층에서 동시에 작업을 하지 않는다.
② 원기둥형 화물을 굴릴 때는 앞으로 밀어 굴리고, 뒤로 끌어서 이동해서는 안 된다.
③ 컨베이어 위로는 절대 올라가서는 안 되며, 상차 작업자와 컨베이어를 운전하는 작업자는 상호간에 신호를 긴밀히 해야 한다.

33 정답 ④

길이가 고르지 못하면 한쪽 끝이 맞도록 하역·적재하고, 같은 종류나 동일규격끼리 적재한다. 작은 화물 위에 큰 화물을 놓지 말아야 하고, 부피가 큰 것을 쌓을 때는 무거운 것은 밑에, 가벼운 것은 위에 적재한다.

34 정답 ②

주유취급소의 위험물 취급기준
- 주유할 때는 고정 주유설비를 사용하여 직접 주유함
- 위험물을 주입할 때는 고정 주유설비의 사용을 중지하여야 함
- 주유할 때는 자동차 등의 원동기를 정지시킴
- 자동차의 일부·전부가 주유취급소 밖에 나온 채 주유하지 않음
- 유분리 장치에 고인 유류는 넘치지 않도록 수시로 퍼냄
- 주유 시 다른 자동차를 주유취급소 안에 주차시켜서는 안됨

35 정답 ①

상·하차 작업 시의 확인사항
- 작업원에게 화물의 내용·특성 등을 잘 주지시켰는가.
- 받침목·지주·로프 등 필요한 보조용구는 준비되어 있는가.
- 차량에 구름막이는 되어 있는가.
- 위험한 승강을 하고 있지는 않는가.
- 던지기 및 굴려 내리기를 하고 있지 않는가.
- 적재량을 초과하지 않았는가., 적재화물의 높이·길이·폭 등의 제한은 지키고 있는가.
- 화물의 붕괴를 방지하기 위한 조치는 취해져 있는가.
- 위험물이나 긴 화물은 소정의 위험표지를 하였는가.
- 차를 통로에 방치해 두지 않았는가.

36 정답 ②

고속도로 운행제한차량
- 축하중 : 차량의 축하중이 10톤을 초과
- 총중량 : 차량 총중량이 40톤을 초과
- 길이 : 적재물을 포함한 차량의 길이가 16.7m 초과
- 폭 : 적재물을 포함한 차량의 폭이 2.5m 초과
- 높이 : 적재물을 포함한 차량의 높이가 4.0m 초과
- 저속 : 정상운행속도가 50km/h 미만 차량
- 적재불량 차량 : 전도·낙하 등의 우려가 있는 차량, 덮개를 씌우지 않았거나 묶지 않아 결속상태가 불량한 차량, 스페어타이어 고정 상태가 불량한 차량, 액체 적재물 방류 또는 유출 차량 등
- 이상기후(적설량 10㎝ 이상, 영하 20℃ 이하)일 때 연결 화물차량

37 정답 ④

④ 전화로 발송할 물품을 접수 받을 때 반드시 집하 가능한 일자와 고객의 배송 요구일자를 확인한 후 배송 가능한 경우에 고객과 약속한다.
① 취급가능 화물규격 및 중량, 취급불가 화물품목 등을 확인하고 포장상태 및 화물의 상태를 확인한 후 접수여부를 결정한다.
② 운송장은 물품 인수 후 교부하는 것이 일반적이다. 운송인의 책임은 물품을 인수하고 운송장을 교부한 시점부터 발생한다.
③ 제주도 및 도서지역인 경우 부대비용(항공료, 도선료)을 수하인에게 징수할 수 있음을 반드시 알려주고, 이해를 구한 후 인수한다.

38 정답 ③

인수자 서명이 없을 경우 수하인이 물품인수를 부인하면 그 책임이 배송지점에 전가된다. 물품을 고객에게 인계할 때 물품의 이상 유무를 확인시키고 인수증에 정자로 인수자 서명을 받아 향후 발생 할 수 있는 손해배상을 예방하도록 한다.

39 정답 ③

• 파손사고의 대책
- 집하할 때 고객에게 내용물에 관한 정보를 충분히 듣고 포장상태를 확인
- 가까운 거리 또는 가벼운 화물이라도 절대 함부로 취급하지 않음
- 사고위험이 있는 물품은 안전박스에 적재하거나 별도 적재 관리
- 충격에 약한 화물은 보강포장 및 특기사항을 표기
• 오손사고의 대책
- 상습적으로 오손이 발생하는 화물은 안전박스에 적재하여 위험으로부터 격리
- 중량물은 하단에, 경량물은 상단에 적재한다는 규정준수

40 정답 ②

운송물의 인도일
- 운송장에 인도예정일의 기재가 있는 경우에는 그 기재된 날
- 운송장에 인도예정일의 기재가 없는 경우에는 운송장에 기재된 운송물의 수탁일로부터 인도예정 장소에 따라 일반 지역은 2일, 도서·산간벽지는 3일
- 사업자는 수하인이 특정 일시에 사용할 운송물을 수탁한 경우에는 운송장에 기재된 인도예정일의 특정 시간까지 운송물을 인도한다.

41 정답 ④

도로요인의 구성 요소는 크게 도로구조(도로의 선형, 노면, 차로수, 노폭, 구배 등)와 안전시설(신호기, 노면표시, 방호울타리 등)이 있다. 교통사고의 3대 요인은 인적요인과 차량요인, 도로·환경요인이 있으며, 도로·환경요인은 도로요인, 자연환경, 교통환경, 사회환경 등으로 구성된다.

42 정답 ③

시야와 시야 범위 : 정지한 상태에서 눈의 초점을 고정시키고 양쪽 눈으로 볼 수 있는 범위를 시야라고 한다. 정상적인 시력을 가진 사람의 시야 범위는 180°~200°이다. 시야 범위 안에 있는 대상물이라 하더라도 시축(視軸)에서 벗어나는 시각에 따라 시력이 저하된다(시축에서 시각 약 3° 벗어나면 약 80%, 6° 벗어나면 약 90%, 12° 벗어나면 약 99%가 저하됨).

43 정답 ②

속도의 착각 : 주시점이 가까운 좁은 시야에서는 빠르게, 비교 대상이 먼 곳에 있을 때는 느리게 느껴진다.

44 정답 ④

운전피로의 특징 : 피로의 증상은 전신에 걸쳐 나타나고 대뇌의 피로(나른함, 불쾌감 등)를 불러온다. 피로는 운전 작업의 생략이나 착오가 발생할 수 있다는 위험신호이다. 단순한 운전피로는 휴식으로 회복되나 정신적·심리적 피로는 신체적 부담에 의한 일반적 피로보다 회복시간이 길다.

45 정답 ③

음주운전 교통사고의 특징
- 주차 중인 자동차와 같은 정지물체 등에 충돌할 가능성이 높다.
- 전신주, 도로변 시설물 등과 같은 고정물체와 충돌할 가능성이 높다
- 대향차의 전조등에 의한 현혹현상 발생 시 정상운전보다 교통사고 위험이 증가된다.
- 교통사고가 발생하면 치사율이 높다.
- 차량단독사고의 가능성이 높다.

46 정답 ②

고령자의 시각능력 장애요인
- 시력자체의 저하현상 발생 : 자연퇴화 과정으로 다른 연령층보다 전반적으로 시력저하
- 대비능력 저하 : 사물 간 또는 사물과 배경을 식별하는 대비능력이 저하
- 동체시력의 약화 현상 : 움직이는 물체를 정확히 식별하고 인지하는 능력이 약화
- 암순응에 필요한 시간 증가 : 밝은 곳에서 어두운 곳으로 이동할 때 낮은 조도에 순응하는 능력인 암순응에 필요한 시간이 증가
- 눈부심에 대한 감수성이 증가 : 햇빛에 노출되거나 야간에 마주 오는 차의 전조등 불빛이 다가올 때 안구 속에서 산란을 일으켜 위험한 상황을 초래
- 시야 감소 현상 : 시야가 좁아져 시야 바깥에 있는 표지판·신호·차량·보행자들을 발견하지 못하는 경우가 증가

47 정답 ①

① ABS : 급제동 시 바퀴가 잠기는 현상을 감지한 뒤 브레이크를 풀어주고 다시 브레이크를 작동해 바퀴가 잠기도록 반복하면서 제동 안정성을 확보할 수 있도록 한 제동장치로, 제동 시에 바퀴를 록(lock)시키지 않음으로써 핸들의 조종이 용이하도록 함
② 주차 브레이크 : 차를 주·정차시킬 때 사용하는 제동장치
③ 풋 브레이크 : 주행 중에 발로써 조작하는 주 제동장치
④ 엔진 브레이크 : 가속페달을 놓거나 저단기어로 바꾸게 되면 엔진 브레이크가 작용하여 속도가 떨어지게 됨

48 정답 ②

조향장치
- 토우인(Toe-in) : 자동차를 앞바퀴를 위에서 보았을 때 앞쪽이 뒤쪽보다 좁은 상태를 말한다. 토우인은 주행 중 타이어가 바깥쪽으로 벌어지는 것을 방지하고, 캠버에 의해 토아웃(Toe-out)되는 것을 방지한다.
- 캠버(Camber) : 앞에서 보았을 때, 위쪽이 아래보다 약간 바깥쪽으로 기울어져 있는 것을 (+)캠버라고 하고, 위쪽이 아래보다 약간 안쪽으로 기울어져 있는 것을 (−)캠버라고 한다.

49 정답 ④

원심력
- 원심력은 속도가 빠를수록, 커브가 작을수록, 중량이 무거울수록 커지게 되는데, 특히 속도의 제곱에 비례해서 커짐
- 커브에 진입하기 전에 속도를 줄여 노면에 대한 타이어의 접지력이 원심력을 안전하게 극복할 수 있도록 해야 함
- 커브가 예각을 이룰수록 원심력은 커지므로 커브에서 더 감속하여야 함

- 노면이 젖어있거나 얼어 있으면 타이어의 접지력은 감소하므로, 안전속도는 보다 저속이 됨
- 비포장도로는 도로의 가운데가 높고 가장자리로 갈수록 낮아지는 곳이 많은데, 이러한 도로는 커브에서 원심력이 더 커질 수 있으므로 노면경사에 따라 속도를 줄여야 함

50 정답 ②

차량점검 및 주의사항 : 운행 전 점검을 실시하며, 적색 경고등이 들어온 상태에서는 절대로 운행하지 않는다. 운행 전에 조향핸들의 높이와 각도가 맞게 조정되어 있는지 점검하며, 운행 중에는 조정하지 않는다. 주차 시에는 항상 주차브레이크를 사용한다.

51 정답 ②

고장이 잘 일어나는 부분(진동과 소리가 날 때)
- 엔진의 이음 : 엔진의 회전수에 비례하여 쇠가 마주치는 소리가 날 때가 있다. 이런 이음은 밸브 장치에서 나는 소리로, 밸브 간극 조정으로 고쳐질 수 있다.
- 팬벨트 : 가속 페달을 힘껏 밟는 순간 '끼익'하는 소리가 나는 경우가 많은데, 팬벨트 또는 기타의 V벨트가 이완되어 걸려 있는 풀리(pulley)와의 미끄러짐에 의해 일어난다.
- 클러치 부분 : 클러치를 밟고 있을 때 '달달달' 떨리는 소리와 함께 차체가 떨리고 있다면 클러치 릴리스 베어링의 고장이다.
- 브레이크 부분 : 브레이크 페달을 밟을 때 바퀴에서 '끼익'하는 소리가 나는 경우 브레이크 라이닝의 마모가 심하거나 라이닝에 결함이 있을 때 발생한다.

52 정답 ③

엔진 시동 꺼짐 현상 발생 시 조치방법 : 연료공급 계통의 공기빼기 작업, 워터 세퍼레이터 공기 유입 부분 확인 후 현장에서 조치 가능하면 작업에 착수(단품교환), 작업 불가시 응급조치하여 공장으로 입고

53 정답 ②

섀시 계통의 덤프 작동 불량
- 점검사항 : P.T.O(동력인출장치) 작동상태 점검, 호이스트 오일 누출상태 점검, 클러치 스위치 점검, P.T.O 스위치 작동불량 발견 등
- 조치방법 : P.T.O 스위치 교환, 현상에서 작업 조치하고 불가능시 공장 입고

54 정답 ①

클러치는 시동을 걸 때나 기어 변속 시 동력을 차단하는 역할을 하며, 제동시스템과는 직접적인 관련이 없다.
주행 제동 시 차량 쏠림현상 점검사항
- 좌·우 타이어의 공기압 점검, 좌·우 브레이크 라이닝 간극 및 드럼 손상 점검

- 브레이크 에어 및 오일 파이프 점검
- 듀얼 서킷 브레이크 점검, 공기 빼기 작업 등

55 정답 ③

수온 게이지 작동 불량 시 점검사항
- 온도 메터 게이지 및 수온센서 교환 후 동일현상여부 점검
- 배선 및 커넥터 점검
- 프레임과 엔진 배선 중간부위 과다 꺾임 확인
- 배선 피복 내부 에나멜선의 단선 확인

56 정답 ③

연석형 중앙분리대 : 좌회전 차로의 제공이나 향후 차로 확장에 쓰일 공간 확보와 연석의 중앙에 잔디나 수목을 심어 녹지공간 제공, 운전자의 심리적 안정감 등에 기여하지만, 차량과 충돌 시 차량을 본래의 주행방향으로 복원해주는 기능이 미약

57 정답 ①

차로수 : 양방향 차로(오르막차로·회전차로·변속차로·양보차로 제외)의 수를 합한 것

58 정답 ④

④ 종단경사 : 도로의 진행방향 중심선의 길이에 대한 높이의 변화 비율
① 횡단경사 : 도로의 진행방향에 직각으로 설치하는 경사로서, 도로의 배수를 원활하게 하기 위하여 설치하는 경사와 평면곡선부에 설치하는 편경사가 있음
② 편경사 : 평면곡선부에서 자동차가 원심력에 저항할 수 있도록 하기 위하여 설치하는 횡단경사
③ 정지시거 : 운전자가 같은 차로상에 고장차 등의 장애물을 인지하고 안전하게 정지하기 위하여 필요한 거리

59 정답 ③

뒤차가 접근해 올 때는 속도를 낮추며, 앞지르기를 하려고 하면 양보해 준다. 뒤차가 바싹 뒤따라올 때는 가볍게 브레이크 페달을 밟아 제동등을 켜서 주의를 환기시킨다.

60 정답 ②

교통량이 많은 곳에서는 속도를 줄여서 주행한다.
출발 시 방어운전 방법 : 차의 전·후·좌·우와 차의 밑과 위까지 안전을 확인, 도로 가장자리에서 도로에 진입하는 경우 반드시 신호를 함, 교통류에 합류할 때 진행하는 차의 간격상태를 확인하고 합류

61 정답 ③

황색신호 시 사고유형(교차로 황색신호시간에 일어날 수 있는 교통사고)
- 교차로 상에서 전신호 차량과 후신호 차량의 충돌
- 횡단보도 전 앞차 정지 시 앞차 추돌
- 횡단보도 통과 시 보행자, 자전거 또는 이륜차 충돌
- 유턴 차량과의 충돌

62 정답 ③

차로폭 : 어느 도로의 차선과 차선 사이의 최단거리를 말한다. 차로폭은 관련 기준에 따라 도로의 설계속도·지형조건 등을 고려하여 달리할 수 있으나, 일반적으로 3.0m~3.5m를 기준으로 한다. 다만, 교량위, 터널내, 유턴차로 등에서 부득이한 경우 2.75m로 할 수 있다.

63 정답 ④

중앙선을 넘어 앞지르기 시도하다 대향차와 충돌한 경우는 중앙선이 실선 또는 점선 구분없이 중앙선침범으로 적용된다.

64 정답 ②

봄철에는 얼어있던 땅이 녹아 지반 붕괴로 도로의 균열이나 낙석의 위험이 크다. 그밖에도 대륙성 고기압의 활동이 약화되고 낮과 밤의 일교차가 커지며(환절기), 강수량이 증가하고 바람과 황사 현상에 의한 시야 장애가 발생할 수 있다.
①은 가을철, ③은 여름철, ④는 겨울철 교통환경 특징에 해당한다.

65 정답 ①

충전용기 등을 적재 시 준수해야 할 기준
- 차량의 최대 적재량을 초과하여 적재하지 않으며, 적재함을 초과하여 적재하지 않을 것
- 충전용기는 항상 40℃ 이하를 유지하며, 자전거나 오토바이에 적재하여 운반하지 않을 것
- 용기가 충돌하지 않도록 고무링을 씌우거나 적재함에 넣어 가능한 세워서 운반할 것
- 목재·플라스틱·강철재로 만든 팔레트에 넣어 적재하는 경우와 용량 10kg 미만의 액화석유가스 충전용기를 적재할 경우를 제외하고 모든 충전용기는 1단으로 적재할 것

66 정답 ③

고객만족을 위한 서비스 품질의 분류
- 상품품질 : 성능 및 사용방법을 구현한 하드웨어 품질. 고객의 필요와 욕구 등을 각종 시장조사나 정보를 통해 정확하게 파악하여 상품에 반영시킴으로써 고객만족도를 향상
- 영업품질 : 환경과 분위기를 고객만족으로 실현하기 위한 소프트웨어 품질. 모든 영업활동을 고객 지향적으로 전개하여 고객만족도 향상에 기여
- 서비스품질 : 고객으로부터 신뢰를 획득하기 위한 휴먼웨어(Human-ware) 품질

67 정답 ①

교통사고 발생 시 조치사항
- 현장에서의 인명구호 및 관할경찰서에 신고 등의 의무를 성실히 수행
- 어떠한 사고라도 임의처리는 불가하며 사고발생 경위를 육하원칙에 의거하여 거짓 없이 정확하게 회사에 즉시 보고
- 사고로 인한 행정, 형사처분(처벌) 접수 시 임의처리 불가하며 회사의 지시에 따라 처리
- 운전자 개인 자격으로 합의 보상 이외 어떠한 경우라도 회사손실과 직결되는 보상업무는 수행불가
- 회사소속 자동차 사고를 유·무선으로 통보받거나 발견 즉시 최인근 지점에 기착 또는 유·무선으로 육하원칙에 의거 즉시 보고

68 정답 ②

물류의 개념과 기능
- 물류란 공급자로부터 생산자, 유통업자를 거쳐 최종 소비자에게 이르는 재화의 흐름을 의미한다.
- 물류체계가 개선되면 재화의 부가가치를 향상시키게 되고 소비의 증가를 통한 부의 증가를 가져오게 된다.
- 물류의 기능에는 운송기능, 포장기능, 보관기능, 하역기능, 정보기능 등이 있다.
- 최근 물류는 단순히 장소적 이동을 의미하는 운송의 개념에서 발전하여 자재조달이나 폐기, 회수 등까지 총괄하는 경향이다.

69 정답 ①

개별기업적 관점에서의 물류의 역할 : 최소의 비용으로 소비자를 만족시켜서 서비스 질의 향상을 촉진시켜 매출신장을 도모하고, 제품의 제조·판매를 위한 원재료의 구입·판매 업무를 총괄관리

70 정답 ③

물류전략의 목표
- 비용절감 : 운반 및 보관과 관련된 가변비용을 최소화하는 전략
- 자본절감 : 물류시스템에 대한 투자를 최소화하는 전략
- 서비스개선 전략 : 제공되는 서비스수준에 비례한 수익의 증가

71 정답 ②

물류아웃소싱과 제3자 물류의 비교

기준	물류아웃소싱	제3자 물류
화주와의 관계	거래기반, 수발주관계	계약기반, 전략적 제휴
관계 내용	일시, 수시	장기(1년 이상), 협력
서비스 범위	기능별 개별서비스	통합물류서비스
정보공유 여부	불필요	반드시 필요
도입 결정권한	중간관리자	최고경영층
도입 방법	수의계약	경쟁계약

72 정답 ①

제4자 물류(4PL)의 개념 : 조직의 효과적 연결을 목적으로 하는 통합체로서, 공급망의 모든 활동과 계획관리를 전담하는 것이다. 본질적으로 제4자 물류 공급자는 광범위한 공급망의 조직을 관리하고 기술·능력·정보기술·자료 등을 관리하는 공급망 통합자이다. 제4자 물류란 제3자 물류의 기능에 컨설팅 업무를 추가 수행하는 것으로, '컨설팅 기능까지 수행할 수 있는 제3자 물류'로 정의할 수도 있다. 제4자 물류의 핵심은 고객에게 제공되는 서비스를 극대화하는 것이다. 제4자 물류의 발전은 제3자 물류(3PL)의 능력, 전문적인 서비스 제공, 비즈니스 프로세스관리, 고객에게 서비스기능의 통합과 운영의 자율성을 배가시키고 있다.

73 정답 ④

화물자동차 운송의 효율성 지표 중 '공차거리율'은 주행거리에 대해 화물을 싣지 않고 운행한 거리의 비율을 말한다.

74 정답 ④

수·배송관리시스템은 주문상황에 대해 적기 수·배송체제의 확립과 최적의 수·배송계획을 수립함으로써 수송비용을 절감하려는 체제이다. 수·배송관리시스템의 대표적인 것으로는 터미널화물정보시스템이 있는데, 이는 한 터미널에서 다른 터미널까지 이송될 때까지 발생하는 정보를 전산시스템으로 수집·처리하는 종합정보관리체제를 말한다.

75 정답 ①

물류의 신시대 트렌드
- 물류 없이는 생활할 수 없다.
- 물류를 경쟁력의 무기로 삼아야 한다.
- 총 물류비(물류코스트)의 절감을 이루어야 한다.
- 적정요금을 품질·서비스로 환원시켜야 한다.

76 정답 ②

② 범지구측위시스템(GPS) : 관성항법과 더불어 어두운 밤에도 목적지에 유도하는 측위(測衛)통신망으로, 주로 자동차위치추적을 통한 물류관리에 이용되는 통신망
① TRS(주파수 공용통신) : 여러 개의 채널을 공동으로 사용하는 무전기시스템으로서, 이동자동차 등 운송수단에 탑재하여 정보를 리얼타임으로 송수신할 수 있는 통신서비스
③ CALS(통합판매·물류·생산시스템) : 제품의 생산에서 유통, 폐기까지 전 과정에 대한 정보를 한 곳에 모으는 통합유통·물류·생산시스템
④ SCM(공급망관리) : 1998년 공급자·도소매·고객을 대상으로 하여 기업 간 정보시스템, 파트너관계, ERP 등을 통한 공급망 전체 효율화를 목적으로 한 물류서비스

77 정답 ④

물류고객서비스의 요소
- 거래 전 요소 : 문서화된 고객서비스 정책 및 고객에 대한 제공, 접근가능성, 조직구조, 시스템의 유연성, 매니지먼트 서비스
- 거래 시 요소 : 재고품절 수준, 발주 정보, 주문사이클, 배송촉진, 환적, 시스템의 정확성, 발주의 편리성, 대체 제품, 주문 상황 정보
- 거래 후 요소 : 설치, 보증, 변경, 수리, 부품, 제품의 추적, 고객클레임, 고충·반품처리, 제품의 일시적 교체, 예비품의 이용가능성

78 정답 ①

택배종사자의 서비스 자세
- 애로사항이 있더라도 극복하고 고객만족을 위하여 최선을 다한다.
- 단정한 용모, 반듯한 언행, 대고객 약속 준수 등 진정한 택배종사자로서 대접받을 수 있도록 행동한다.
- 상품을 판매하고 있다고 생각한다.

79 정답 ②

운송장 기록을 정확하게 기재하지 않으면 오도착, 배달불가, 배상금액 확대, 화물파손 등의 문제점 발생한다.

80 정답 ③

트럭운송의 전망
- 고효율화(에너지 효율을 높이고 하역·주행의 최적화를 도모하며, 낭비를 배제)
- 왕복실차율을 높임(공차로 운행하지 않도록 수송을 조정하고 효율적 운송시스템을 확립)
- 컨테이너 및 파렛트 수송의 강화, 트레일러 수송과 도킹시스템화, 바꿔 태우기 수송과 이어타기 수송 촉진
- 집배 수송용자동차의 개발과 이용, 트럭터미널의 복합화·시스템화

제2회 적중모의고사

01	02	03	04	05	06	07	08	09	10
③	③	③	③	③	④	②	④	③	②
11	12	13	14	15	16	17	18	19	20
④	③	③	①	④	④	①	③	③	④
21	22	23	24	25	26	27	28	29	30
④	②	①	①	③	②	④	③	②	①
31	32	33	34	35	36	37	38	39	40
④	④	②	④	③	①	④	②	②	③
41	42	43	44	45	46	47	48	49	50
④	②	④	④	①	④	③	③	①	②
51	52	53	54	55	56	57	58	59	60
①	③	③	③	①	④	④	③	④	④
61	62	63	64	65	66	67	68	69	70
②	②	①	②	③	②	③	①	④	④
71	72	73	74	75	76	77	78	79	80
③	④	①	③	④	①	①	①	③	④

01 정답 ③

화물운송 종사자격의 취소 처분기준(화물자동차 운수사업법 제23조)
- 거짓이나 부정한 방법으로 화물운송 종사자격을 취득한 경우
- 고의나 과실로 교통사고를 일으켜 사람을 사망하게 하거나 다치게 한 경우
- 화물운송 종사자격증을 다른 사람에게 빌려준 경우
- 화물운송 종사자격 정지기간 중에 화물자동차 운수사업의 운전업무에 종사한 경우
- 화물자동차를 운전할 수 있는「도로교통법」에 따른 운전면허가 취소된 경우
- 도로교통법 제46조의3(난폭운전 금지)을 위반하여 화물자동차를 운전할 수 있는 운전면허가 정지된 경우

02 정답 ③

고속도로에서의 최고속도

		최고속도
편도 2차로 이상	고속도로	• 매시 100km • 매시 80km(적재중량 1.5톤 초과 화물자동차·특수자동차·위험물운반자동차·건설기계)
	지정·고시한 노선 또는 구간의 고속도로	• 매시 120km 이내 • 매시 90km 이내(화물자동차·특수자동차·위험물운반자동차·건설기계)
편도 1차로		매시 80km

03 정답 ③

운수종사자 교육 : 화물자동차의 운전업무에 종사하는 운수종사자는 시·도지사가 실시하는 교육을 매년 1회 이상 받아야 한다.

04 정답 ③

③ 매연 : 연소할 때에 생기는 유리 탄소가 주가 되는 미세한 입자상 물질
① 먼지 : 대기 중에 떠다니는 입자상물질
② 가스 : 물질이 연소·합성·분해될 때 발생하는 기체상물질
④ 액체상물질 : 물질이 파쇄·선별·퇴적될 때와 연소·분해될 때에 발생하는 액체상의 미세한 물질

05 정답 ③

신고한 운송주선약관을 준수하지 않은 경우, 허가증에 기재되지 않은 상호를 사용한 경우, 화주에게 견적서·계약서·사고확인서를 발급하지 않은 경우 화물운송주선사업자에 부과되는 과징금은 20만원이다.

06 정답 ④

특별검사의 대상
- 교통사고를 일으켜 사람을 사망하게 하거나 5주 이상의 치료가 필요한 상해를 입힌 사람
- 과거 1년간 운전면허행정처분기준에 따라 산출된 누산점수가 81점 이상인 사람

07 정답 ②

특수자동차의 유형 구분
- 견인형 : 피견인차의 견인을 전용으로 하는 구조인 것
- 구난형 : 고장·사고 등으로 운행이 곤란한 자동차를 구난·견인할 수 있는 구조인 것
- 특수작업형 : 어느 형에도 속하지 않는 특수작업용인 것

08 정답 ④

④ 승합자동차 : 11인 이상을 운송하기에 적합하게 제작된 자동차. 다만, 내부의 특수한 설비로 인하여 승차인원이 10인 이하로 된 자동차와 경형자동차로서 승차정원이 10인 이하인 전방조종자동차는 승합자동차로 봄
① 승용자동차 : 10인 이하를 운송하기에 적합하게 제작된 자동차
② 화물자동차 : 화물을 운송하기에 적합한 화물적재공간을 갖추고, 화물적재공간의 총적재화물의 무게가 운전자를 제외한 승객이 승차공간에 모두 탑승했을 때의 승객의 무게보다 많은 자동차
③ 특수자동차 : 다른 자동차를 견인하거나 구난작업 또는 특수한 작업을 수행하기에 적합하게 제작된 자동차로서 승용자동차·승합자동차 또는 화물자동차가 아닌 자동차

09 정답 ③

운송가맹사업자에 대한 개선명령
- 운송약관의 변경
- 화물자동차의 구조변경 및 운송시설의 개선
- 화물의 안전운송을 위한 조치
- 정보공개서의 제공의무 등, 가맹금의 반환, 가맹계약의 갱신 등의 통지
- 운송가맹사업자가 의무적으로 가입하여야 하는 보험·공제의 가입

10 정답 ②

- 종합검사기간 전 또는 후에 종합검사를 신청한 경우 재검사 신청기간 : 부적합 판정을 받은 날부터 10일 이내
- 종합검사기간 내에 종합검사를 신청한 경우 재검사 신청기간 : 부적합 판정을 받은 날부터 10일 이내 또는 종합검사기간 만료 후 10일 이내

11 정답 ④

공회전 제한장치 부착명령 대상 자동차
- 시내버스운송사업에 사용되는 자동차, 일반택시운송사업에 사용되는 자동차
- 화물자동차운송사업에 사용되는 최대 적재량이 1톤 이하인 밴형 화물자동차로서 택배용으로 사용되는 자동차

12 정답 ③

자동차 : 철길이나 가설된 선을 이용하지 아니하고 원동기를 사용하여 운전되는 차
- 자동차관리법에 따른 승용자동차, 승합자동차, 화물자동차, 특수자동차, 이륜자동차(원동기장치자전거 제외)
- 건설기계관리법에 따른 건설기계(덤프트럭, 아스팔트살포기, 노상안정기, 콘크리트믹서트럭, 콘크리트펌프, 천공기(트럭 적재식) 등)

13 정답 ③

도로에서의 금지행위 : 도로를 파손하는 행위, 도로에 토석·입목·죽(竹) 등 장애물을 쌓아놓는 행위, 그밖에 도로의 구조나 교통에 지장을 주는 행위

14 정답 ①

① 앞지르기를 할 때에는 지정된 차로의 왼쪽 바로 옆 차로로 통행할 수 있다.
② 차마의 운전자는 안전표지로 통행이 허용된 장소를 제외하고는 자전거도로·길가장자리구역으로 통행해서는 안된다.
③ 도로 외의 곳으로 출입할 때에는 보도를 횡단하여 통행할 수 있다.
④ 안전지대 등 안전표지에 의하여 진입이 금지된 장소에 들어가서는 안된다.

15 정답 ④

화물운송업 관련 업무 처리
- 시·도에서 처리하는 업무 : 화물자동차 운송사업의 허가 및 허가사항 변경허가, 허가기준에 관한 사항의 신고, 영업소의 허가, 운송약관의 신고 및 변경신고, 과징금의 부과·징수, 종사자격의 취소 및 효력의 정지 등
- 협회에서 처리하는 업무 : 화물자동차 운송사업 허가사항에 대한 경미한 사항 변경신고 등
- 연합회에서 처리하는 업무 : 과적 운행, 과로 운전, 과속 운전의 예방 등 안전한 수송을 위한 지도·계몽 등
- 한국교통안전공단에서 처리하는 업무 : 운전적성에 대한 정밀검사의 시행, 종사자격시험의 실시·관리·교육, 교통안전체험교육 등

16 정답 ④

신호기가 표시하는 신호에 따르는 때에는 일시정지하지 않고 통과할 수 있다. 철길건널목 통과방법을 위반한 과실사고에는 철길건널목 직전 일시정지 불이행, 안전미확인 통행 중 사고, 고장 시 승객대피·차량이동 조치 불이행 등이 있다.

17 정답 ①

앞지르기 : 운전자가 앞서가는 다른 차의 옆(좌측면, 좌측 차로)을 지나서 그 차의 앞으로 나가는 것

18 정답 ③

③ 서행 : 차를 즉시 정지할 수 있는 느린 속도로 진행하는 것
① 정지 : 자동차가 완전히 멈추는 상태
② 일시정지 : 차의 바퀴를 일시적으로 완전히 정지시키는 것
④ 정차 : 5분을 초과하지 않고 차를 정지시키는 것

19 정답 ③

차종·차령 별 자동차 정기검사 유효기간
- 비사업용 승용자동차 및 피견인자동차 : 2년(최초 4년)
- 사업용 승용자동차 : 1년(최초 2년)
- 경형·소형의 승합 및 화물자동차 : 1년
- 사업용 대형화물자동차 : (차령 2년 이하) 1년, (차령 2년 초과) 6월
- 중형 승합자동차 및 사업용 대형승합자동차 : (차령 8년 이하) 1년, (차령 8년 초과) 6월

20 정답 ④

도로 : 「도로법」에 따른 도로, 「유료도로법」에 따른 유료도로, 「농어촌도로 정비법」에 따른 농어촌도로(면도·이도·농도)

21 정답 ④

사고결과에 따른 벌점기준
- 도로교통법령상 사고발생 시부터 72시간 이내에 사망한 때 사망 1명마다 벌점 90점을 부과
- 3주 이상의 치료를 요하는 진단이 있는 사고 발생 시 중상 1명마다 벌점 15점을 부과
- 3주 미만 5일 이상의 치료를 요하는 사고 발생 시 경상 1명마다 벌점 5점을 부과
- 5일 미만의 치료를 요하는 사고 발생 시 부상신고 1명마다 벌점 2점을 부과

22 정답 ②

특수자동차의 유형 구분
- 견인형 : 피견인차의 견인을 전용으로 하는 구조인 것
- 구난형 : 고장·사고 등으로 운행이 곤란한 자동차를 구난·견인할 수 있는 구조인 것
- 특수작업형 : 어느 형에도 속하지 않는 특수작업용인 것

23 정답 ①

노면표시의 기본색상
- 백색 : 동일방향의 교통류 분리 및 경계 표시
- 황색 : 반대방향의 교통류 분리, 도로이용의 제한·지시
- 청색 : 지정방향의 교통류 분리 표시(버스전용차로·다인승차량 전용차선표시)
- 적색 : 어린이보호구역·주거지역내 설치하는 속도제한표시의 테두리선 및 소방시설주변 주·정차금지표시

24 정답 ①

적재물배상 책임보험 등의 가입 범위
- 운송사업자 : 각 화물자동차별로 가입
- 운송주선사업자 : 각 사업자별로 가입
- 운송가맹사업자 : 최대 적재량이 5톤 이상이거나 총중량이 10톤 이상인 화물자동차 중 일반형·밴형·특수용도형 화물자동차와 견인형 특수자동차를 소유한 자는 각 화물자동차별 및 각 사업자별로, 그 외의 자는 각 사업자별로 가입

25 정답 ③

교통정리를 하고 있지 않은 교차로에 들어가려고 하는 차의 운전자는 이미 교차로에 들어가 있는 다른 차가 있을 때에는 그 차에 진로를 양보하여야 한다.

26 정답 ②

집하담당자 기재사항
- 접수일자, 발송점, 도착점, 배달 예정일
- 운송료, 집하자 성명 및 전화번호
- 총수량 및 도착점 코드, 물품 운송에 필요한 사항

27 정답 ④

화물의 하역방법
- 상자로 된 화물은 취급 표지에 따라 다루어야 함
- 종류가 다른 것을 적치할 때는 무거운 것을 밑에 쌓음
- 부피가 큰 것을 쌓을 때는 무거운 것은 밑에, 가벼운 것은 위에 쌓음
- 화물 종류별로 표시된 쌓는 단수 이상 적재하지 않음
- 가벼운 화물이라도 너무 높게 적재하지 않도록 함
- 한 줄로 높이 쌓지 않고, 무너질 염려가 없도록 함
- 구르거나 무너지지 않도록 받침대를 사용하거나 로프로 묶음
- 같은 종류 또는 동일규격끼리 적재

28 정답 ③

물품을 고객에게 인계할 때 물품의 이상 유무를 확인시키고 인수증에 정자로 인수자 서명을 받아 향후 발생 할 수 있는 손해배상을 예방하도록 한다(인수자 서명이 없을 경우 수하인이 물품인수를 부인하면 책임이 배송지점에 전가됨).

29 정답 ②

운송장의 기능 : 계약서 기능, 화물인수증 기능, 운송요금 영수증 기능, 정보처리 기본자료, 배달에 대한 증빙(배송의 증거서류 기능), 수입금 관리자료, 행선지 분류정보 제공(작업지시서 기능)

30 정답 ①

운송장의 기재내용 : 운송장 번호와 바코드, 송하인 성명·주소·전화번호, 수하인 성명·주소·전화번호, 주문번호·고객번호, 화물명, 화물의 가격, 화물의 크기, 운임의 지급방법, 운송요금, 발송지(집하점), 도착지(코드), 집하자, 인수자 날인 등

31 정답 ④

④ 트레일러는 자동차를 동력부분(견인차·트랙터)과 적하부분(피견인차)으로 나누었을 때, 적하부분에 해당된다.
① 돌리는 세미 트레일러와 조합해서 풀 트레일러로 하기 위한 견인구를 갖춘 대차를 말한다. 돌리와 조합된 세미 트레일러는 풀 트레일러에 해당된다.
② 세미 트레일러는 세미 트레일러용 트랙터에 연결하여, 총 하중의 일부분이 견인하는 자동차에 의해서 지탱되도록 설계된 트레일러이다(가장 일반적 트레일러).
③ 일반적으로 풀 트레일러, 세미 트레일러, 폴 트레일러 3가지로 구분되며, 여기에 돌리를 추가하여 4가지로 구분하기도 한다.

32 정답 ④

화물더미에서 작업 시 주의사항
- 화물더미에 오르내릴 때에는 쏠림이 발생하지 않도록 조심함
- 화물을 쌓거나 내릴 때에는 순서에 맞게 신중히 하여야 함
- 화물더미의 상층과 하층에서 동시에 작업을 하지 않음
- 화물을 출하할 때에는 위에서부터 순차적으로 층계를 지으며 헐어냄
- 화물더미의 중간에서 화물을 뽑아내거나 직선으로 깊이 파내는 작업을 하지 않음
- 화물더미 위에서 작업 시 힘을 줄 때 발 밑을 항상 조심함

33 정답 ②

화물 적재 시 화물의 길이가 고르지 못하면 한쪽 끝이 맞도록 적재한다. 작은 화물 위에 큰 화물을 놓지 말아야 하며, 부피가 큰 것을 쌓을 때는 무거운 것은 밑에, 가벼운 것은 위에 쌓는다.

34 정답 ④

유연포장 : 포장된 물품 또는 단위포장물이 포장 재료나 용기의 유연성으로 본질적인 형태는 변화되지 않으나 외모가 변화될 수 있는 포장을 말한다. 즉 얇은 종이, 플라스틱필름, 알루미늄포일, 면포 등의 유연성이 풍부한 재료로 하는 포장을 말한다.

35 정답 ③

이사화물 표준약관상 인수를 거절할 수 있는 화물
- 현금, 유가증권, 귀금속, 예금통장, 신용카드, 인감 등 고객이 휴대할 수 있는 귀중품
- 위험물, 불결한 물품 등 다른 화물에 손해를 끼칠 염려가 있는 물건
- 동식물, 미술품, 골동품 등 운송에 특수한 관리를 요하기 때문에 다른 화물과 동시에 운송하기에 적합하지 않은 물건
- 일반 이사화물의 종류, 무게, 부피, 운송거리 등에 따라 운송에 적합하도록 포장할 것을 사업자가 요청하였으나 고객이 이를 거절한 물건

36 정답 ①

운송물의 인도일
- 운송장에 인도예정일의 기재가 있는 경우에는 그 기재된 날
- 인도예정일의 기재가 없는 경우에는 운송장에 기재된 운송물의 수탁일로부터 인도예정 장소에 따라 일반 지역은 2일, 도서·산간벽지는 3일
- 수하인이 특정 일시에 사용할 운송물을 수탁한 경우에는 운송장에 기재된 인도예정일의 특정 시간까지

37 정답 ④

파손사고 원인
- 집하할 때 화물의 포장상태를 미확인한 경우
- 화물을 함부로 던지거나 발로 차거나 끄는 경우
- 화물을 적재할 때 무분별한 적재로 압착되는 경우
- 상하차 시 컨베이어 벨트에서 떨어져 파손되는 경우

38 정답 ②

픽업(pickup) : 화물실의 지붕이 없고 옆판이 운전대와 일체로 되어 있는 화물자동차

39 정답 ②

② 자동차에 주유할 때는 자동차의 원동기를 정지시킨다.
① 유분리 장치에 고인 유류는 넘치지 않도록 수시로 퍼내어야 한다.
③ 자동차에 주유할 때에는 고정 주유설비를 사용하여 직접 주유한다.
④ 주유취급소의 전용탱크·간이탱크에 위험물을 주입할 때는 탱크에 연결되는 고정 주유설비의 사용을 중지하여야 하며, 자동차를 탱크의 주입구에 접근시켜서는 안된다.

40 정답 ③

③ 컨테이너를 적재 후 반드시 콘(잠금장치)을 잠글 것
① 컨테이너에 위험물을 수납하기 전에 철저히 점검하며, 특히 개폐문의 방수상태를 점검할 것
② 화물 일부가 컨테이너 밖으로 튀어 나오지 않도록 할 것
④ 수납이 완료되면 즉시 문을 폐쇄할 것

41 정답 ④

④ 주·정차 시 가능한 한 언덕길 등 경사진 곳을 피하여야 하며, 엔진 정지 후 사이드브레이크를 걸어 놓고 반드시 차바퀴를 고정목으로 고정시켜야 한다.
① 혼잡한 시장 등 차량 통행이 현저히 곤란한 장소 등에는 주·정차하지 않으며, 주·정차 시 가능한 한 평탄하고 교통량이 적은 안전한 장소를 택한다.
② 차량의 고장 등으로 인하여 주·정차하는 경우는 고장자동차의 표지 등을 설치하여 다른 차와의 충돌·추돌을 피하기 위한 조치를 할 것
③ 잠시 주·정차할 경우도 가능한 운전자가 잘 볼 수 있는 곳에 주·정차한다. 차량의 고장, 교통사정, 운전자의 휴식 등의 경우를 제외하고는 당해 차량에서 동시에 이탈하지 않으며, 이탈할 경우에는 차량이 쉽게 보이는 장소에 주·정차하여야 한다.

42 정답 ②

운전자가 위험을 인지하고 자동차를 정지시키려고 시작하는 순간부터 자동차가 완전히 정지할 때까지의 시간을 정지시간이라고 하며, 이때까지 자동차가 진행한 거리를 정지거리라고 한다.

43 정답 ④

뒤에 다른 차가 접근해 올 때는 속도를 낮추며, 앞지르기를 하려고 하면 양보해 준다. 뒤차가 바싹 뒤따라올 때는 가볍게 브레이크 페달을 밟아 제동등을 켜서 주의를 환기시킨다.

44 정답 ④

동체시력 : 움직이는 물체 또는 움직이면서 다른 자동차·사람 등의 물체를 보는 시력이다. 동체시력은 물체의 이동속도가 빠를수록 상대적으로 저하되며, 연령이 높을수록, 장시간 운전에 의한 피로상태에서도 저하된다.

45 정답 ③

신호교차로(신호기)의 장점
- 교통류의 흐름을 질서 있게 함
- 교통처리 용량을 증대시킬 수 있음
- 교차로에서의 직각충돌사고를 줄일 수 있음
- 교통흐름을 차단하는 것과 같은 통제에 이용할 수 있음

46 정답 ①

고속도로의 운행방법
- 차로 변경 시는 최소한 100m 전방부터 방향지시등을 켬
- 앞차의 움직임 뿐 아니라 그 앞 3~4대 차량의 움직임도 살핌
- 고속도로 진입 시 충분한 가속으로 속도를 높인 후 주행차로로 진입하여 주행차에 방해를 주지 않도록 함
- 주행차로 운행을 준수하고 두 시간마다 휴식
- 뒤차가 자기 차를 추월하고 있는 상황에서 경쟁하는 것은 위험

47 정답 ④

차량점검 및 주의사항
- 적색 경고등이 들어온 상태에서는 운행하지 않는다.
- 운행 전 조향핸들의 높이와 각도를 맞게 조정하며, 운행 중에는 조정하지 않는다.
- 주차 시에는 항상 주차브레이크를 사용하며, 주차브레이크를 작동시키지 않은 상태에서 운전석을 떠나지 않는다.
- 라디에이터 캡은 주의해서 연다.
- 컨테이너 차량은 고정장치가 작동되는지를 확인한다.

48 정답 ③

③ 종단경사 : 도로의 진행방향 중심선의 길이에 대한 높이의 변화 비율
① 편경사 : 원심력에 저항할 수 있도록 설치하는 횡단경사
② 횡단경사 : 도로의 진행방향에 직각으로 설치하는 경사(배수를 원활하게 하기 위하여 설치)
④ 정지시거 : 고장차 등 장애물을 인지하고 안전하게 정지하기 위해 필요한 거리

49 정답 ③

고무 같은 것이 타는 냄새가 날 때 의심되는 부분은 전기장치 부분이다. 대개 엔진실 내의 전기 배선 등의 피복이 녹아 벗겨져 합선에 의해 전선이 타는 냄새가 대부분이다.

50 정답 ②

운송 시 주의사항(숙지사항)
- 차량의 구조, 탱크 및 부속품의 종류와 성능, 정비점검방법, 운행 및 주차 시의 안전조치를 숙지할 것
- 지정된 장소가 아닌 곳에서는 탱크로리 상호간에 취급물질을 입·출하시키지 말 것
- 운송 전에는 운행계획 수립 및 확인 필요
- 운송 중은 물론 정차 시에도 허용된 장소 이외에서는 흡연이나 화기를 사용하지 말 것
- 수리를 할 때에는 통풍이 양호한 장소에서 실시할 것

51 정답 ①

도로교통체계의 구성요소 : 운전자 및 보행자를 비롯한 도로사용자, 도로 및 교통신호등 등의 환경, 차량

52 정답 ③

운전피로 : 피로는 운전 작업의 생략이나 착오가 발생할 수 있다는 위험신호로, 대체로 운전조작의 잘못, 주의력 집중의 편재, 외부의 정보를 차단하는 졸음 등을 불러와 교통사고의 직접·간접원인이 된다.

53 정답 ③

스탠딩 웨이브는 타이어의 회전속도가 빨라지면 접지부에서 받은 타이어의 변형(주름)이 다음 접지 시점까지도 복원되지 않는 현상이다. 스탠딩 웨이브 현상을 예방하기 위해서 속도를 맞추거나 공기압을 높이는 등의 주의가 필요하다.

54 정답 ③

철길 건널목의 안전운전 및 방어운전
- 건널목 직전 일시정지 후 확인하고 진입 여부를 결정하며, 좌·우의 안전을 확인한다.
- 건널목 건너편 여유 공간 확인 후 통과한다.
- 건널목 통과 시 엔진이 정지되지 않도록 가속페달을 조금 힘주어 밟고, 기어는 변속하지 않는다.

55 정답 ①

현가장치 : 차량의 무게를 지탱하여 차체가 직접 차축에 얹히지 않도록 해주고 도로충격을 흡수하여 운전자와 화물에 더 유연한 승차를 제공하는 장치로, 유형에는 판 스프링, 코일 스프링, 비틀림 막대 스프링, 공기 스프링, 충격흡수장치(쇽 업소버, Shock absorber) 등이 있다.

56 정답 ④

수막현상을 예방하기 위해서는 고속으로 주행하지 않고 마모된 타이어를 사용하지 않으며, 공기압을 조금 높게 하고, 배수효과가 좋은 타이어를 사용하여야 한다.

57 정답 ④

원심력
- 원심력은 원의 중심으로부터 벗어나려는 힘으로, 속도가 빠를수록, 커브가 작을수록, 중량이 무거울수록 커진다(특히 속도의 제곱에 비례해서 커짐)
- 비포장도로는 가장자리로 갈수록 낮아지는 곳이 많은데, 이러한 도로는 커브에서 원심력이 오히려 커질 수 있으므로 노면경사에 따라 속도를 줄여야 한다.
- 커브가 예각을 이룰수록 원심력은 커지므로, 안전하게 회전하려면 보다 감속하여야 한다.

58 정답 ③

교통사고의 요인 : 간접적 요인, 중간적 요인, 직접적 요인
- 간접적 요인 : 교통사고 발생을 용이하게 한 상태를 만든 조건으로, 운전자에 대한 홍보활동결여나 훈련의 결여, 운전 전 점검습관의 결여, 안전운전 교육 태만, 안전지식 결여, 무리한 운행계획, 원만하지 못한 인간관계 등
- 중간적 요인 : 운전자의 지능, 성격, 심신기능, 불량한 운전태도, 음주·과로 등
- 직접적 요인 : 사고와 직접 관계있는 것으로, 사고 직전 과속과 같은 법규위반, 위험인지의 지연, 운전조작의 잘못, 잘못된 위기 대처 등

59 정답 ④

엔진오일 과다 소모 시 점검사항 : 배기 배출가스 육안 확인, 에어 클리너 오염도 확인(과다 오염), 블로바이가스(blow-by gas) 과다배출 확인, 에어 클리너 청소 및 교환주기 미준수, 엔진과 콤프레셔 피스톤 링 과다 마모

60 정답 ④

길어깨의 역할
- 고장차가 본선차도로부터 대피할 수 있으며, 사고 시 교통혼잡을 방지하는 역할
- 측방 여유폭을 가지므로 교통의 안전성·쾌적성에 기여
- 유지관리 작업장이나 지하매설물에 대한 장소로 제공
- 도로 미관을 높이며, 보행자의 통행장소로 제공

61 정답 ②

② 황혼 무렵이나 야간 운전을 어려움을 보완하기 위하여 가로등이나 차량의 전조등이 사용된다.
① 해질 무렵이 가장 운전하기 힘든 시간인데, 전조등을 비추어도 주변의 밝기와 비슷하기 때문에 의외로 다른 자동차나 보행자를 보기가 어렵다.
③ 야간에 하향 전조등만으로 인지하기 가장 어려운 색은 흑색이며, 대체로 어두운 색은 구별하기 어렵다.
④ 야간에는 어둠으로 인해 대상물을 명확하게 보기 어렵다.

62 정답 ②

운전과 관련되는 시각의 특성
- 운전에 필요한 정보의 대부분을 시각을 통하여 획득한다.
- 속도가 빨라질수록 시력은 떨어진다.
- 속도가 빨라질수록 시야의 범위가 좁아진다.
- 속도가 빨라질수록 전방주시점은 멀어진다.

63 정답 ①

타이어의 트레드 홈 깊이(노면과 맞닿는 부분인 요철형 무늬의 깊이)가 최저 1.6㎜ 이상이 되는지를 확인하고 적정공기압을 유지·점검한다. 장마나 소나기로 노면의 물은 빙판 못지않게 미끄러지고, 고속운전 시 수막현상에 의한 교통사고 위험을 유발시킨다.

64 정답 ②

엔진온도 과열 시 점검사항 : 냉각수·엔진오일의 양 확인과 누출여부 확인, 냉각팬·워터펌프의 작동 확인, 팬 및 워터펌프의 벨트 확인, 수온조절기의 열림 확인, 라디에이터 손상 및 써머스태트 작동상태 확인

65 정답 ④

④ 보행자 사고의 요인은 교통상황 정보를 제대로 인지하지 못한 경우가 가장 많고, 판단착오, 동작착오의 순서로 많다.
① 차대 사람의 사고가 가장 많은 유형은 횡단 중의 사고이다.
② 연령층별로는 어린이와 노약자가 높은 비중을 차지한다.
③ 한쪽 방향에만 주의를 기울이거나 동행자와 이야기에 열중하는 것은 교통정보 인지 결함의 원인에 해당한다.

66 정답 ③

물류 개념의 국내 도입 : 우리나라에 물류(로지스틱스)가 소개된 것은 1962년 제2차 경제개발 5개년 계획이 시작된 이후, 즉 교역규모의 신장에 따른 물동량 증대, 도시교통의 체증 심화, 소비의 다양화·고급화가 시작되면서이다.

67 정답 ②

제3자 물류의 발전과정
- 서비스의 깊이 측면 : 물류활동의 운영·실행 → 관리·통제 → 계획·전략
- 서비스의 폭 측면 : 기능별 서비스 → 기능간 연계 및 통합서비스 발전과정

68 정답 ①

물류서비스 기법 중 로지스틱스와 공급망관리

구분	로지스틱스(Logistics)	공급망관리(SCM)
시기	1986~1997년	1998년
목적	기업 내 물류효율화	공급망 전체 효율화
표방	토탈물류	종합물류
대상	생산, 물류, 판매	공급자, 도소매, 고객
수단	기업 내 정보시스템, POS, VAN, EDI	기업 간 정보시스템, 파트너관계, ERP, SCM

69 정답 ④

파렛트 수송의 강화 : 파렛트를 측면으로부터 상·하역할 수 있는 측면개폐유개차, 후방으로부터 상·하역할 때 가드레일이나 롤러를 장치한 파렛트 로더용 가드레일차나 롤러 장착차, 짐이 무너지는 것을 방지하는 스태빌라이저 장치차 등 용도에 맞는 자동차를 활용할 필요가 있다.

70 정답 ④

화물자동차 운송의 효율성 지표
- 가동률 : 일정기간에 걸쳐 실제로 가동한 일수
- 실차율 : 실제로 화물을 싣고 운행한 거리의 비율
- 적재율 : 최대적재량 대비 적재된 화물의 비율
- 공차거리율 : 주행거리에 대해 화물을 싣지 않고 운행한 거리의 비율

71 정답 ③

서비스 품질을 평가하는 고객의 기준 중 '편의성'에 해당하는 것으로는 '의뢰하기가 쉽다', '언제라도 곧 연락이 된다', '곧바로 전화를 받는다' 등이 있다. ③은 '고객의 이해도'에 대한 설명이다.

72 정답 ④

기업물류의 활동 : 크게 주활동과 지원활동으로 구분되는데, 주활동에는 대고객서비스수준, 수송, 재고관리, 주문처리가 포함되며, 지원활동에는 보관, 자재관리, 구매, 포장, 생산량과 생산일정 조정, 정보관리가 포함된다.

73 정답 ①

물류전략은 비용절감, 자본절감, 서비스 개선을 목표로 한다. 비용절감은 운반 및 보관과 관련된 가변비용을 최소화하는 전략이고, 자본절감은 물류시스템에 대한 투자를 최소화하는 전략, 서비스 개선전략은 제공되는 서비스수준에 비례하여 수익이 증가한다는 전략이다.

74 정답 ③

③ 주의력 집중 : 운전은 한 순간의 방심도 허용되지 않는 어려운 과정이므로 방심하지 말고 온 신경을 운전에만 집중하여 위험을 빨리 발견하고 대응할 수 있어야 사고를 예방할 수 있음
① 운전기술의 과신 금물 : 운전이란 많은 다른 운전자와 보행자 사이에서 하는 것이므로 자신 있는 운전자라 하더라고 상대방의 실수로 사고가 일어날 수 있음
② 추측 운전의 삼가 : 자기에게 유리한 판단·행동은 삼가야 하며, 작은 의심이라도 반드시 안전을 확인한 후 행동
④ 심신상태의 안정 : 몸과 마음이 안정되어야 운전도 안전하게 할 수 있으므로 심신상태를 냉정하고 침착한 자세로 운전

75 정답 ④

가벼운 접촉사고가 발생한 경우 차량을 사고현장에 방치하고 장시간 시비를 가리면 일정한 범칙금과 벌점을 부과한다. 이 경우는 사고 위치를 표시하거나 확인한 후 신속하게 차량을 도로변으로 이동시키는 것이 올바른 운전태도이다. ①·②·③은 모두 올바른 운전태도로 볼 수 없다.

76 정답 ①

- 철도·선박과 비교한 트럭(화물자동차) 수송의 장점 : 문전에서 문전으로 배송서비스를 탄력적으로 행할 수 있음, 중간 하역이 불필요, 포장의 간소화·간략화가 가능, 다른 수송기관과 연동하지 않고 일관된 서비스가 가능해 싣고 부리는 횟수가 적어도 됨
- 철도·선박과 비교한 트럭(화물자동차) 수송의 단점 : 수송 단위가 작음, 연료비나 인건비 등 수송단가가 높음, 진동·소음·광화학 스모그 등의 공해 문제, 유류의 다량소비에서 오는 자원 및 에너지 절약 문제

77 정답 ①

제4자 물류란 다양한 조직들의 효과적 연결을 목적으로 하는 통합체로서, 공급망의 모든 활동과 계획관리를 전담하는 것이다. 제4자 물류 공급자는 광범위한 공급망의 조직을 관리하는 공급망 통합자이다. 제4자 물류란 제3자 물류의 기능에 컨설팅 업무를 추가 수행하는 것으로, '컨설팅 기능까지 수행할 수 있는 제3자 물류'로 정의할 수도 있다. 제4자 물류의 핵심은 고객에게 제공되는 서비스를 극대화하는 것이다.

78 정답 ①

고객의 물류클레임으로 품절만큼 중요한 것으로는 오손, 파손, 오품, 수량오류, 오량, 오출하, 전표오류, 지연 등이 있다.

79 정답 ③

고객의 욕구
- 기억되기를 바라고, 환영받고 싶어 함
- 관심을 가져주기를 바람
- 중요한 사람으로 인식되기를 바람
- 편안해지고 싶어 함
- 칭찬받고 싶어 하고, 기대·욕구를 수용해 주기를 바람

80 정답 ④

택배운송서비스에서 나타나는 고객의 불만사항
- 약속시간을 지키지 않고, 전화도 없이 불쑥 나타난다.
- 임의로 다른 사람이나 경비실에 맡기고 간다.
- 빨리 사인(배달확인) 해달라고 재촉한다.
- 화물을 함부로 다룬다.
- 화물을 무단으로 방치해 놓고 간다.
- 길거리에서 화물을 건네준다.
- 포장이 되지 않았다고 그냥 간다.
- 운송장을 고객에게 작성하라고 한다.